普通高等教育精品教材

简明工程制图

(第二版)

成　彬　太良平　姚亚利　贾天科◎主编

中国轻工业出版社

图书在版编目（CIP）数据

简明工程制图/成彬等主编. —2版. —北京：
中国轻工业出版社，2025. 8
普通高等教育精品教材
ISBN 978-7-5019-8954-6

Ⅰ. ①简… Ⅱ. ①成… Ⅲ. ①工程制图－高等学校－
教材 Ⅳ. ①TB23

中国版本图书馆CIP数据核字（2012）第203527号

内 容 提 要

本教材针对少学时工程图学制图课程的特点，在既要继承传统内容的精华又要融入现代计算机绘图知识方面，对内容体系进行了较大幅度的改革构建，尽量体现出现代科技工程技术的实用性、现代性、前沿性。

本教材共10章，主要包括制图基本知识和技能、投影理论基础、立体的投影、组合体和工程形体的图样画法、形体的轴测投影、机械图、建筑图及AutoCAD计算机辅助绘图等内容。

本教材主要适用于非机械类少学时的自动化、电子、通讯、信息、资源与环境、管理等专业使用。也可作为高等工科院校工科各专业的“工程图学”课程教材，也可供工程图学领域从业人员的参考资料。

责任编辑：王 淳 李 红
文字编辑：宋 博　　策划编辑：王 淳　　责任终审：孟寿萱
封面设计：锋尚设计　　版式设计：王超男　　责任监印：张 可

出版发行：中国轻工业出版社（北京鲁谷东街5号，邮编：100040）
印　　刷：北京君升印刷有限公司
经　　销：各地新华书店
版　　次：2025年8月第2版第10次印刷
开　　本：787×1092 1/16 印张：14.75
字　　数：360千字
书　　号：ISBN 978-7-5019-8954-6　　定价：42.00元
邮购电话：010-85119873
发行电话：010-85119832 010-85119912
网　　址：http://www.chlip.com.cn
Email：club@chlip.com.cn

251256J1C210ZBW

前　言

本书是在2009年由中国轻工业出版社出版、韩新普等主编的《简明工程制图》（第一版）的基础上修订而成。第二版以教育部高等学校工程图学教学指导委员会关于最新本科工程图学教学基本要求（讨论稿）为依据，根据教学需要，总结多年教学和教学改革经验而编写。

本书针对工科、电类等专业图学课程学时少等特点，在既要继承传统画法几何精华内容又要融入现代计算机辅助绘图知识的前提下，对内容体系进行了较大幅度的改革构建，尽量体现现代科技工程技术的经典性、实用性、现代性、前沿性。《简明工程制图》（第二版）相比多学时的工程图学教材，具有以下特色。

（1）构建“立体化”课程体系，注意教学内容体系与教学实践体系相结合。

工程制图是实践性很强的专业基础课程，教材在整体内容上精心设计了与理论教学相对应的实践教学环节。在配套的习题集中，画法几何投影理论部分有相应的训练习题；制图的基本知识部分配有相应的尺规、徒手绘图训练习题；AutoCAD计算机辅助绘图部分，除对教材中的每个例题进行了精心设计，使其上机训练具有可操作性外，还有针对性的上机训练作业；做到实践与理论两个教学环节互相平行协调、相辅相成，并将尺规制图、徒手绘图、AutoCAD计算机辅助绘图上机训练三条实践训练主线形成立体化教学实践体系。

（2）根据专业特点和需求，对传统的画法几何内容作了精简、精选和整合，重点讲述“读图和画图”两个互逆的形体表达思维过程，突出“少而精”的教学内容和特点。在教材内容中，删去了与工程图表达联系不紧密的画法几何图解法内容；保留的图示法部分，本着以点、线、面、体的投影知识点为主线，最终能正确投影表达工程形体的目的进行整合。其中平面立体及回转体内容尽量与常见的工程实体相关知识融合，使教材内容与现代工程实际联系更紧密。

（3）增加了CAD教学内容，使学生培养面向工程实际。

首先较大幅度地拓宽了AutoCAD 2D图形绘制内容，又新增添了AutoCAD 3D实体建模内容，使学生掌握实体建模的基本理论、方法和技术。介绍了用AutoCAD绘制2D图形的基本命令组：绘制、编辑、剖面填充、尺寸标注、技术要求、文字标注等，以满足目前普遍用计算机进行CAD绘制工程图的需要。又较系统地介绍了AutoCAD基本体素：柱、锥、球、环等三维实体的创建，以及用拉伸、旋转和交、并、差布尔运算创建复杂工程实体的绘制方法及编辑方法，使学生掌握当前最前沿的计算机实体建模理论和技术。

（4）教材全部采用最新颁布的国家标准和相关行业标准，如最新的《技术制图》和《机械制图》国家制图标准，凡涉及新修订的国家标准的内容，均作了更新。并在计算机绘图部分使用最新版的AutoCAD2010版本，使学生紧跟前沿。

（5）在第一版的基础上，本书又增加了换面法、组合体相贯线的近似画法、并将AutoCAD计算机辅助绘图由原来的离散式章节安排统筹为独立成章，使学生能更系统学习掌握知识、并根据图学课程的整合，增加了建筑图等知识。

（6）本教材还有网络支持，在工程制图学习与交流网站（www. askgczt. com）上，对于一些重点、难点问题，附有相应的模型及动画教程，并且由网站站长太良平进行在线答疑。

本教材主要适用于非机械类少学时的自动化、电子、通讯、信息、资源与环境、管理等专业使用。也可作为高等工科院校工科各专业的“工程图学”课程教材，也可供工程图学领域从业人员的参考资料。

本教材由成彬定稿。成彬、太良平、姚亚利和贾天科主编。第 1 章、第 2 章由太良平、王晓明、高幼林编写；第 3 章、第 5 章由贾天科编写；第 4 章由太良平编写；第 6 章由太良平、张筱梅编写；绪论、第 7 章由成彬、韩新普编写；第 8 章由姚亚利编写；第 9 章由贾天科、王晓明编写；第 10 章由张青编写。

本教材在编写过程中参阅了许多兄弟院校的相关教材、著作，从中汲取了许多有益、有价值的实例、方法、思路和经验，在此谨表谢忱。由于时间紧张和统计整理的疏略等原因，参考文献中所列文献可能有所遗漏，望同行专家和各位作者见谅。

鉴于编者的时间、水平和能力的限制，疏漏错误之处难以尽免，一定存在许多不足和缺点，恳请同行专家和使用者批评指正。

编　者

目　录

绪　论

1. 本课程的性质和任务

本课程是一门既有理论，又有实践的重要学科基础技术课，主要学习正投影理论，学习国家标准《机械制图》、《技术制图》的相关内容等。其主要目的是培养绘制和阅读工程图样、掌握表达设计思想的基本方法，包括徒手绘图、仪器绘图和计算机进行绘图等。

工程技术中，人们通过工程图样来表达设计思想，工程图样又是指导生产制造的重要依据，工程图样还是使用、检验、维修中的重要技术文件，而且也是进行技术交流的重要工具。

在学习本课程的过程中，培养学生的自学能力，分析问题和解决问题的能力以及创造性思维能力；培养认真负责的工作态度和严谨细致的工作作风。本课程所学习的知识、培养的能力和工作态度与工作作风对工程技术人员来说都是必备的和十分重要的。

本课程的主要任务：

（1）学习正投影法的基本理论及其应用。

（2）培养空间简单几何问题的图解能力和将工程技术问题抽象为几何问题的初步能力。

（3）培养空间形象思维能力和空间分析能力。

（4）培养学生计算机绘图、尺规及徒手绘制工程图样的能力。

（5）学会正确表现物体形态和构造，能完整地表达设计意图和设计构想。

（6）培养绘制和阅读机械、建筑图样的能力。

2. 研究对象

图样是工程技术界进行工程设计、制造和施工过程中用来表达和交流设计技术思想的一项重要工具，因此，把“图样”比喻为“工程界的技术语言”。本课程的核心研究对象为工程图样。而工程图样是指能准确地表达物体的形状、大小、规格和材料等内容，并且表明了制造和检验所必需的技术条件的图。

随着计算机技术的普及与发展，产生了计算机图形学，它促使制图技术发生了根本性的变化。工程界与科学界逐步用计算机绘图来代替手工绘图，从而大大提高了绘图质量与速度，以适应当前物质生产和科技工作现代化的要求。

3. 研究内容

本课程的研究内容主要包括：制图基本知识和技能、投影理论基础、立体的投影、组合体和工程形体的图样画法、形体的轴测投影、机械图、建筑图及 AutoCAD 计算机辅助绘图等。

4. 学习方法

（1）为了培养空间形体的图示表达能力，必须对物体进行几何分析和形体分析以及掌握它们在各种相对位置时的图示特点。进行“物体”与“图形”的相互转化训练，以利于提高图示物体的能力。

（2）绘图和读图能力的培养主要通过一系列的绘图和读图实践。在实践中掌握绘图与读图方法，以及熟悉制图国家标准和有关技术标准。

（3）由于本课程实践性非常强，必须学与练相结合，保质保量地完成各相应部分的习题作业，才能使所学知识得以巩固。

（4）课前预习对学好本课程是十分必要的，它可提高听课效率。在听课时应积极主动地思考，听课后应及时进行练习，以加深对所学内容的理解，并巩固所学内容。

（5）严格要求自己，在学习中要养成耐心细致的工作作风和树立严肃认真的工作态度。

5. 图学的发展趋势

图学学科至今已成为既有工程图学、几何学理论又有计算机科学还有工程设计相互交叉的新型学科。作为交叉学科，工程图学的“工程技术领域之图”的特色主要反映在以下一些方面：

（1）投影理论及应用（如平行投影、中心投影、体视投影、多维画法几何、射影几何、几何变换等）；

（2）近代几何理论（如计算几何、分形几何等）及应用，计算机辅助几何设计，工程曲线曲面；

（3）几何造型、几何建模；

（4）产品信息建模；

（5）智能 CAD 及其在工程设计、制造、施工中的应用；

（6）工程技术领域中的计算机图形学（ECG）；

（7）虚拟技术及其在工程技术领域中的应用；

（8）图形算法与技术；

（9）工业设计（产品造型）、建筑设计（建筑造型）；

（10）图形、图样标准化，CAD 标准化；

（11）工程技术领域中的图学教育；

（12）其他，如科学计算可视化，真实感图形，多媒体技术，专家系统等。

第 1 章　制图基本知识和技能

图样是工程技术人员表达设计思想、进行技术交流的工具，同时也是指导工业生产的重要技术文件。为了便于生产、管理和交流，《技术制图》国家标准对图样画法、尺寸标注等方面做出了统一的规定，是绘制和阅读工程图样的准则和依据。本章主要介绍国家标准《技术制图》和《机械制图》的一些基本规定，以及几何图形的作图方法、徒手作图的基本技能等。

1.1　工程制图的国家标准介绍

为了做到工程图样的统一，满足设计、制造、施工、管理和技术交流等要求，制图时必须遵守国家标准。

本节主要介绍对各类技术图样和有关技术文件共同适用的统一的国家标准《技术制图》。其中包括图幅、比例、字体、图线、尺寸标注等。

1.1.1　图纸的幅面（GB/T 14689—1993）和标题栏（GB/T 10609—1989）

图纸幅面即图纸的长边和短边确定的长方形图纸的大小。为了便于保管图纸，其幅面的尺寸应符合表 1－1 的规定。需要装订的图样，其图框格式如图 1－1 所示；不需要装订的图样，其图框格式如图 1－2 所示。必要时也可以选取规定的加宽尺寸。

表 1－1　　基本幅面及图框尺寸

基本幅面代号	A0	A1	A2	A3	A4
$B \times L$	841 × 1189	594 × 841	420 × 594	297 × 420	210 × 297
a	25				
c	10			5	
e	20		10		

注：（1）表中尺寸单位为毫米（mm）。

（2）表中 A0 表示整张图纸，A1 是 A0 纸的对折裁开，A2 是 A1 纸的对开，其余类推。

GB/T 10609—1989 对标题栏的内容、格式与尺寸等做了规定。制图作业的标题栏建议采用图 1－3 所示的格式。标题栏应位于图框的右下角。

1.1.2　比例（GB/T 14690—1993）

在工程图样中，往往不可能将图形画成与实物同样的大小。如房屋，即使用最大的图纸也无法容纳；而一个机械手表中的零件若按实际大小绘出，其形状大小也是无法表达清楚的。因此，就必须按一定比例缩小或放大绘制所要表达的工程物体。

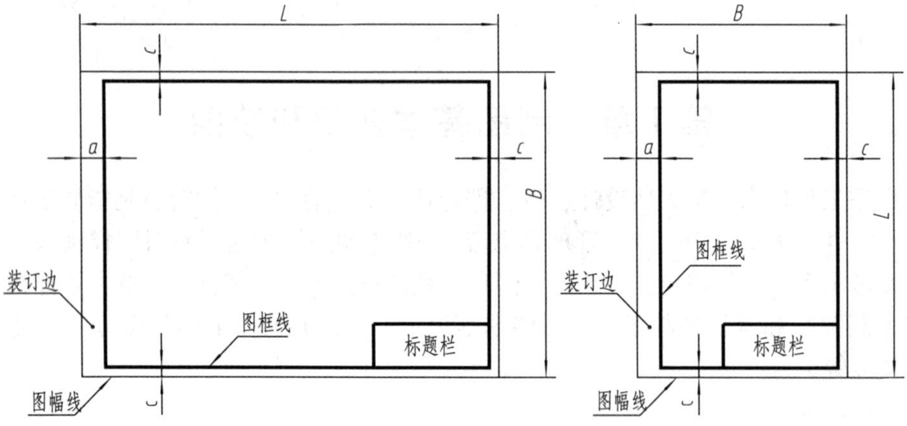

(a)横式幅面　　(b)立式幅面

图 1－1　需要装订的图框格式

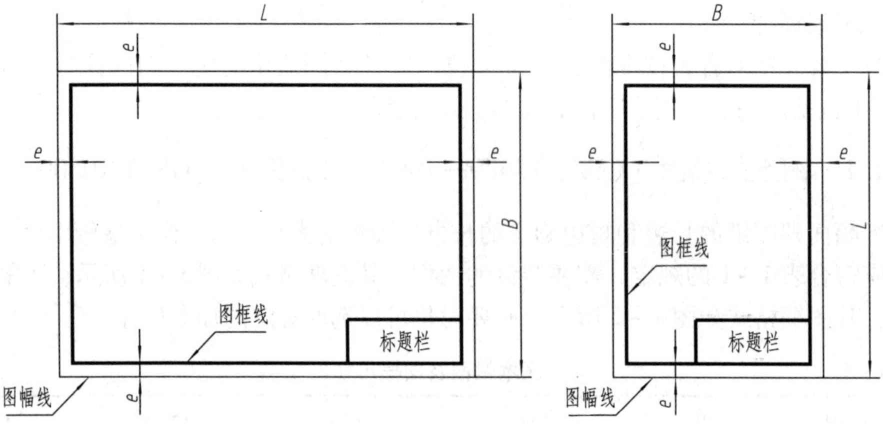

(a)横式幅面　　(b)立式幅面

图 1－2　不需要装订的图框格式

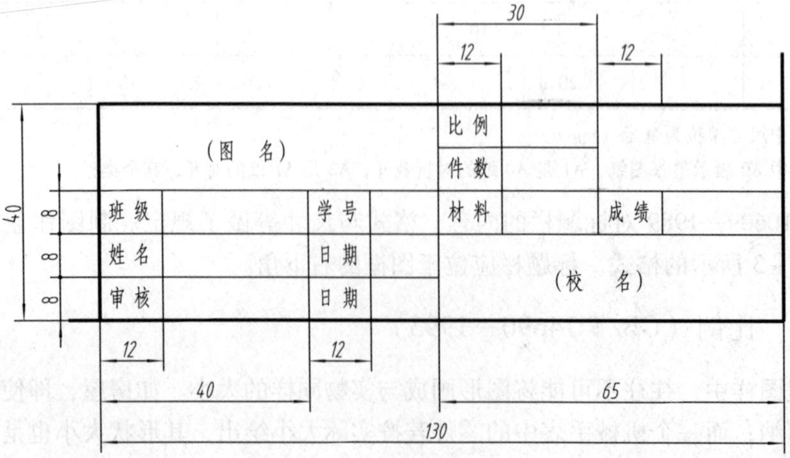

图 1－3　制图作业的标题栏

比例是指图形与实物相对应的线性尺寸之比，即**比例 = 图距∶实距**。无论是放大、缩小的比例关系，在标注时都应把图中量度写在前面，实物量度写在后面。比值为 1 的比例称为**原值比例**，如图 1 –4（c）；比值小于 1 的比例称为**缩小比例**，如图 1 –4（b）；比值大于 1 的比例称为**放大比例**，如图 1 –4（d）。

无论采用放大或缩小的比例画图，**标注尺寸时必须标注工程形体的实际尺寸**。如图 1 –4 所示。

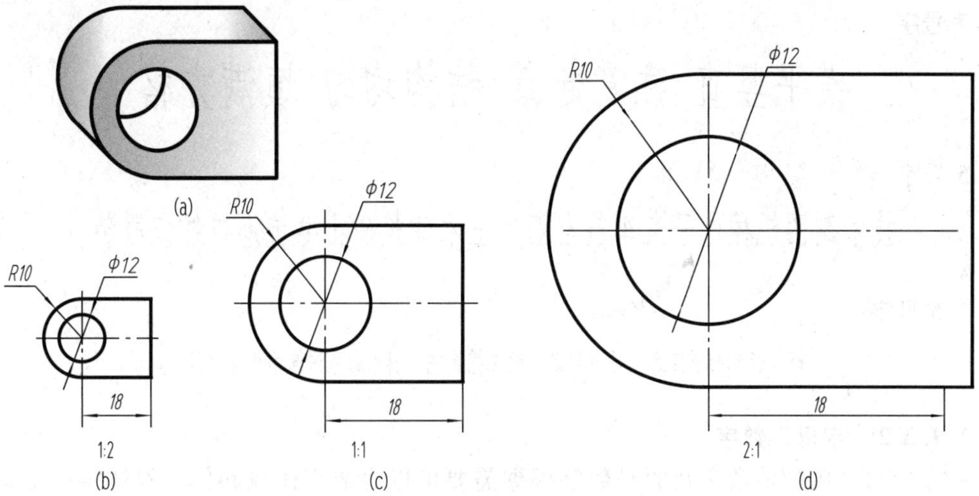

图 1 –4　用不同比例画出的图形

绘图所用比例，应根据所绘图样的用途与被绘对象的复杂程度从表 1 –2 中选取，并优先选用表中不带括号的比例。

表 1 –2　　绘图所用的比例

原值比例	1∶1
缩小比例	(1∶1.5)、1∶2、(1∶2.5)、(1∶3)、(1∶4)、1∶5、(1∶6)、$1:1\times10^n$、$(1:1.5\times10^n)$、$1:2\times10^n$、$(1:2.5\times10^n)$、$(1:3\times10^n)$、$(1:4\times10^n)$、$1:5\times10^n$、$(1:6\times10^n)$
放大比例	2∶1、(2.5∶1)、(4∶1)、5∶1、$1\times10^n:1$、$(2.5\times10^n:1)$、$(4\times10^n:1)$、$5\times10^n:1$

注：n 为正整数。

1.1.3　字体（GB/T 14691—1993）

工程图样中大量地使用汉字、数字及拉丁字母和一些符号，它们是工程图样的重要组成，字体质量不好不仅会影响图面质量也会给工程造成损失，因此国标对字体也做了严格规定，不得随意书写。

1.1.3.1　汉字

国标中规定汉字应书写成长仿宋字，并遵守国务院正式颁布的《汉字简化方案》。汉字常用的字号（字高）有：3.5、5、7、10、14、20 六种，字宽 b 约为字高 h 的 2/3，即 $b=2h/3$。

长仿宋字的特点是：笔画刚劲、排列均匀，起落带锋、整齐端庄。下面给出一些长仿宋字字例，供书写时参照。

10 号字

字体工整 笔画清楚 间隔均匀 排列整齐

7 号字

横平竖直 注意起落 结构均匀 填满方格

5 号字

技术制图机械电子汽车航空船舶土木建筑矿山井坑港口纺织服装

3.5 号字

螺纹齿轮端子接线飞行指导驾驶舱位挖填施工引水通风闸阀坝棉麻化纤

1.1.3.2 字母、数字

拉丁字母、阿拉伯数字及罗马数字根据需要可以写成直体或斜体。斜体字一般倾斜 75°，当与汉字一块书写时宜写成直体。拉丁字母及数字书写字例见图 1－5 所示。

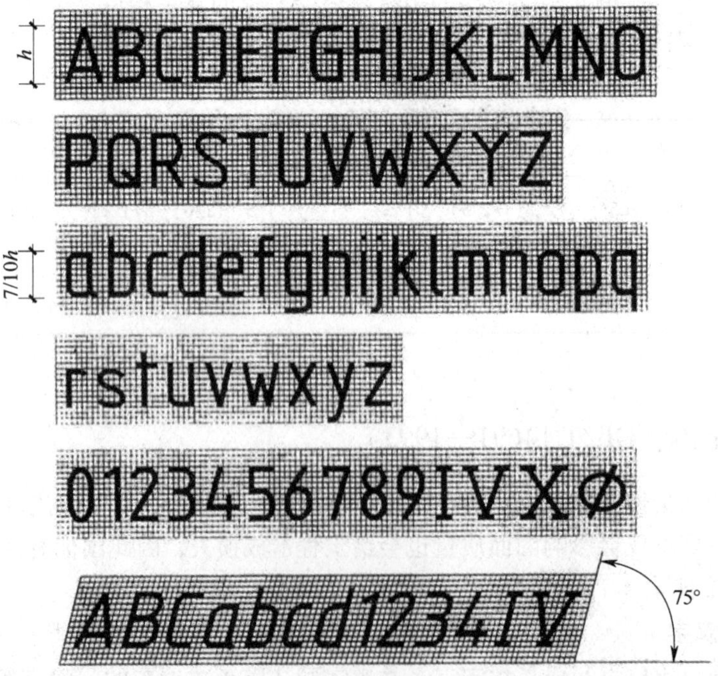

图 1－5 拉丁字母、阿拉伯数字、罗马数字字例

1.1.4 图线（GB/T 17450—1998 和 GB/T 4457.4—2002）

在工程设计制图中，为了使所画图形清晰、美观，国标把图线分成若干种类型和粗细，画图时可根据所画图线表达的内容主次和用途的不同而选用不同图线。

1.1.4.1 线宽

线宽即线条粗细度，按 GB/T4457.4—2002 规定，在机械图样中采用粗细两种线宽，它们之间的比例为 2:1。设粗线的线宽为 d，d 应在 0.25、0.35、0.5、0.7、1.0、1.4、2.0 中根据图样的类型、尺寸、比例和缩微复制的要求确定，优先采用 $d=0.5$ 或 0.7。同一幅图纸内，相同比例的图样应选用相同的线宽组合。

1.1.4.2 图线规格

机械工程图样中的图线的名称、代码、线型、一般应用以及应用实例，可查阅 GB/T 4457.4—2002。表 1－3 摘录了各种图线的名称、线型、线宽和主要用途。

表 1－3　各种图线的名称、线型、线宽和主要用途

名称	线　型	线宽	一般用途
粗实线		d	可见轮廓线、可见相贯线等
细实线		$0.5d$	尺寸线、尺寸界线、指引线、剖面线、重合剖面的可见轮廓线
粗虚线		d	允许表面处理的表示线
细虚线	1 4	$0.5d$	不可见轮廓线、不可见相贯线等
粗点画线		d	限定范围表示线（例如：限定测量热处理表面的范围）
细点画线	15~25	$0.5d$	轴线、对称中心线等
细双点画线	15~25	$0.5d$	假想轮廓线、轨迹线、中断线、相邻辅助零件的轮廓线等
波浪线		$0.5d$	断裂处的界线
折断线		$0.5d$	断裂处的界线

如图 1－6 所示，绘图时通常应遵守以下各点：

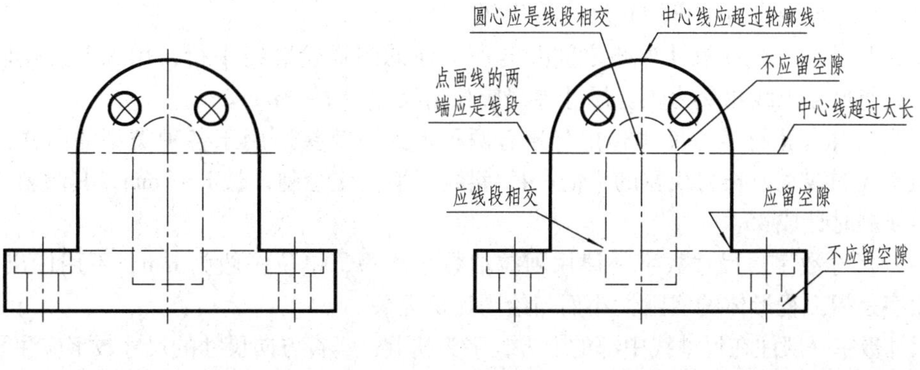

(a)正确　　(b)错误

图 1－6　图线应用示例

① 在同一图样中，同类图线的宽度应一致。虚线、点画线及双点画线的线段长度和间隔应各自大致相等。

② 相互平行的图线（包括剖面线），其间隙不宜小于粗实线的宽度，其最小距离不得小于0.7mm。

③ 绘制圆的对称中心线（简称中心线）时，圆心应为线段交点。点画线和双点画线的起止端应是长线段而不应是短画。

④ 在较小的图形上绘制点画线、双点画线有困难时，可用细实线代替。

此外，还应注意：

① 轴线、对称中心线、折断线和作为中断线的双点画线，应超出轮廓线2~3mm。

② 点画线、虚线和其他图线相交时，都应在线段处相交，不应在空隙或短画处相交。

③ 当虚线处于粗实线的延长线上时，粗实线应画到分界点，而虚线应留有空隙。当虚线圆弧和虚线直线相切时，虚线圆弧的线段应画到切点，而虚线直线需留有空隙。

1.1.5 尺寸标注（GB/T 11675.2—1996）

尺寸是图样的重要组成部分，也是进行加工的依据，尺寸标注错误或不当将会影响生产。因此，国标对尺寸标注时的尺寸要素、标注都做了较详细规定，设计时应遵照执行。

1.1.5.1 尺寸标注的四要素（如图1-7所示）

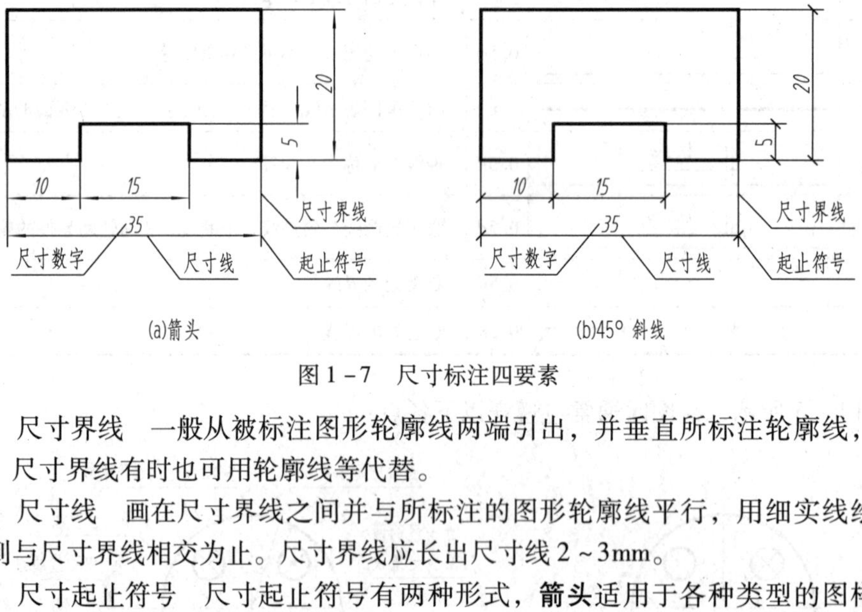

图1-7 尺寸标注四要素

（1）尺寸界线　一般从被标注图形轮廓线两端引出，并垂直所标注轮廓线，用细实线绘制。尺寸界线有时也可用轮廓线等代替。

（2）尺寸线　画在尺寸界线之间并与所标注的图形轮廓线平行，用细实线绘制，并刚好画到与尺寸界线相交为止。尺寸界线应长出尺寸线2~3mm。

（3）尺寸起止符号　尺寸起止符号有两种形式，**箭头**适用于各种类型的图样，其尾部为粗实线的线宽，长为线宽的4倍；45°**斜线**用细实线绘制，长1~2mm，其倾斜方向与尺寸界线顺时针成45°。

（4）尺寸数字　尺寸数字一律用阿拉伯数字注写，单位一般为mm，不用标出单位。尺寸数字是指工程形体的实际大小而与绘图比例无关。

尺寸数字一般注在尺寸线中部的上方，字头朝上；竖直方向尺寸的尺寸数字应注写在尺寸线的左侧，字头朝左；倾斜方向尺寸数字的注写方向应保持向上的趋势，如图1-8所示。

当倾斜线处于30°影线区内时，则应按图1-9的形式标注。

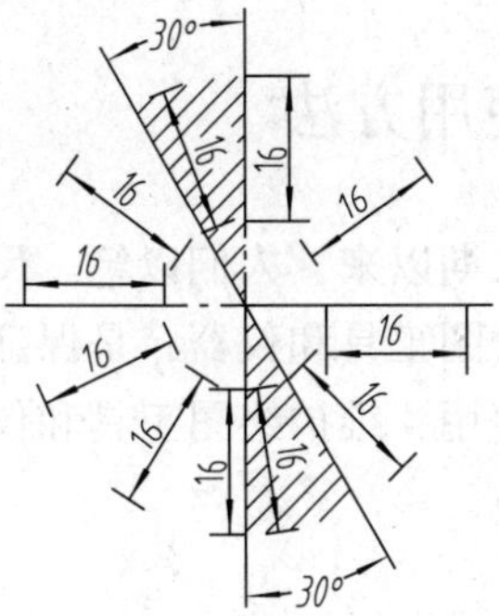

图 1－8　倾斜线尺寸数字的标注

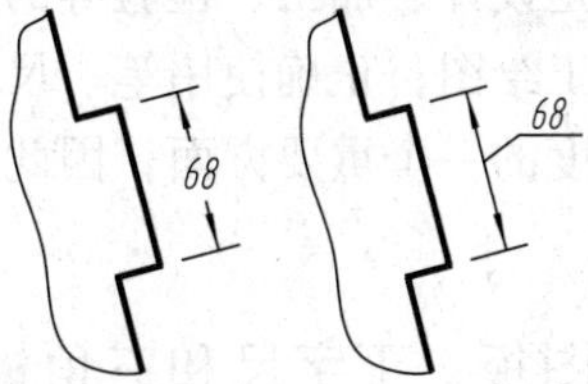

图 1－9　30°影线区内尺寸数字的注写方式

1.1.5.2　直径、半径尺寸的标注

在进行直径、半径尺寸的标注时，尺寸线应通过圆心，起止符号用箭头。

（1）直径尺寸　整圆或大于半圆的圆弧标注时都应标注直径，并在数字前加注直径符号“ϕ”。各种直径的标注形式，如图 1－10 所示。

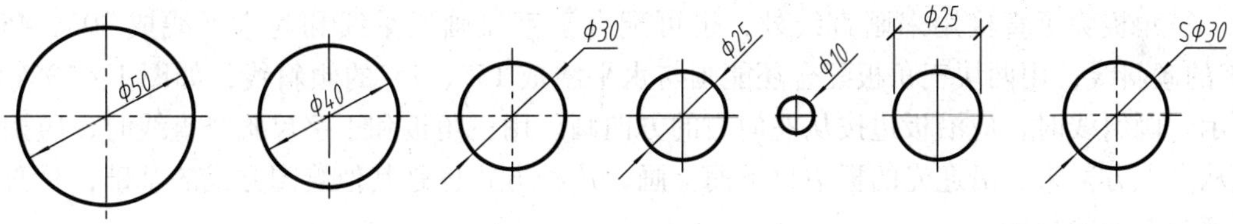

图 1－10　直径尺寸标注

（2）半径尺寸　标注半圆或小于半圆的圆弧时应标注半径，并在注写半径尺寸数字前加注符号“R”表示半径。半径尺寸线一端位于圆心处，另一端用箭头指至圆弧上。各种半径的标注形式如图 1－11 所示。

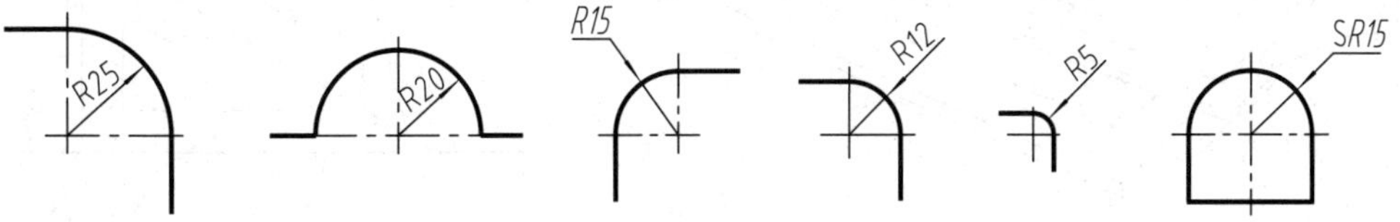

图 1－11　半径尺寸标注

（3）球的尺寸标注　球的半径或直径，标注时应在 R 或 ϕ 之前加注 S(sphere)，如 SR、Sϕ。

1.1.5.3　角度尺寸的标注

角度尺寸线是以角的顶点为圆心的圆弧，起止符号用箭头，角度数字**一律应水平书写**，如图 1－12 所示。

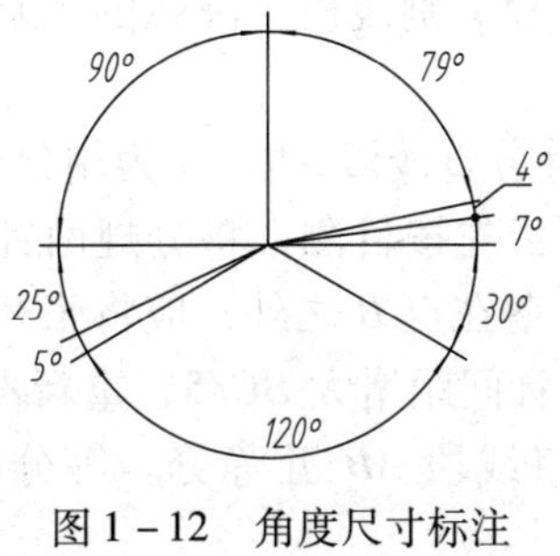

图 1－12　角度尺寸标注

1.2 绘图工具和仪器的使用方法

工程图样是设计、加工、检验等的工程技术语言。长期以来，人们以笔、尺和圆规在图板上进行手工绘图，正确使用笔、尺、圆规、图板等绘图工具和仪器，是保证绘图质量和加快绘图速度的一个重要方面，因此，必须养成正确使用、维护绘图工具和仪器的良好习惯。

1.2.1 图板、丁字尺和三角板

图板、丁字尺、三角板及其用法如图 1－13（a）所示。

图板是用来铺放与固定图纸的垫板，要求表面平整光洁，又因它的左侧作为丁字尺上下移动的导向边，所以必须平直。

丁字尺是画水平线的长尺。画图时，左手扶住尺头，使尺头始终紧靠图板左侧的导向边，移动到需要画线的位置，自左向右画水平线。

三角板除了直接用来画直线外，也可配合丁字尺画铅垂线和与水平线成 30°、45°、60°的倾斜线；用两块三角板配合还能画与水平线成 15°、75°的倾斜线，如图 1－13（b）所示。画斜线时，应沿板边按从左向右的方向画。用三角板和丁字尺画竖直线时，应按光线从左上方射来、沿迎光的板边自下而上画，这种方式也是其他绘图方式的基础，是必须了解与掌握的技能。

下面介绍一些常用的手工绘图工具和仪器及其使用方法。

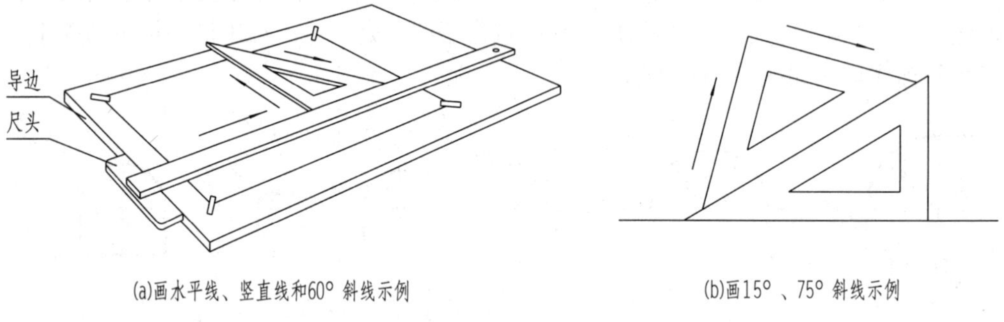

(a)画水平线、竖直线和60° 斜线示例　　(b)画15° 、75° 斜线示例

图 1－13　图板、丁字尺、三角板的用法

1.2.2 分规

分规是用来量取线段的长度和分割线段、圆弧的工具。如图 1－14（a）所示，分规两脚的针尖在并拢后，应能对齐。

图 1－14（b）是用分规五等分直线段 *AB*，作为用分规等分线段的用法举例，这种方法称为试分法。试分的过程如下：先按目测，将分规两针张开约 *AB*/5 长，在线段 *AB* 上连续量取五次，若分规的终点 *C* 落在点 *B* 之外，应将张开的两针间距缩短 *BC*/5；若终点 *C* 落在点 *B* 之内，则将张开的两针间距增大 *BC*/5，重新再量取，直到点 *C* 与点 *D* 重合为止，此时分规张开的距离即可将线段 *AB* 五等分。等分圆弧的方法与等分线段的方法类似。

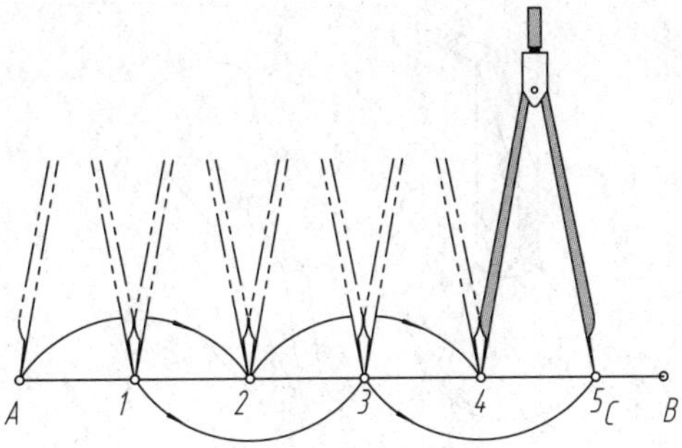

(a)针尖应对齐

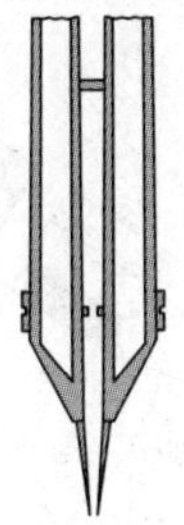

(b)用试分法等分直线段

图 1 – 14　分规的用法

1.2.3　圆规

圆规是画圆和圆弧的专用仪器。在使用圆规前，应先调整针脚，使针尖略长于铅芯。在使用圆规画图时，应将圆规向前进方向稍微倾斜；画较大圆时，应使圆规两脚都与纸面垂直。针腿两端的形状不同，画圆时采用有台肩的一端，以避免针尖下陷，使圆心变大，影响作图准确性。

为了扩大圆规的功能，圆规一般配有三种插腿：铅芯插腿（画铅笔圆用）、墨笔插腿（画墨线圆用）、钢针插腿（代替分规用），如图 1 – 15 所示。画大圆时还可在圆规上接一个延伸杆，以扩大圆的半径。

画铅笔圆或圆弧时，所用铅芯的型号要比画同类直线的铅笔软一号。例如画直线时用 B 铅芯，画圆时则用 2B 铅芯。

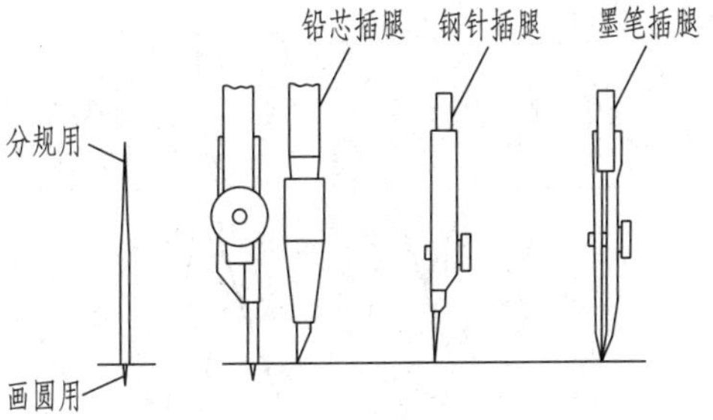

图 1 – 15　圆规的各种插腿

1.2.4　铅笔

铅笔用于画图线及写字，是手工绘图必不可少的工具。绘图铅笔的一端有铅芯软硬程度的标记，H、2H、3H…表示硬铅芯，H 前的数字越大，表示铅芯越硬；B、2B、3B…表示软铅芯，B 前的数字越大，表示铅芯越软；HB 表示铅芯软硬适中。画粗实线常用 B、2B 铅芯的铅笔，写字用 HB 或 H 铅芯的铅笔，画细线用 H 或 2H 铅芯的铅笔。

削铅笔时应保留其软硬程度的标记。画粗实线的铅笔芯一般用砂纸磨成方头，先把铅芯磨成厚为线宽 d 的两个平行平面，再把一侧的柱面磨成与两个平面垂直的平面，最后把带柱面的一侧磨成斜面，使用时将带柱面的一侧朝上即可；画其余图线和写字时应磨成圆锥状，见图 1 – 16。

1.3　几何作图与圆弧连接

在工程设计中，许多图样都是由各种几何图形组合而成。利用绘图仪器与工具，根据

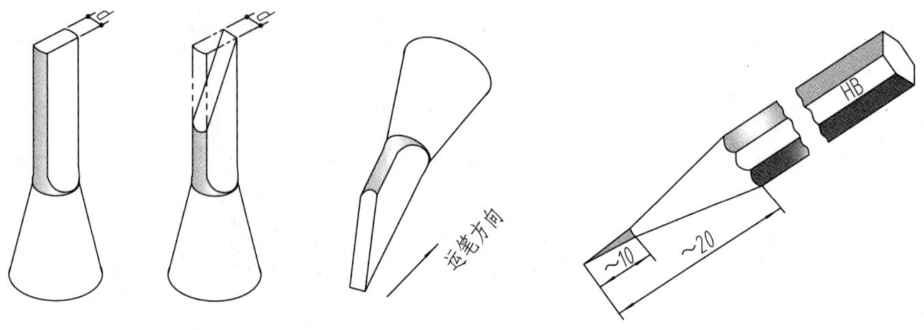

(a)画粗实线的铅笔　　　　(b)画细线及写字的铅笔

图 1－16　铅笔

几何原理准确地绘出所需的图形称几何作图。它涉及的问题很多，如平行线和垂直线、线段的平行分割、正多边形的画法、圆弧连接、规则曲线的画法等。

1.3.1　几何作图

1.3.1.1　平行线和垂直线

用两块三角板可以过定点 *K* 作已知直线 *AB* 的平行线或垂直线，具体作法见图 1－17（a）、（b）。

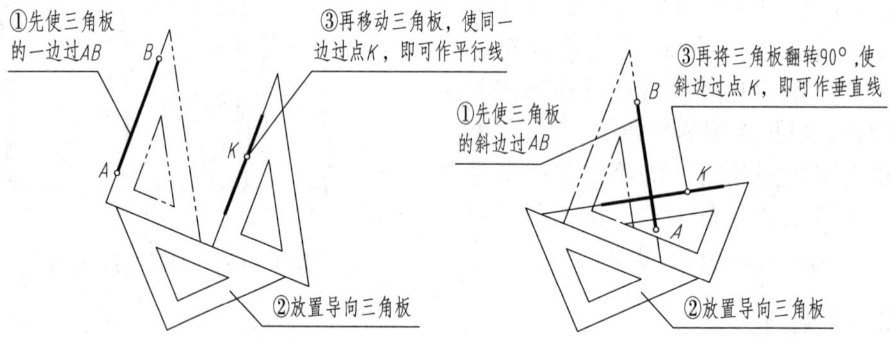

(a)过定点 *K* 作 *AB* 的平行线　　　　(b)过定点 *K* 作 *AB* 的垂直线

图 1－17　作平行线和垂直线

1.3.1.2　等分线段

图 1－14 已介绍了用分规等分已知线段 *AB* 的一种作法。

如图 1－18 所示为等分线段 *AB* 的又一作法。过点 *A* 作任一角度的直线 *AC*，在 *AC* 线上以任意长度截取五等份 *A*1 = 12 = 23 = 34 = 45，连接 5*B*，并过 4、3、2、1 各点作 5*B* 的平行线，交 *AB* 线于 4′、3′、2′、1′各点，点 1′、2′、3′、4′即为线段 *AB* 的等分点。

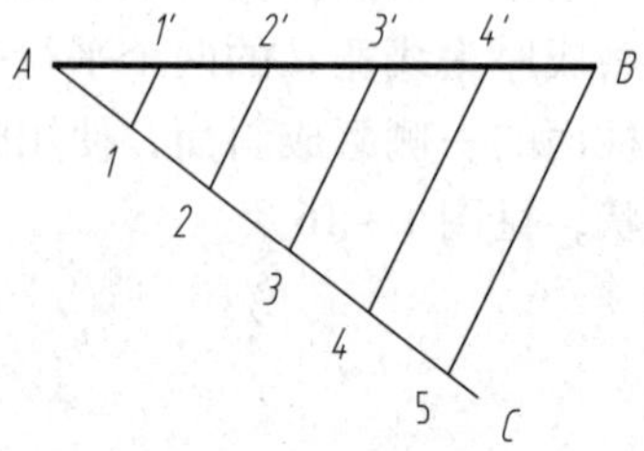

图 1－18　作等分线段

1.3.1.3　正多边形

图 1－19（a）、（b）分别介绍了圆的内接正五边形和正六边形的作法；图 1－19（c）以正七边形为例，介

绍了圆的内接正 n 边形的近似作法。

如图 1－19（a）所示，作出水平半径 ON 的中点 M，以 M 为圆心、MA 为半径作弧，交水平中心线于 H；以 AH 为边长，即可作出圆的内接正五边形。

如图 1－19（b）所示，用60°三角板配合丁字尺通过水平直径的端点作四条边，再以丁字尺作上、下水平边，即得圆的内接正六边形。

如图 1－19（c）所示，n 等分铅垂直径 AN（图中 $n=7$），得六个分点 1、2、3、4、5、6；以 N 为圆心、且 NA 为半径作弧，交水平中心线的延长线于点 M；从点 M 连接各偶数分点，如 $M2$、$M4$、$M6$；延长连线 $M2$、$M4$、$M6$ 与圆周相交得点 B、C、D，再作出它们的对称点 G、F、E，即可连成圆的内接正七边形。

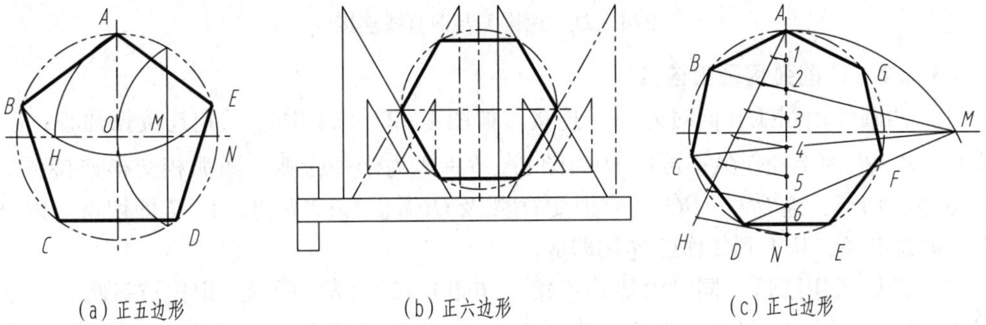

图 1－19　作正多边形

1.3.1.4　椭圆的画法

图 1－20 介绍了已知长、短轴用四圆心法作椭圆的近似画法。

如图 1－20 所示，连接椭圆长、短半轴的端点 A、C，取 $CE_1=CE=OA-OC$（半轴差）；作 AE_1 的中垂线，与两轴相交得点 O_1、O_2，再取对称点 O_3、O_4；分别以 O_1、O_2、O_3、O_4 为圆心，O_1A、O_2C、O_3B、O_4D 为半径作弧，即得所求近似椭圆，切点 K、N、N_1、K_1 即是四段圆弧的连接点。

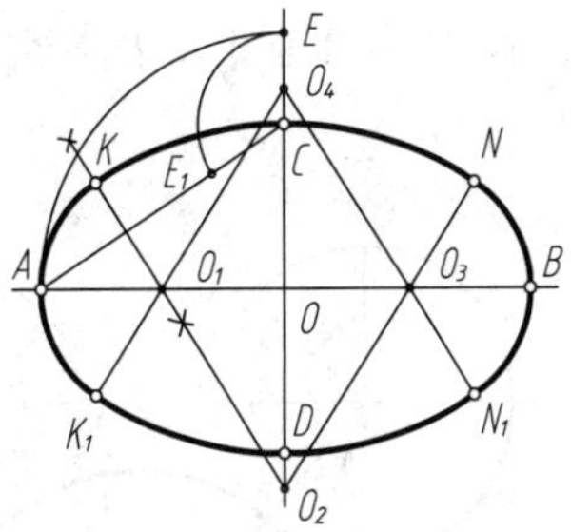

图 1－20　用四圆心法作近似椭圆

1.3.2　圆弧连接

圆弧连接即是用给定的圆弧将直线与直线或直线与圆弧或圆弧与圆弧进行光滑连接。这里所说的光滑连接即指：实现初等几何中的直线与圆弧或圆弧与圆弧的相切作图，其步骤就是**找出圆心**，**定出切点**，再按给定连接弧半径**在两切点之间画圆弧**。各种圆弧连接的作图方法如下。

1.3.2.1　两直线用圆弧连接

（1）两垂直相交直线用圆弧连接　如图 1－21（a）所示，以 B 为圆心，R 为半径作弧，交直角两边于 1、2 两点（即切点）；分别以 1、2 为圆心，R 为半径作弧，两弧相交于点 O 即连接圆心；以 O 为圆心，R 为半径，从 1 到 2 作圆孤连接即成。

（2）两一般相交直线用圆弧连接　如图 1－21（b）所示，以 R 为距离作两直线的平行线，两直线相交于点 O 即连接圆心；过点 O 作两直线的垂直线，相交得 1、2 两点（即切点）；以 O 为圆心，R 为半径，从 1 到 2 作圆弧连接即成。

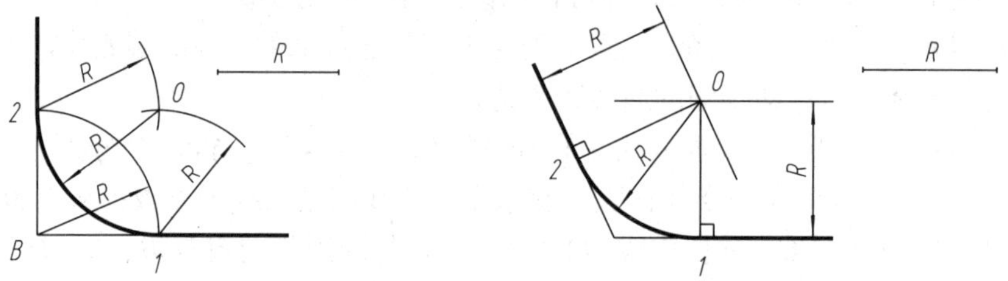

(a) 两直线垂直相交　　(b) 两直线一般相交

图 1－21　用圆弧与两直线连接

1.3.2.2　两圆弧用圆弧连接

（1）两圆弧用圆弧（同时外切）连接　如图 1－22（a）所示。定连接弧圆心：以 O_1 为圆心，$R+R_1$ 为半径作弧；再以 O_2 为圆心，$R+R_2$ 为半径作弧；两弧相交得连接弧的圆心 O 点。找切点：连 OO_1、OO_2，分别交 O_1 弧及 O_2 弧于 1、2 两点，1、2 即切点。以 O 为圆心，R 为半径，从 1 到 2 作弧连接即成。

（2）两圆弧用圆弧（同时内切）连接　如图 1－22（b）所示。定连接弧圆心：以 O_1 为圆心，$R-R_1$ 为半径作弧；再以 O_2 为圆心，$R-R_2$ 为半径作弧；两弧相交得连接弧的圆心 O 点。找切点：连 OO_1、OO_2 并将其延长，分别与 O_1 弧及 O_2 弧交于 1、2 两点，1、2 即切点。以 O 为圆心，R 为半径，从 1 到 2 作弧连接即成。

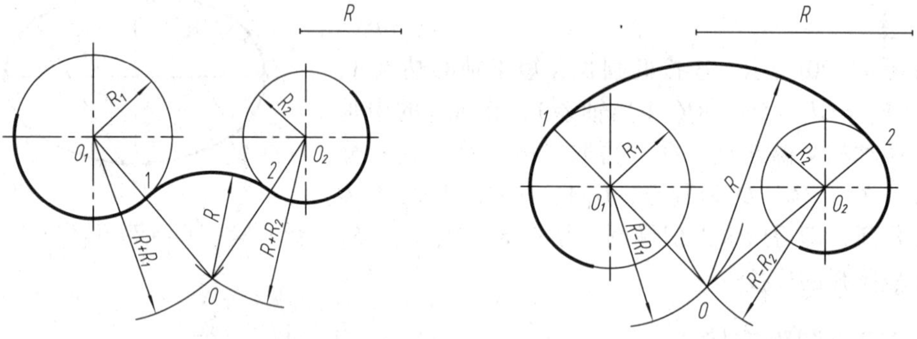

(a) 圆弧与两圆弧同时外切　　(b) 圆弧与两圆弧同时内切

图 1－22　用圆弧与两圆弧连接

1.3.3　平面图形的尺寸注法和线段分析

1.3.3.1　平面图形的尺寸注法

在注写平面图形的尺寸时，首先要确定长度方向和高度方向的尺寸基准。标注尺寸的起点称为**尺寸基准**。平面图形常用的尺寸基准是对称图形的对称线、较大圆的中心线、主要轮廓线等。平面图形的尺寸按其作用，分为确定各线段的形状和大小的**定形尺寸**（如直线段的长度、圆弧的直径或半径角度的大小等），以及确定图形各线段之间相对位置的定位尺寸。

标注尺寸要求做到正确，完整，清晰。

正确是指尺寸要按照国标的规定标注，尺寸数值不能写错和出现矛盾。

完整是指尺寸要注写齐全，也就是不遗漏各组成部分的定形尺寸和定位尺寸。在一般情况下，不注重复尺寸（也就是不注可以按已标注的尺寸计算或作图所画出的图线的尺寸）。这样按照图上所注的尺寸，既能完整地画出这个图形，又没有多余不用的尺寸。

清晰是指尺寸的位置要安排在图形的明显处，标注清楚，布局整齐。

如图1－23（a）的图形所示，要标注这个平面图形的尺寸，步骤如下：

① 先分析形状，确定尺寸基准。如图1－23（a）所示，由于这个平面图形的形状，在左右、上下两个方向上，虽然都不是完全对称的，但除了内孔的两个槽以外，在两个方向上是对称的，因而从总体而言，可以认为在这两个方向上都属基本对称。于是，就可选定外轮廓圆弧的两条中心线分别作为左右方向的长度基准和上下方向的高度基准，并可将外轮廓圆弧的圆心作为径向尺寸基准。

② 如图1－23（b）所示，根据对这个平面图形的形状分析，依照选定的尺寸基准，考虑并注出各部分所需的定位尺寸。

③ 在分析了这个平面图形的形状后，如图1－23（c）所示，考虑并注出各部分的定形尺寸。

④ 最后，按正确、完整、清晰的要求，校核所标注尺寸。如发现遗漏、重复、不够清晰，或其他缺点和错误，应及时修改。

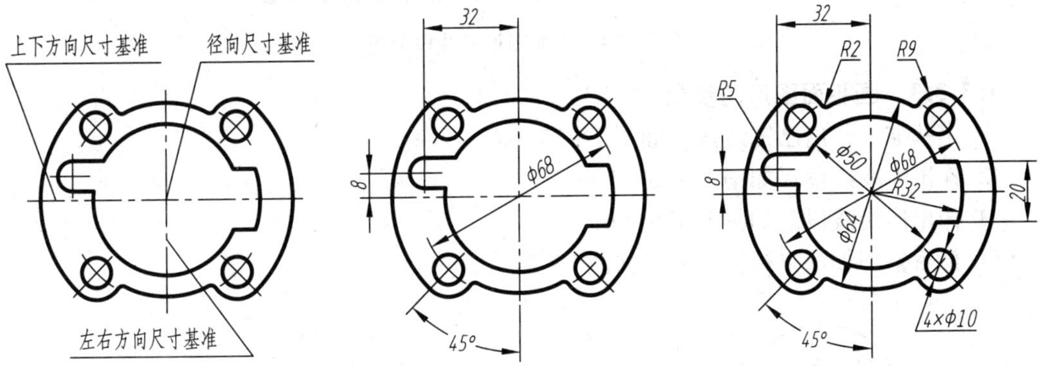

(a)选择基准　　(b)标注定位尺寸　　(c)标注定形尺寸

图1－23　平面图形的尺寸注法

1.3.3.2　平面图形线段分析

在平面图形中，有些线段因尺寸已给全，可以直接绘出；而有些线段则要按照相切的连接关系，用一定的方法才能画出。因此，绘图前应对所绘图形进行分析，从而确定正确的作图方法和步骤，以提高绘图速度和质量。

平面图形中的线段按所给出的尺寸是否齐全可分为三类：

（1）已知线段　具有足够的定形尺寸、定位尺寸，不依靠与其他线段相切的作图，就能直接按所注尺寸画出的线段，称为已知线段。如图1－24中的$\phi24$、$\phi12$及矩形

ABCD各线段均为已知线段。画图时，已知线段可直接按尺寸画出。

（2）中间线段　缺少一个定位尺寸，必须依靠一端与另一线段的连接关系而画出的线段，称为中间线段。如图 1 – 24 中的 R35，其圆心位置只知在 DA 直线的延长线上，垂直方向的定位尺寸要通过与 ϕ24 圆内切的关系，用作图来确定。

（3）连接线段　缺少两个定位尺寸，因而要依靠两端与另两线段的连接关系才能画出的线段，称为连接线段。在画圆弧连接部分的线段时，如包含有已知线段、中间线段、连接线段，必须先画已知线段，然后画中间线段，最后画连接线段。如图 1 – 24 中的 R20、R15，其圆心位置均需要根据其两端的连接关系，用作图方法来确定。

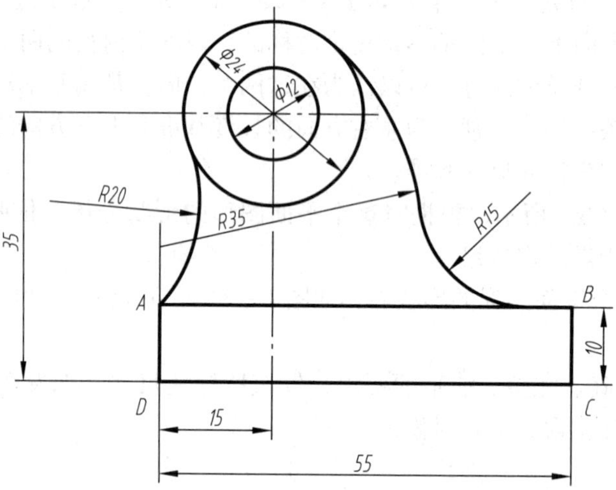

图 1 – 24　平面图形的线段分析

1.3.3.3　画平面图形的步骤

① 定基准、作出已知线段，如图 1 – 25（a）；

② 作出中间线段，如图 1 – 25（b）；

③ 作出连接线段，如图 1 – 25（c）。

④ 最后整理加深并标注尺寸，如图 1 – 24。

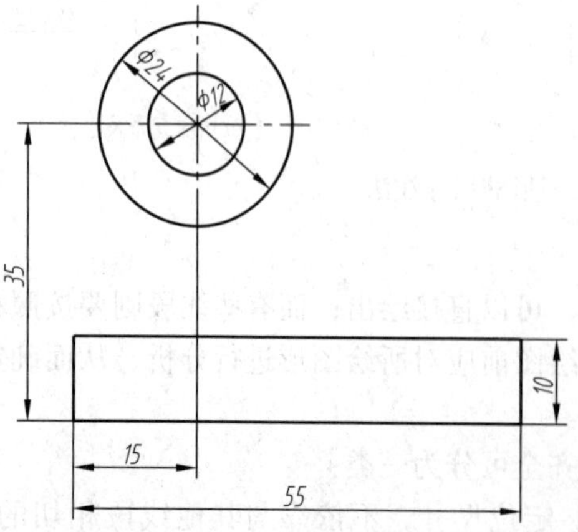

(a)定基准、作出已知线段

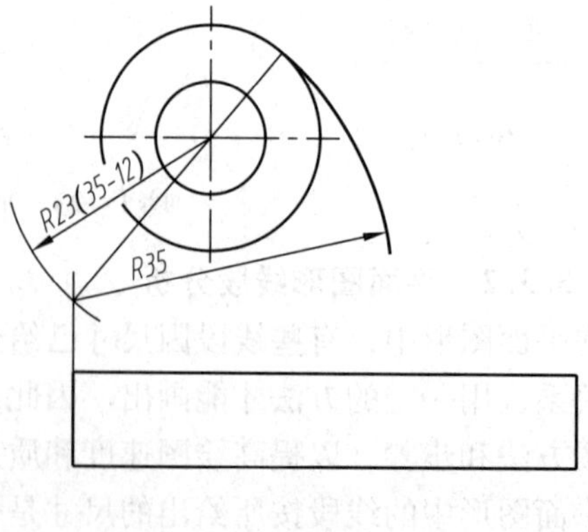

(b)作出中间线段

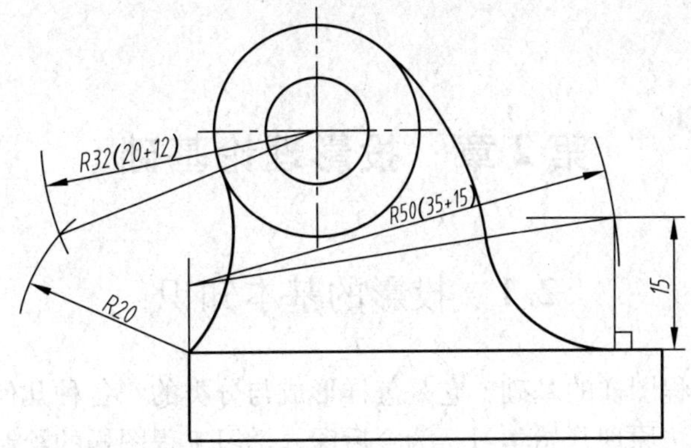

(c)作出连接线段

图 1－25　平面图形的画图步骤

第 2 章　投影理论基础

2.1　投影的基本知识

投影法是绘制工程图样的基础，它是怎样形成与分类的？各种几何元素的投影都有什么特征？本书从投影法原理开始学习，为今后深入学习工程图样的绘制与阅读奠定必要的理论基础。

2.1.1　投影的形成及分类

2.1.1.1　投影的形成

如图 2－1（a）所示，空间物体在阳光或灯光的照射下，便会在地面或墙面上留下影子，但是影子只能反映这个物体的大致外形轮廓，而无法反映物体表面各个棱线与棱面。如果我们把形成影子的条件抽象化，即光源抽象为投射中心，光线抽象为投射线，物体抽象成几何形体，地面与墙面都看成是个理想的平面——投影面。这时，把通过形体表面上各个顶点和棱线的投射线与投影面的交点相连，则在投影面上所得出的图形就是该形体的投影，如图 2－1（b）所示。比较图 2－1（a）与图 2－1（b），不难看出影子与投影的联系与差别。

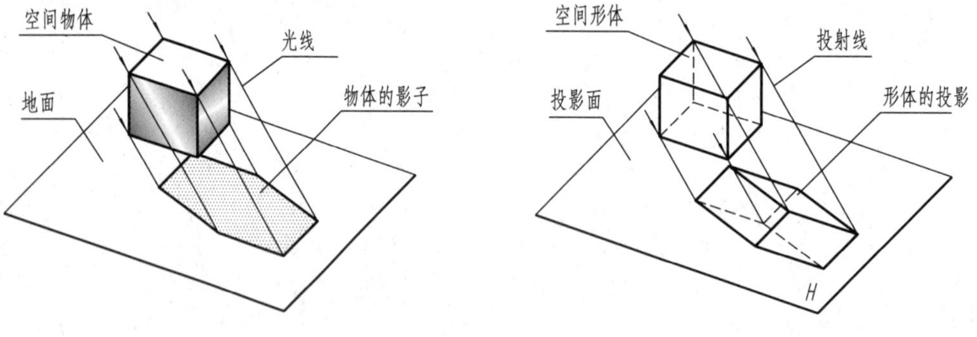

(a)物体的影子　　(b)形体的投影

图 2－1　物体的影子与投影

2.1.1.2　投影法的分类

在图 2－2（a）中，设平面 P 以及不在该平面上的一点 S，需作出点 A 在平面 P 上的图形。将 S、A 连成直线，作出 SA 与平面 P 的交点 a，即为点 A 的图形。平面 P 称为投影面，点 S 称为投射中心，直线 SA 称为投射线，点 a 称为点 A 的投影或投影图，这种产生图形的方法称为投影法。由此可见：投射线通过物体，向选定的面投射，并在该面上得到图形的方法，称为投影法；所有投射线的起源点，称为投射中心；发自投射中心且通过被表示物体上各点的直线，称为投射线；在投影法中承接投影的面，称为投影面；根据投影法所得到的图形，称为投影或投影图。

根据投射中心与投影面的相对位置不同，投影法可分为：

（1）中心投影法　如图2-2（a）所示。投射中心与投影面相距较近，投射线从一点出发，这时所得出的投影称中心投影。

（2）平行投影法　如图2-2（b）、（c）所示。当投射中心无限远离投影面时，投射线则互相平行，所得到的投影称平行投影。平行投影又可根据投射线与投影面是否垂直分为：

① 平行正投影法　即投射线与投影面垂直时所形成的投影法，如图2-2（b）所示。

② 平行斜投影法　投射线与投影面不垂直时所得出的投影法，如图2-2（c）所示。

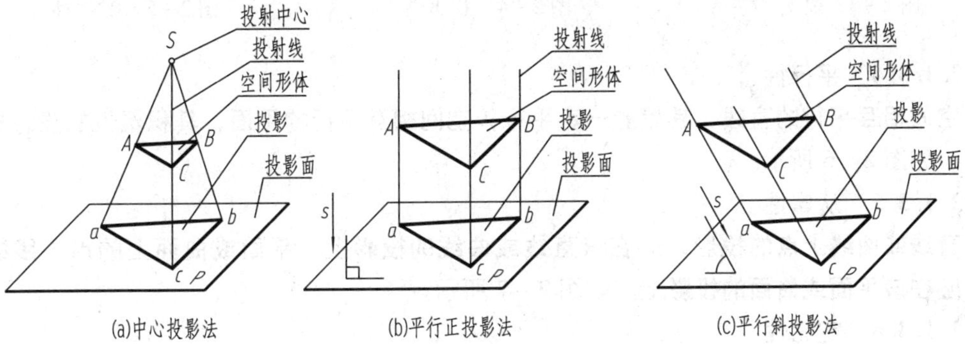

图2-2　投影法的分类

2.1.2　投影形成的三要素

从投影形成的过程可以看出，若形体位置、投射中心（或投射方向）及投影面位置确定，则形体的投影就唯一确定。为此，我们称**形体**、**投射中心**（或投射方向）、**投影面**为投影形成的三要素。

由于正投影法的投射方向垂直于投影面，因此，对正投影法而言，只要形体位置、投影面位置确定，则正投影也就唯一确定。这表明采用正投影法时，获得投影图会更为方便。

2.1.3　正投影法的基本性质

正投影法的基本性质是使用正投影法作图的重要依据，是画图与读图的基础，其主要特性如下。

2.1.3.1　真实性

当直线或平面图形平行某一投影面时，则直线或平面图形在该投影面上的投影反映实长或实形。如图2-3所示。

2.1.3.2　积聚性

当直线、平面、柱面垂直于某一投影面时，则投影分别聚成点、直线、曲线。如图2-4所示。

2.1.3.3　类似性

当直线或平面图形倾斜于投影面时，直线的投影仍为直线，长度缩短；平面的投

影是平面图形的类似形。类似形：指平面图形投影后所得的投影图，与原平面图形相比，表现为边数相等，凸、凹状态相同，平行关系、曲直关系不变。如图 2－5 所示。

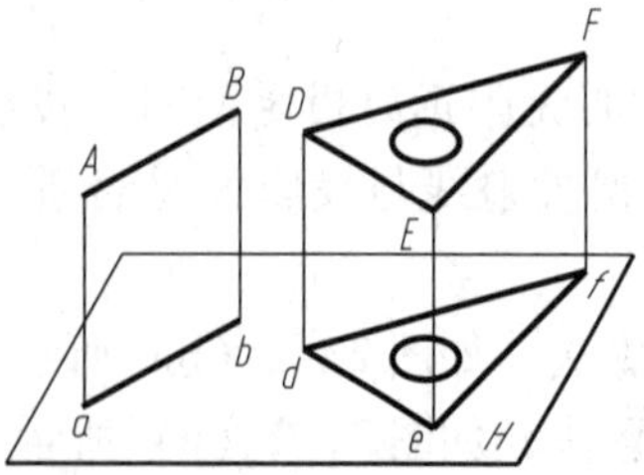

图 2－3　真实性

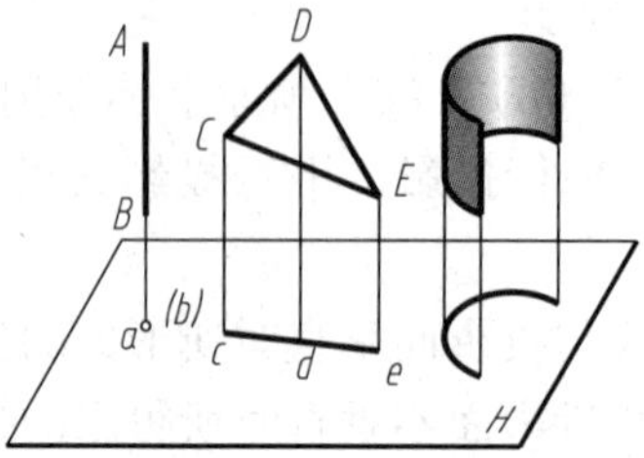

图 2－4　积聚性

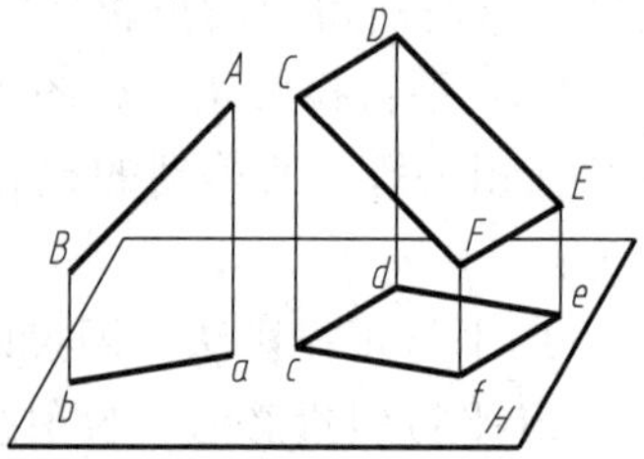

图 2－5　类似性

2.1.3.4　平行性

空间相互平行的直线，其投影一定平行；空间相互平行的平面，其积聚性的投影相互平行。如图 2－6 所示。

2.1.3.5　从属性

直线或曲线上点的投影，必在该直线或曲线的投影上；平面或曲面上的点、线的投影，必在该平面或曲面的投影上。如图 2－7 所示。

2.1.3.6　定比性

直线上的点分割线段之比，投影后保持不变；空间两平行线段长度的比，投影后保持不变。如图 2－8 所示。

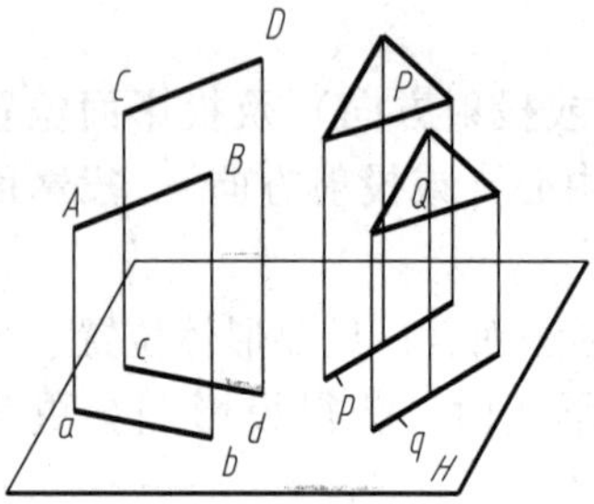

图 2－6　平行性

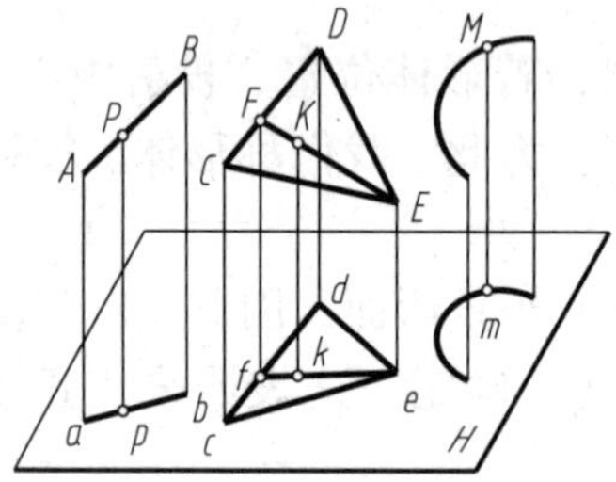

图 2－7　从属性

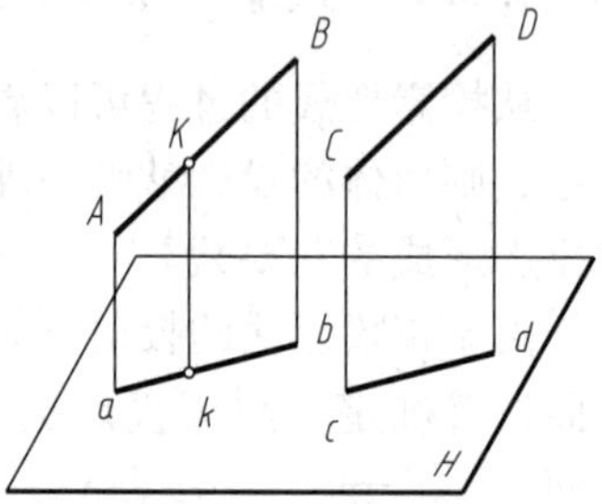

图 2－8　定比性

本书约定：空间的点、线、面用大写字母表示，其投影用相应的小写字母表示。

2.1.4　投影法的应用

2.1.4.1　中心投影法

人们观察物体时，人的眼睛就相当于投射中心，因此，根据中心投影法所绘的投影图具有形象逼真、立体感强的特点，但其可度量性较差、准确绘图较为困难，所以此方法常用于绘制建筑或产品的富有逼真感的立体图。它是绘制透视图的理论基础，如图 2－9 所示。

2.1.4.2　斜投影法

斜投影法用于绘制斜轴测图，如图 2－10 所示。

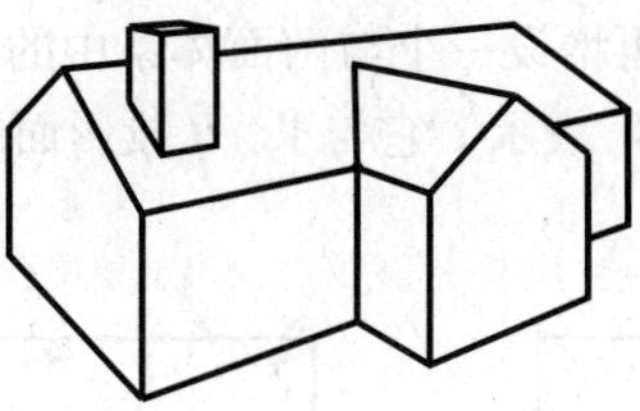

图 2－9　透视图

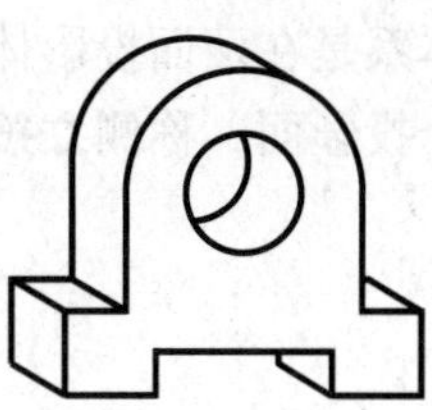

图 2－10　斜轴测图

2.1.4.3　正投影法

正投影法便于多面投影，在表达物体时，往往需要用几个不同投射方向的多面投影来分别反映物体各侧面的形状及结构特征，如图 2－11 所示。因此，正投影法是绘制工程图样的主要方法。显然，正投影图具有很好的真实性、可度量性及准确性，但立体感差，需要进行一定的学习和训练才能熟练地运用。在本书后面的章节中，如未加说明，则所提到的“投影”均指正投影。

同时，正投影法还可以应用于正轴测图和标高投影图的绘制，如图 2－12、图 2－13 所示。

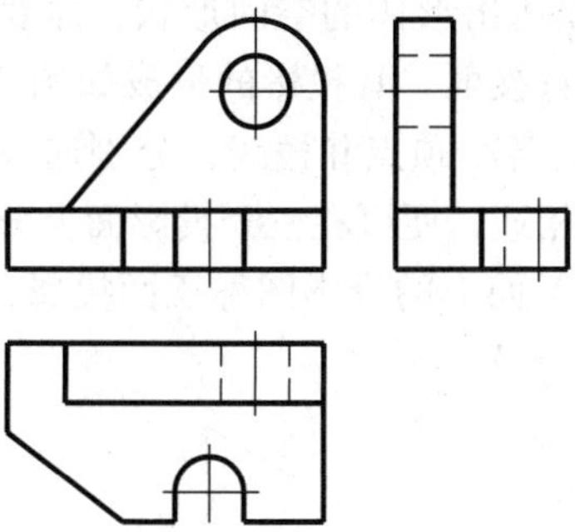

图 2－11　正投影图

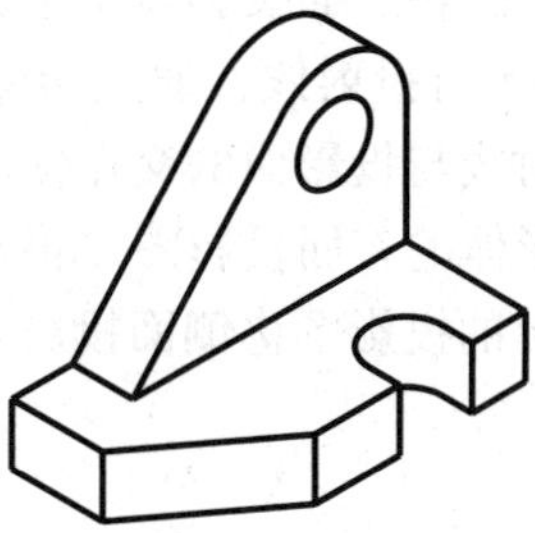

图 2－12　正轴测图

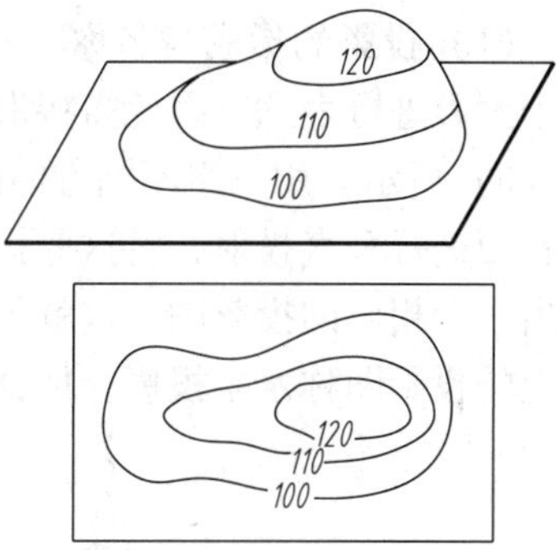

图 2－13　标高投影图

2.1.5　三面投影体系及三视图的形成、特性

2.1.5.1　投影面体系

从正投影的形成过程可知，只要形体位置确定，投影面确定，则正投影就是唯一确定的。反之，如果已知形体在一个投影面上的投影，能否确定其在空间的位置及形状呢？如图 2－14 所示，显然单个投影不能完整、正确地确定空间形体的位置及形状。因为从立体几何可知，要确定一个空间要素的位置，需要一个三维坐标系。

因此，用正投影图表达形体形状时，是把形体放在一个由投影面形成的投影空间内。这个由投影面形成的投影空间称为投影面体系。如图 2－15（a）所示的**投影空间是由两个相互垂直的投影面形成的体系，称两面投影体系**；图 2－15（b）所示的**投影空间是由三个相互垂直的投影平面形成的体系，称三面投影体系**。

在两面投影体系中竖直放置的投影面，称**正立投影面**，用字母 *V* 表示；水平放置的投影面与正面投影面垂直，称**水平投影面**，用字母 *H* 表示；两个投影面的交线称**投影轴**，用字母 *OX* 表示。

三面投影体系是在两面投影体系的基础上，再增设一个与两面体系中的 *V*、*H* 投影面均垂直的第三个投影面，称**侧立投影面**，用字母 *W* 表示，它与 *V*、*H* 投影面的交线分别为 *OZ* 轴和 *OY* 轴。

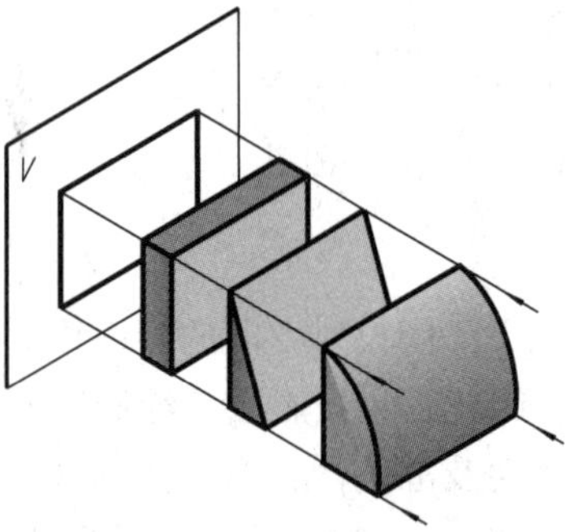

图 2－14　不同形体的单面正投影

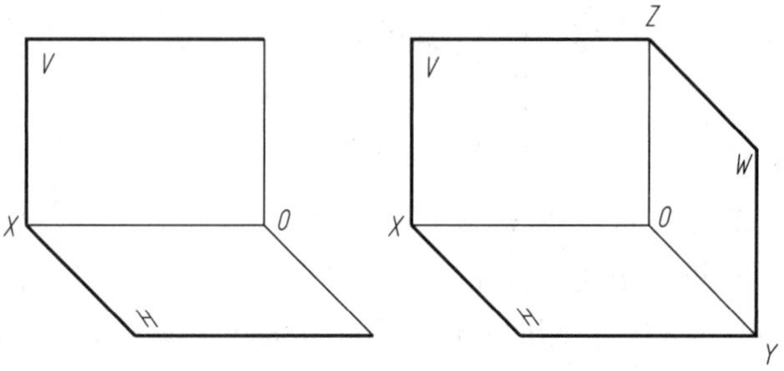

(a)两面投影体系　　(b)三面投影体系

图 2－15　投影面体系

2.1.5.2　形体在投影面体系中的投影

下面以三面投影体系为例，说明形体投影的形成与画法。

（1）投影的形成与名称　一般情况下，要完整准确表达出形体的空间形状，需要用三个投影进行表达，因此需将形体放在三面投影体系中进行投射，其投影的形成如图 2－16（a）所示。用三组不同方向的平行投射线，通过形体的各个顶点和棱线，分别向三个投影面进行垂直投射，将这些投射线与投影面的交点依次相连，便可在三个投影面上分别得出一个相应的投影图，这就是形体的三面投影图。将在 *V* 面上的投影图称**正面投影**，*H* 面上的投影图称**水平投影**，*W* 面上的投影图称**侧面投影**。

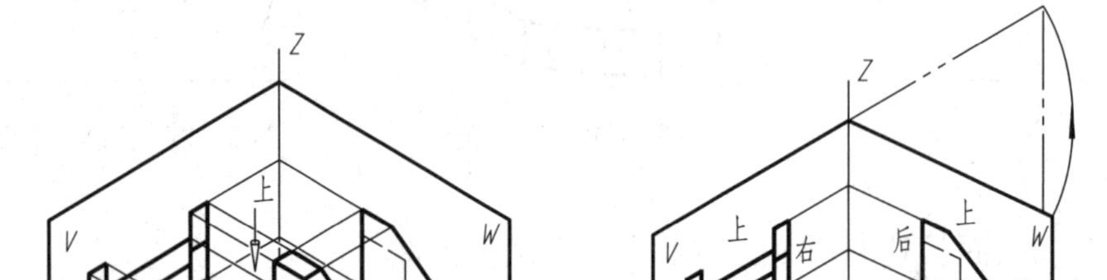

(a)三面投影的形成　　(b)三面投影的展开

图 2－16　三面正投影的形成与展开

（2）投影面的展开　上述方法所形成的三面正投影仍是分别处在三个互相垂直的投影面内，为了将其画在同一个平面内，则需将上述三个相互垂直的投影面展开到同一个平面内。具体展开方法如图2－16（b）所示，令V面不动，将H面绕OX轴向下旋转到与V面重合，将W面绕OZ轴向右旋转到与V面重合，这样三个投影面便展开在同一平面内。展开后的投影面与投影如图2－17（a）所示。

由于投影面体系是假想给定的，所以投影面的边界线及投影轴的位置与形体投影形状是没有关系的，实际画图时均可省略。即投影面边界及投影轴不必画出，只画出形体的三个投影即可，如图2－17（b）所示。

（3）三面投影之间的关系　从图2－17（a）中可以看出：正投影图中反映出形体的长与高（即X、Z坐标），水平投影则反映出形体的长与宽（即X、Y坐标），显然两个投影中的长应该相等；而侧面投影图中反映的是形体的高与宽（即Z、Y坐标），因此，侧面投影中的高应与正面投影中的高相等，侧面投影中的宽应与水平投影中的宽相等。这种**投影之间的长相等、高相等、宽也相等的关系，习惯上被称为投影间的“三等”关系，这种关系是三个投影间的内在联系，也是画图与读图的依据**。为保证这三个相等，**画图时应做到：长对正、高平齐、宽相等**。

在进行三面投影作图时，只要做到高平齐、长对正便可保证高相等、长相等，但若要保证宽相等则需用几何作图的方法来实现。如图1－17（b）中利用45°斜线来完成作图。

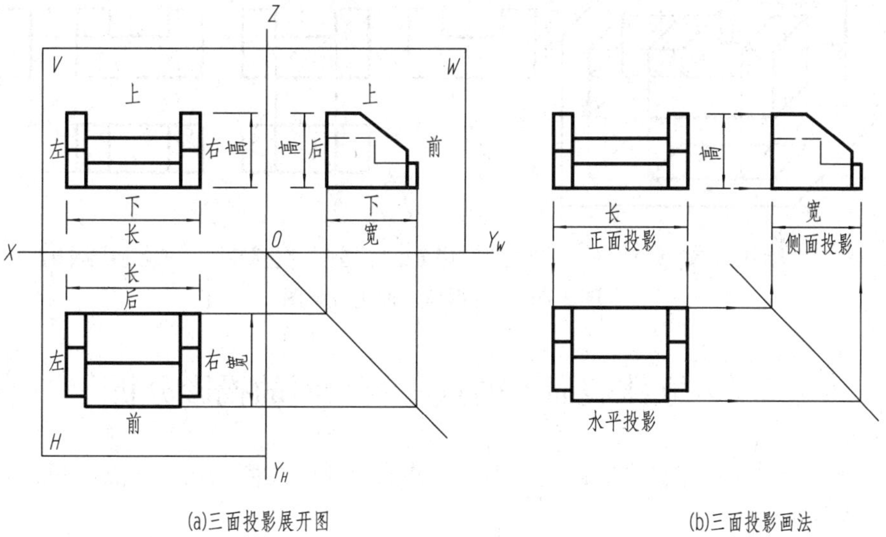

图2－17　三面投影展开图与画法

（4）投影图中的方向　从图2－16（b）和图2－17（a）中，不难看出展开后投影图中的方向。在正面投影中，投影图的上、下、左、右，即代表了形体本身的上、下、左、右空间关系；在水平投影图中，其上、下、左、右，则反映的是形体的后、前、左、右关系；侧面投影图中的上、下、左、右，则表示的是形体的上、下、后、前空间关系。认清投影图中的这些投影的方向（Z坐标表示上、下，X坐标表示左、右，Y坐标表示前、后；而这三组反义词的阅读顺序，又对应了相应坐标的大、小），对建立空间想象能力是非常重要的。

2.1.5.3　三面投影图画法举例

［例2－1］　下面用图2－18（a）所示形体来说明形体三面正投影的画法。

分析与作图：

① 确定形体在三面投影体系中的位置　如何确定形体在三面投影体系中的位置，应本着画图方便为原则，即力求使形体的表面与投影面平行。

② 画三面投影　画形体的三面投影时，从哪个投影开始需具体分析，一般情况下先画正面投影。本例是从正面投影开始画起，因该投影反映形体前后表面实形，很容易度量画图，如图 2－18（b）所示。

正面投影画出后，可根据长对正原则，在其下方画出水平投影。水平投影反映顶面及凹槽的实形为三个矩形，如图 2－18（c）所示。

正面投影与水平投影画出后，可根据高平齐、宽相等关系求出侧面投影。侧面投影反映形体左侧面实形，另外还应将凹槽底面的投影画出，由于凹槽位于形体中间部位，投影时不可见，故其投影应画成虚线，如图 2－18（d）所示。

③ 整理投影轮廓线　三个投影画完后应先进行检查，看是否有错误或多漏图线。如正确无误，将可见的图线加深为粗实线，不可见的图线画成虚线，去掉无用的作图线。

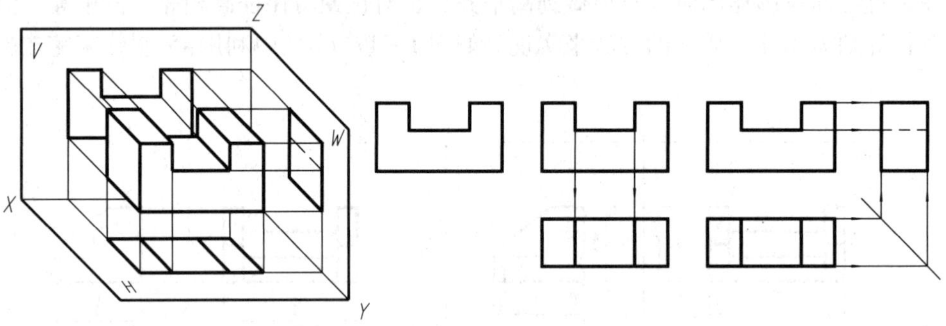

(a)给出欲画形体　(b)画出正面投影图　(c)画出水平投影图　(d)画出侧面投影图

图 2－18　画形体三面正投影图

2.2　立体表面上的点、线、面的投影分析

为了进一步讨论形体投影的画法，下面将构成形体的几何元素——点、线、面的投影规律作深入分析。

2.2.1　立体表面上点的投影

点是立体上最基本的几何元素，一般体现为棱线和棱线的交点。把点的投影规律掌握好了，其他问题就会变得相对简单。

2.2.1.1　点在两面投影体系中的投影

如图 2－19（a）所示，将空间一点 A 放在两面体系中，然后过点 A 分别向 V 面、H 面进行垂直投射，则投射线与 V 面交点为 a'，即 A 点的正面投影；投射线与 H 面的交点 a，即 A 点的水平投影。去掉空间点 A 后，令 V 面不动，将 H 面绕 OX 向下旋转到与 V 面重合，如图 2－19（b）；去掉投影面的边框线，只保留点的两面投影，如图 2－19（c）。这样，便可用点的两面投影 a、a' 表明点在空间的位置（进行逆过程操作便可得到空间点 A）。

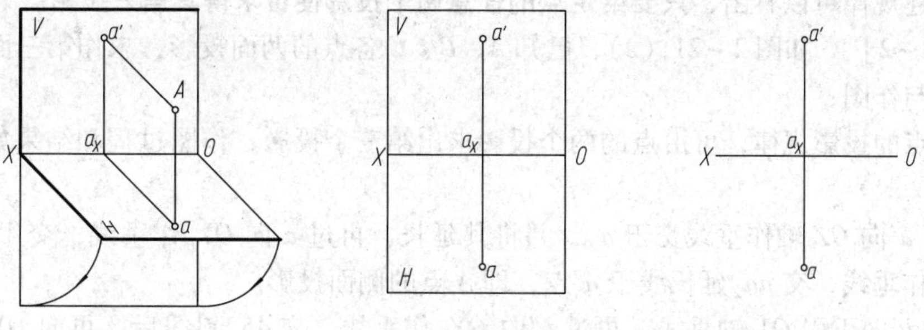

(a)直观图　(b)展开图　(c)点的两面投影

图 2－19　点的两面投影

观察图 2－19（a）和图 2－19（c），可以得出如下规律：

① **点的正面投影 *a′* 与其水平投影 *a* 的连线垂直投影轴 *OX***，即 $aa' \perp OX$。

② **点到 *H* 面的距离等于其正面投影 *a′* 到 *OX* 轴的距离，点到 *V* 面的距离等于其水平投影 *a* 到 *OX* 轴的距离**，即 $A \to H = a'a_X$，$A \to V = aa_X$。

由上述规律中还可得出如下推论：

若点在某一投影面内时，其一投影与自身重合，另一投影必在投影轴上。

2.2.1.2　点在三面投影体系中的投影

如图 2－20（a）所示，将点 A 放置在 H、V、W 构成的三面投影体系中，然后过 A 点分别向三个投影面进行垂直投射，各投射线与投影面的交点 a、a′、a″即 A 点的三面投影。将投影面展开，如图 2－20（b），展开后 OY 轴被分成两条，在 H 面内以 Y_H 表示，在 W 面内以 Y_W 表示。去掉投影面边框，则点的三面投影如图 2－20（c）所示。

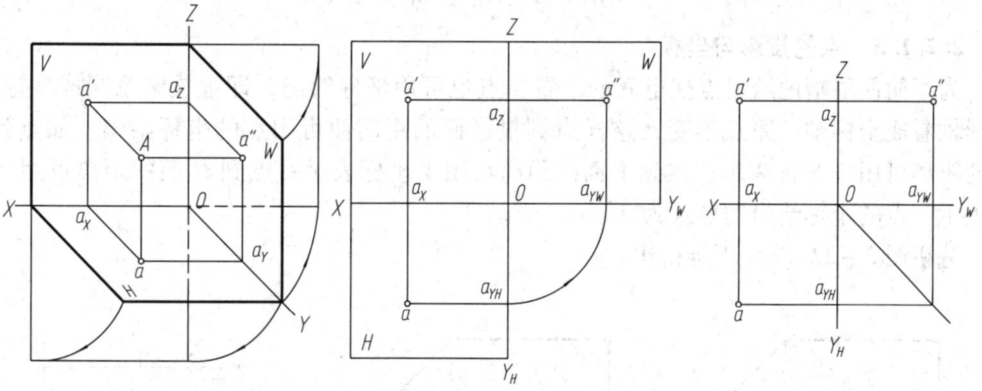

(a)直观图　(b)展开图　(c)点的三面投影

图 2－20　点的三面投影

分析图 2－20（a）、图 2－20（c），可得出点在三面投影体系中的规律：

① **点的两个投影的连线垂直相应的投影轴**。即 $a'a \perp OX$，$a'a'' \perp OZ$，$aa_{YH} \perp OY_H$；$a''a_{YW} \perp OY_W$，即表现为：四条投影连线组成一个矩形，右下角交于 45°斜线。

② **点到某一投影面的距离，可用另外两投影面上点的投影到相应投影轴的距离表示**。即：$A \to H = a'a_X = a''a_Y$，$A \to V = aa_X = a''a_Z$，$A \to W = aa_Y = a'a_Z$。

从上述规律可以看出，**只要给定点的任意两个投影便可求得其第三投影。**

[例 2-2] 如图 2-21（a），已知 A、B、C 各点的两面投影，求作第三面投影。

分析与作图：

利用点的投影规律，可由点的两个投影求出第三个投影，作图过程和结果如图 2-21（b）所示。

① 过 a' 向 OZ 轴作垂线交于 a_Z，并将其延长，再过 a 向 OY_H 作垂线，交 45°斜线后，再向 OY_W 作垂线，交 aa_Z 延长线于 a'' 点，即 A 点的侧面投影。

② 过 b' 向下引 OX 轴垂线，再过 b'' 向 OY_W 作垂线，交 45°斜线后，再向 OY_H 作垂线，与 bb_X 延长线交于 b 点，即得到 B 的水平投影。

③ 因 c' 在 OX 轴上，c'' 必在 OY_W 上，故可直接过 c 作 OY_H 的垂线，交 45°斜线后，向上引垂线交 OY_W 轴于 c'' 点，即 C 点的侧面投影。

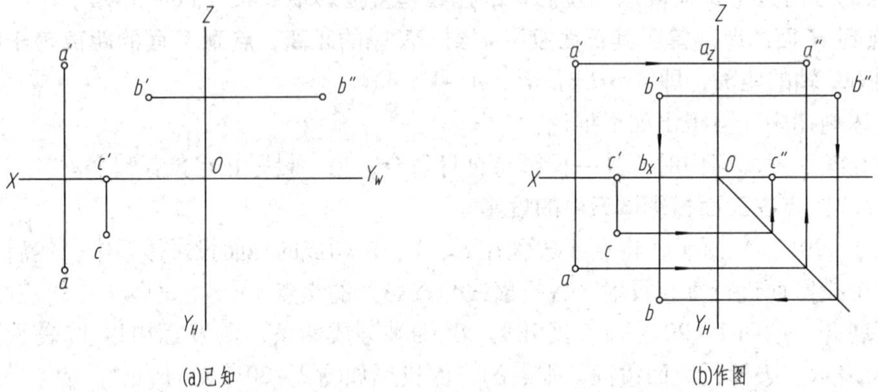

图 2-21 点的二求三

2.2.1.3 点的投影与坐标

为了简便清晰地给出点在空间的位置，点也可用坐标给出，即把投影系当成坐标系，投影轴看成坐标轴，原点不变，这样点到投影面的距离便可用点的坐标给出。如点到 W 面的距离可用 X 坐标表示；点到 V 面的距离可用 Y 坐标表示；点到 H 面的距离可用 Z 坐标表示。点的坐标给出的形式为 A（x，y，z）。

分析图 2-22（a）不难得出：

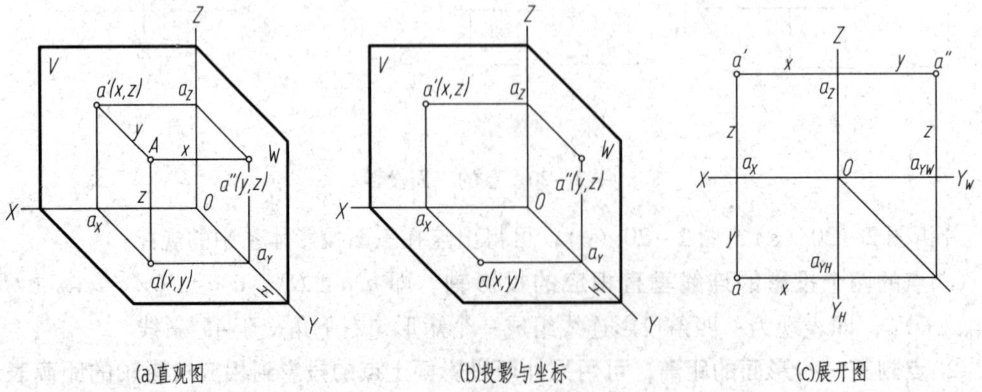

图 2-22 投影与坐标转换

① 点的水平投影是由 x、y 两坐标给定；

② 点的正面投影是由 x、z 两坐标给定；

③ 点的侧面投影是由 y、z 两坐标确定。

由于点的每一投影都是由两个坐标确定，因此只要给出点的两个投影，便是给出了点的三个坐标，也就是给定了点在空间的位置，这就是可以用点的两个投影求出点的第三个投影的原因。

2.2.1.4 重影点及其可见性

当空间两点处于同一条投射线上时，其投影重合为一点，这样的点称为投影面的重影点。如图 2-23（a），A、B 两点在 H 面上投影重合，称 A、B 两点为 H 面的重影点；同样，C、D 两点在 V 面上投影重合，称 C、D 为 V 面的重影点。

两点投影重合时，将会产生投影的可见与不可见的问题。如何区别重影点的可见性？如图 2-23（b），当 A、B 两点在 H 面的投影重合时，可观察其在 V 面的投影，因 a' 在上，b' 在下，故 a 可见，b 不可见，不可见的投影用括号区别如（b）；同样，C、D 两点在 V 面的投影 c' 与 d' 重合时，应看其在 H 面的投影，因 c 在前，d 在后，则 c' 可见，d' 不可见，标为（d'）。从上述两例可以得出：**重影点的可见性主要是根据点到投影面的距离判别，即坐标大的点可见，坐标小的点不可见。**

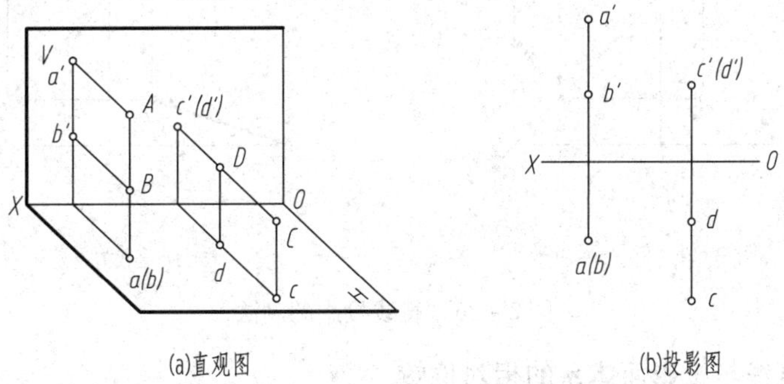

图 2-23 重影点及可见性

2.2.2 立体表面上直线的投影

直线是立体上的棱线，一般表现为平面和平面的交线。

2.2.2.1 直线的投影

（1）直线投影的两种情况 一般情况下，直线的投影仍是直线，但当直线与投射方向一致时，其投影积聚为一点。如图 2-24 所示。

（2）直线与投影面的倾角 直线与投影面的倾角，是指空间直线与其在该投影面内投影之间的夹角，如图 2-25（a）中 α 角。

直线与 H、V、W 投影面之间的倾角，分别用 α、β、γ 表示，取 $0° \leqslant \alpha$、β、$\gamma \leqslant 90°$，如图 2-25（b）所示。

（3）直线投影的画法 直线的投影可由直线上任意两点的同面投影相连得到。如图 2-26（a），首先作出端点 A、B 的三面投影 a、a'、a'' 和 b、b'、b''，然后将其同面投影分别用直线相连，即得出直线 AB 的三面投影，如图 2-26（b）所示。

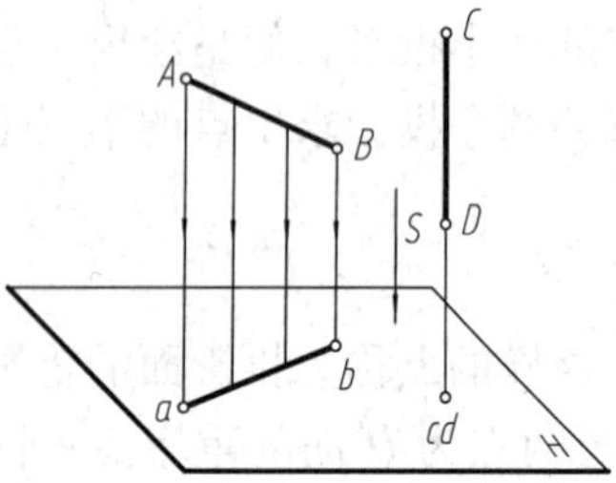

图 2－24　直线的投影

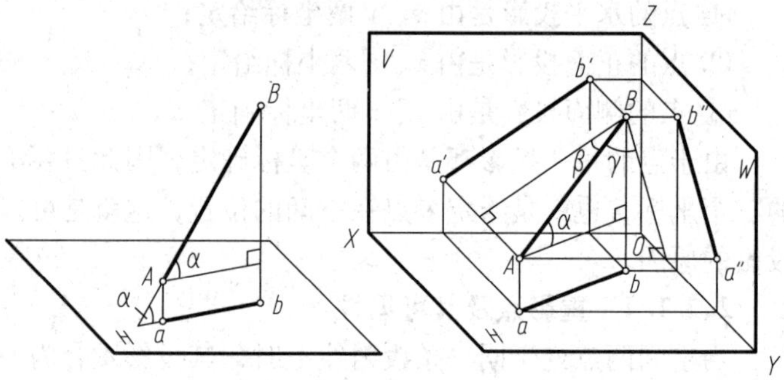

(a)直线与 H 投影面的倾角　　(b)直线与三投影面的倾角

图 2－25　直线与投影面的倾角

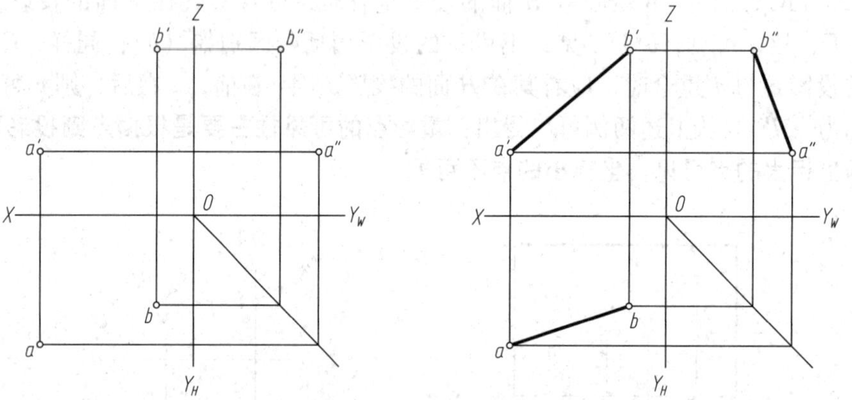

(a)给出直线上两个点的投影　　(b)画出直线的投影

图 2－26　直线投影的画法

2.2.2.2　直线与投影面体系的相对位置

（1）直线的分类　直线与投影面体系的关系，实质上就是直线与各投影面的关系。从立体几何得知：直线与平面的关系有相交与不相交两种情况。直线与平面永不相交称为平行，而相交则根据其是否垂直，又可分为斜交和正交（即垂直相交），因此，直线与投影面体系的关系可分为：

① 一般位置直线　与三个投影面都是倾斜的直线（简称一般线），即直线两个端点的 x、y、z 坐标均不相等。

② 投影面平行线　仅平行于一个投影面的直线（同时倾斜于另两个投影面），即直线两个端点的 x、y、z 坐标有一个相等。

③ 投影面垂直线　垂直于投影面的直线（同时平行于另两个投影面），即直线两个端点的 x、y、z 坐标有两个相等。

投影面平行线和投影面垂直线又称为特殊位置直线。

（2）投影面平行线的投影　在投影面平行线中，**平行于 *H* 面**的直线称为**水平线**；**平行于 *V* 面**的直线称为**正平线**；**平行于 *W* 面**的直线称为**侧平线**。各种投影面平行线的投影特性见表 2－1。

表 2-1　　投影面平行线的投影特性

	立体图	立体的投影图	直线投影图	投影特性
水平线	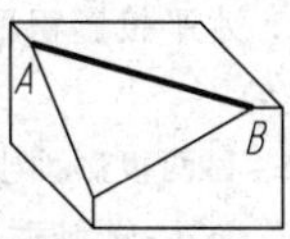	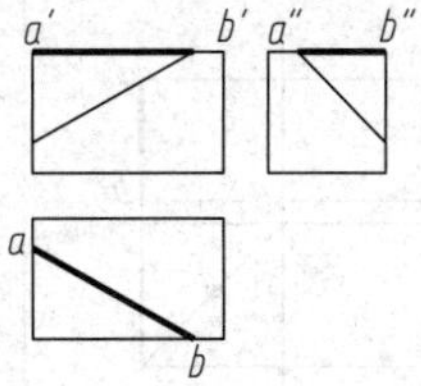	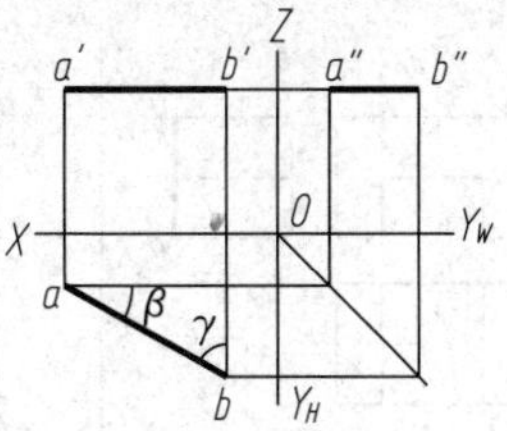	1. 水平投影 ab 反映实长和倾角 β、γ 2. 另两投影面上的投影 $a'b'$、$a''b''$ 分别平行于 X、Y_W 轴，且长度缩短
正平线	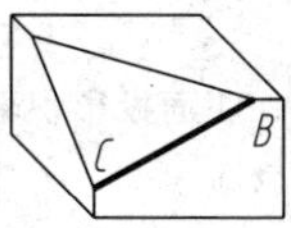	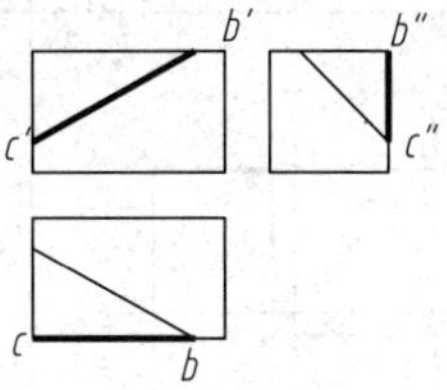	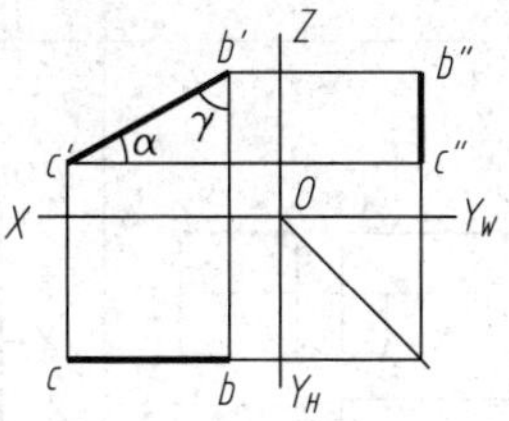	1. 正面投影 $c'b'$ 反映实长和倾角 α、γ 2. 另两投影面上的投影 cb、$c''b''$ 分别平行于 X、Z 轴，且长度缩短
侧平线	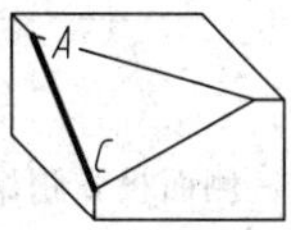	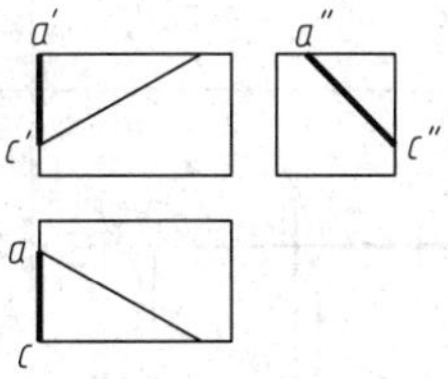	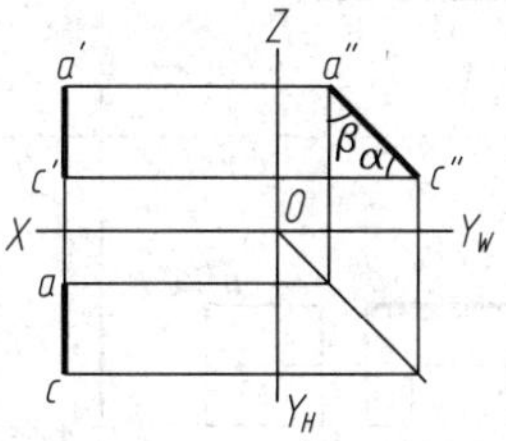	1. 侧面投影 $a''c''$ 反映实长和倾角 α、β 2. 另两投影面上的投影 ac、$a'c'$ 分别平行于 Y_H、Z 轴，且长度缩短

从表 2-1 可归纳出平行线的投影特性如下：

① **投影面平行线在其所平行的投影面上的投影反映实长，且投影与投影轴的夹角，反映该直线与相邻投影面的倾角**。

② **投影面平行线在另外两个投影面上的投影平行于相应的投影轴，且长度缩小**。

(3) 投影面垂直线的投影　在投影面垂直线中，**垂直于 *H* 面**的直线称**铅垂线**；**垂直于 *V* 面**的直线称**正垂线**：**垂直于 *W* 面**的直线称**侧垂线**。各种投影面垂直线的投影特性见表 2-2。

从表 2-2 可归纳出投影面垂直线的投影特性如下：

① **投影面垂直线在其所垂直的投影面上的投影积聚为一点**。

② **投影面垂直线在另外两个投影面上的投影垂直于相应的投影轴，且反映实长**。

(4) 一般位置直线的投影　从图 2-25、图 2-26 中，可以看出一般位置直线的投影特征如下：

① **一般位置直线的各个投影均倾斜于投影轴，且投影与投影轴的夹角不反映直线与投影面的倾角**。

② **一般位置直线的各个投影均不反映实长，即长度缩短**。

一般位置直线的倾斜状态虽然千变万化，但直线在空间的走向只有两种，如图 2-27、图 2-28 所示。

表 2-2　　　　　　　　投影面垂直线的投影特性

	立体图	立体的投影图	直线投影图	投影特性
铅垂线	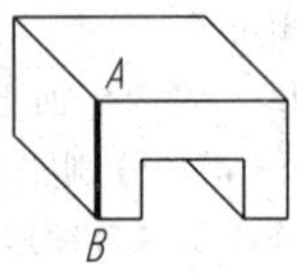	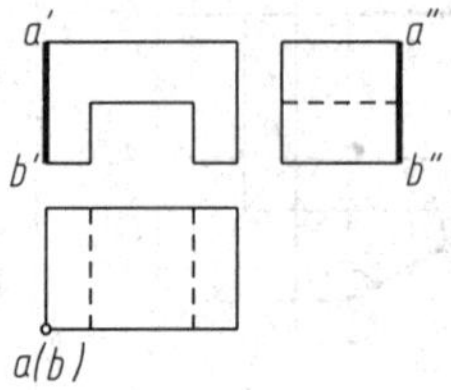	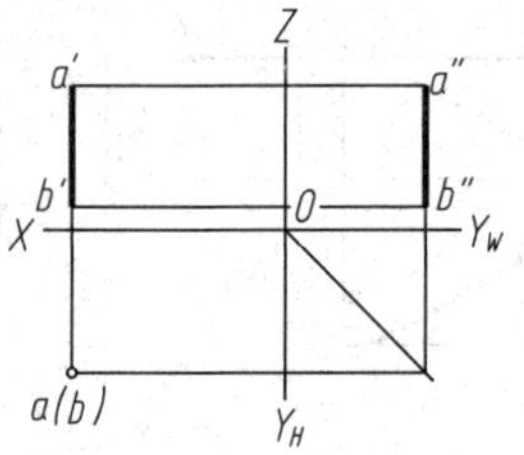	1. 水平投影积聚成一点 a（b） 2. 另两投影面上的投影 $a'b'$、$a''b''$ 分别垂直于 X、Y_W 轴，且等于实长
正垂线	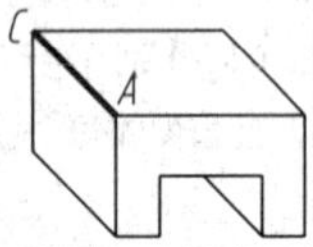	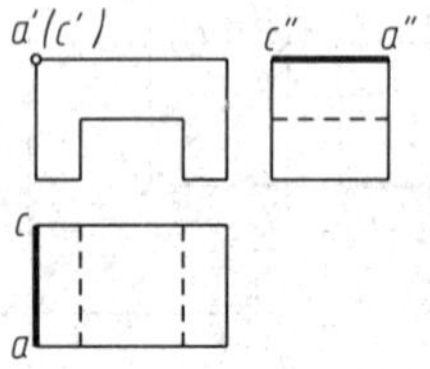	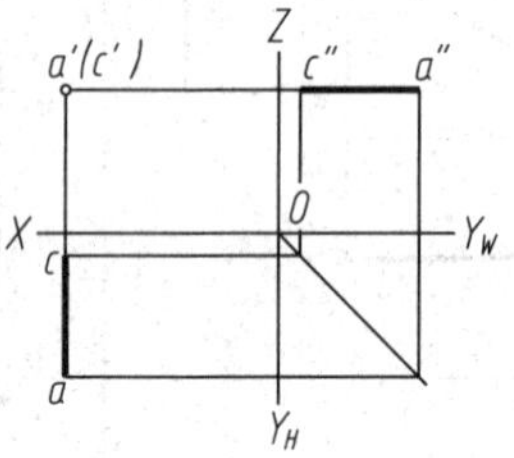	1. 正面投影积聚成一点 a'（c'） 2. 另两投影面上的投影 ac、$a''c''$ 分别垂直于 X、Z 轴，且等于实长
侧垂线	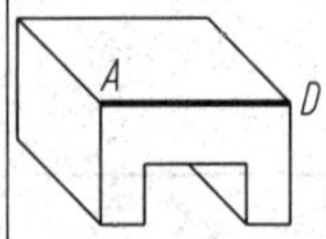	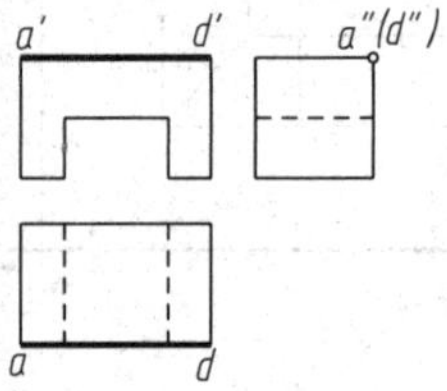	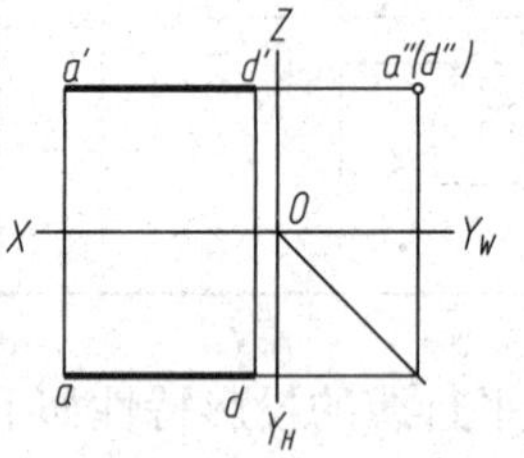	1. 侧面投影积聚成一点 a''（d''） 2. 另两投影面上的投影 ad、$a'd'$ 分别垂直于 Y_H、Z 轴，且等于实长

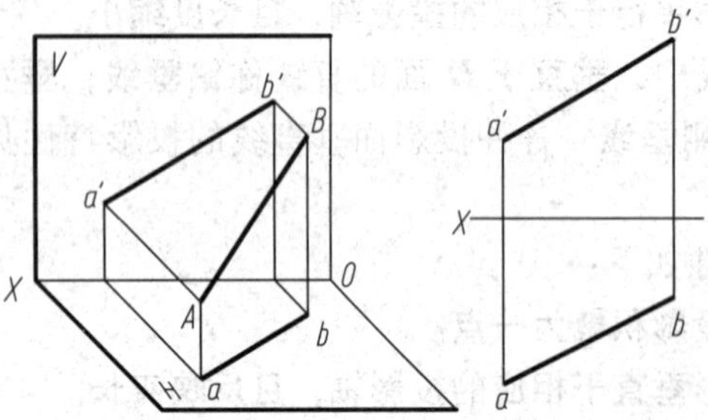

(a)直观图　　(b)投影图

图 2-27　上行直线

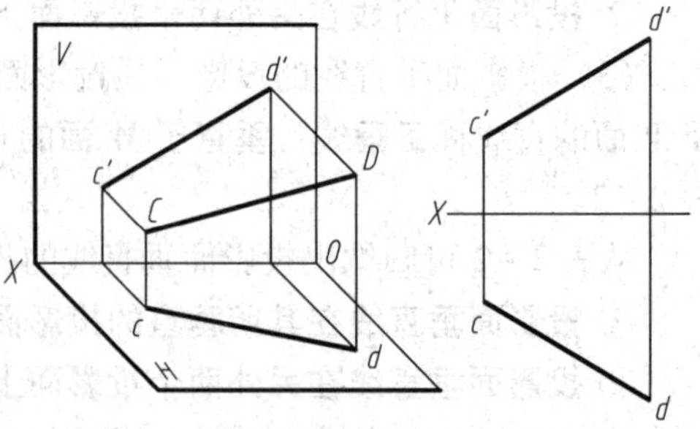

(a)直观图　　(b)投影图

图 2-28　下行直线

上行直线　由前向后而逐渐升高的直线。即直线上的两端点靠前的一端点低于另一端点时为上行直线。其投影特征是：**正面投影与水平投影同向**，如图 2-27（b）所示。

下行直线　由前向后而逐渐降低的直线。即直线上的两端点靠前的一端点高于另一端点时为下行直线。其投影特征是：**正面投影与水平投影反向**，如图 2-28（b）所示。

2.2.2.3 用直角三角形法求一般位置直线的实长和倾角

特殊位置直线在三面投影图中能直接反映实长及对投影面的倾角，而一般位置直线则不能直接反映。下面介绍用直角三角形法求一般位置直线的实长和倾角。

为了说明直角三角形法的作图原理，先在直观图上分析一下线段实长、倾角、两端点坐标差和线段投影之间的关系。如图 2－29（a）所示，在过直线 AB 上各点向 H 面所引的投射线形成的平面 $ABba$ 内，作 $AK /\!/ ab$，与 Bb 交于 K，得直角三角形 AKB。在这个三角形中：$AK = ab$；$BK = Bb - Aa$，即两端点到 H 面的坐标差 ΔZ；斜边 AB 即为实长；AB 与 AK 的夹角，就是 AB 对 H 面的倾角 α。设法作出这个直角三角形，就能确定 AB 的实长和倾角 α。

作图过程如图 2－29（b）所示：以水平投影为 ab 为一直角边，在由点 b 所作的与 ab 垂直的直线上截取 $bB_0 = \Delta Z$，连接 aB_0，则 $\triangle abB_0 \cong \triangle AKB$，斜边 aB_0 等于线段 AB 的实长，斜边 aB_0 与水平投影为 ab 的夹角等于直线对 H 的倾角 α。也可以用图 2－29（c）所示的方式来完成。

按上述的作图原理和方法，也可以将 $a'b'$ 或 $a''b''$ 作为一直角边，直线 AB 的两端点到 V 面或 W 面的坐标差 ΔY 或 ΔX 作为另一直角边，从而作出 AB 的实长及其对 V 面的倾角 β 或对 W 面的倾角 γ。

由此可以归纳出用直角三角形法求直线的实长和倾角的方法是：**以直线在某一投影面上的投影长度为底边，两端点到这个投影面的坐标差为高，形成的直角三角形的斜边是直线的实长，斜边与底边的夹角就是该直线对这个投影面的倾角。**

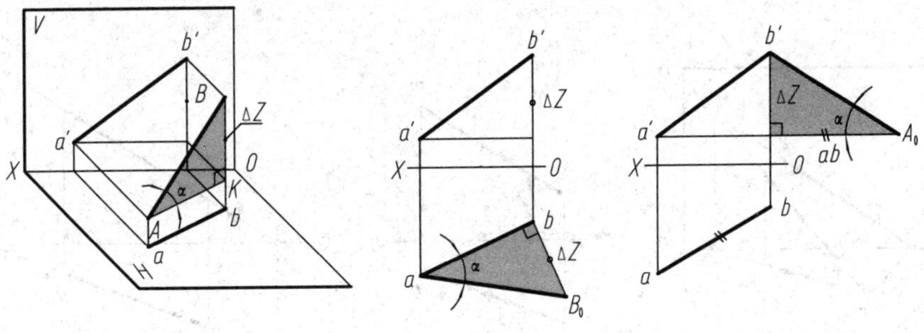

(a)直观图　(b)投影图　(c)投影图

图 2－29　直角三角形法求直线的实长和 α 角

2.2.2.4 直线上的点

（1）直线上点的投影　空间点与直线的关系，不外乎点在直线上和点在直线外两种情况。

当点在直线上时，由正投影的基本性质可知，点的投影必然同时满足从属性和等比性，如图 2－30（a）、（b）所示。

① 点在直线上，则点的各个投影必在该直线的同面投影上；反之，点的各个投影在直线的同面投影上，则该点一定在直线上（满足从属性）。

② 点分割线段成定比，则分割线段的各个同面投影之比等于其线段之比（满足等比性）。

即：$AK : KB = ak : kb = a'k' : k'b' = a''k'' : k''b''$

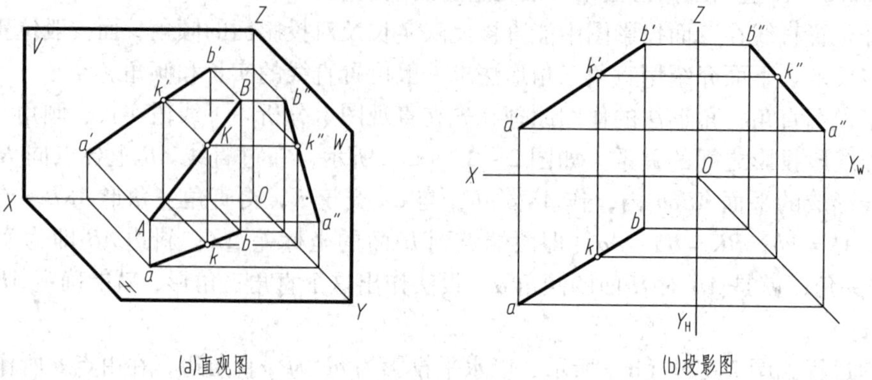

图 2-30　直线上的点

（2）直线的迹点　**直线与投影面的交点称为迹点**。其中，**直线与 *H* 投影面的交点称为水平迹点**，以 *M* 表示；**直线与 *V* 投影面的交点称为正面迹点**，以 *N* 表示，如图2-31（a）所示。

迹点的基本特征是：

① **迹点既是直线上的点，所以它的投影在直线的同面投影上。**

② **迹点是投影面上的点，所以它在该投影面上的投影与其本身重合，而另一投影在投影轴上。**

根据迹点的基本特征，可求作已知直线的迹点，如图 2-31（b）、（c）所示。

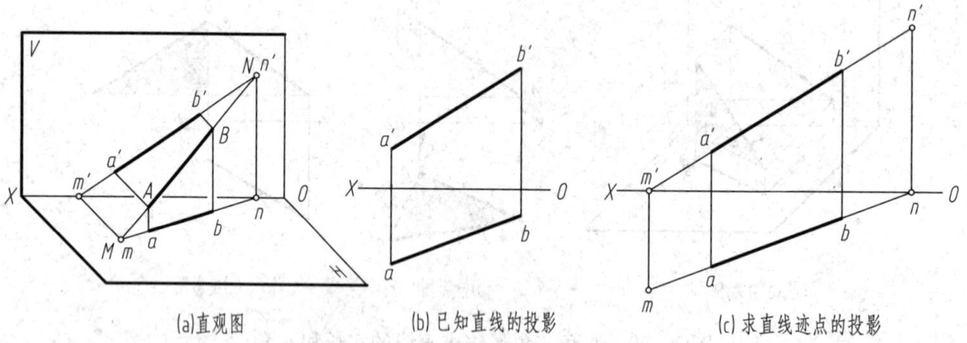

图 2-31　直线的迹点

2.2.2.5　直线与直线的相对位置

空间两直线的相对位置有平行、相交与交叉三种情况，其投影特征分述如下：

（1）两直线平行　如图 2-32 所示，**若两直线在空间平行，其各个同面投影必平行；反之，若各个同面投影平行，则空间两直线也必平行**。这点可由平行投影特性得出。

（2）两直线相交　**若两直线在空间相交，其各个同面投影必相交，且交点满足点的投影规律**。

如图 2-32 所示，*AB*、*CD* 为空间相交两直线，其交点 *K* 是两直线的共有点。两直线水平投影 *ab*、*cd* 的交点 *k* 是 *K* 的水平投影；两直线正面投影 *a′b′*与 *c′d′*的交点 *k′*是 *K* 点的正面投影。因为 *k*、*k′*是同一点 *K* 的两面投影，故 *k* 与 *k′*的连线必与其投影轴垂直。

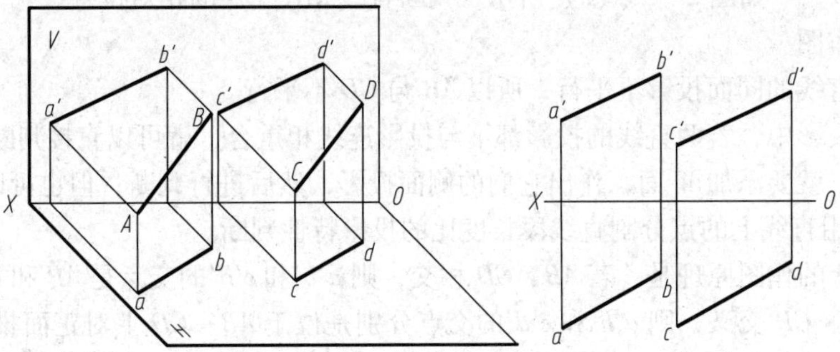

(a)直观图　　(b)投影图

图 2－32　两直线平行

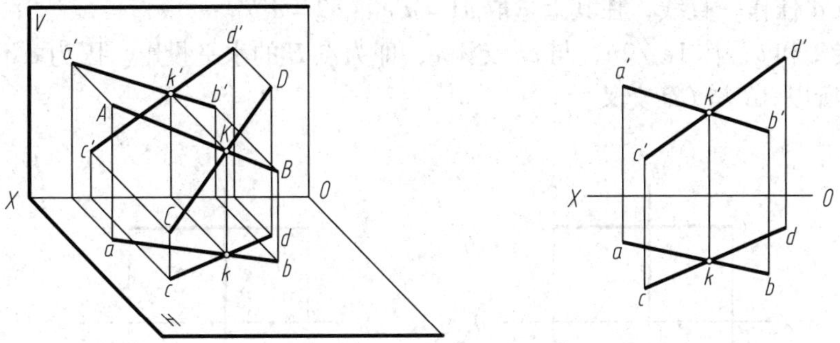

(a)直观图　　(b)投影图

图 2－33　两直线相交

反之，**如两直线的各个同面投影相交且交点连线垂直投影轴，则空间两直线必相交。**

(3) 两直线交叉（或称异面直线）　**空间两直线如果既不平行又不相交，则为交叉，其投影既不符合平行直线的投影特征，也不符合相交直线的投影特征。**

由图 2－34 可以看出：两直线同面投影可以相交，但其投影产生的交点不满足点的投影规律，而分别是两直线上两个点的重影。

交叉两直线上重影点的可见性判别，是根据其坐标的大小判定。如图 2－34（b）中 1、2 两点，因 1′到 *OX* 轴的距离大于 2′到 *OX* 轴的距离，故点 1 为可见，点 2 为不可见。

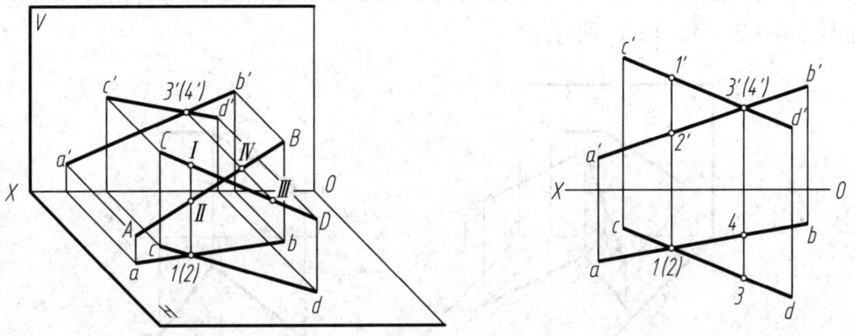

(a)直观图　　(b)投影图

图 2－34　两直线交叉

［例 2－3］ 如图 2－35（a）所示，判断直线 *AB*、*CD* 的相对位置。

分析与作图：

由于两直线的同面投影不平行，所以 *AB* 与 *CD* 不平行。

在两面投影中，若两直线的投影都不与投影连线相重合，就可以直接判断它们的相对位置。否则，就要添加 *W* 面，作出它们的侧面投影，然后进行判断；但也可以如图 2－35（b）所示，用直线上的点分割直线段长度比的投影特性判断。

图 2－35 的作图原理是：若 *AB*、*CD* 相交，则 $a'b'$和 $c'd'$的交点是 *AB* 和 *CD* 的交点的投影；若 *AB*、*CD* 交叉，则 $a'b'$和 $c'd'$的交点分别是位于 *AB*、*CD* 上对正面投影的重影点的投影。

判断的作图过程如图 2－35（b）所示：

① 在 $a'b'$和 $c'd'$的相交处，定出 *AB* 上的点 *E* 的正面投影 e'。

② 由点 *a* 任作一直线，在其上量取 $a1 = a'e'$、$a2 = a'b'$。

③ 连接 2 和 *b*，作 $1e /\!/ 2b$，与 *ab* 交于 *e*，即为点 *E* 的水平投影。因为 *e* 不在 *ab* 和 *cd* 的交点处，所以 *AB* 与 *CD* 交叉。

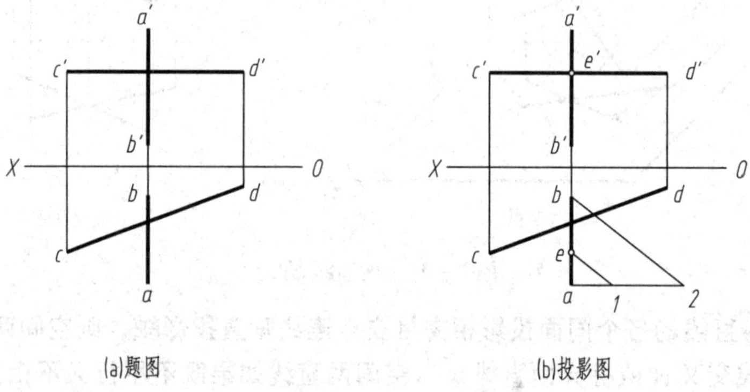

图 2－35 判断直线 *AB*、*CD* 的相对位置

2.2.2.6 一边平行于投影面的直角的投影

两直线在空间的夹角，可以是锐角、直角或钝角。一般来说，要使两直线的夹角在某一投影面上的投影角度不变，必须使两直线都平行于该投影面。但是对于直角来说，只要**一边平行于投影面的直角，在其平行的投影面上的投影仍然是直角**，这就是**直角定则**。直角定则的证明如图 2－36（a）所示：

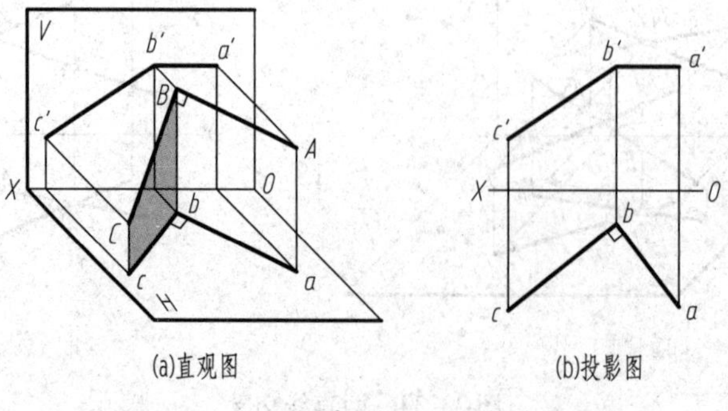

图 2－36 一边平行于投影面的直角的投影

已知直线 $AB \perp BC$，且 $AB /\!/ H$。

因为 $AB /\!/ H$，$Bb \perp H$，所以 $AB \perp Bb$。

因为 $AB \perp BC$，$AB \perp Bb$，则 $AB \perp$ 平面 $CBbc$，又因 $AB /\!/ H$，所以 $ab /\!/ AB$。

由于 $ab /\!/ AB$、$AB \perp$ 平面 $CBbc$，则 $ab \perp$ 平面 $CBbc$，于是 $ab \perp bc$，即 $\angle abc$ 仍是直角。

图 2-36（b），是一边平行于水平面的直角（$\angle ABC$）的投影图。

[例 2-4] 如图 2-37（b）所示，求作交叉两直线 AB、CD 的公垂线以及 AB、CD 之间的距离。

分析与作图

如图 2-37（a）所示，AB、CD 的公垂线 EF，是与 AB、CD 都垂直相交的直线。设垂足分别为点 E、F，则 EF 的实长就是交叉两直线 AB、CD 之间的距离。

因为 $AB \perp H$、$EF \perp AB$，所以 $EF /\!/ H$，并且垂足 E 的水平投影 e 一定与有积聚性的 ab 重合。又因 $EF /\!/ H$、$EF \perp CD$，所以 $ef \perp cd$。又由于 $EF /\!/ H$，则 ef 反映 EF 的实长，即为 AB、CD 之间的距离。于是可以先求出 ef，再由 ef 做出 $e'f'$。

作图过程如图 2-37（c）所示：先在 ab 处定出 e，作 $ef \perp cd$，与 cd 交于 f。由 f 得到 f'，再由 f' 作 $e'f' /\!/ OX$，与 $a'b'$ 交于 e'。$e'f'$、ef 即为所求作的公垂线 EF 的两面投影，而 ef 就直接反映出 AB、CD 之间的真实距离。

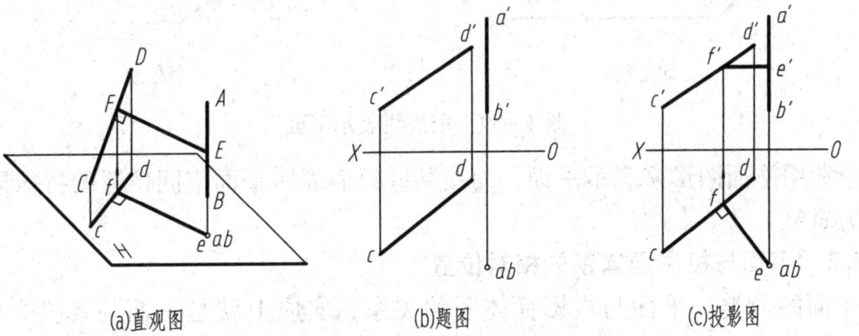

图 2-37 作交叉两直线的公垂

2.2.3 立体表面上平面的投影

2.2.3.1 平面表示法

平面表示法是指如何用投影给出平面的空间位置或形状。

（1）用几何元素表示平面 在图 2-38 中：图（a）是用三个不在同一直线上的点表示平面；图（b）是用一直线及线外一点表示平面；图（c）是用相交两直线表示平面；图（d）是用平行两直线表示平面；图（e）是用平面图形表示平面。

以上均是用构成平面的几何元素的投影给出平面。

（2）用迹线表示平面 **迹线就是将平面扩展后与投影面相交的交线**，如图 2-39。**平面 P 与 H 面的交线称水平迹线**，以 P_H 表示；**平面 P 与 V 面的交线称正面迹线**，以 P_V 表示；**平面 P 与 W 面的交线称侧面迹线**，以 P_W 表示。P_H、P_V、P_W 两两相交于 X、Y、Z 轴上的一点称迹线集合点，分别以 P_X、P_Y、P_Z 表示。**这种用迹线表示的平面称为迹线平面。**

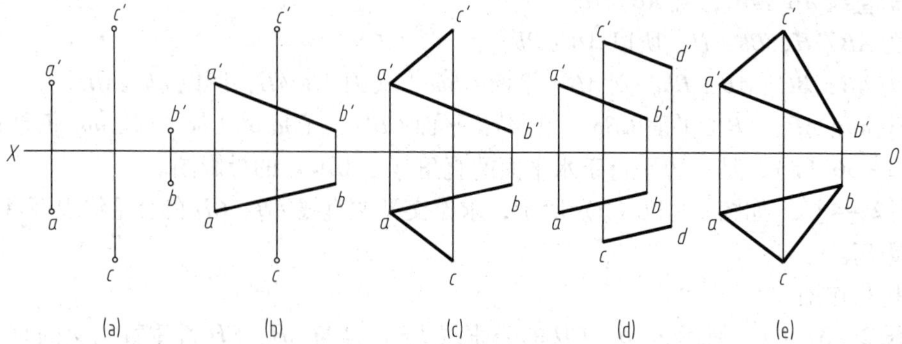

图 2－38　平面的几何元素表示法

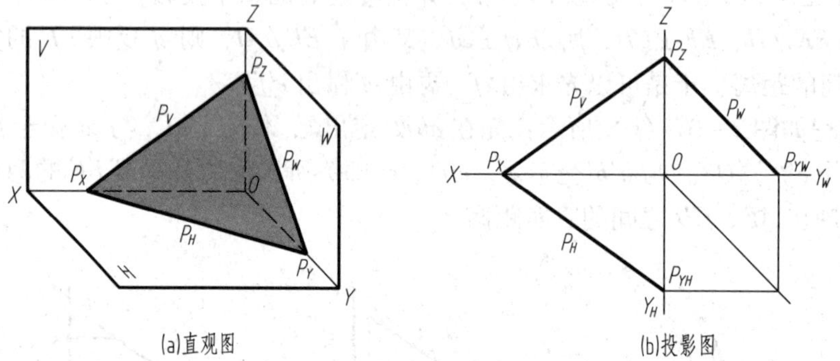

图 2－39　用迹线表示平面

工程图样中常用平面图形来表示平面，而在某些只需表明平面空间位置的特殊情况下用迹线表示更为简单。

2.2.3.2　平面与投影面体系的相对位置

（1）平面的分类　平面与投影面体系的关系，实质上就是平面与各投影面的关系。从立体几何得知：平面与平面的关系有相交与不相交两种情况。平面与平面永不相交称为平行，而相交则根据其是否垂直，又可分为斜交和正交（即垂直相交），因此，平面与投影面体系的关系可分为：

① 一般位置平面　与三个投影面均倾斜的平面。

② 投影面垂直面　仅垂直于某一投影面，且倾斜于另外两个投影面的平面。

③ 投影面平行面　平行于某一投影面，且垂直于另外两个投影面的平面。

投影面垂直面与投影面平行面又称为特殊位置平面。

平面与 H、V、W 投影面之间的两面角，分别就是平面对投影面 H、V、W 的倾角，用 α、β、γ 表示，取 $0° \leqslant \alpha$、β、$\gamma \leqslant 90°$。

（2）一般位置平面的投影　如图 2－40（a），$\triangle ABC$ 为一倾斜面，其投影如图 2－40（b）。由图可知倾斜面的投影特征归纳如下：

一般位置平面图形的三个投影仍为平面图形，且面积缩小（类似形）。

（3）投影面垂直面的投影　投影面垂直面也分为三种：将垂直于 H 面的平面称为**铅垂面**；垂直于 V 面的平面称为**正垂面**；垂直于 W 面的平面称为**侧垂面**。各种投影面垂直面的投影特性如表 2－3 所示。

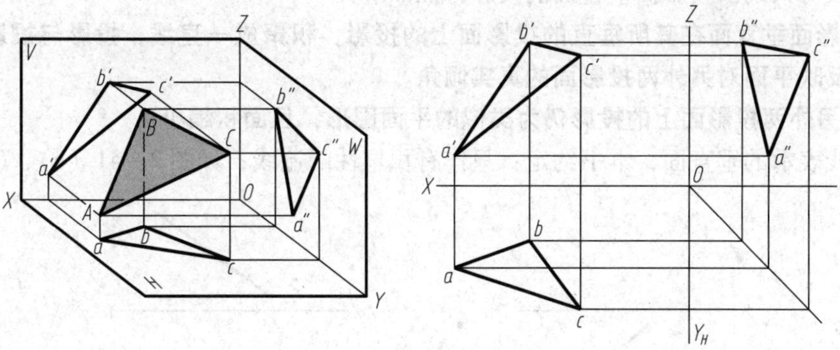

(a)直观图　　(b)投影图

图 2－40　一般位置平面的投影

表 2－3　　投影面垂直面的投影特性

	立体图	立体的投影图	平面投影图	投影特性
铅垂线	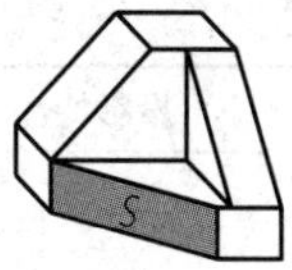	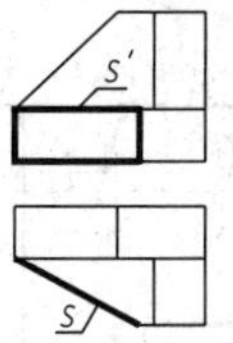	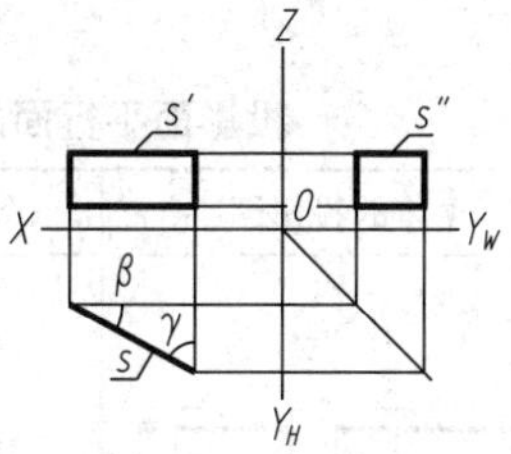	1. 水平投影积聚成一直线，并反映真实倾角 β、γ 2. 正面投影面、侧面投影面仍为类似的平面图形，面积缩小
正垂线	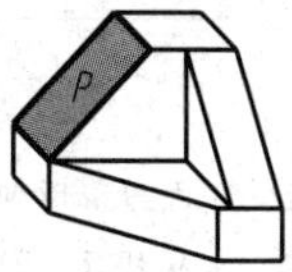	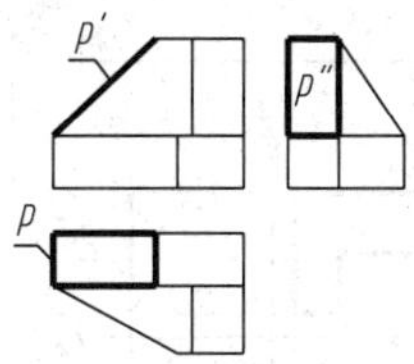	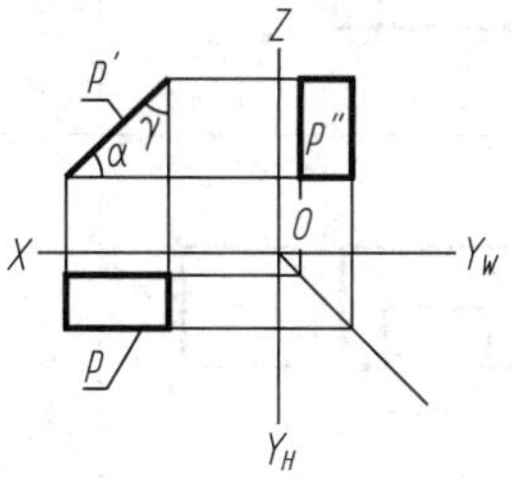	1. 正面投影积聚成一直线，并反映真实倾角 α、γ 2. 水平投影面、侧面投影面仍为类似的平面图形，面积缩小
侧垂线	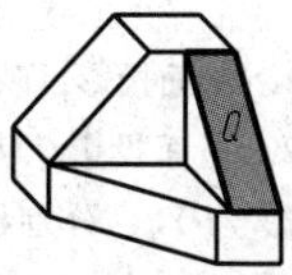	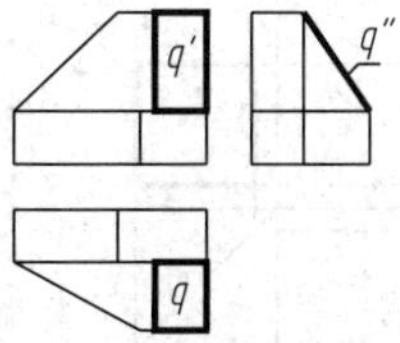	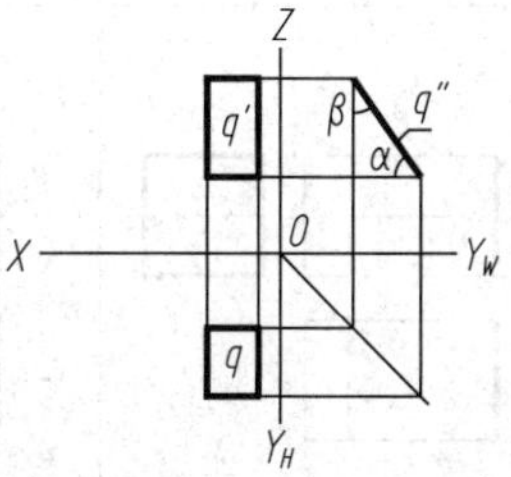	1. 侧面投影积聚成一直线，并反映真实倾角 α、β 2. 水平投影面、正面投影面仍为类似的平面图形，面积缩小

从上表可归纳出投影面垂直面的投影特征如下：

① 投影面垂直面在其所垂直的投影面上的投影，积聚成一直线，投影与投影轴的夹角，分别反映平面对另外两投影面的真实倾角。

② 在另外两投影面上的投影仍为类似的平面图形，且面积缩小。

用迹线表示的垂直面，本书约定：只作有积聚性的迹线，如图 2 –41（a）、(b)。

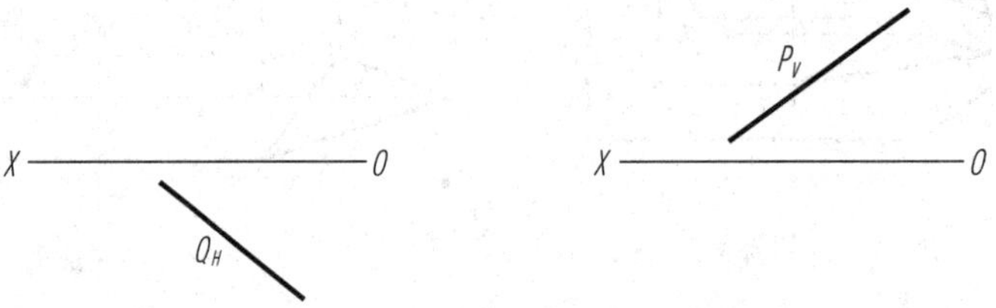

(a) 铅垂面的迹线表示法　　(b) 正垂面的迹线表示法

图 2 –41　垂直面的迹线表示法

（4）投影面平行面的投影　投影面平行面也分为三种：将平行于 H 面的平面称为**水平面**；平行于 V 面的平面称为**正平面**；平行于 W 面的平面称为**侧平面**。其投影特性如表 2 –4 所示。

表 2 –4　投影面平行面的投影特性

	立体图	立体的投影图	平面投影图	投影特性
水平面	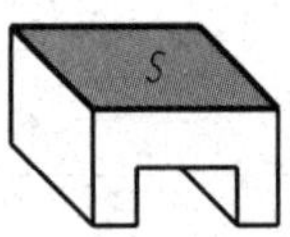	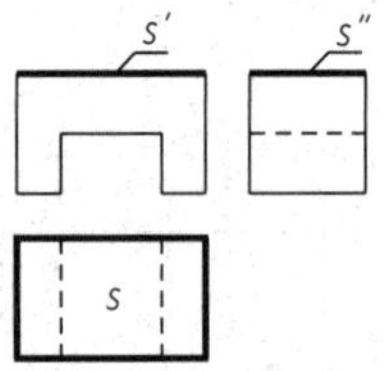	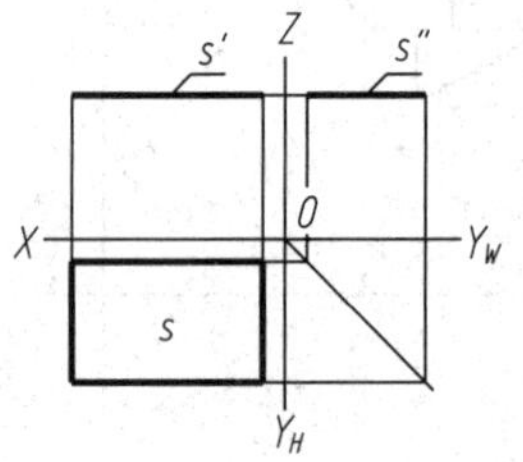	1. 水平投影反映实形 2. 正面投影//OX，侧面投影//OY，分别积聚成一直线
正平面	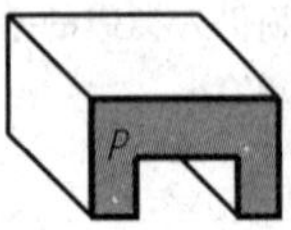	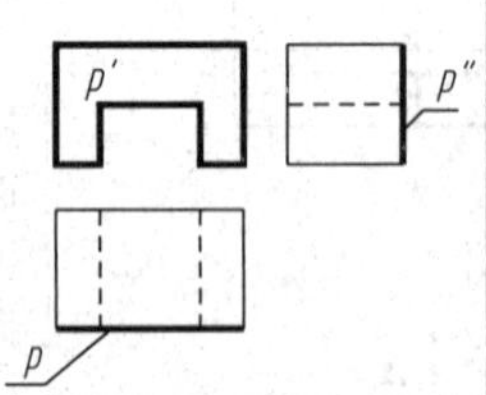	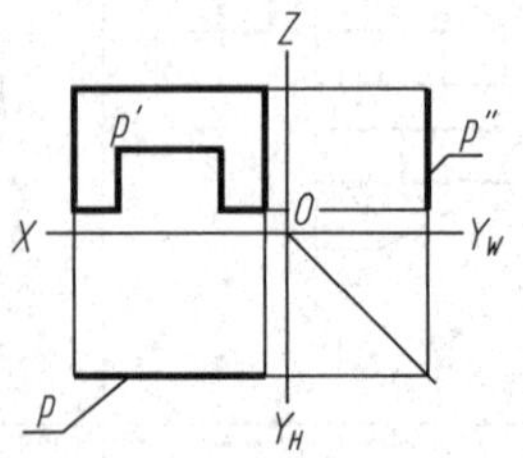	1. 正面投影反映实形 2. 水平投影//OX，侧面投影//OZ，分别积聚成一直线
侧平面		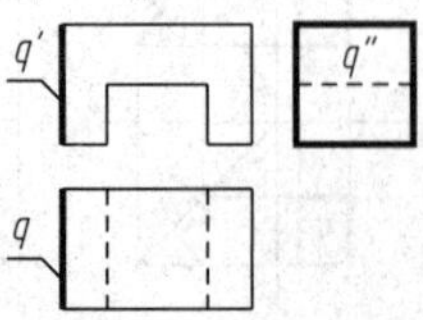	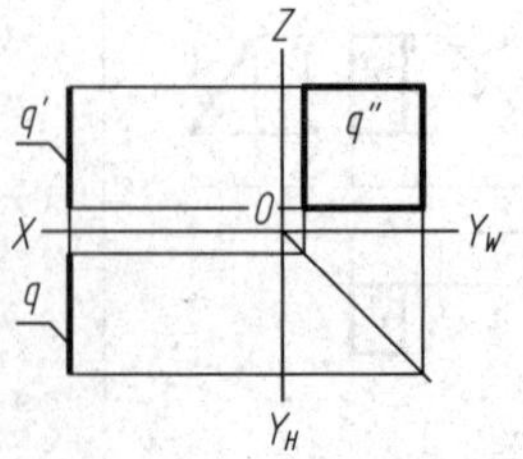	1. 侧面投影反映实形 2. 正面投影//OZ，水平投影//OY_H，分别积聚成一直线

根据上表所述归纳出投影面平行面的投影特征如下：

① 投影面平行面在其所平行的投影面上的投影，反映实形。

② 在另外两投影面上的投影，分别积聚成一直线，且平行于相应的投影轴。

用迹线表示的平行面如图 2－42（a）、(b）。

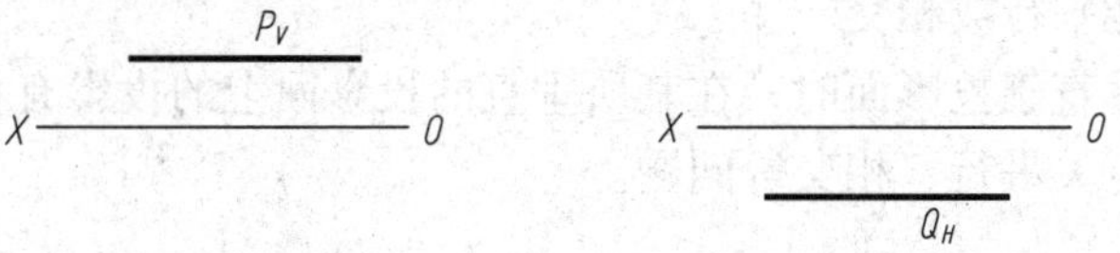

(a) 水平面的迹线表示法　　(b) 正平面的迹线表示法

图 2－42　平行面的迹线表示法

2.2.3.3　平面内的点和直线

（1）平面内的点　根据初等几何可知：**若点在平面的一条直线上，则点即在该平面内。**如图 2－43（a）所示，其投影画法如图 2－43（b）。若平面处于特殊位置时，可直接由平面有积聚性的投影确定，如图 2－43（c）、(d）所示。

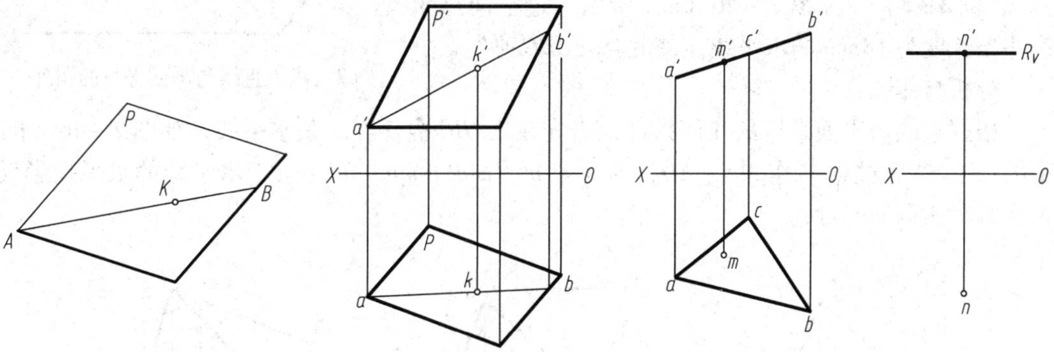

(a)直观图　　(b)投影图　　(c)特殊情况　　(d)特殊情况

图 2－43　平面内的点

（2）平面内的直线　**若直线通过平面内的两个点，则直线即在该平面内；或者直线过面内的一个点，且平行于平面内的一条直线，则直线也位于该平面内。**如图 2－44（a）所示，其投影画法如图 2－44（b）所示。同样，若平面处于特殊位置时，即可直接由直线的投影是否与平面的积聚投影相重合来判定，如图 2－44（c）、(d）所示。

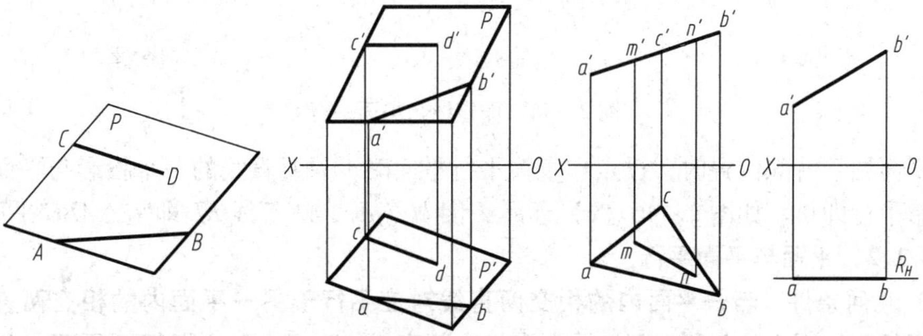

(a)直观图　　(b)投影图　　(c)特殊情况　　(d)特殊情况

图 2－44　平面内的直线

2.3 直线与平面以及两平面间的相对位置

直线与平面以及两平面之间的相对位置，除了直线位于平面上或两平面位于同一平面上的特例外，只可能平行或相交。

当直线或平面垂直于投影面时，在其所垂直的投影面上的投影有积聚性，能较明显和简捷地图示和图解有关平行、相交等问题。

2.3.1 直线与平面、平面与平面平行

2.3.1.1 直线与平面平行

（1）几何条件 **如平面外一直线平行于平面内的一条直线，则该直线与平面平行**。如图 2－45 所示，*AB* 平行 *P* 面内直线 *CD*，则 *AB*∥*P*。

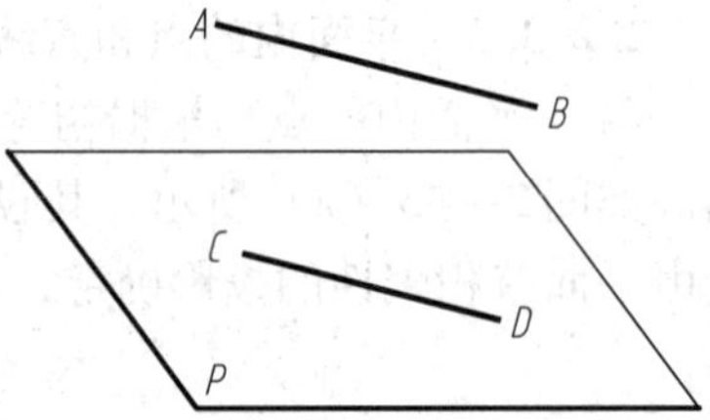

图 2－45 直线与平面平行的条件

（2）作图举例

［**例 2－5**］ 如图 2－46（a）所示，过空间点 *M* 作一条长度为 18mm 的水平线，使其与△*ABC* 平行。

分析与作图：

根据直线与平面平行的几何条件，需先在△*ABC* 内任作一条水平线，如图 2－46（b）中的 *AD*。然后过点 *M* 作 *MN*∥*AD*，即令 $m'n' /\!/ a'd'$，$mn /\!/ ad$，由于水平线的水平投影反映实长，所以 $mn = 18$。

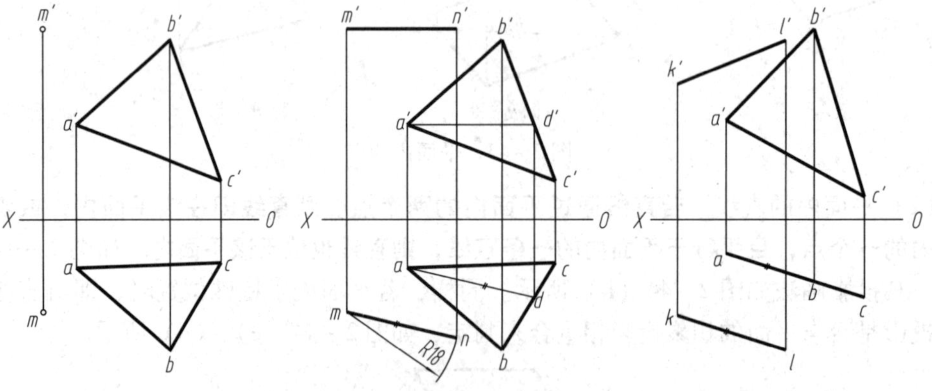

(a)已知条件 (b)投影图 (c)特殊情况

图 2－46 作直线与平面平行

当平面处于特殊位置时，过点作直线平行平面时，只要直线的一个投影与平面有积聚性的投影平行即可。如图 2－46（c）所示，因 *kl*∥*abc*，故直线 *KL* 即与△*ABC* 平面平行。

2.3.1.2 平面与平面平行

（1）几何条件 **若一平面内的相交两直线对应平行于另一平面内的相交两直线，则两平面平行**。如图 2－47 所示，*P* 平面内相交两直线 *AB*、*BC* 对应平行 *Q* 平面内相交两直线 A_1B_1、B_1C_1，则平面 *P* 与 *Q* 平行。

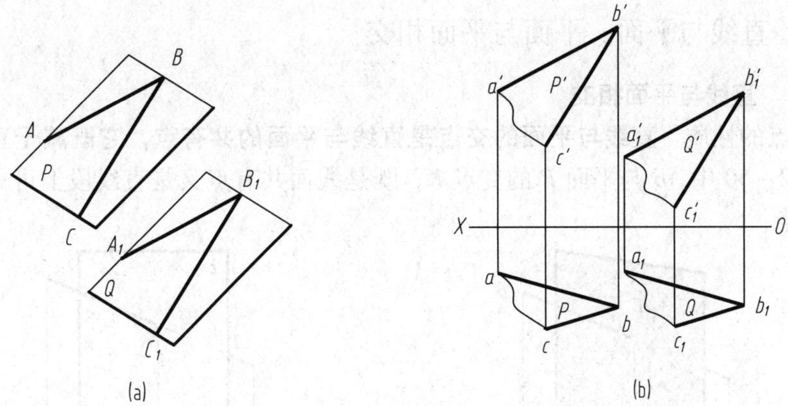

图 2 – 47　两平面平行的几何条件

（2）作图举例

［**例 2 – 6**］　如图 2 – 48（a），过点 *M* 作一平面与△*ABC* 平行。

分析与作图：

根据两平面平行的几何条件，可过点 *M* 引两条直线与△*ABC* 内任意两相交直线对应平行。如图 2 – 48（b）所示，过 m' 作 $m'k' /\!/ a'b'$，$m'n' /\!/ b'c'$；同样，过 m 作 $mk /\!/ ab$，$mn /\!/ bc$，则平面 *NMK* 与△*ABC* 对应平行。

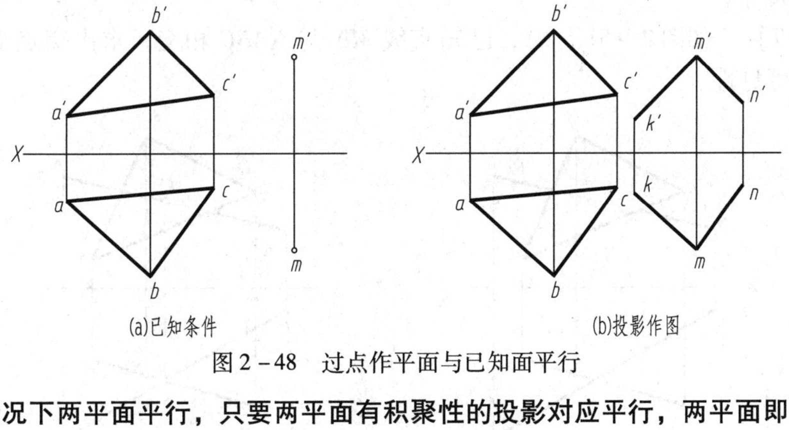

图 2 – 48　过点作平面与已知面平行

特殊情况下两平面平行，只要两平面有积聚性的投影对应平行，两平面即平行。如图 2 – 49 中 *P* 与 *Q* 平面皆为铅垂面，且 $P_H /\!/ Q_H$，故 *P* 面与 *Q* 面平行。

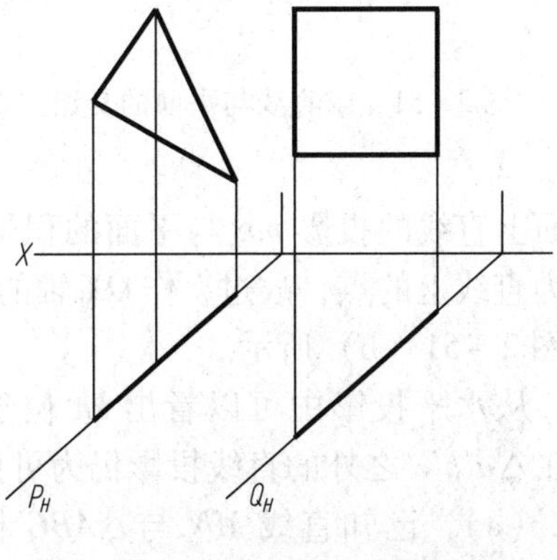

图 2 – 49　两平面平行的特殊情况

2.3.2 直线与平面、平面与平面相交

2.3.2.1 直线与平面相交

（1）交点的性质 **直线与平面的交点是直线与平面的共有点，它既属于直线也属于平面**。如图 2－50 中 *AB* 与平面 *P* 的交点 *K*，既是线面共有点又是直线段上可见与不可见部分的分界点。

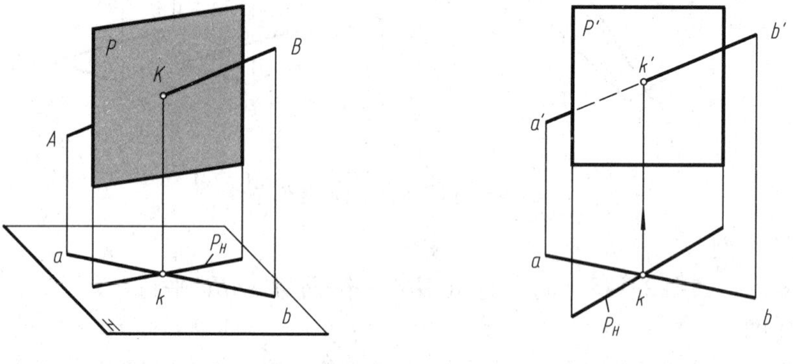

(a)直观图　　(b)投影图

图 2－50 直线与平面相交

（2）作图举例

［例 2－7］ 如图 2－51（a），已知直线 *MN* 与△*ABC* 相交，求出交点 *K* 的两面投影，并判别可见性。

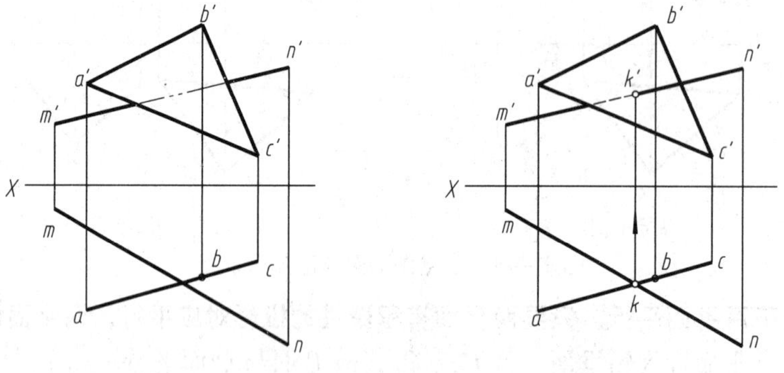

(a)已知条件　　(b)投影图

图 2－51 求直线与平面的交点

分析与作图

因交点是共有点，故 *H* 面上直线的投影 *mn* 与平面的积聚性投影 *abc* 的交点 *k*，即为交点 *K* 的水平投影；又因 *K* 为直线上的点，故过 *k* 作 *OX* 轴的垂线交于 *m′n′* 上可得 *k′*，则 *k*、*k′* 即所求交点的投影，如图 2－51（b）所示。

最后判别直线的可见性：从水平投影中可以看出 *kn* 位于 *abc* 之前，故 *k′n′* 为可见，而 *k′m′* 一侧为不可见，但露在△*a′b′c′* 之外的直线投影仍为可见。

［例 2－8］ 如图 2－52（a），已知直线 *MN* 与△*ABC* 相交，求出交点 *K* 的两面投影，并判别可见性。

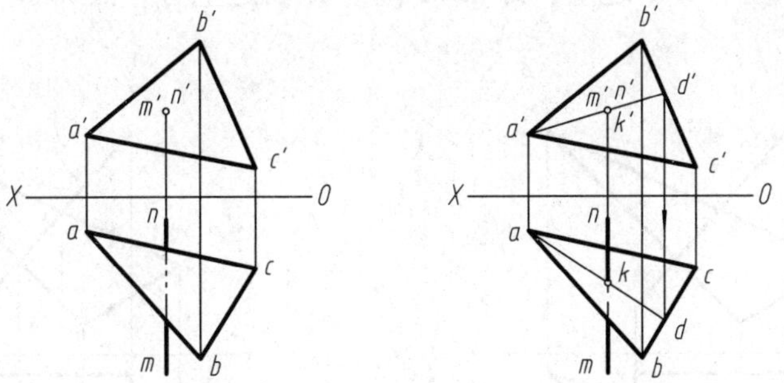

(a)已知条件　　(b)投影图

图 2－52　特殊位置直线与平面相交

分析与作图

因交点是共有点，由于直线 MN 的正面投影 $m'n'$ 具有积聚性，因此位于正垂线上的交点 K 的正面投影 k' 必然与 $m'n'$ 重合，交点 K 的正面投影确定之后，就可以利用平面上定点的方法，求出位于平面上的交点 K 的水平投影。如图 2－52（b），连接 $a'k'$ 并延长，使之与 $b'c'$ 相较于 d'，并作出水平投影 ad，ad 与 mn 相交于点 K 的水平投影 k。

最后判别直线的可见性：因为直线是正垂线，平面由前向后逐渐降低（下行面），所以看正面投影，直线积聚成一点；看水平投影，直线的后一段 kn 为可见，前一段 km 不可见，但露在 $\triangle abc$ 之外的直线投影仍为可见。

2.3.2.2　平面与平面相交的特殊情况

（1）交线的性质　**两平面相交时产生的交线是两平面的共有线，也是两平面上可见与不可见部分的分界线**，如图 2－53 所示。

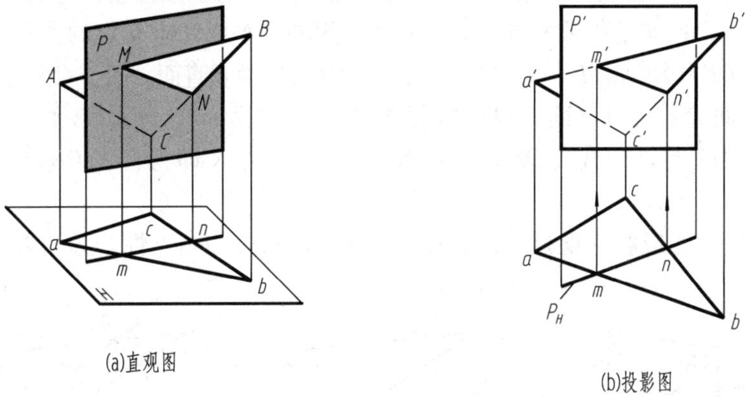

(a)直观图　　(b)投影图

图 2－53　平面与平面相交

（2）作图举例

［例 2－9］　如图 2－54 所示，已知 $\triangle ABC$ 与平面 P 交线，求出交线的两面投影，并判别可见性。

分析与作图

因 P 面是正垂面，故其 P_V 在 V 面的投影有积聚性，利用其在 V 面投影中 $\triangle a'b'c'$ 与 P_V 的重叠部分 $m'n'$ 即交线的 V 面投影，并可由 $m'n'$ 得出交线的水平投影 mn。如图 2－54

（b）所示。又因 a' 位于 $m'n'$ 之上，即 *MNA* 位于 *P* 面之上方，故 *mna* 为可见，而另一侧即为不可见。

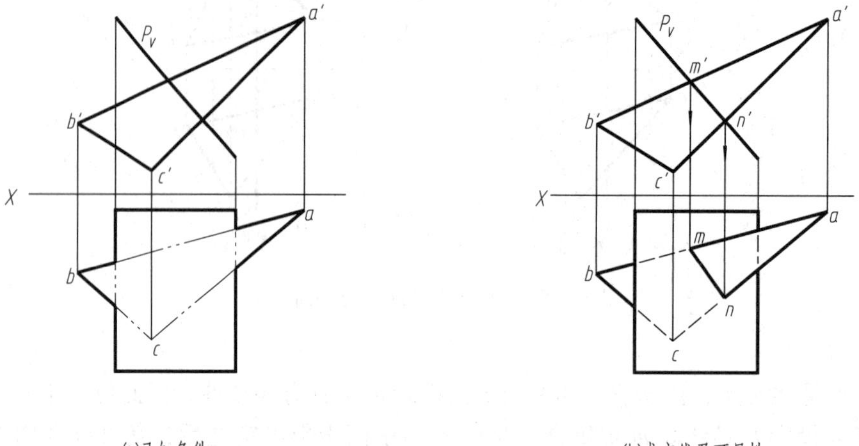

(a)已知条件　　(b)求交线及可见性

图 2－54　求两平面交线

2.3.2.3　直线与平面相交的一般情况

当相交的直线和平面都处于一般位置时，称它们为直线与平面相交的一般情况，该情况下它们的各投影没有积聚性，故不能在投影图上直接定出交点，可利用作辅助平面的方法来求出交点。

如图 2－55（a），直线 *DE* 与平面△*ABC* 相交。如果过直线 *DE* 作一辅助面 *P*（一般为投影面垂直面），则该辅助面 *P* 与△*ABC* 交于直线 *MN*，因 *MN* 和 *DE* 都在 *P* 面上，所以必交于一点 *K*，点 *K* 既然在 *MN* 上，则必会在平面△*ABC* 上。因此点 *K* 是直线 *DE* 与平面△*ABC* 的共有点，也就是所求的点。综上所述，用辅助平面法求交点的作图步骤如下：

① 过直线 *DE* 作辅助面 *P*（为作图简便，通常作投影面垂直面，图 2－55 为铅垂面 *P*）。

② 求辅助面 *P* 与已知平面△*ABC* 的交线 *MN*。图中由 *mn*、$m'n'$ 表示。

③ 求交线 *MN* 与已知直线 *DE* 的交点 *K*（*k*、k'），点 *K* 即为直线 *DE* 与平面△*ABC* 的交点，如图 2－55（c）。

求出交点后，还应利用重影点分别判断直线两面投影的可见性。其结果如图所示。

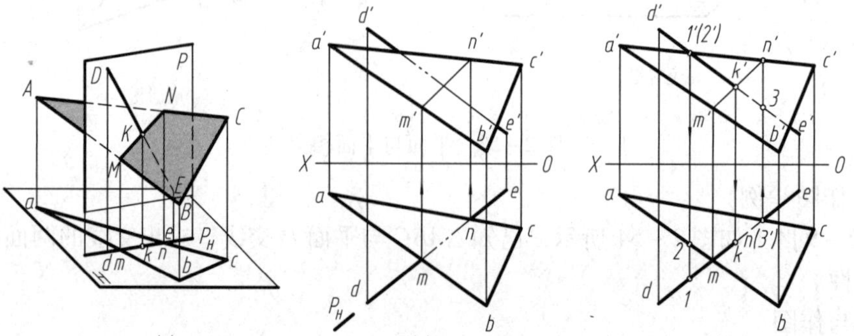

(a)　(b)　(c)

图 2－55　一般位置直面相交

2.3.3 直线与平面、平面与平面垂直

垂直相交是相交的一种特例。这里仅介绍直线或平面垂直于投影面的垂直相交。

2.3.3.1 直线与平面垂直

（1）几何条件 **一直线若垂直于平面内任意相交二直线，则此直线与该平面垂直。**

当平面垂直于某投影面时，则与其垂直的直线必为该投影面的平行线，并且直线在该投影面的投影，必垂直于平面的积聚性投影。如图 2－56（a），平面 *CDEF* 为铅垂面，直线 $AB \perp$ 平面 *CDEF*，则 AB 为水平线，$ab \perp cdef$，$a'b' /\!/ OX$ 轴。图 2－56（b）是其投影图。

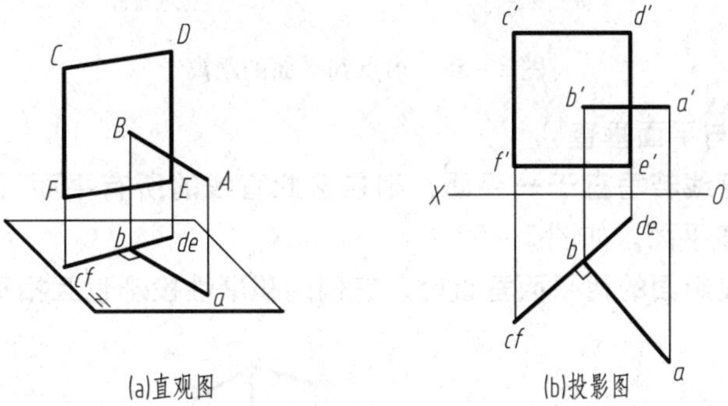

图 2－56 直线与平面垂直

当直线垂直于某投影面，则与其垂直的平面必为该投影面的平行面。如图 2－57（a），直线 *MN* 为铅垂线，直线 $MN \perp$ 平面 *ABCD*，则 *ABCD* 平面为水平面，$m'n' \perp a'b'c'd'$。图 2－57（b）是其投影图。

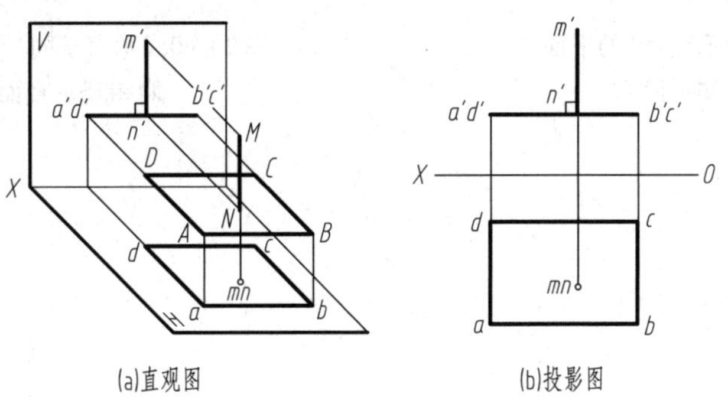

图 2－57 直线与平面垂直

（2）作图举例

［例 2－10］ 求点到正垂面的距离［图 2－58（a）］。

分析与作图

求点到平面的距离，实际上就是过点作直线与平面垂直。因平面 *ABC* 是正垂面，其 *V* 面投影有积聚性，与平面 *ABC* 垂直的直线 *DE* 为正平线，*DE* 的 *V* 面投影垂直于平面的积聚性投影。因此过点 d' 作直线 $d'e' \perp a'b'c'$ 且交于点 e'，再作 $de /\!/ OX$ 轴，由于直线 *DE* 为正平线，其正面投影反映实长，所以 $d'e'$ 即为所求距离，如图 2－58（b）。

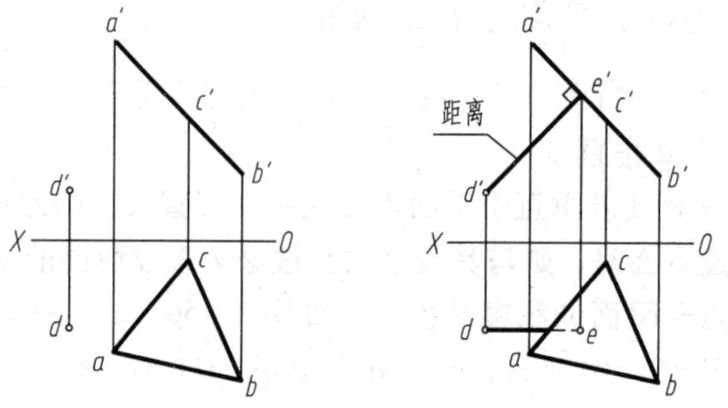

(a)已知条件　　(b)求距离

图 2－58　求点到平面的距离

2.3.3.2　平面与平面垂直

几何条件　**一直线若垂直于一平面，则包含此直线的所有平面（或平行此直线的所有平面）均垂直于该平面，**如图 2－59。

当垂直于同一投影面的两平面垂直时，它们的积聚性投影也互相垂直，如图 2－60。

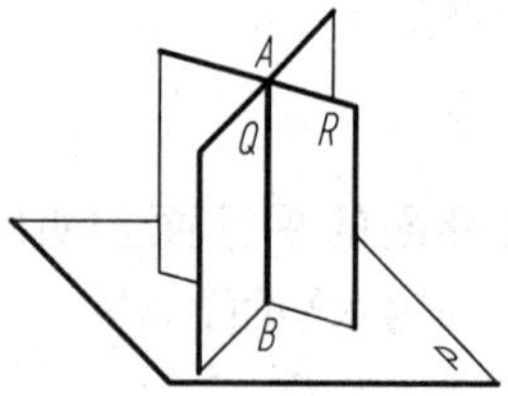

图 2－59　包含垂线 *AB* 的平面垂直于已知平面 *P*

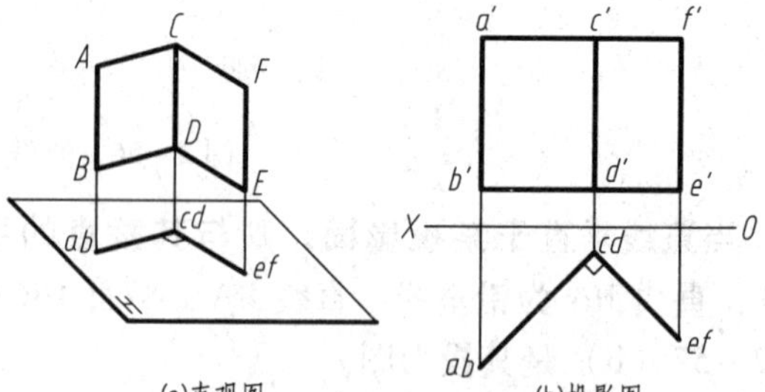

(a)直观图　　(b)投影图

图 2－60　垂直于同一投影面的两相互垂直面

第3章　投影变换

本章主要阐述投影变换的基本原理和作图方法，着重解决空间有关几何元素的定位和度量问题。投影变换的作图简便清晰，在图示和图解某些工程实际问题时具有较高的实用价值，第2章涉及的几何元素之间的距离、角度、轨迹、实际形状及尺寸等问题，都可以采用投影变换作图更为简捷的解决。通过本章的学习，将会进一步提高空间分析能力和解题能力。

3.1　投影变换的目的与方法

在解决定位或度量等问题时，如果空间几何元素对投影面处于某种特殊位置（平行或垂直）时，其投影具有积聚性，也可能反映实长、实形或倾角，问题就容易得到解决。第2章已经讨论了在投影图上解决有关几何元素定位或度量问题的基本原理和方法。本章将讨论用投影变换的方法，使某些问题的图示更为明了，图解更为简捷。

从图3-1（a）可以看出，当直线或平面对投影面处于一般位置时，它们的投影不能直接反映线段的实长或平面的实形。但从图3-1（b）可以看出，当它们相对投影面处于特殊位置时，线段的实长、倾角，平面的实形，以及某些距离及角度等就能在投影图中直接反映出来。从这里得到启示，当要解决一般位置几何元素的定位或度量问题时，如能把它们由一般位置变换为特殊位置，问题就容易解决。这时称这些几何元素处于有利于解题位置。投影变换正是研究如何改变空间几何元素与投影面的相对位置，以达到简化解题的目的。

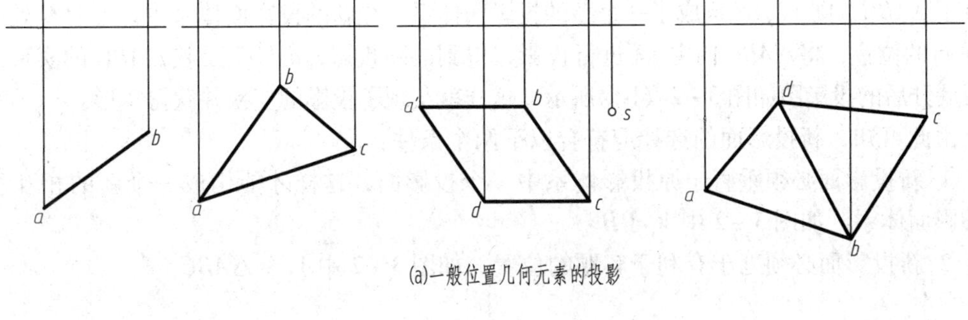

(a)一般位置几何元素的投影

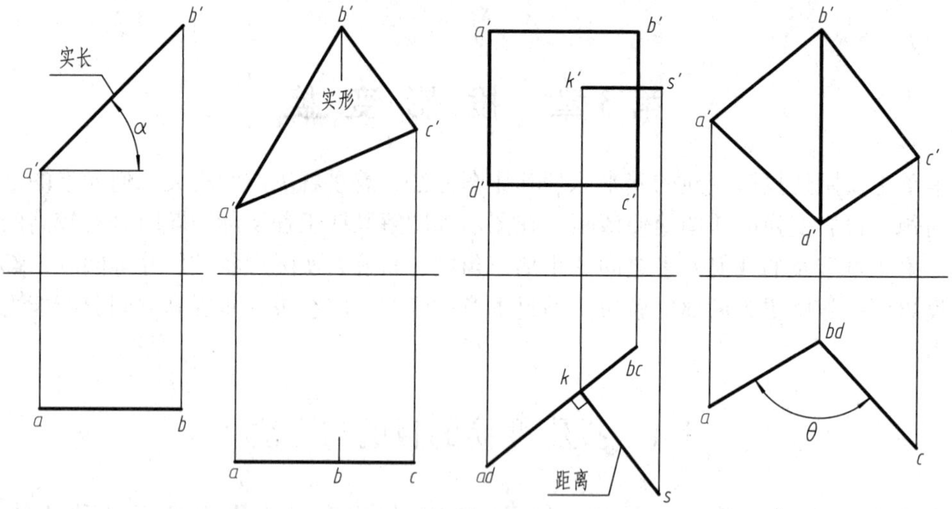

(b) 特殊位置几何元素的投影

图 3-1　几何元素与投影面的相对位置

常用的投影变换方法有两种：一种是更换投影面法（简称换面法），另一种是旋转法。

（1）换面法　空间几何元素的位置保持不动，用新的投影面来代替原来的投影面，使空间几何元素对新投影面的相对位置变成有利于解题的位置，然后作出其在新投影面上的投影。

（2）旋转法　投影面保持不动，而将空间几何元素绕某一轴旋转到相对投影面处于有利于解题的位置，然后作出其旋转后的新投影。

本章仅介绍换面法。

3.2 换　面　法

3.2.1　换面法的基本规律

如图 3-2（a）所示，给出了一个处于铅垂位置的△*ABC*，它的水平投影 *abc* 积聚为直线，正面投影△*a'b'c'*不反映△*ABC* 的实形，如果设立一个新投影面 V_1，使之垂直于 *H* 面并平行于△*ABC*，则 V_1、*H* 构成了一个新的投影面体系。在新的投影面体系中，△*ABC* 处于与 V_1 平行的位置，将△*ABC* 向 V_1 面进行投影，得到的新投影△$a_1'b_1'c_1'$ 反映△*ABC* 的实形。投影面展开后的投影图如图 3-2（b）所示，这样就实现了投影的变换并获得实形。

由此可知，新投影面的选择应符合以下两个条件：

① 新投影面必须垂直于原投影体系中一个投影面，这样才能构成一个新的相互垂直的投影面体系，如图 3-2 中 $V_1 \perp H$。

② 新投影面必须处于有利于解题的位置。如图 3-2 中 $V_1 // \triangle ABC$。

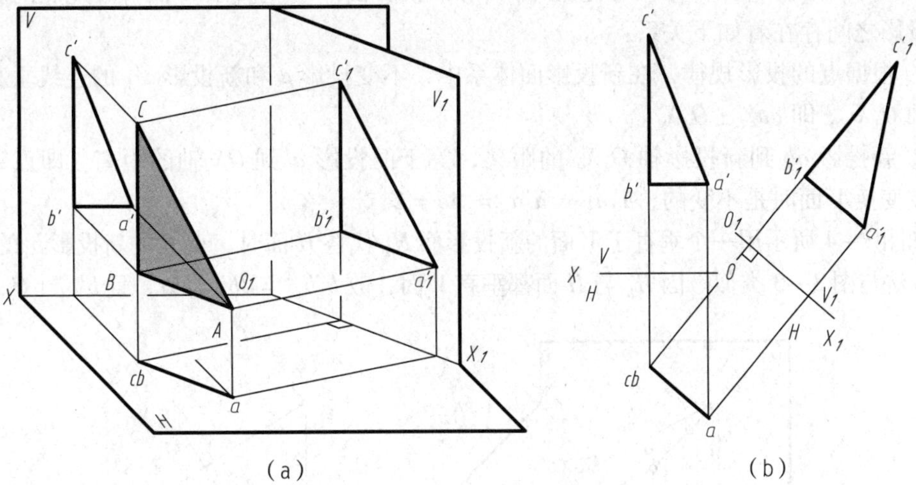

图3-2　设立新投影面 V_1

如果设立的新投影面垂直于 H 投影面，则称之为新的正立投影面，用 V_1 标记；如果所设立的新投影面垂直于 V 面，则称之为新的水平投影面，以 H_1 标记。新投影面和原有投影面之一所构成的新投影面体系，用 V_1/H 或 V/H_1 等标记，它们的交线称为新投影轴，用 O_1X_1 等标记。点的新投影在 V_1 面上用相应的 a'_1、b'_1、c'_1 等符号表示；而在 H_1 面上用相应的 a_1、b_1、c_1 等符号表示。

点是最基本的几何元素，也是作图的基础，因此必须首先研究点的变换规律。

3.2.1.1　点的一次变换

如图3-3，已知点 A（a，a'）若给定了新的正立投影面 V_1 的位置，要作出点 A 在 V_1 面上的新投影 a'_1，可由点 A 向 V_1 面引垂线，得垂足 a'_1、[图3-3（a）]。a'_1 即点 A 在 V_1 面上的新投影。投影面展开时，将 V_1 面绕新投影轴 O_1X_1 向后旋转使之与 H 面重合，得到的投影图如图3-3（b）所示。实际作图时，不画投影面边框，如图3-3（c）那样。

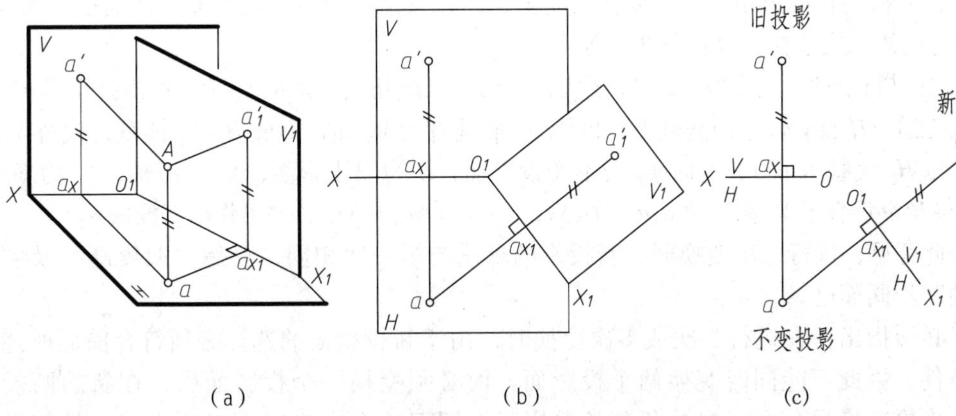

图3-3　点的一次变换（变换 V 面）

从图 3－3 可以看出，由于新投影面 V_1 和旧投影面 V 均垂直于 H 面，因此点的新投影与旧投影之间存在着如下关系：

① 根据点的投影规律，在新投影面体系中，不变投影 a 和新投影 a'_1 的连线垂直于新投影轴 O_1X_1，即 $aa'_1 \perp O_1X_1$。

② 新投影 a'_1 到新投影轴 O_1X_1 的距离，等于旧投影 a' 到 OX 轴的距离。即点 A 的 Z 坐标在变换 V 面时是不变的，$a'_1a_{x1} = a'a_x = Aa = Z_A$。

如图 3－4 所示用一个垂直于 V 面的新投影面 H_1 代替 H 面时，点 B 的新投影 b_1 的求法。作图方法与图 3－3 类似。因 H_1 与 H 面都垂直 V 面，故 $b_1b_{x1} = Bb' = bbx$，且 $b'b_1 \perp O_1X_1$ 轴。

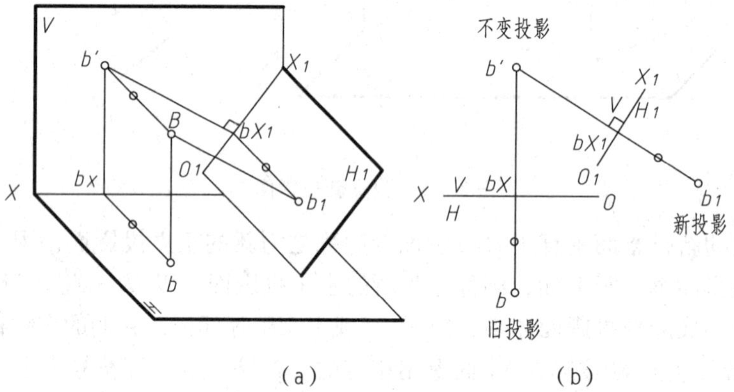

图 3－4　点的一次变换（变换 H 面）

综上所述，点的换面法的基本规律可归纳如下：

① 点的新投影与不变投影的连线垂直于新投影轴。

② 点的新投影到新轴的距离等于旧投影到旧轴的距离。

3.2.1.2　点的二次变换

由于新投影面必须垂直于原投影体系中一个投影面，因此在运用换面法解题时，变换一次投影面，有时不足以解决问题，而必须变换二次或多次。这种变换二次或多次投影面的方法称为二次变换或多次变换。

二次变换的作图方法与一次变换的完全相同，只是将作图过程重复一次而已。图 3－5 所示为点的二次变换，其作图步骤如下：

① 先进行点的一次变换，以 V_1 面代替 V 面，构成新投影体系 V_1/H，作出新投影 a'_1。

② 在 V_1/H 投影体系的基础上，再作 H_2 面垂直于 V_1 面，形成 H_1/V_2 体系，代替 V_1/H 体系（以 H_2 代替 H 面），这时 V_1 为不变投影面，H 为旧投影面，X_1 为旧轴，X_2 为新轴。因 H_2 与 H 都垂直于 V_1 面，故 $a'_1a_2 \perp O_2X_2$，$a_2a_{X2} = Aa'_1 = aa_{x1}$，即可作出新投影 a_2。

由此可见，进行二次变换时，新投影的求法与第一次相同，只是“旧投影”及“旧投影轴”不同而已。

但必须指出：在进行二次或多次变换时，由于新投影面的选择必须符合前面所述的两个条件，因此不能同时变换两个投影面，而必须变换一个投影面后，在新的两投影面体系中再变换另一个还未被代替的投影面，即旧的两个投影面必须交替地被新投影面所替换。

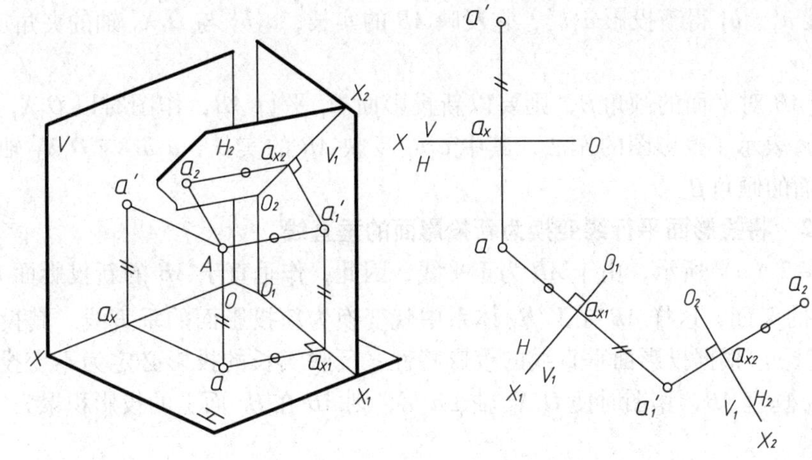

(a) (b)

图 3－5　点的二次变换

3.2.2　直线的变换

两点决定一直线，直线变换的实质是求直线上两点变换后的新投影。

3.2.2.1　将一般位置直线变换为新投影面的平行线

将一般位置直线变换为新投影面的平行线，应设立新的投影面使其平行于已知直线，这时，已知直线对新投影面来说就处于平行位置。

如图 3－6 所示，*AB* 为一般位置直线，如要变换为新投影面的平行线，则必须变换 *V* 面使新投影面 V_1 面平行 *AB*，这样 *AB* 在 V_1 面上的投影 $a_1'b_1'$ 将反映 *AB* 的实长，$a_1'b_1'$ 与 O_1X_1 轴的夹角反映直线对 *H* 面的倾角 α。作图如图 3－6（b），步骤如下：

① 作新投影轴 $O_1X_1 /\!/ ab$。

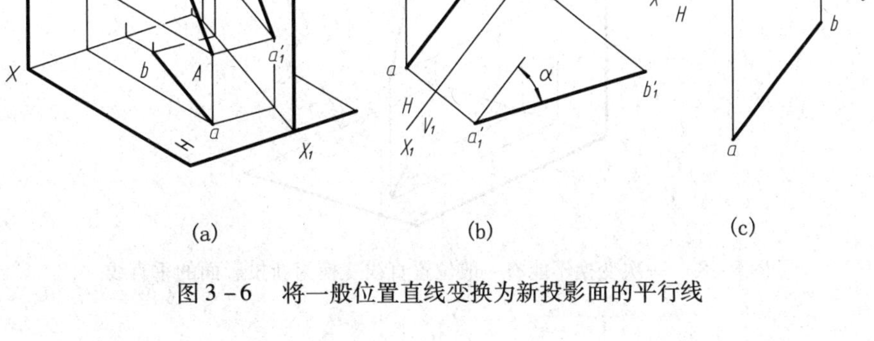

(a) (b) (c)

图 3－6　将一般位置直线变换为新投影面的平行线

② 根据前述点的新投影的作图规律分别作出 a_1'、b_1'。

③ 连接 a_1'、b_1' 得新投影 $a_1'b_1'$，它反映 AB 的实长，$a_1'b_1'$ 与 O_1X_1 轴的夹角反映 AB 对 H 面的倾角 α。

如要求 AB 对 V 面的倾角 β，则要以新投影面 H_1 平行 AB，作图时以 O_1X_1 轴 $/\!/ a'b'$，图 3－6（c）表示了投影图的作法，其中 a_1b_1 反映 AB 的实长，a_1b_1 与 O_1X_1 轴的夹角反映 AB 对 V 面的倾角 β。

3.2.2.2　将投影面平行线变换为新投影面的垂直线

如图 3－7（a）所示，由于 AB 为正平线，因此，作垂直于 AB 的新投影面 H_1 必垂直于原体系中的 V 面，这样 AB 在 V/H_1 体系中就变换为新投影面的垂直线。其投影图作法见图 3－7（b）。根据投影面垂直线的投影特性，反映实长的投影必定为不变投影，即作新投影面 H_1 垂直 AB，作图时使 O_1X_1 轴 $\perp a'b'$，则 AB 在 H_1 面上的投影积聚为一点 a_1b_1。

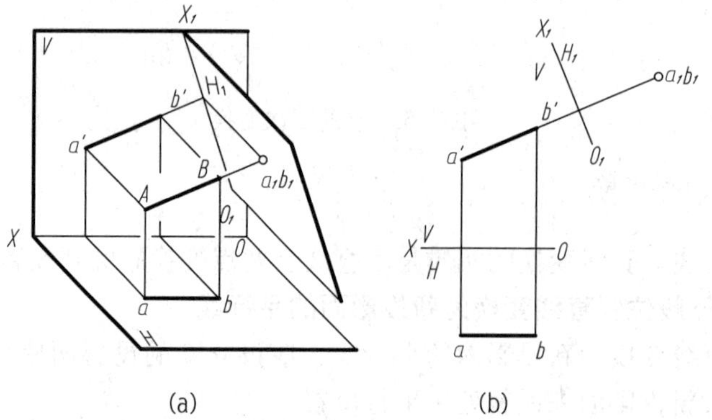

图 3－7　将投影面平行线变换为新投影面的垂直线

3.2.2.3　将一般位置直线变换为新投影面的垂直线

欲将一般位置直线变换为新投影面的垂直线，只变换一次投影面是不行的。如图 3－8 所示，若选新投影面 P 直接垂直于一般位置直线 AB，则 P 必是一般位置平面，所以它和原体系中的任一投影面都不会垂直，因此不能构成新的投影面体系。

如图 3－7 所示，如果所给是一条投影面平行线，要变换为新投影面的垂直线，则更换一次投影面即可。

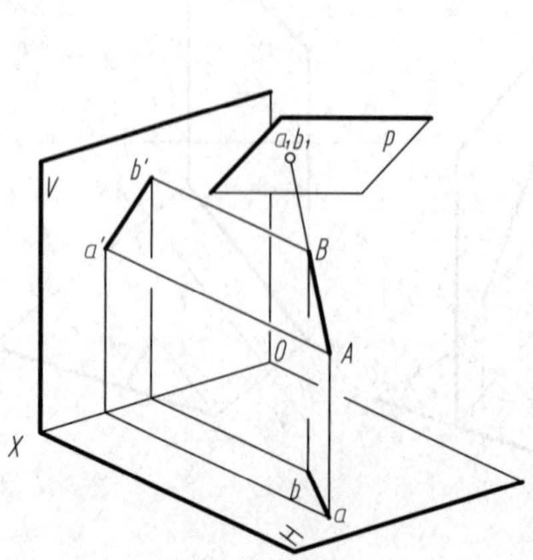

图 3－8　一次变换不能将一般位置直线变换为新投影面的垂直线

因此要将一般位置直线变换为新投影面的垂直线，必须经过二次变换。如图 3－9（a）所示，第一次将一般位置直线变换为新投影面的平行线，第二次将投影面平行线变换为新投影面的垂直线。

图 3－9（b）所示，投影图作法为先变换 V 面，使 V_1 面 $/\!/ AB$，则 AB 在 V_1/H 投影体系中为 V_1 投影面的平行线，再变换 H 面，作 H_2 面 $\perp AB$，则 AB 在 V_1/H_2 投影体系中为 H_2 投影面的垂直线。具体作图步骤如下：

① 先作 $O_1X_1 /\!/ ab$，求得 AB 在 V_1 面上的新投影 $a_1'b_1'$。

② 再作 $O_2X_2 \perp a_1'b_1'$，得出 AB 在 H_2 面上的投影 a_2b_2，这时 a_2 与 b_2 积聚为一点。

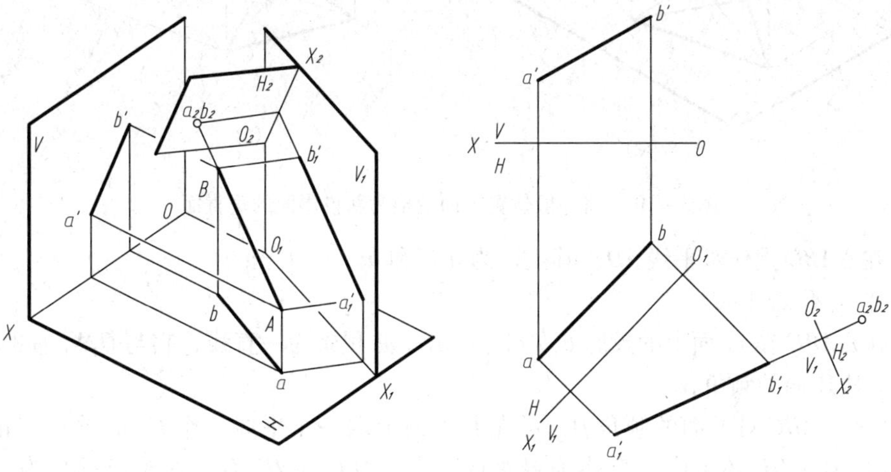

(a)　　　　　　　　　　　　　　　　　(b)

图 3－9　一般位置直线变换为新投影面的垂直线

3.2.3　平面的变换

平面变换的实质是求决定平面的几何元素（点、直线）变换后的新投影。

3.2.3.1　将一般位置平面变换为新投影面的垂直面

一个平面成为投影面垂直面的必要条件是该平面应包含一条垂直于投影面的直线。因此，将一般位置平面交换为新投影面的垂直面的问题，实质上就是将平面上的一条直线变换为新投影面的垂直线的问题。由前面直线的投影变换知道，若将一般位置直线变换为新投影面的垂直线，必须变换两次投影面，而将投影面平行线变换为新投影面的垂直线只需要换一次投影面。因此在解决这类问题时，总是在一般位置平面上任取一条投影面平行线作为辅助线，再取与该辅助线垂直的平面为新投影面，则该一般位置平面也就和新投影面垂直。

如图 3－10（a）所示 $\triangle ABC$ 为一般位置平面，如要变换为新投影面的垂直面，必须取新投影面 V_1 代替 V 面，V_1 面既垂直 $\triangle ABC$，又垂直 H 面，为此可在 $\triangle ABC$ 上先作一水平线，然后作 V_1 面与该水平线垂直，则它也一定垂直 H 面。

图 3－10（b）所示为将一般位置平面 $\triangle ABC$ 变换为新投影面垂直面的作图过程。作图步骤如下：

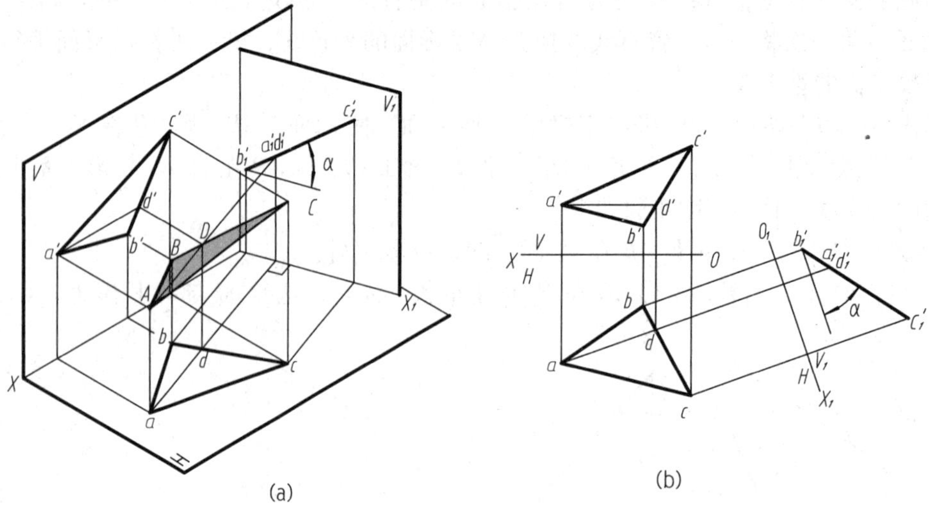

图 3－10　将一般位置平面变换为新投影面的垂直面

① 在△ABC 上作水平线 AD，其投影为 $a'd'$和 ad。

② 作 O_1X_1 轴⊥ad。

③ 作△ABC 在 V_1 面上的投影 $a_1'b_1'c_1'$，$a_1'b_1'c_1'$ 必积聚为一直线，它与 O_1X_1 轴的夹角反映△ABC 对 H 面的倾角 α。

如要求△ABC 对 V 面的倾角 β，可在此平面上取一正平线，作 H_1 面垂直该正平线，这样△ABC 在 V/H_1 体系中就变换为铅垂面，则△ABC 在 H_1 面上的投影积聚为一直线，它与 O_1X_1 轴的夹角反映△ABC 对 V 面的倾角 β。

3.2.3.2　将投影面垂直面变换为新投影面的平行面

由图 3－2 所示将处于铅垂位置的△ABC 通过一次变换就获得了实形可以看出，若要将投影面垂直面变换为新投影面的平行面，只要使新投影面与该垂直面平行即可。与图 3－2类似，图 3－10 所示的△ABC 处于正垂位置，它的正面投影 $a'b'c'$积聚为直线、水平投影△abc 不反映△ABC 的实形，只要设立一个新投影面 H_1，使之垂直于 V 面并平行于△ABC，则 V、H_1 构成了一个新的投影面体系。在新的投影面体系中，△ABC 处于与 H_1 平行的位置，将△ABC 向 H_1 面进行投影，得到的新投影△$a_1b_1c_1$ 反映△ABC 的实形。

将投影面垂直面变换为新投影面的平行面，作图时应特别注意：在投影图上新轴必须与该投影面垂直面有积聚性投影平行。

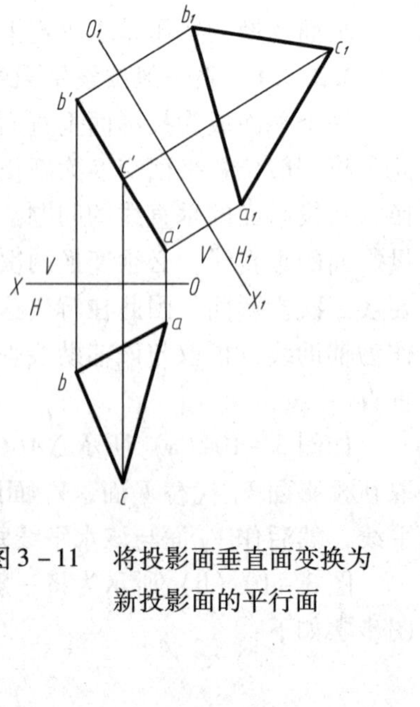

图 3－11　将投影面垂直面变换为新投影面的平行面

3.2.3.3　将一般位置平面变换为新投影面的平行面

如图 3－12（a）所示，要将一般位置平面变换为新投影面的平行面，与前述将一般位置直线变换为新投影面的垂直线一样，只更换一次投影面也是不行的。因为若取新投影面平行于一般位置平面，则这个新投影面也一定是一般位置平面，它和原投影体系中任一投影面都不垂直，自然不能构成新的投影面体系。

要解决这个问题，必须经过二次变换。第一次将一般位置平面变换为新投影面的垂直面，第二次再将投影面垂直面变换为新投影面的平行面。

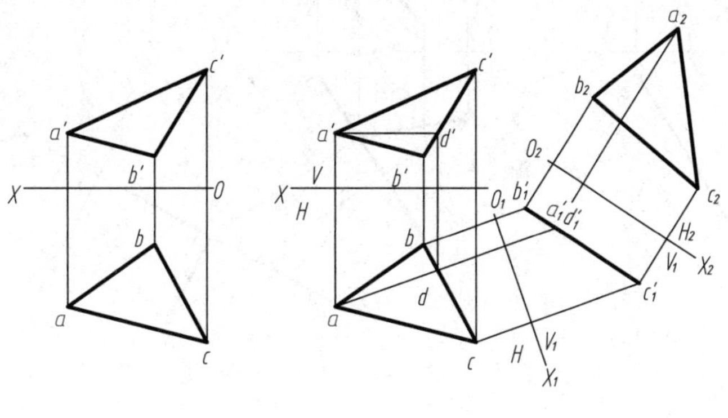

图 3-12　将一般位置平面变换为新投影面的平行面

图 3-12（b）表示将△*ABC* 变换为新投影面平行面的作图过程。具体作图如下：

① 第一次变换作图与图 3-10（b）一样，△*ABC* 在 V_1 面上的新投影 $a_1'b_1'c_1'$ 积聚成一直线。

② 作新投影面 H_2 平行△*ABC*，即作 $O_2X_2 // a_1'b_1'c_1'$，然后作出△*ABC* 在 H_2 面上的新投影△$a_2b_2c_2$。△$a_2b_2c_2$ 反映△*ABC* 的实形。

掌握直线的变换可以解决与直线有关的定位、度量等空间几何作图问题，掌握平面的变换可以解决平面上的几何作图问题。

3.2.4　应用举例

用换面法解题时，必须先按已知条件及要求，分清是直线的变换还是平面的变换，分析空间几何元素与投影面处于什么特殊位置才有利于解题，需要变换几次投影面和先变换哪一个投影面，才能按上述作图方法作图。

[例 3-1]　求点 *C* 到直线 *AB* 的距离及其 *V*、*H* 面投影［图 3-13（a）］。

分析　点到直线的距离就是点到直线的垂线实长。因 *AB* 是一般位置直线，根据直角投影定则可先将 *AB* 变换为新投影面的平行线，然后从点 *C* 向 *AB* 作垂线，得垂足 *K*，再求出 *CK* 实长。也可将直线 *AB* 变换为新投影面的垂直线，点 *C* 到 *AB* 的垂线 *CK* 为新投影面的平行线，在投影图上反映距离实长。图 3-13（b）为作图过程。

作图　［图 3-13（b）］

① 先将直线 *AB* 变换成 V_1 面的平行线。点 *C* 在 V_1 面上的投影为 c_1'。

② 再将 *AB* 变换成 H_2 面的垂直线，*AB* 在 H_2 面上的投影为 a_2b_2，点 *C* 在 H_2 面上的投影为 c_2。

③ 过 c_1' 作 $c_1'k_1' \perp a_1'b_1'$，即 $c_1'k_1' // O_2X_2$ 轴，得 k_2 与 a_2b_2 积聚成一点，连接 c_2、k_2，c_2k_2 即反映点 *C* 到直线 *AB* 的距离。

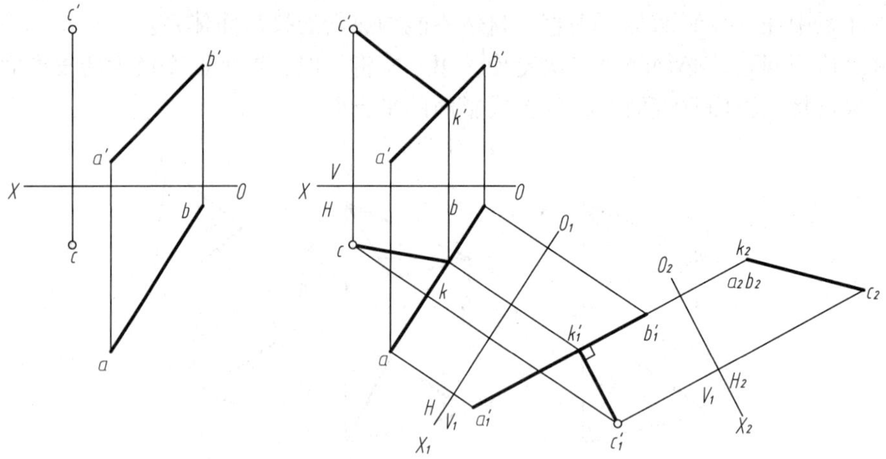

(a) (b)

图 3－13　求点 C 到直线 AB 的距离及其 V、H 面投影

如要求出 CK 在 V/H 投影体系中的投影 ck 和 $c'k'$，可根据 c_2k_2、$c_1'k_1'$ 返回作出。

[例 3－2]　求漏斗相邻两斗壁间的夹角 θ（图 3－14）。

分析　由图 3－1（b）得知，当两平面的交线垂直于投影面时，则两平面在该投影面上的投影积聚成两相交直线，它们之间的夹角即反映两平面面间的夹角。因漏斗的上下口为正方形，四个斗壁的形状相同，相邻两斗壁间的夹角相等。因相邻两斗壁的交线是一般位置直线，要将它变换为新投影面的垂直线，必须经过二次变换（见图 3－9）。

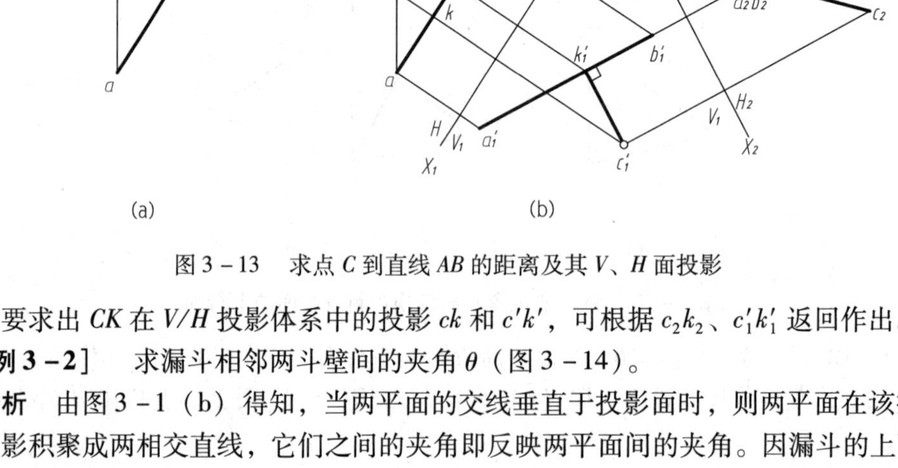

图 3－14　求漏斗相邻两斗壁间的夹角

作图

① 将斗壁 $MNAB$ 与 $MNCD$ 的交线 MN 经二次变换成 H_2 面的垂直线。

② 斗壁 $MNAB$ 与 $MNCD$ 在 H_2 面上的投影分别积聚为直线段 $m_2n_2a_2$ 和 $m_2n_2d_2$。

③ $\angle a_2m_2d_2$ 即反映漏斗相邻两斗壁间的夹角 θ。

第 4 章　立体的投影

4.1　立体及其表面上的点

工程上所采用的立体，根据其功能的不同，无论在形状及结构上如何千差万别，都可以看作是由一些单一的几何形体组成的。但如果按照立体各组成部分的几何性质来分类，则所有立体可分为平面立体和曲面立体两大类。

平面立体是全部由平面围合而成的空间封闭实体；曲面立体则是由曲面或平面与曲面围合而成的空间封闭实体。

4.1.1　平面立体的投影及其表面取点

由于平面立体是由平面多边形围合而成的实体，因此，**绘制平面立体投影，可归结为绘制所有表面多边形的投影，也就是绘制这些多边形的边线和顶点的投影**。多边形的边是平面立体的棱线，分别是平面立体的每两个多边形表面的交线。当棱线的投影为可见时，画成粗实线；不可见时画成虚线；当粗实线与虚线重合时，应画成粗实线。

4.1.1.1　平面立体的投影

（1）棱柱的投影　棱柱是工程上最常见也是应用最多的平面立体，它有一组互相平行的棱线，其表面由一组棱面与上下底面组成。图 4－1（a）给出一直立放置的正五棱柱，五棱柱的顶面和底面都是水平面，它们的边分别都是四条水平线和一条侧垂线，棱面是四个铅垂面和一个正平面，棱线是五条铅垂线。画图时，应先画出顶面和底面的三面投影，然后连接各棱线的投影，并判别可见性，见图 4－1（b）。

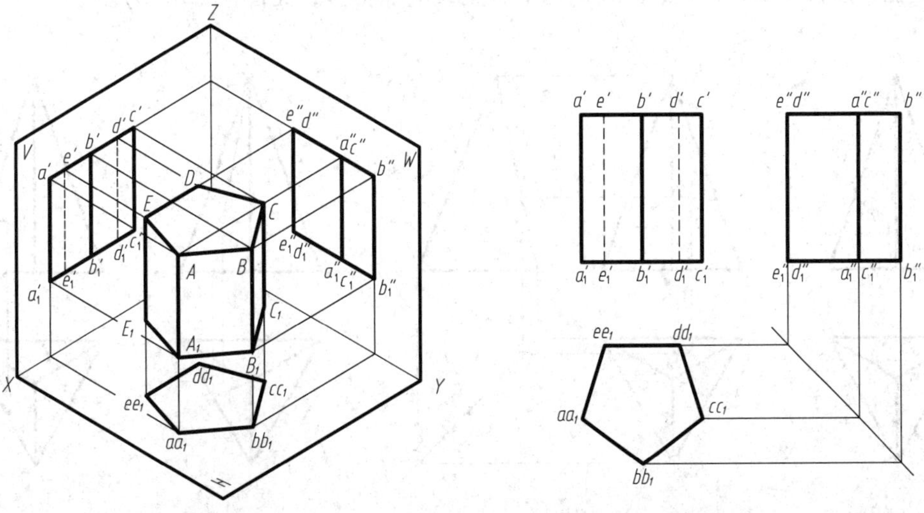

(a)直观图　　(b)投影图

图 4－1　五棱柱的投影

（2）棱锥的投影　棱锥有一组交汇于一点的棱线，其表面由一组棱面和底面组成。图4-2（a）给出一竖直放置的三棱锥，它是由顶点 S 及棱面 SAB、SBC、SAC 和底面 ABC 组成，它的底面与 H 面平行。画图时，可先画出底面 ABC 的三面投影及顶点 S 的三面投影，然后将顶点 S 与 A、B、C 各点的同面投影相连即可完成三棱锥的三面投影，如图4-2（b）所示。

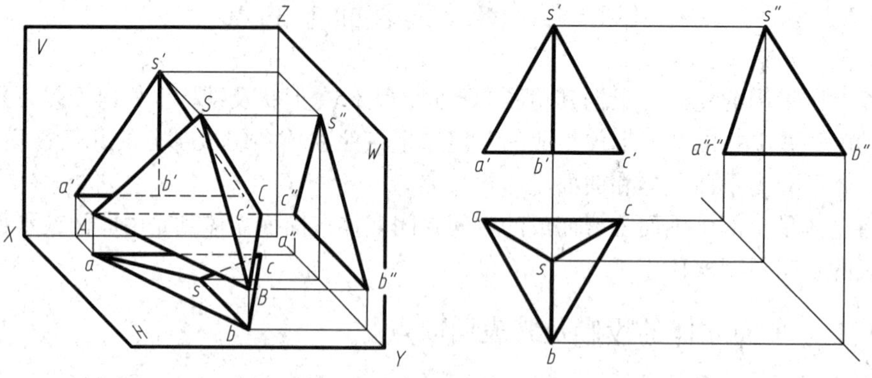

(a)直观图　(b)投影图

图4-2　三棱锥的投影

4.1.1.2　平面立体表面取点

平面立体表面取点，实质就是平面图形内取点。

［例4-1］　如图4-3（a）所示，已知三棱锥棱面 SAC 内一点 K 的 H 面投影 k，棱面 SBC 内一点 N 的 V 面投影 n'，求 K、N 两点的其他投影。

分析与作图：

因为棱面 SAC 的棱线 AC 垂直于 W 面，所以 SAC 为侧垂面，则其侧面投影积聚成一直线。这样就可以利用积聚性投影由 k 求得 k''，再由 k、k''求得 k'。因棱面 SAC 是三棱锥的后表面，所以 $s'a'c'$不可见，故 k'为不可见，应加括号，见图4-3（b）。

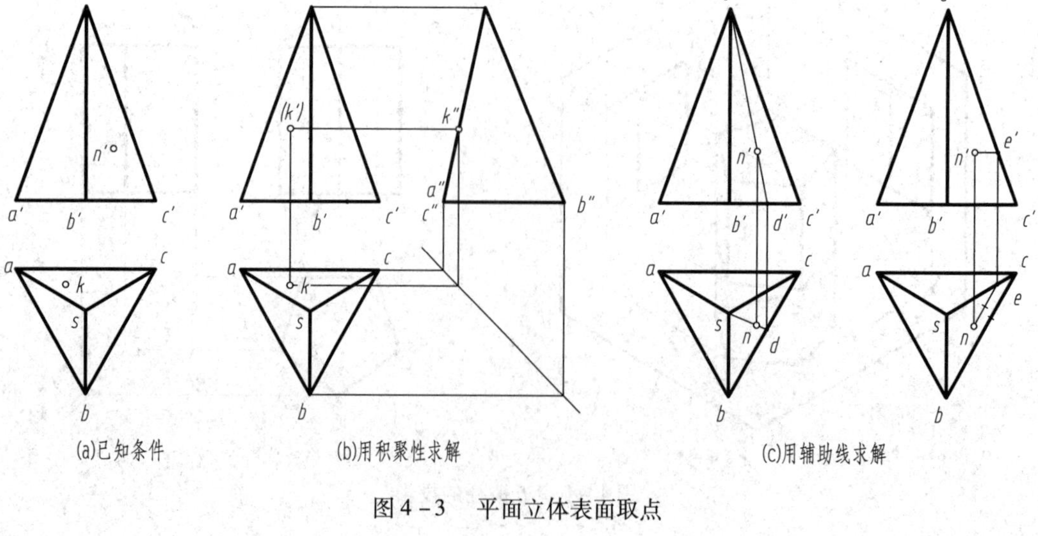

(a)已知条件　(b)用积聚性求解　(c)用辅助线求解

图4-3　平面立体表面取点

棱面 SBC 是一倾斜面，无积聚性。按照点在平面上的几何条件，只要过点 N 在棱面 SBC 上作一辅助直线，就可求得它的另一投影。具体作图方法：

① 过点 N 作一直线 SD（其 V 面投影 $s'd'$ 过点 n'），再由 $s'd'$ 求得 sd，并由 n' 在 sd 上求得 n，点 n 可见。

② 过点 N 作一水平线 NE（其 V 面投影 $n'e' /\!/ b'c'$），再由 e' 求得 e，过 e 作 $en /\!/ bc$，并由 n' 在 en 上求得 n。如图 4－3（c）所示。

从上述 K、N 两点投影的作图可以看出：平面立体表面取点可以利用积聚性来求，若无积聚性则可用辅助线求出。

4.1.2　常见曲面立体的投影及其表面取点

工程上常见的曲面立体主要是回转体，如圆柱体、圆锥体及圆球等，它们都是由曲面或平面与曲面围合而成的实体。**在画曲面立体的投影时，除了画出其表面交线和尖点外，还要画出曲面投影的转向轮廓线。**

4.1.2.1　常见曲面立体的投影

（1）圆柱体的投影　圆柱体是由圆柱面与两个圆平面围合而成的实体，其投影的形成如图 4－4（a）所示。由于圆柱体的轴线与 H 面垂直，所以其上、下底圆在 H 面上投影重合并反映实形，圆柱体表面也都积聚在底圆的水平投影上。圆柱体的正面和侧面投影都是矩形，矩形两侧边线称为转向轮廓线。如图中 AB、CD 的 V 面投影 $a'b'$ 与 $c'd'$，其侧面投影与圆柱体轴线重合，不需单独表示；同样，侧面投影中的转向轮廓线 EF、GH 的正面投影与圆柱体轴线的正面投影重合，也不另外表示。所以画圆柱体三面投影时，轴线的投影必须用点画线画出。圆柱体的投影画法如图 4－4（b）所示。圆柱体转向轮廓线是圆柱体表面对某个投影面的可见与不可见部分的分界线。

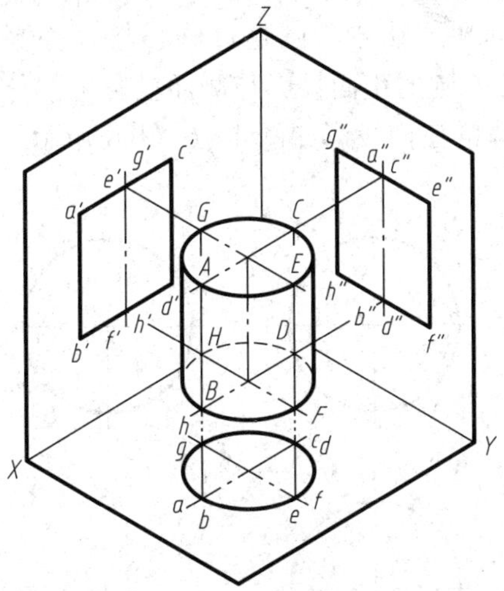

(a)立体图

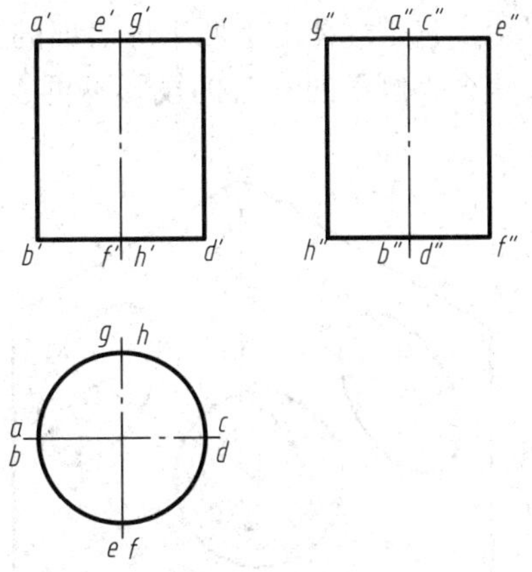

(b)投影图

图 4－4　圆柱体的投影

（2）圆锥体的投影　圆锥体是由圆锥面与一个圆平面围合而成的实体，其投影的形成如图 4－5（a）所示。由于圆锥体的轴线垂直于 H 面，故圆锥体底面与 H 面平行，其 H

面投影为一反映实形的圆。圆锥体的正面投影与侧面投影为两个等大的等腰三角形，三角形的两腰是圆锥体的转向轮廓线。如正面投影中的 $s'a'$ 与 $s'b'$，是圆锥体前后表面的分界线 SA、SB 的正面投影，SA 与 SB 的侧面投影与圆锥体轴线重合，不单独表示；同样，圆锥体侧面投影转向轮廓线 SC、SD 也是圆锥体左右两部分表面的分界线，其正面投影与圆锥体轴线重合，也不单独表示。圆锥体的三面投影画法如图 4－5（b）所示。

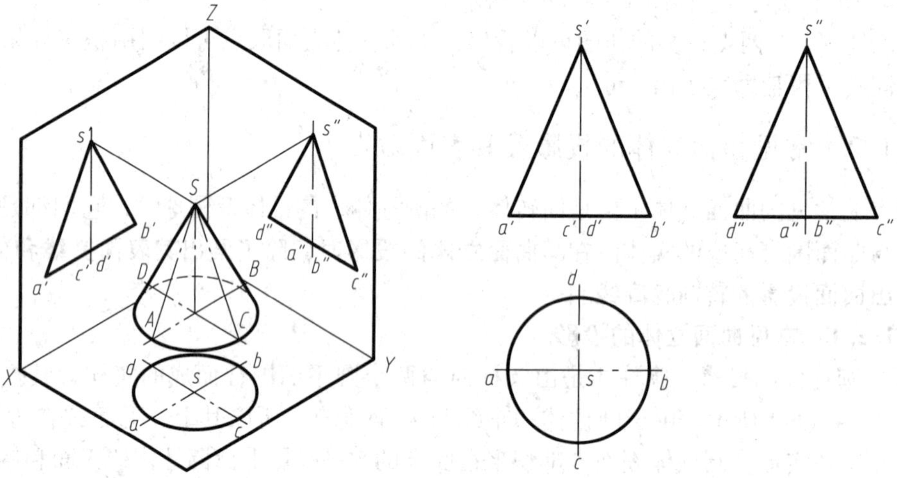

(a)直观图　　(b)投影图

图 4－5　圆锥体的投影

（3）圆球体的投影　圆球体是由球面围合而成的实体，其投影的形成如图 4－6（a）所示。球体的三个投影均为等大的圆，这三个圆都是相应投影的转向轮廓线。如正面投影中的 a'圆，是球体前后两半球表面分界线 A 圆的投影，其水平投影 a 及侧面投影 a''均与对称中心线重合，画图时不单独表明；同样，水平投影中 b 圆是过球心与 H 面平行的 B 圆的投影，它是球体上下两半球表面的分界线，B 圆的正面投影与侧面投影也都与圆的水平轴线重合；侧平的 C 圆的投影不再表述。球体的三面投影如图 4－6（b）所示。

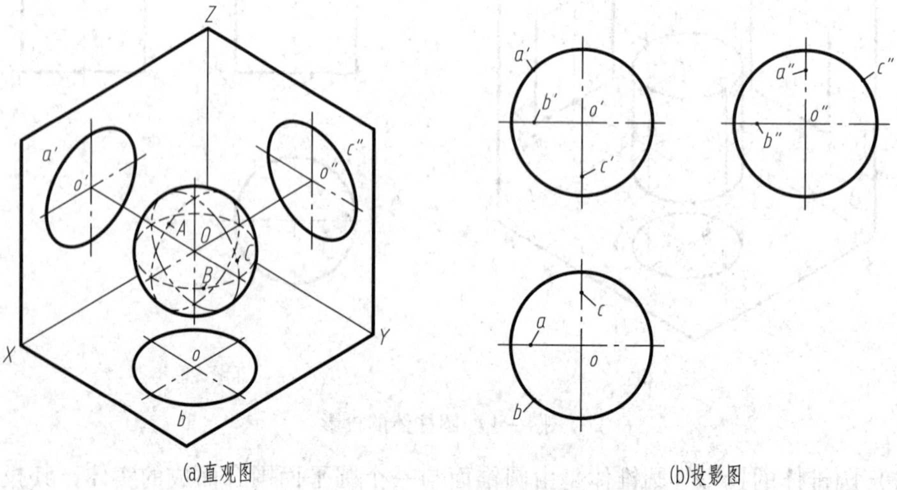

(a)直观图　　(b)投影图

图 4－6　圆球体的投影

4.1.2.2　曲面立体表面取点

所谓曲面体表面取点是指：根据给出曲面立体表面上点的一个投影求出其余投影的方法。曲面上取点可利用曲面投影的积聚性或在曲面上过点作辅助线的方法来实现。

（1）圆柱体表面取点　圆柱体一般都使其轴线垂直于某一投影面，因此其表面上的点可利用积聚性求出。

[例4－2]　如图4－7（a）所示，已知圆柱体表面上一点 A 的 V 面投影，求点 A 的 H、W 面投影。

分析与作图：

因圆柱体的轴线垂直于 H 面，故圆柱面的水平投影有积聚性，又因 a' 为可见，表明点 A 位于圆柱体的前半个表面内，因此过 a' 向下投影，在圆柱面水平投影的前半圆周上得到点 A 的水平投影 a。由 a、a' 可求得 a''，因 a' 位于 V 面投影对称轴的右侧，故 a'' 为不可见，如图4－7（b）。

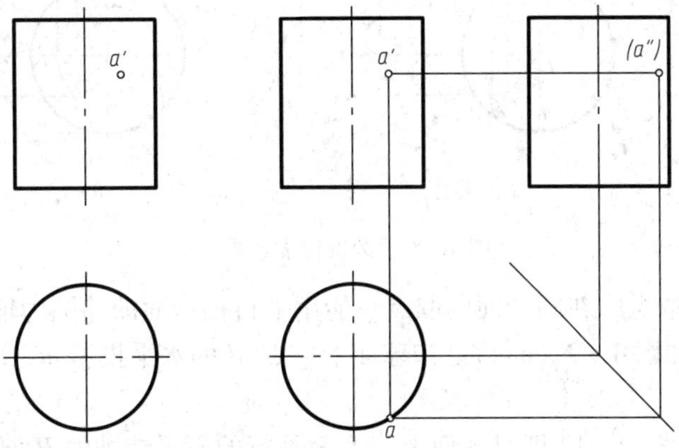

图4－7　圆柱体表面取点

（2）圆锥体表面取点　圆锥体表面，除底圆外都没有积聚性可利用，因此在圆锥表面内取点需要作辅助线。在圆锥面上作辅助线有两种形式：一是在圆锥面上过给定点作一素线；二是在锥面上过给定点作一纬圆。

[例4－3]　如图4－8（a）所示，已知圆锥体表面内一点 A 的 V 面投影 a'，求其水平投影 a 及侧面投影 a''。

方法1：**素线法**

所谓素线法就是过给定点和锥顶在圆锥面上作一条素线为辅助线，再利用点、线从属关系，从而得出点的其余投影的作图方法。

分析与作图：

如图4－8（b），过锥顶 S 的 V 面投影 s' 与点 A 的 V 面投影 a' 作一条素线 $s'a'$ 与底圆交于 b'，则 $s'b'$ 为圆锥表面素线 SB 的 V 面投影，由 $s'b'$ 可求出 sb。因点 A 在素线 SB 上，故过 a' 在 sb 上可得 a，由 $a'a$ 求得 a''。由于 a' 在锥面的右侧，故 a'' 为不可见。

方法2：**纬圆法**

纬圆法就是过圆锥面内给定的点画一纬圆，再根据所画纬圆的投影而求得点的其他投影的作图方法。

分析与作图：

如图 4－8（c），过 a' 作一条水平线 $1'2'$，$1'2'$ 即过点 A 的水平纬圆的 V 面投影。然后以 $1'2'$ 为直径（以过点 A 的**轴线到转向轮廓线的距离为半径**）在 H 面上画出纬圆的水平投影，过 a' 在纬圆的水平投影上得出 a，再由 $a'a$ 求得 a''。

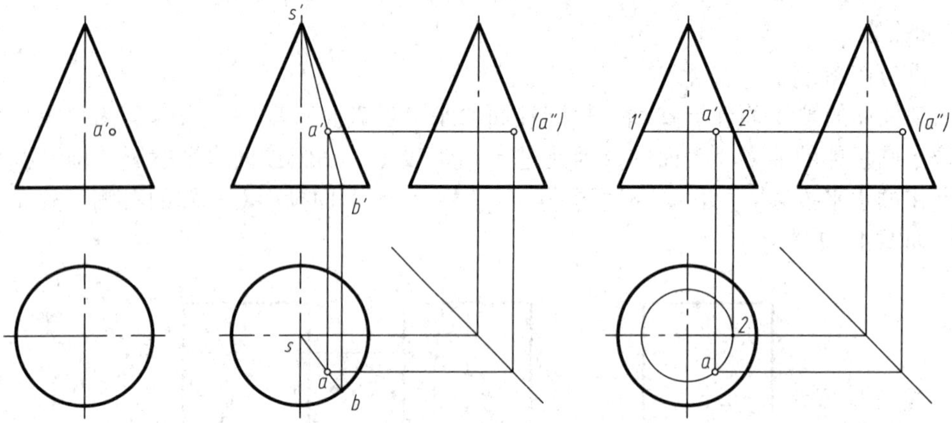

(a)已知条件　　(b)素线法　　(c)纬圆法

图 4－8　圆锥体表面取点

（3）圆球表面取点　在圆球面内取点只能用平行投影面的纬圆为辅助线进行作图。

［例 4－4］　如图 4－9（a），已知球面上一点 M 的水平投影 m，求 m' 及 m''。

分析与作图：

过 m 引一水平线 12，12 即是球面上与 V 面平行的正平纬圆的 H 面投影。其 V 面投影反映实形，即以 o' 为圆心以 12 为直径画圆。因 m 可见，故将 m 投影于此纬圆的上半圆周上得出 m'，由 m 及 m' 可求出 m''，因 M 位于球的左侧表面内，故 m'' 为可见，如图 4－9（b）所示。

用水平纬圆作图的过程见图 4－9（c），具体步骤由读者自行分析。

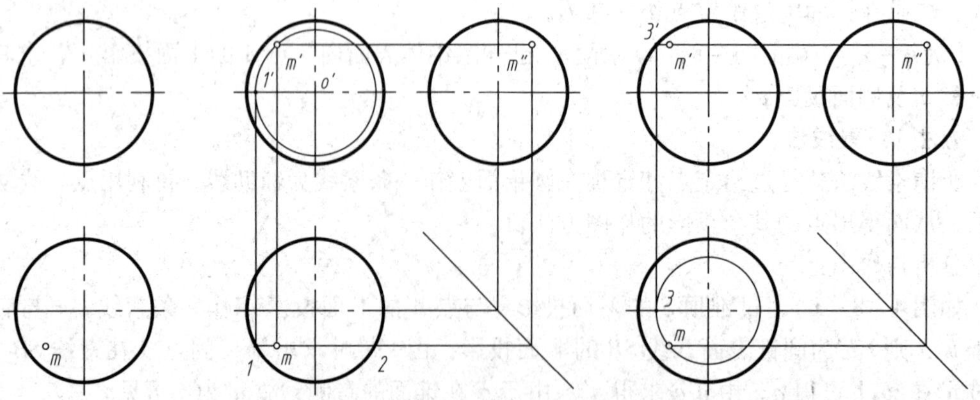

(a)已知条件　　(b)用正平纬圆作图　　(c)用水平纬圆作图

图 4－9　圆球体表面取点

4.2 平面与立体表面相交

用平面切割立体称**立体截断**，切割立体的平面称**截平面**；平面与立体表面的交线称**截交线**；由截交线所围成的平面图形称**截面或断面**；立体被一个或几个平面切割后余下的部分称为切割体。如图 4－10 所示。

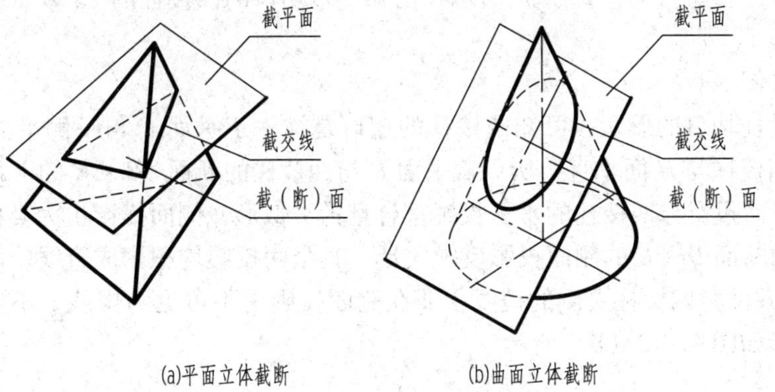

图 4－10　立体截断

4.2.1　平面立体的截断

平面切割平面立体时，其截交线是截平面与立体表面的共有线，它是一个封闭的平面多边形，其每一边都是截平面与立体的一个棱面的交线，其顶点则是截平面与一条棱线的交点，所以画截（断）面投影的实质，就是求作面、面交线与线、面交点的过程。

[例 4－5]　如图 4－11（a）所示，已知三棱锥 $S-ABC$ 被正垂面 P 所截，求截切后立体投影。

分析与作图：

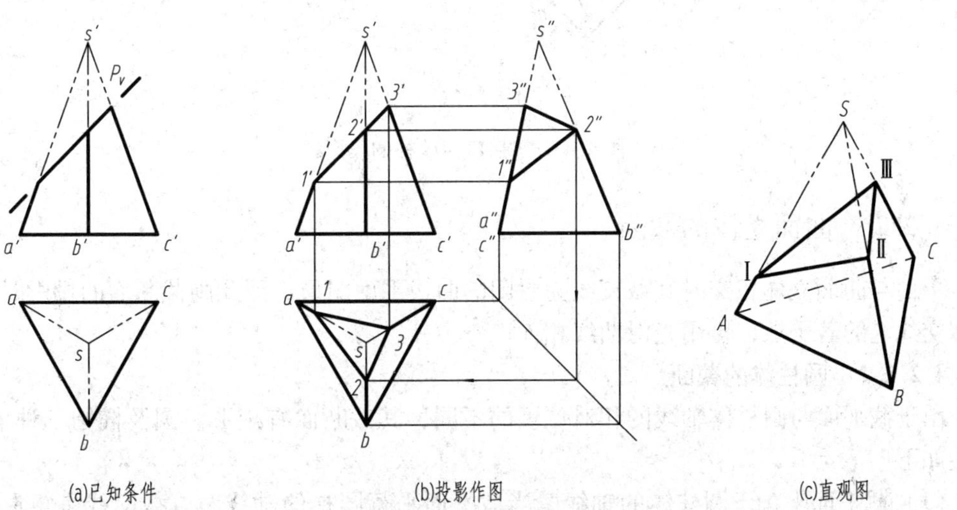

图 4－11　三棱锥的截断

如图4－11（b）所示，因截平面P是正垂面，其正面投影P_V有积聚性，截交线是截平面P上的线，所以其V面投影与P_V重合；三棱锥各棱SA、SB、SC与截平面P的交点Ⅰ、Ⅱ、Ⅲ的V面投影即$s'a'$、$s'b'$、$s'c'$与P_V的交点$1'$、$2'$、$3'$。按点在线上的投影规律可求出Ⅰ、Ⅱ、Ⅲ点的水平投影1、2、3及侧面投影$1''$、$2''$、$3''$，将1、2、3相连即得截交线的水平投影；将$1''$、$2''$、$3''$相连即得截交线的侧面投影。判别可见性，再将余下部分的棱线按规定线型加深，便可完成切割后三棱锥的投影。

［例4－6］ 如图4－12（a）所示，已知一带切口的四棱柱的V、H面投影，求其W面投影。

分析与作图：

分析四棱柱切口的形状，可知四棱柱的切口是被一正垂面P与一侧平面Q组合切割而成。由于四棱柱与H面垂直，所以截平面P与四棱柱的断面$ABDEC$的V面投影积聚成一段斜线，H面投影与四棱柱的水平投影重合且为类似形，侧面投影也为类似形。截平面Q与四棱柱的断面$DFGE$的侧面投影反映实形，其余两投影均积聚成直线。两截平面间的交线为CD，并注意四棱柱右侧的棱线ⅠⅡ在侧面投影中不可见为虚线，不要遗漏。切口四棱柱的投影如图4－12（b）所示。

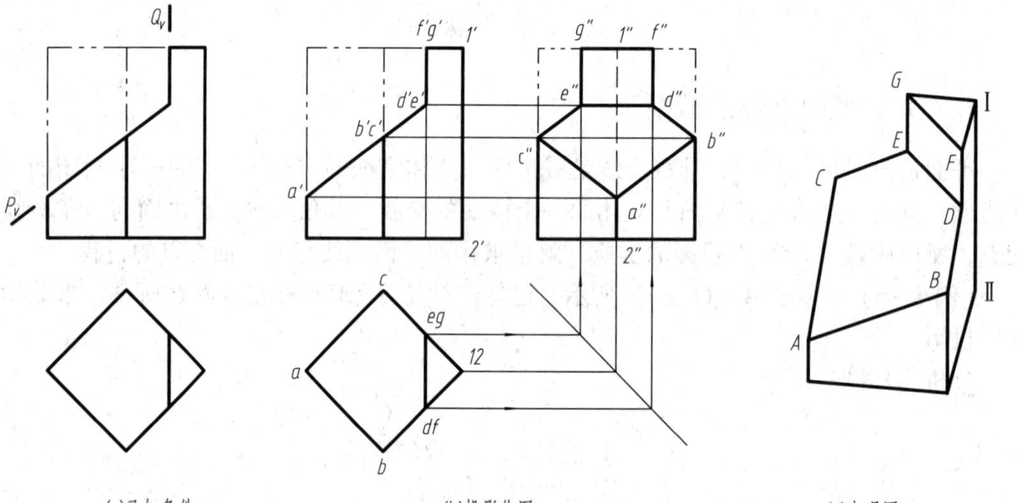

(a)已知条件　　(b)投影作图　　(c)直观图

图4－12　切口四棱柱的投影

4.2.2　曲面立体的截断

平面与曲面立体相交时其截交线为封闭的曲边平面图形，因此画截断面的投影时需找出截交线上的若干点，再用光滑曲线相连。

4.2.2.1　圆柱体的截断

由于截平面与圆柱体轴线的相对位置的不同，其截断面有矩形、圆及椭圆三种情况。分述如下：

（1）截平面平行于圆柱体的轴线　当截平面平行圆柱的轴线时，截交线是矩形，如图4－13（a）、（b）所示。

（2）截平面垂直于圆柱体的轴线　如图 4－14（a）、（b）所示，截交线为垂直于轴线的圆。

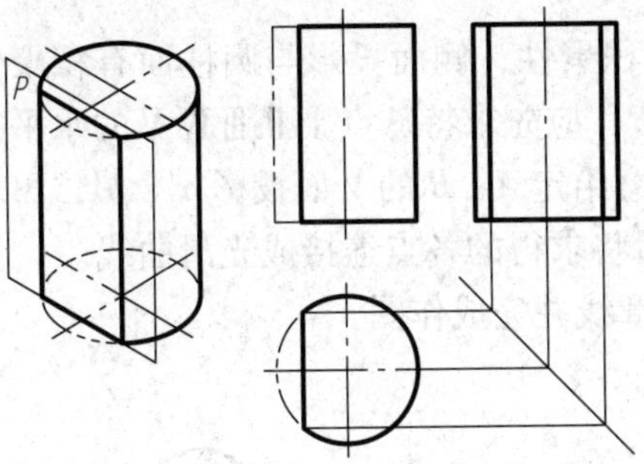

(a)直观图　(b)投影图

图 4－13　截面平行于圆柱体轴线的截断

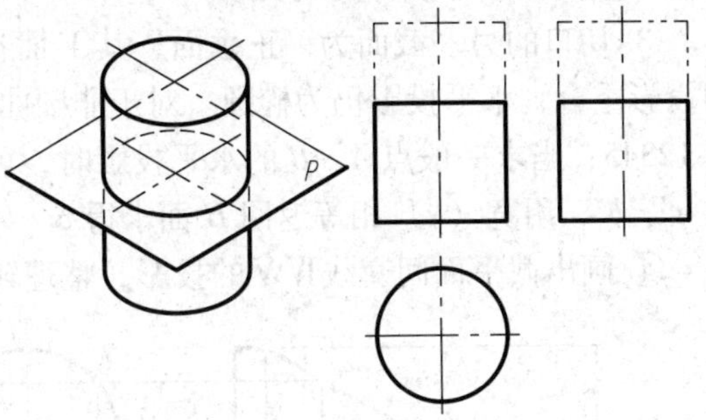

(a)直观图　(b)投影图

图 4－14　截面垂直于圆柱体轴线的截断

（3）截平面倾斜于圆柱体的轴线　如图 4－15（a）所示，圆柱体被平面斜截时交线为椭圆。为求得椭圆截交线的投影，需找出椭圆上的若干点，如最高、最低、最前、最后等极端位置上的点的投影，以及椭圆长短轴的端点等特殊点；另外，还需找出一些中间点以使连线更趋准确。由图 4－15（b）可以看出：截面 P 是正垂面，其 P_V 有积聚性，所以点 A 是最高点、点 B 为最低点，也是椭圆长轴的端点；点 C 和 D 是最前与最后点，也是椭圆短轴的端点。此外，还需作几个一般点，如图中Ⅰ、Ⅱ、Ⅲ、Ⅳ点。作图时可先确定各点的 V、H 面投影，再求 W 面投影。

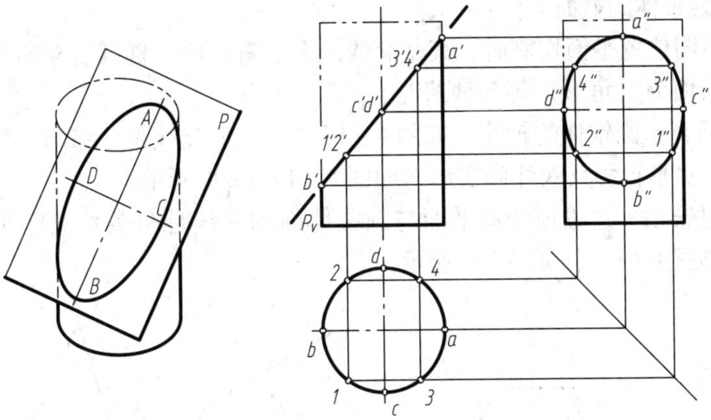

(a)直观图　(b)投影图

图 4－15　截面倾斜于圆柱体轴线的截断

（4）带切口圆柱体

[例 4－7]　如图 4－16（a）所示，已知切口圆柱体的 V 面投影，完成其 H 面投影及 W 面投影。

分析与作图：

根据已给带切口圆柱体的 V 面投影，可知切口是被一水平面与一正垂面组合切割而成，因此需要分别求出它们的截交线及截平面间的交线，并完成作图。具体步骤如下：

① 根据已知圆柱体的 V、W 面投影，先补画出完整圆柱体的 H 面投影。

② 由于切口的一截平面为水平面，即图 4－16（b）中矩形ⅣⅥⅦⅤ，其侧面投影积聚为一直线，水平投影反映实形。

③ 切口的另一截面为一正垂面，其 V 面投影有积聚性，侧面投影与圆柱面有积聚性的投影重合，水平投影仍为椭圆。对于非圆曲线而言，应先求特殊点ⅠⅡⅢⅣⅤ的水平投影 12345；当求一般点 A、B 的水平投影时，可先任意给定 A、B 的 V 面投影 a'、b'，再求出 a''、b''，用宽（y）相等返回 H 面求得 a、b，然后将求得的各点连接成光滑曲线。

④ 画出截平面间交线ⅣⅤ的投影，整理转向轮廓线并完成作图。

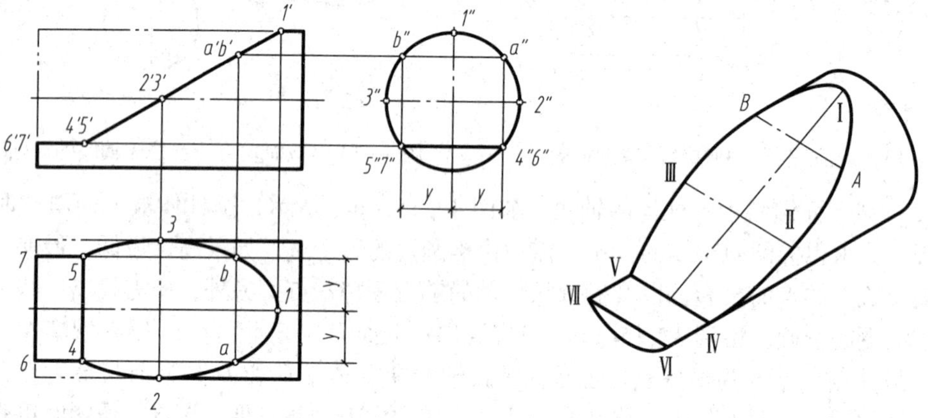

(a)投影图　　(b)直观图

图 4－16　切口圆柱体的投影

4.2.2.2　圆锥体的截断

圆锥体被不同位置平面切割时，其截交线的形状有：圆、椭圆、双曲线、抛物线以及相交两直线（断面为三角形）等五种情况。

（1）截面垂直于圆锥体的轴线　如图 4－17（a），截交线是一纬圆，截圆的正面投影积聚为一直线，水平投影反映纬圆实形，如图 4－17（b）所示。

（2）截面过锥顶　过锥顶的截平面与圆锥体面的交线是两条相交直线，其截断面是一个三角形，如图 4－18（a）、（b）所示。

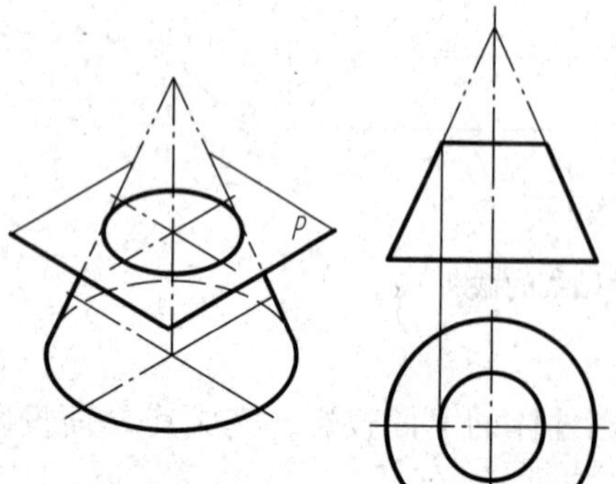

(a)直观图　　(b)投影图

图 4－17　截面垂直于圆锥体轴线的截断

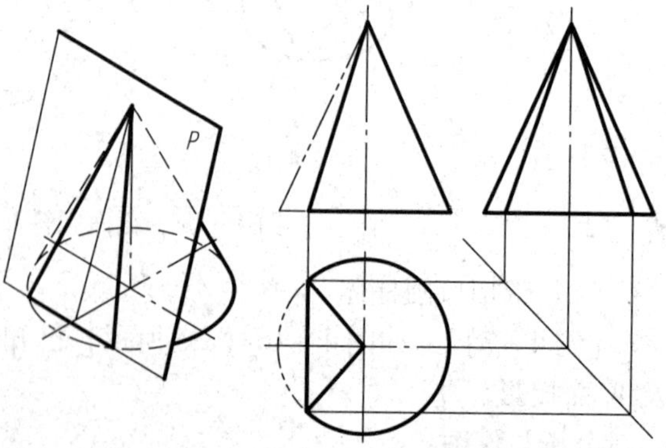

(a)直观图　　(b)投影图

图 4－18　截面过锥顶的截断

(3) 截面不过锥顶也不垂直于圆锥体的轴线　截平面倾斜于圆锥体的轴线相切，且截平面与轴线的夹角不同时，其截交线为椭圆或双曲线或抛物线，总之皆为非圆曲线，如图4－19（a）为一椭圆。画椭圆投影需找出曲线上一些特殊点及若干一般点。由正面投影可知点1′、2′为最高、最低点，又因它在圆锥体的转向轮廓线上，故可直接在轴线上求得其水平投影1、2和侧面投影1″、2″，如图4－19（b）；Ⅴ、Ⅵ为椭圆短轴的端点即最前、最后点，其正面投影位于1′2′的中点处，其投影5、6可用纬圆法或素线法求得。由5′、6′及5、6可求出5″、6″；由于3′、4′位于正面投影的轴线上，其侧面投影3″、4″必位于转向轮廓线上，且为侧面投影转向轮廓线的终止点。一般点 *A*、*B* 的投影与点Ⅴ、Ⅵ的求法类同。

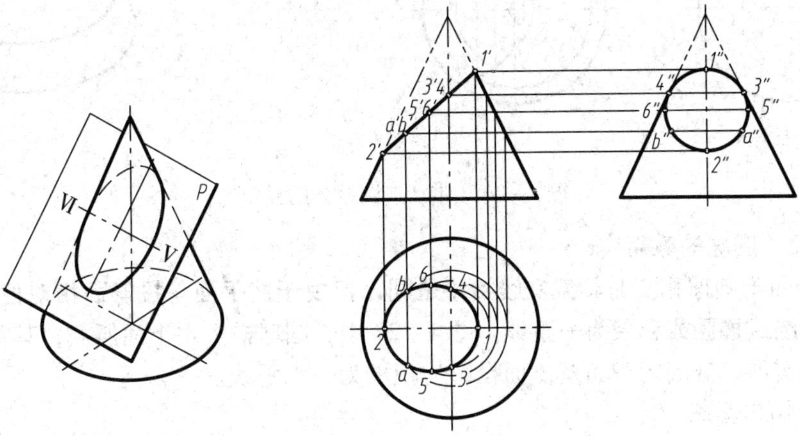

(a)直观图　　(b)投影图

图4－19　截面倾斜于圆锥体轴线的截断

(4) 带切口的圆锥体

[例4－8]　如图4－20（a），已知带切口圆锥体的正面投影，补画出其水平及侧面投影。

分析与作图：

因为构成切口的两截平面一为水平面与圆锥体轴线垂直，其截交线为纬圆；另一截平面为正垂面，与圆锥体轴线倾斜并平行于 *V* 面转向轮廓线，其截交线是一抛物线。具体作图步骤如下：

① 由已知的两面投影，先画出完整圆锥体的侧面投影。

② 画出水平截面与锥面交线（部分纬圆）的水平及侧面投影，其端点（也是抛物线的端点）为Ⅴ、Ⅵ。

③ 画倾斜截面与锥面交线的投影，最高点2′在正面投影的转向轮廓线上，可直接求得点2及2″；由于点3′、4′位于正面投影的轴线上，其侧面投影3″、4″必位于侧面投影的转向轮廓线上，且为侧面投影转向轮廓线的终止点。中间各点可用纬圆法得出，如图4－20（b）中的 *a*、*b*、*c*、*d* 所示，按所得的5 *c* 3 *a* 2 *b* 4 *d* 6各点连成光滑曲线即抛物线，并判别可见性。

④ 整理投影轮廓线，去掉切口处转向轮廓线投影，将截平面间交线的水平投影56画成虚线，完成切口圆锥体的投影。带切口的圆锥体如图4－20（c）所示。

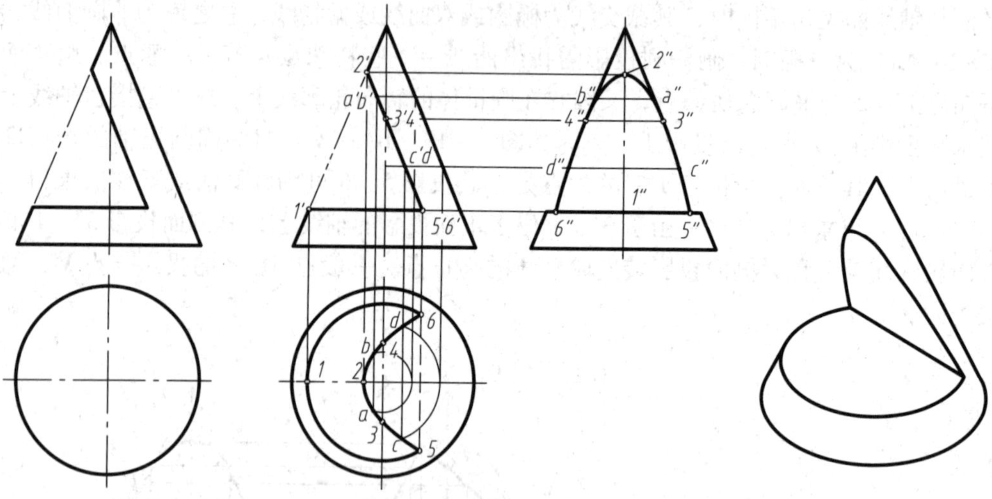

(a)已知条件　　(b)投影作图　　(c)直观图

图 4－20　带切口圆锥体的投影

4.2.2.3　圆球的截断

（1）平面与圆球相交时其**截交线始终是圆，但由于截平面与投影面相对位置的不同，其投影可为圆或椭圆或积聚为一直线**。图 4－21 中，圆球被一水平面所截，其截交线的水平投影反映实形，截圆的正面及侧面投影均积聚为一水平线。

（2）带切口圆球

［**例 4－9**］　图 4－22 给出一带切口半圆球的投影，补画出其水平投影及侧面投影。

分析与作图：

根据给出带切口半圆球的正面投影可知，切口是由一个水平面与两个侧平面切割而成。水平面与球的截交线为水平纬圆，其水平投影反映实形；侧平面与球的截交线为侧平纬圆，其侧面投影反映实形。从正面投影出发，向下和向右投射可画出水平纬圆与侧平纬圆的投影，其结果如图所示。

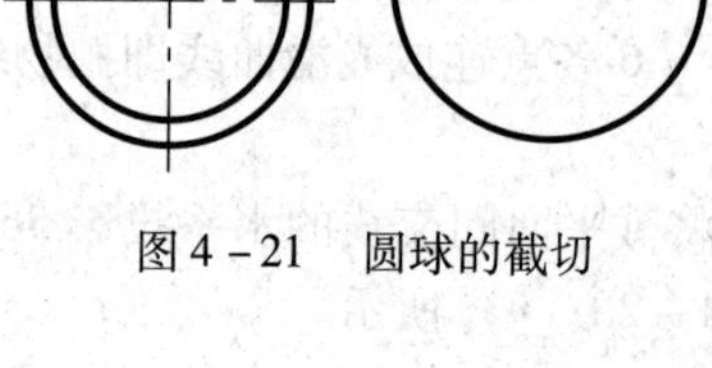

图 4－21　圆球的截切

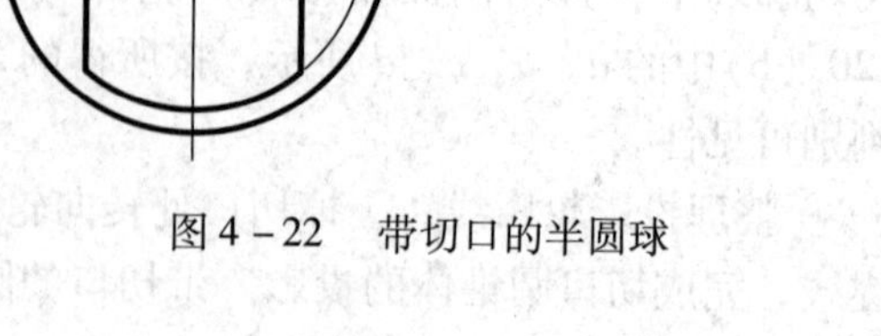

图 4－22　带切口的半圆球

4.3　两立体相贯

立体与立体相交称为**立体相贯**。由相交而成的立体是一个整体，称为**相贯体**。其表面交线称为**相贯线，相贯线是两个立体表面的共有线，也是两个立体表面的分界线**。画相贯体投影时不仅要画出其轮廓线投影，更要画出其相贯线的投影。

相贯体因参与相交立体类型的不同可分为：**平平相贯体、平曲相贯体和曲曲相贯体**。

相贯体又可因相交立体相对位置的不同而分为**全贯体和互贯体**。全贯体是一立体穿过另一立体，如图4－23（c）所示，它有两组交线。互贯体是两立体互相咬合相交，故只有一组相贯线，如图4－23（a）、（b）所示。

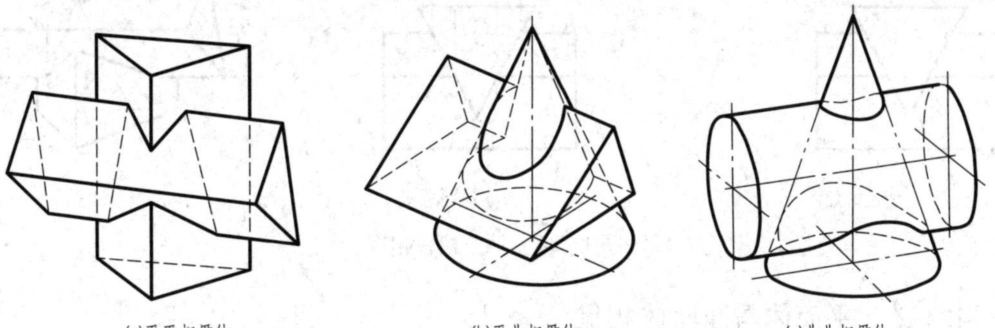

(a)平平相贯体　(b)平曲相贯体　(c)曲曲相贯体

图4－23　相贯体的类型

4.3.1　两平面立体相贯

两平面立体相贯时，其相贯线是一段段直线连接而成的空间封闭折线，且相贯线是两立体表面的共有线。求相贯线的方法可利用线面积聚性或用辅助平面法求出各个参加相交棱线的交点，然后再依次相连，并判别可见性。

[**例4－10**]　求作两三棱柱相贯体的投影，如图4－24（a）、（b）所示。

分析与作图：

根据给出的已知条件，可看出两三棱柱是相互咬合在一起的一个互贯体，因三棱柱*DEF*垂直于*H*面，其水平投影*def*有积聚性，三棱柱*ABC*垂直于*W*面，其侧面投影*a″b″c″*也有积聚性；又因为相贯线是两立体表面的共有线，故相贯线的水平投影及侧面投影与两棱柱有积聚性的投影重合（即投影中的重叠部分），不需再求，只有正面投影需要画出。具体步骤如下：

① 由水平投影得知，*A*、*C*两棱线参与相交，其交点为1、2和3、4。根据直线上点的投影规律，在*a′*、*c′*棱线上可分别得出1′、2′和3′、4′点。

② 由侧面投影得知，*E*棱线与*ABC*的棱面相交，由交点的侧面投影5″、6″返回*V*面*e′*上可得5′、6′点。

③ **将同处于两立体相同表面上的点顺序相连**：即1′－5′－2′－4′－6′－3′－1′。

④ 区别连好相贯线各段投影的可见与不可见性。区别相贯线的可见性原则是：**同位**

于两立体可见表面上的交线为可见，否则为不可见。如ⅠⅢ、ⅡⅣ是在 *ABC* 的后表面上，故 1′3′、2′4′不可见，画成虚线。

⑤ 最后整理各棱线的投影，将参与相贯的棱线延长到贯穿点（即棱线的终止点）处。

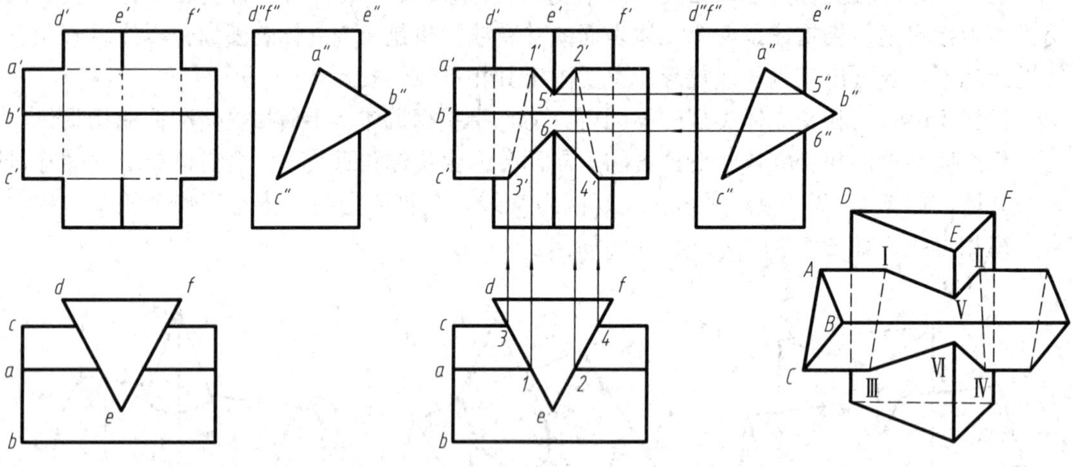

(a)已知条件　　(b)投影作图　　(c)直观图

图 4－24　两三棱柱相贯

4.3.2　平面体与曲面体相贯

当相交的立体分别是平面体和曲面体时，所形成的相贯便是平曲相贯。平曲相贯体的相贯线是一段段平面曲线连接而成的空间闭合线，求平曲相贯线的实质就是求平面与曲面体的截交线；**各段曲线的连接点，就是平面立体的棱线与曲面立体的交点。**

[**例 4－11**]　求作四棱柱与正圆锥体相贯体的投影，如图 4－25（a）。

分析与作图：

四棱柱与 *H* 面垂直，其水平投影有积聚性（即相贯线的水平投影与棱柱的水平投影重合），所以相贯线的水平投影已知；又因为柱轴线与锥轴线重合（即棱面平行于圆锥体轴线），所以棱柱与正圆锥体表面的交线为四段双曲线；又因四棱柱前、后表面是以轴线为对称的正平面，故其交线的正面投影重合并反映双曲线实形；同样，棱柱左、右两侧棱面也是左、右对称的侧平面，其侧面投影重合并反映实形。按上述分析，求相贯线的 *V*、*W* 面投影步骤如下：

① 求各段曲线的连接点。连接点即棱 *A*、*B*、*C*、*D* 与圆锥体表面的交点，因其水平投影已知，故可用锥面取点法得出。如图 4－25（b）中：以圆锥体水平投影对称中心线的交点为圆心，到棱线积聚性的投影为半径作纬圆，该纬圆与对称中心线交于点 *e*，其正面投影 *e*′位于转向轮廓线上，过 *e*′作纬圆的正面投影，各棱线的终止点交于该纬圆上，即连接点。

② 求各段曲线上的特殊点。由于四棱柱前、后两棱面交线的正面投影重合，其最高点正面投影也重合，又因为前后两段曲线的侧面投影有积聚性，其最高点 *V* 的侧面投影 5″在圆锥体侧面投影的转向轮廓线上，故 5′在对称中心线上即是正平双曲线的最高点；同样左、右侧棱面上最高点Ⅳ的正面投影 4′在圆锥体正面投影的转向轮廓线上，4″在对称中

心线上即是侧平双曲线的最高点。

③ 为使曲线画得更准确，可再求出曲线上若干个一般位置的点。如在水平投影上作适当的纬圆，进而求得一般位置点的其余投影。

④ 将求得的特殊点与一般位置点用光滑曲线相连，并将各棱的投影画至连接点处，整理完成相贯体的投影。

相贯体的直观形象如图 4－25（c）所示。

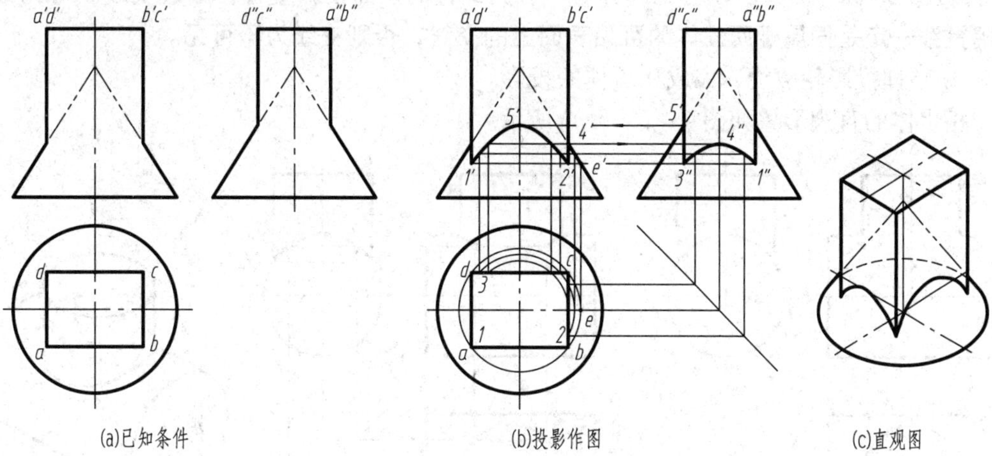

图 4－25　四棱柱与圆锥体相贯

4.3.3　两曲面立体相贯

4.3.3.1　曲面立体相贯的一般情况

两曲面立体相贯的交线一般情况下为封闭的空间曲线，因此画相贯线的投影时就必须确定相贯线上一系列点，然后再依次相连。当两个立体中有一个立体表面的投影具有积聚性（如轴线垂直于投影面的圆柱体）时，可用在**曲面立体表面上取点的方法作**出两曲面立体表面上的共有点。

［**例 4－12**］　已知铅垂圆柱体与侧垂圆柱体正交，见图 4－26（a），求作相贯体的投影。

分析与作图：

从给出的投影图可知：铅垂圆柱体的水平面投影与侧垂圆柱体的侧面投影已知，因此相贯线的水平投影及侧面投影均为已知，只有正面投影需要求作。另外，根据给出的投影还可知两圆柱体属于全贯体，且两圆柱体轴线正交，具有公共的对称平面，所以相贯线前、后两部分的正面投影重合。为求得相贯线上的相贯点，可使用表面取点法。具体作图步骤如下：

① 求相贯线上的特殊点。如图 4－26（b），**相贯线上特殊点一般位于立体的转向轮廓线、对称中心线位置上，它们可能是相贯线上可见与不可见线段的分界点，或是相贯线上最高、最低等极端位置点**。求得这些特殊点可确定相贯线的范围。如Ⅰ、Ⅱ点是铅垂圆柱体侧面投影转向轮廓线的贯穿点，其水平投影 1、2 和侧面投影 1″、2″已知，其正面投影 1′、2′位于铅垂圆柱体的轴线位置处；Ⅲ、Ⅳ点是侧垂圆柱体和铅垂圆柱体正面投影转

向轮廓线上的点，3、4 位于轴线水平投影上，由此求出 3′、4′。可以看出：点Ⅲ、Ⅳ和点Ⅰ、Ⅱ分别是相贯线上的最高、最低点。

② 求相贯线上的一般点。在相贯线的水平投影上定出前后、左右对称的四个点 *A*、*B*、*C*、*D* 的投影 *a*、*b*、*c*、*d*，由此可求得相贯线侧面投影上的 *a*″、*b*″、*c*″、*d*″；再由 *a*、*b*、*c*、*d* 和 *a*″、*b*″、*c*″、*d*″，即可作出 *a*′、*b*′、*c*′、*d*′。

③ 将特殊点与一般点光滑连接，完成相贯线的正面投影。本例中因相贯线具有平行 *V* 面的公共对称平面，所以可见部分与不可见部分的正面投影重合，画成实线。**可见部分的相贯线一定是同属于两立体的可见表面上的交线，否则交线为不可见。**

④ 整理投影轮廓线，完成相贯体的投影。

相贯体的直观形象如图 4－26（c）所示。

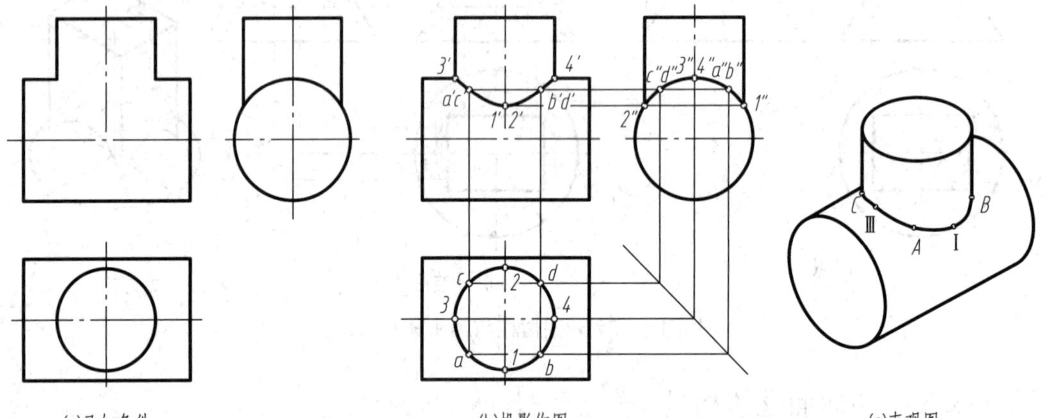

图 4－26　圆柱体与圆柱体相贯

［例 4－13］　已知圆柱体与圆锥体相交，见图 4－27（a），求作其水平投影。

分析与作图：

从已知条件可知：由于圆柱体与圆锥体是互交，相贯线是一条前后对称且闭合的空间曲线，其正面投影与正垂圆柱体的正面投影重合于圆锥体的转向轮廓线投影之内，因此相贯线的正面投影已知，且为圆锥体表面上的曲线。故求相贯线的水平投影，可使用圆锥体表面取点法，作出相贯线上的特殊点与一般点，然后将各点用光滑曲线相连，并区分可见性，最后完成作图。具体作图步骤如下：

① 求特殊点。在相贯线的正面投影上，定出转向轮廓线上的点Ⅰ、Ⅱ以及与对称中心线（水平或侧面投影转向轮廓线）相交的点Ⅲ、Ⅳ、Ⅴ、Ⅵ的正面投影 1′、2′、3′、4′、5′、6′，其中点Ⅰ、Ⅵ为最高、最低点，点Ⅲ、Ⅱ为最左、最右点（本例不能直接确定最前、最后点）；由 1′、2′在圆锥体水平投影的水平轴上作出 1、2，再由点 3′、4′、5′、6′作水平纬圆的正面投影，并以各点处轴线到转向轮廓线的距离为半径，在水平投影上作出各水平纬圆的水平投影（一组同心圆），得到 3、4、5、6，见图 4－27（b）。

② 求一般点。在相贯线正面投影上的特殊点之间，任取一组一般点（如点 *A* 的正面投影 *a*′），然后用纬圆法作出其水平投影 *a*，见图 4－27（b）。图中未作其他一般点。

③ 按相贯线在正面投影中所显示的诸点的顺序，光滑连接诸点的水平投影，就得到相贯线的水平投影。由于点Ⅰ到点Ⅲ段处于圆柱体的上表面，故水平投影可见，应画成粗实线；

点Ⅲ到点Ⅱ段处于圆柱体的下表面，水平投影不可见，画成虚线，见图4－27（c）。

④ 最后整理圆柱体水平投影的转向轮廓线，完成相贯体的投影。其结果如图4－27（c）所示。

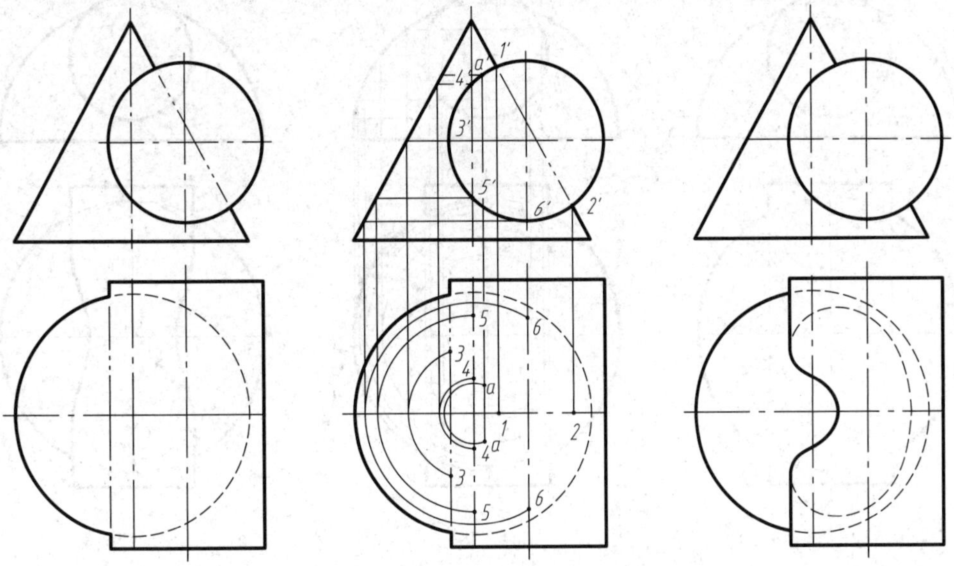

(a)已知条件　　(b)表面取点　　(c)作图结果

图4－27　圆柱体与圆锥体相贯

［**例4－14**］　已知圆柱体与圆球体相交，见图4－28（a），求作其水平投影。

分析与作图：

从已知条件可知：由于圆柱体与圆球体是互交，相贯线是1条前后、左右对称且闭合的空间曲线，其正面投影与正垂圆柱体的正面投影重合，且在于圆球体的转向轮廓线投影之内，因此相贯线的正面投影已知，且为圆球体表面上的曲线。故求相贯线的水平投影，可使用圆球体表面取点法，作出相贯线上的特殊点与一般点，然后将各点用光滑曲线相连，并区分可见性，最后完成作图。具体作图步骤如下：

① 求特殊点。在相贯线的正面投影上，定出转向轮廓线上的点Ⅰ以及与对称中心线（水平或侧面投影转向轮廓线）相交的点Ⅱ、Ⅲ的正面投影1′、2′、3′，其中点Ⅰ、Ⅲ为最高、最低点，点Ⅱ为最左、最右点，点Ⅲ为最前、最后点；由1′在圆球体水平投影的水平轴上作出1，再由点2′、3′作水平纬圆的正面投影，并以各点处轴线到转向轮廓线的距离为半径，在水平投影上作出各水平纬圆的水平投影（一组同心圆）得到2、3，见图4－28（b）。

② 求一般点。在相贯线正面投影上的特殊点之间，任取3组一般点，即点A、B、C的正面投影a'、b'、c'，然后用纬圆法作出其水平投影a、b、c，见图4－28（b）。

③ 按相贯线在正面投影中所显示的诸点的顺序，光滑连接诸点的水平投影，就得到相贯线的水平投影。由于点Ⅰ、C、Ⅱ段处于圆柱体的上表面，故水平投影可见，应画成粗实线；点Ⅱ、B、A、Ⅲ段处于圆柱体的下表面，水平投影不可见，画成虚线，见图4－28（c）。

④ 最后整理圆柱体水平投影的转向轮廓线，完成相贯体的投影，其结果如图 2 - 28（c）所示。

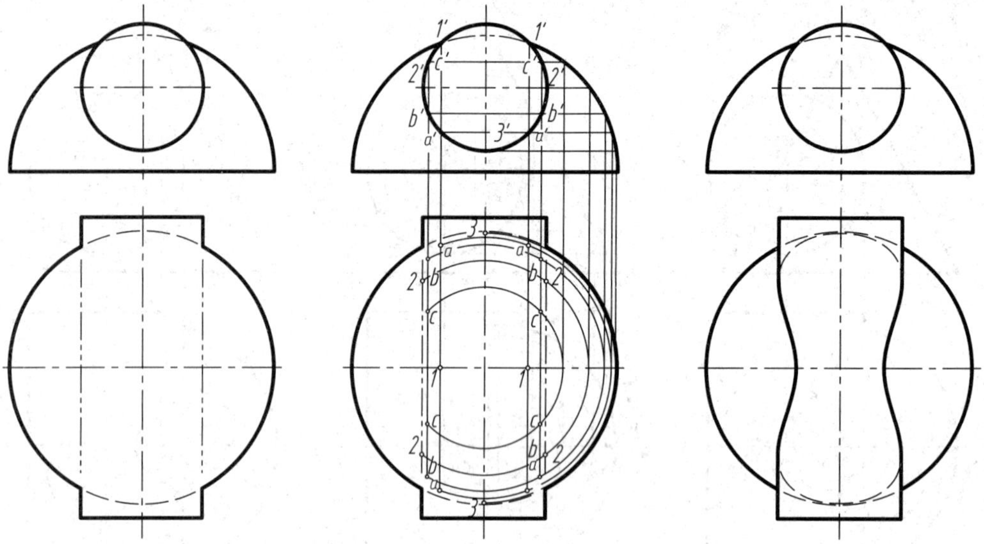

(a)已知条件　　(b)表面取点　　(c)作图结果

图 4 - 28　圆柱与圆球相贯

4.3.3.2　曲面立体相贯的特殊情况

在一般情况下，两曲面立体的相贯线是空间曲线，但是**在某些特殊情况下也可能是平面曲线或直线**。分述如下：

（1）当两圆柱体相贯或柱锥相贯并有一个公共内切球时，其相贯线则成为两条平面曲线，并在与两轴线确定的平面所平行的投影面上投影成直线。如图 4 - 29 所示。

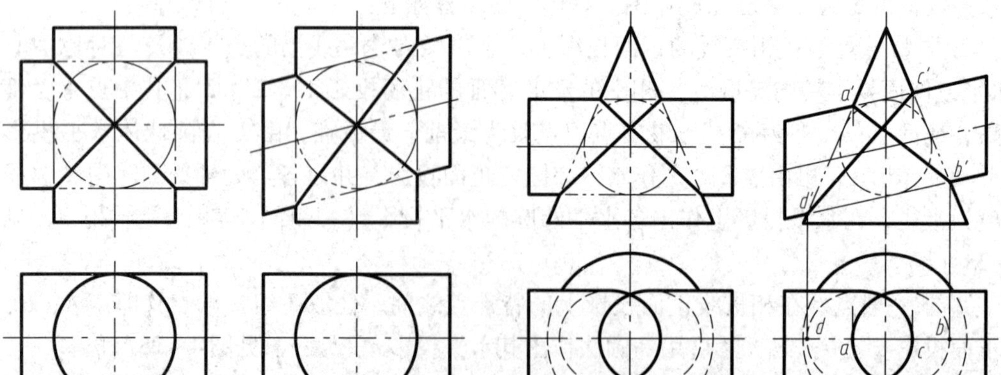

(a)两圆柱体正交　　(b)两圆柱体斜交　　(c)圆柱体与圆锥体正交　　(d)圆柱体与圆锥体斜交

图 4 - 29　具有公共内切球时的特殊相贯

（2）当两回转体具有公共轴线相贯时，其相贯线是垂直于回转轴的圆，在轴线平行的投影面上的投影为直线，在轴线垂直的投影面上反映圆的实形。如图 4－30 所示。

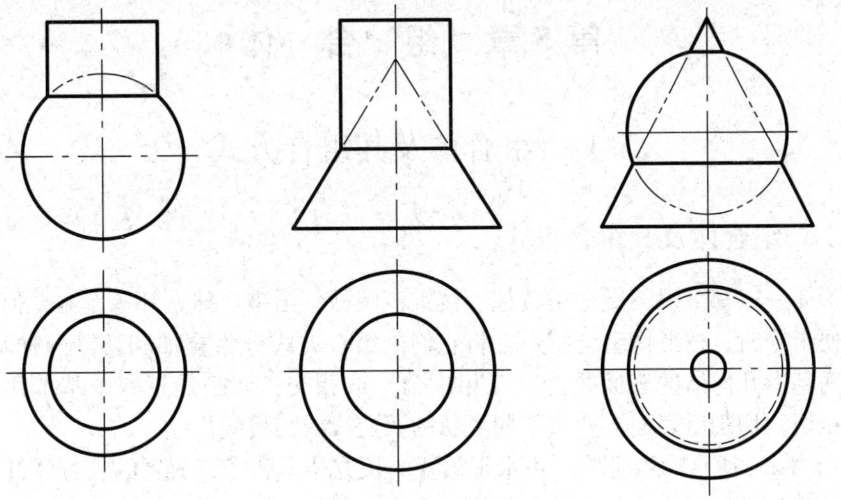

(a)球柱共轴相贯　　(b)锥柱共轴相贯　　(c)锥球共轴相贯

图 4－30　具有公共轴线的回转体相贯

（3）当两圆柱体轴线平行或两个圆锥体共顶相贯时，其相贯线分成两条直线。如图 4－31所示。

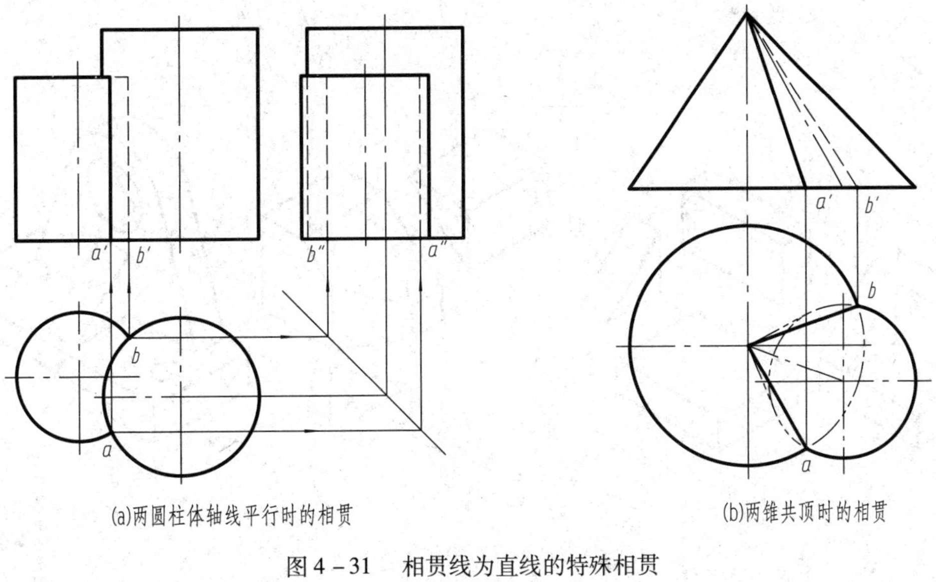

(a)两圆柱体轴线平行时的相贯　　(b)两锥共顶时的相贯

图 4－31　相贯线为直线的特殊相贯

第5章　组　合　体

5.1　组合体及其组合方式

5.1.1　组合体及其组合方式

工程形体一般都可以看做是由棱柱、棱锥、圆柱、圆锥、球、环等基本几何体组合而成。为了便于分析，按形体组合特点，将它们的组合方式分为叠加和切割两种基本方式。叠加是指两基本几何体的表面叠合（互相重合）或相交；切割是指一个基本几何体被平面或曲面截切，切割后表面会产生不同形状的截交线或相贯线。

图5-1（a）所示的组合体，由水平放置的长方体Ⅰ和竖直放置的长方体Ⅱ以及三棱柱Ⅲ叠加而成。又如图5-1（b）所示的组合体，由长方体切去三棱柱Ⅰ，再切去三棱柱Ⅱ而成。至于稍复杂一些的组合体，它们的形成往往是既有叠加，又有切割的综合方式，如图5-1（c）所示。

必须指出，在许多情况下，叠加式和切割式并无严格的界线，同一物体既可按叠加方式分析，也可按切割方式去理解，如图5-1（a）所示形体，也可以认为是由长方体切割而成。因此，分析组合体的组合方式时，应根据具体情况以便于作图和易于理解进行分析。

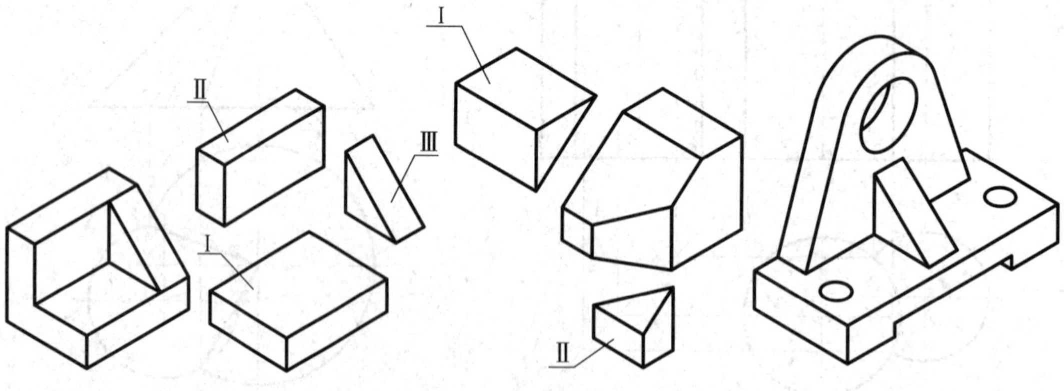

(a)叠加　　(b)切割　　(c)综合

图5-1　组合体的组合方式

5.1.2　形体之间的表面连接关系

如图5-2所示，基本形体之间的表面连接关系一般可分为相切、相交、平齐和不平齐四种情况。

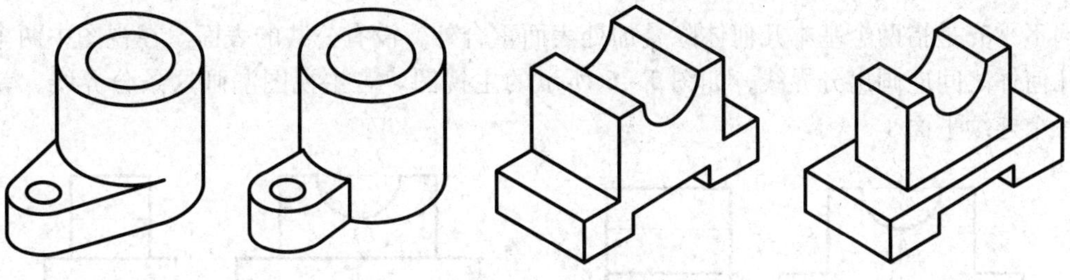

图 5－2　形体之间的表面连接关系

由基本几何体形成组合体时，不同几何体上原有的一些表面由于互相结合或被切割而不复存在，有些表面连成一个平面，有些表面发生相切或相交等情况。在画组合体视图时，必须注意这些表面关系，才能不多画线，不漏画线。在读图时，必须看懂基本几何体之间的表面连接关系，才能正确理解物体的形状。

5.1.2.1　相切

相切是指两个基本几何体的表面（平面与曲面或曲面与曲面）光滑过渡，不存在分界线。在视图中相切处不画线，如图 5－3 所示。画图时可先画出相切面有积聚性的视图，如图 5－3 中的俯视图，从而定出直线和圆弧的切点，再根据切点的投影作出其他投影。

5.1.2.2　相交

相交是指两个基本几何体彼此相交时表面产生交线（截交线或相贯线），表面交线是它们的分界线。在视图中相交处应该画出分界线，如图 5－4 所示。

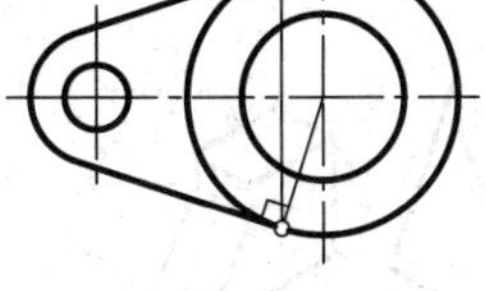

图 5－3　相切的画法

图 5－4　相交的画法

5.1.2.3　平齐

平齐是指两基本几何体某方向的两个表面处于同一平面内，不存在分界线。如图5－5 所示两叠加形体的前表面和后表面都分别处于同一平面内，在主视图中平齐处不画线。

必须指出，分析组合体的组合方式及基本形体之间的表面连接关系，是为了便于画图和读图的一种思考方法，整个组合体实际上是一个不可分割的整体。因此，图 5－5 所示形体前后表面分别是同一表面，不可能有分界线。若主视图多画出这条分界线，就成为两个平面了。

5.1.2.4 不平齐

不平齐是指两个基本几何体除叠加处表面重合外，没有公共的表面。在视图中两个基本几何体之间应画出分界线，如图 5-6 所示的主视图。若主视图漏画这条分界线，就成为一个连续平面了。

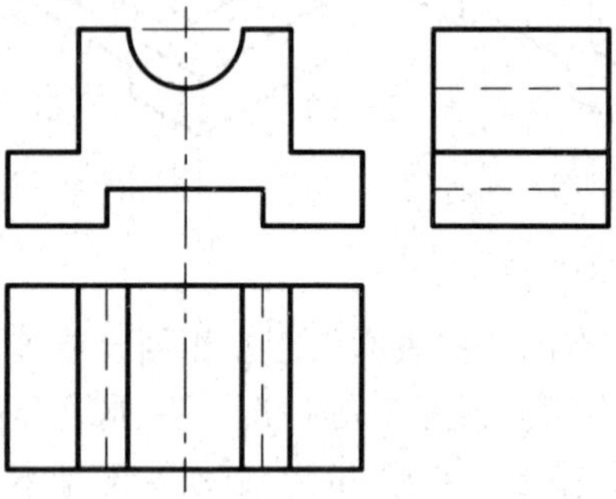

图 5-5　平齐的画法

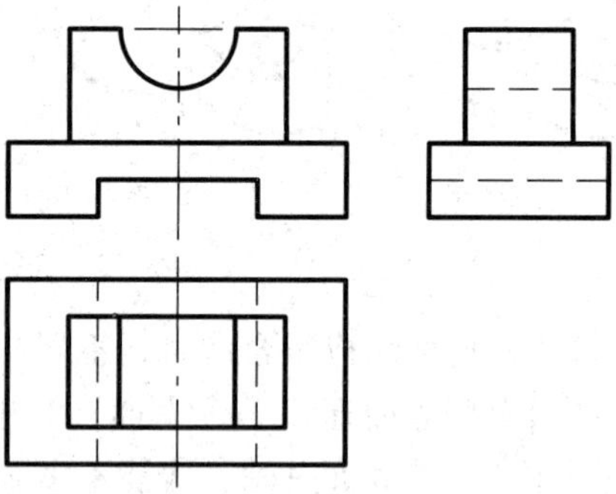

图 5-6　不平齐的画法

5.2　组合体视图的画法

画组合体视图的基本方法是应用形体分析法。所谓形体分析，就是假想把组合体分解为若干个基本几何形体，以便弄清它们的形状，分析它们的组合方式和相对位置以及表面连接关系，从而有分析、有步骤的进行作图。现以图 5-7（a）所示的轴承座为例来说明组合体视图的画法。

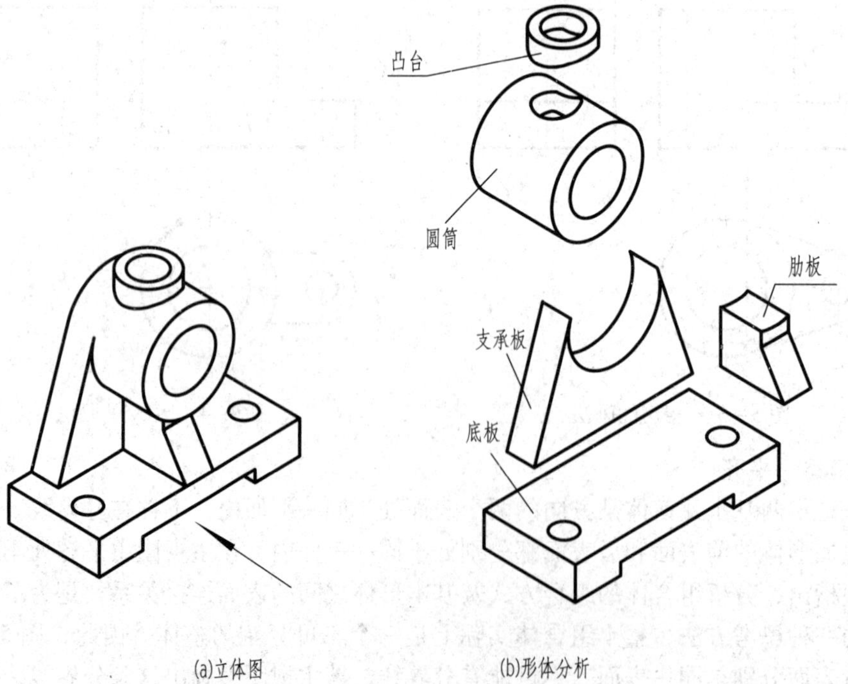

图 5-7　轴承座

5.2.1　形体分析

轴承座是用来支承轴的。通常每一工程形体都是为了满足某些功能而设计的，形体分析时应设想形体结构的功能，从而迅速抓住形体的主要部分及特征。轴承座最突出的部分是底板和圆筒，底板上有两个圆孔为安装孔，而圆筒被支承板及肋板支承在底板上，具有支承轴的功能。

应用形体分析法可以把它们分解成五个基本几何体，如图5－7（b）所示，一个与轴配合的水平空心圆柱体和用来支承的支承板和肋板以及安装用的底板。凸台为竖直的空心圆柱体，通过它为转动的轴添加润滑油，凸台与圆筒垂直相交，内外表面都有相贯线。支承板与圆筒的外圆柱面相切，肋板与圆筒相交。圆筒、支承板和底板的后端面平齐，而前端面不平齐。底板、支承板、肋板分别是不同形状的平板。底板的顶面与支承板、肋板的底面互相叠加。

5.2.2　视图选择

画组合体视图时，一般应使其处于自然安放位置，然后将由前、后、左、右四个方向投射所得的视图进行比较，尽量选择反映组合体形状特征的视图作为主视图。图5－7（a）中箭头所示方向为前方，由此方向投射所得视图比其他方向更能反映轴承座各部分的形状和相互关系，可作为主视图。

主视图确定以后，俯视图和左视图也就跟着确定了。俯视图主要表达底板的形状和安装孔的位置，而左视图表达了肋板的形状和相对位置，因此选择三个视图是必要的。

5.2.3　布置视图

视图选定后，首先要根据实物的大小选择适当的比例，按图纸幅面布置视图的位置，即应先画出各视图的定位基准线、对称线以及主要形体的轴线和中心线。

如图5－8（a）所示轴承座的布置图中，画出了轴承座的底面、后端面的基准线，左右对称面的对称线，圆筒的轴线和中心线。三视图的布置要匀称、美观，不要偏向一方或挤在一起，视图之间应留出足够的距离，以备标注尺寸。

5.2.4　画底稿

按形体分析法分解各基本几何体以及确定它们之间的相对位置，用细实线逐个画出各基本几何体的视图。画图时必须注意：

① 画图顺序是先画主要形体，后画次要形体；先画大形体，后画小形体；先画整体形状，后画细节形状。如图5－8（b）～（e）所示，先画底板、圆筒，后画支承板、肋板、凸台。

② 每一个基本形体，应从具有形状特征的视图画起，而且要同时画出三个视图，以提高绘图速度和保证投影关系。如画圆筒应先画投影为圆的主视图，再画其他两视图。

③ 要正确保持各形体之间的相对位置。例如轴承座各形体在长度方向有公共的对称面，圆筒、支承板、底板后端面共平面，在高度方向上，圆筒在上，支承板和肋板居中，底板在下，为上、中、下叠加。

④ 各形体之间的表面连接关系要表示正确，符合前面的形体分析。还应注意在左视

图上支承板与圆筒相切处不应画线，肋板与圆筒相交处应画出交线的投影，圆筒与肋板、支承板相交处圆筒只剩前面一小段外形轮廓线［图5－8（e）］，因为圆筒与肋板、支承板是一个整体。

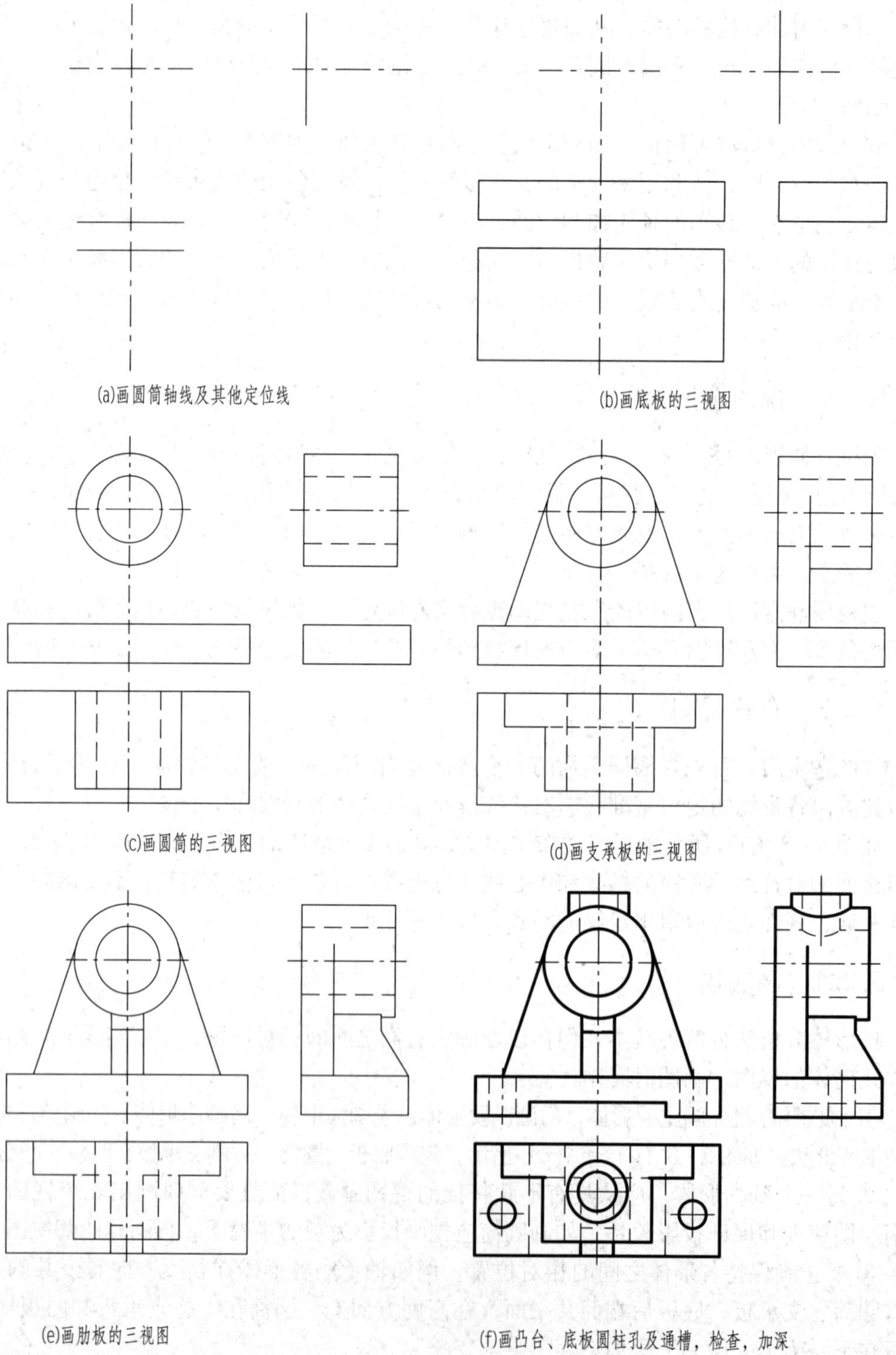

(a)画圆筒轴线及其他定位线

(b)画底板的三视图

(c)画圆筒的三视图

(d)画支承板的三视图

(e)画肋板的三视图

(f)画凸台、底板圆柱孔及通槽，检查，加深

图5－8　轴承座的作图过程

⑤ 画各形体细节，检查、加深。最后画各形体的细节形状，如图5－8（f）中画出了凸台、底板的圆柱孔和通槽。注意凸台与圆筒内外圆柱面相交，相贯线采用了近似画法。逐个完成各形体的底稿后，应按组合体是一个不可分割的整体仔细检查，修正错误，擦去多余图线，按规定线型加深，如图5－8（f）所示。

5.2.5 相贯线的近似画法

两圆柱轴线垂直相交是机件上最常见的情况，在实际画图时，当两圆柱直径差别较大，并且对交线的准确度要求不高（或不致引起误解）时，允许采用近似画法，即用大圆柱的半径作圆弧来代替非圆曲线。轴承座凸台与圆筒内外表面相交，相贯线的侧面投影采用了近似画法。作图过程如图5－9所示。作图时首先以相贯线上的特殊点（最前、后点）为圆心，大圆柱的半径 $R1$、$R2$ 为半径，在小圆柱轴线投影的延长线上确定作相贯线圆弧的圆心。

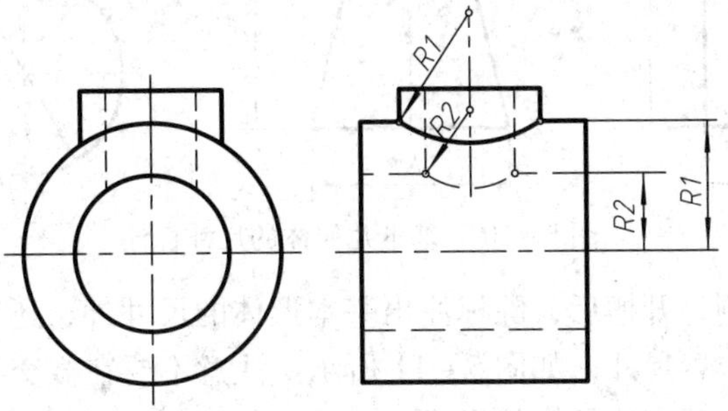

图5－9　两圆柱轴线垂直相交相贯线的近似画法

5.3 组合体视图的尺寸标注

视图只能表达组合体的形状，而组合体各部分形体的真实大小及其相对位置，则要通过标注尺寸来确定。因此，标注组合体的尺寸时应该做到正确、完整、清晰。所谓正确是指要符合国家标准的规定；完整是指尺寸必须注写齐全，不遗漏，不重复；清晰是指尺寸的布局要整齐清晰，便于读图。本节将在第1章标注平面图形尺寸的基础上，主要学习基本形体的尺寸标注和如何使组合体的尺寸标注达到完整和清晰。

从形体分析角度看，组合体都是由基本几何体叠加、切割而成。因此，先分析基本几何体的尺寸标注，然后再讨论组合体的尺寸标注。

5.3.1 基本几何体的尺寸标注

长方体、棱柱、棱锥、圆柱、圆锥、球等都是常见的基本几何体，图5－10表示了这些基本几何体的尺寸注法。在标注基本几何体的尺寸时，要注意定出长、宽、高三个方向的尺寸。如长方体必须标注长、宽、高三个尺寸；正六棱柱应该标注高度及正六边形对边距离（或对角距离）；四棱台应标注上、下底面的长、宽及高度尺寸；圆柱体应标注直径及轴向长度；圆锥台应该标注两底圆直径及轴向长度；球只需标注一个直径。圆柱、圆锥、球等回转体标注尺寸后，还可以减少视图的数量。

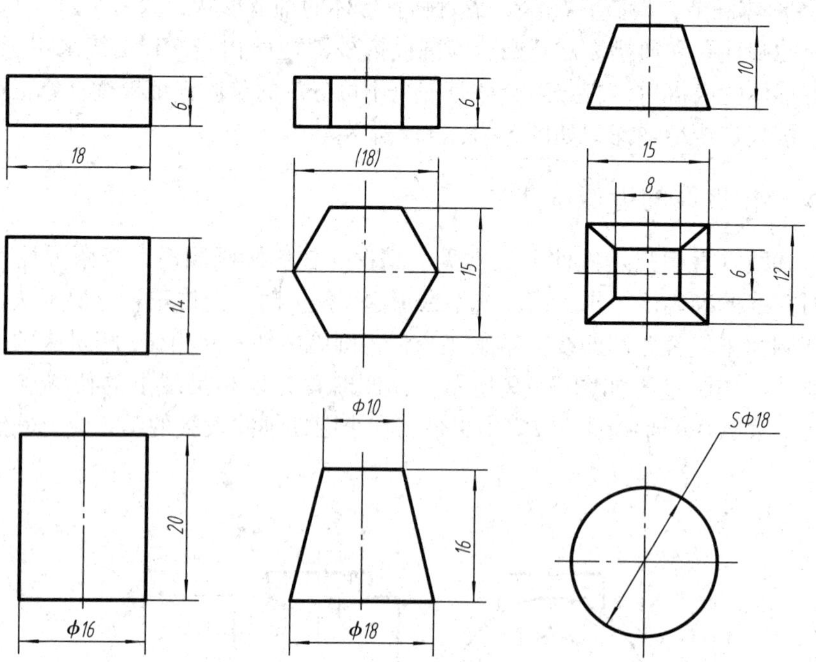

图 5－10　基本几何体的尺寸标注

当基本形体被切割、开槽后，除标注出基本形体的尺寸外，还应在反映切割最明显的视图上标注截平面的位置尺寸，如图 5－11 所示。注意不要在截交线上标注尺寸，因为根据截平面的位置尺寸，截交线便自然形成。

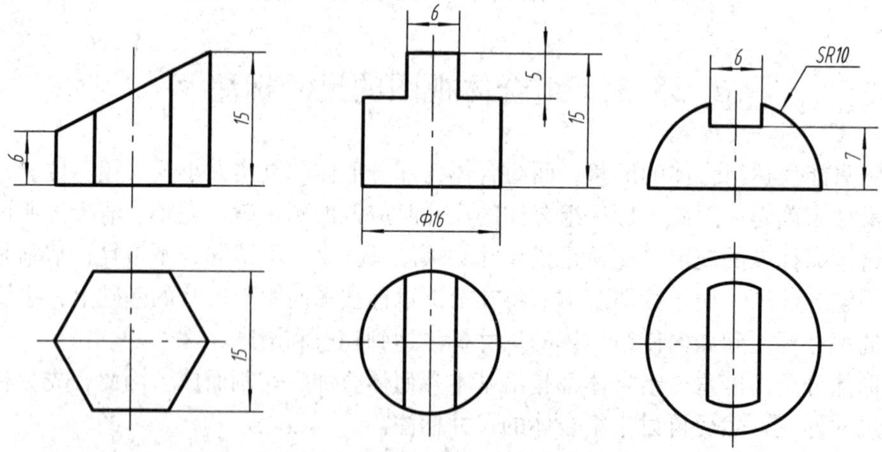

图 5－11　基本几何体被切割、开槽的尺寸标注

5.3.2　组合体的尺寸标注

5.3.2.1　标注尺寸要完整

形体分析是标注组合体尺寸的基本方法。要达到完整的尺寸标注，应首先按形体分析法将组合体分解为若干基本形体，再按前述标注出表示各基本几何体的大小尺寸以及形体间的相对位置尺寸。因此，组合体应注全如下三种尺寸：

① 定形尺寸——决定组合体各基本几何体形状及大小的尺寸。

② 定位尺寸——决定基本几何体在组合体中相对位置的尺寸。

③ 总体尺寸——组合体外形的总长、总宽、总高尺寸。

标注定位尺寸时，必须在长、宽、高方向上分别确定一个尺寸基准，即标注尺寸的起点。通常组合体的底面、重要端面、对称平面以及回转体的轴线等可作为尺寸基准。现以轴承座为例，说明标注组合体尺寸的过程，如图 5－12 所示。

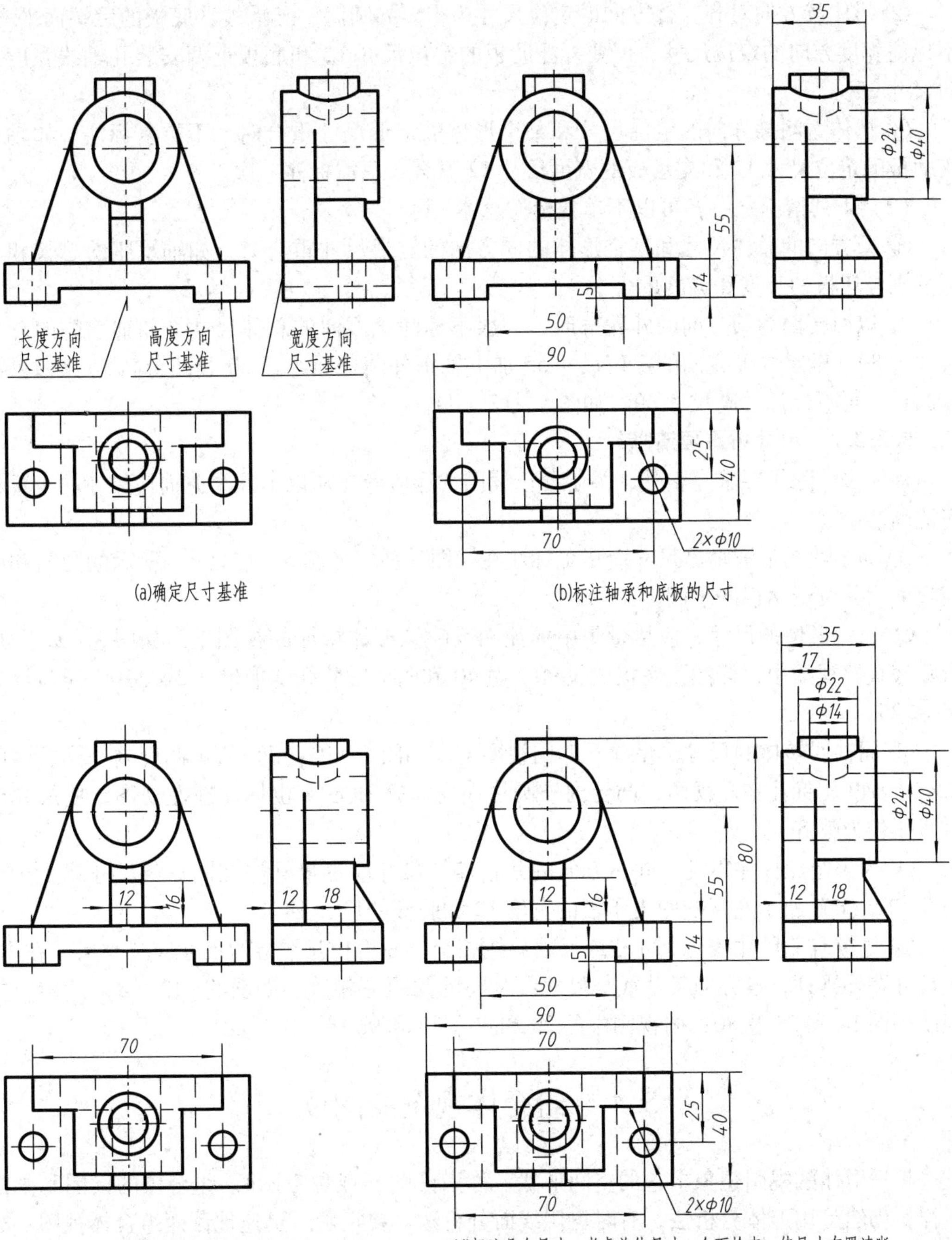

(a)确定尺寸基准　(b)标注轴承和底板的尺寸

(c)标注支承板、肋板尺寸　(d)标注凸台尺寸，考虑总体尺寸，全面检查，使尺寸布置清晰

图 5－12　标注轴承座的尺寸

这里必须注意定位尺寸和总体尺寸的标注，不要出现多余或重复尺寸。

（1）下列情况之一，不必单独标注定位尺寸

① 两形体（或若干个形体）有公共的对称面，此时形体之间在垂直于对称面方向的定位尺寸为零。如图 5-12 所示轴承座因左右对称，不标注长度方向的定位尺寸，但要标注底板上两个安装孔轴线在长度方向的定位尺寸 70。

② 形体某方向对齐，该方向的定位尺寸为零。如圆筒、支承板、底板的后端面平齐，不标注宽度方向的定位尺寸，但要标注肋板的定位尺寸 12 和底板上两安装孔轴线宽度方向尺寸 25。

③ 形体之间某方向的定位尺寸和某个形体的定形尺寸重合时，不重复标注。如轴承座肋板的定位尺寸 12 和支承板的宽度尺寸 12 重合，只需标注一次。

（2）下列情况之一，可以不单独标注总体尺寸

① 某方向的总体尺寸和某个形体的同方向的定形尺寸重合时，如轴承座的总长和总宽分别与底板的长度和宽度重合。

② 以回转面为某方向的外轮廓时，一般不标注该方向的总体尺寸。如轴承座的总高尺寸为 80（轴承高度方向的定位尺寸 55 加上轴承外圆柱面半径 20 和凸台高 5），如果没有凸台，可不标注总高尺寸 80，如图 5-12（d）。

5.3.2.2 尺寸布置要清晰

标注尺寸除了要求完整外，为了便于读图，还应考虑从以下几个方面使尺寸的布置整齐清晰。

① 为了使图形清晰，尺寸应尽量标注在视图外面，如图 5-12（d）所示的圆筒和底板尺寸，并位于两视图之间。

② 每一形体的尺寸，应尽量集中标注在反映该形体特征的视图上。如图 5-12（d）所示底板俯视图中，标注了底板的长 90、宽 40 和两个安装孔定形尺寸 $2\times\phi10$、定位尺寸 70 和 25。

③ 同轴回转体的尺寸尽量注在非圆视图上。如图 5-12（d）所示圆筒内外圆柱面的 $\phi24$ 和 $\phi40$ 均标注在左视图，凸台内外圆柱面的 $\phi22$ 和 $\phi14$ 也标注在左视图，使尺寸标注显得较为整齐。

④ 为了避免标注零乱，同一方向的几个连续尺寸应尽量标注在同一条尺寸线上。如图 5-12（d）所示左视图中支承板的宽度 12 和肋板的尺寸 18。

⑤ 尽量避免尺寸线与尺寸线或尺寸界线相交。一组相互平行的尺寸应按小尺寸在内、大尺寸在外排列，各方向尺寸线与尺寸线之间的间距应相等。如图 5-12（d）所示，主视图中的 14 和 55 及 80，俯视图中的 25 和 40、70 和 90 等。

5.4 组合体视图的阅读

根据形体的视图想象出它的空间形状，称为读图（或称看图）。组合体的读图和画图一样，仍然是用形体分析法，有时也用线面分析法。要正确、迅速地读懂组合体视图，必须掌握读图的基本方法，通过不断实践，培养空间想象能力。

5.4.1 用形体分析法读图

用形体分析法读图时，一般是从反映组合体形状特征的主视图入手，对照其他的视图，初步分析该形体是由哪些基本几何体和通过什么组合方式形成的；再将主视图划分成若干封闭线框，因为视图上的封闭线框表示了某一基本形体的轮廓投影；然后根据投影的“三等”对应关系，逐个找出这些封闭线框对应的其他投影，想象出各基本几何体的形状；最后按各基本几何体之间的相对位置，综合想象出组合体的整体形状。

在学习读图时，常采用给出两个视图，在想象出该形体空间形状的基础上，补画出第三视图，这是提高读图能力的一种重要学习手段。

［例5-1］ 由支座的主、俯视图［图5-13（a）］，想象出其整体形状，并补画左视图。

分析与作图：

（1）分析视图划线框　从反映支座形状特征的主视图着手，联系支座的俯视图，大致了解到视图上的封闭线框多为矩形、圆和半圆，从立体的投影规律可知，该组合体基本上是由棱柱和圆柱之类的形体组成，形体左右对称，上下叠加。将主视图的图线划分为图5-13（b）所示的三个封闭的实线框，Ⅰ是倒凹字型线框，Ⅱ是矩形线框，Ⅲ是有半圆的线框，将这三个线框看作组成支座的三个部分。

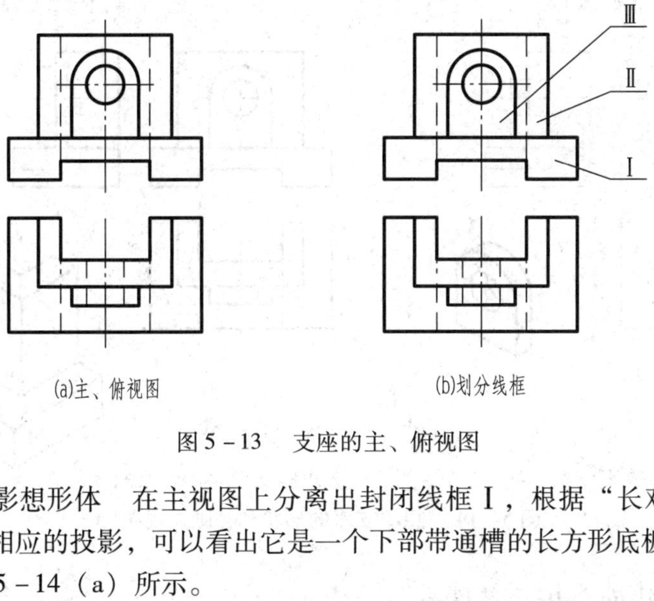

(a)主、俯视图　　(b)划分线框

图5-13　支座的主、俯视图

（2）对照投影想形体　在主视图上分离出封闭线框Ⅰ，根据“长对正”对应关系，在俯视图上找到相应的投影，可以看出它是一个下部带通槽的长方形底板，即可画出底板的左视图，如图5-14（a）所示。

如图5-14（b）所示，在主视图上分离出上部的矩形线框Ⅱ，对照俯视图，它是一个长方形竖板，后部有一个穿通底板的开槽，由此可画出这个竖板的左视图。因为该开槽的左右侧面与底板下部开槽的左右侧面平齐，因此在左视图上底板靠后靠下处应去掉两小段虚线。

如图5-14（c）所示，在主视图上分离出上部的半圆形线框Ⅲ，对照俯视图可知，它是一个在竖板前方、轴线垂直于正面的半圆柱凸块，中间有穿通竖板的圆柱孔，由此画出它的左视图。

（3）综合起来想整体　支座各形体的相对位置，已在图 5－13 中表示的很清楚，竖板Ⅱ和凸块Ⅲ在底板Ⅰ的上面，竖板与底板的后端面平齐，凸块在竖板的前方，整个形体左、右对称。在想象出支座各组成部分的形状后，再根据它们之间的相对位置，可逐步形成支座的整体形状，如图 5－14（d）所示右下角的立体图。按支座的整体形状检查底稿，加深图线，补出左视图后的三视图，如图 5－14（d）所示。

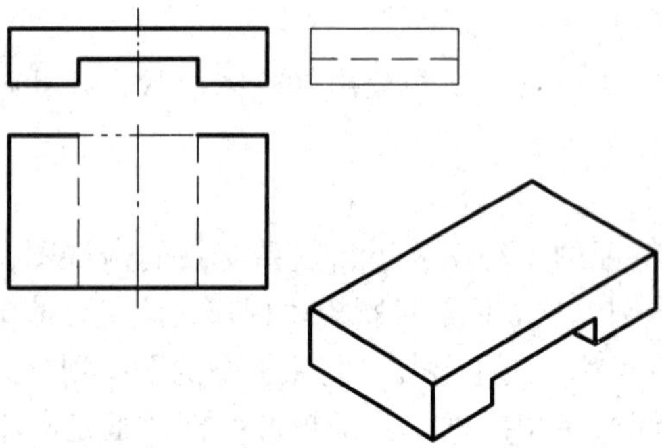

(a)想象和画出底板Ⅰ

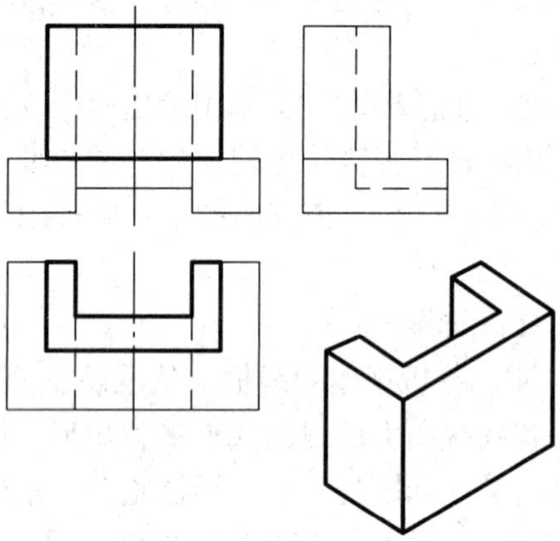

(b)想象和画出竖板Ⅱ

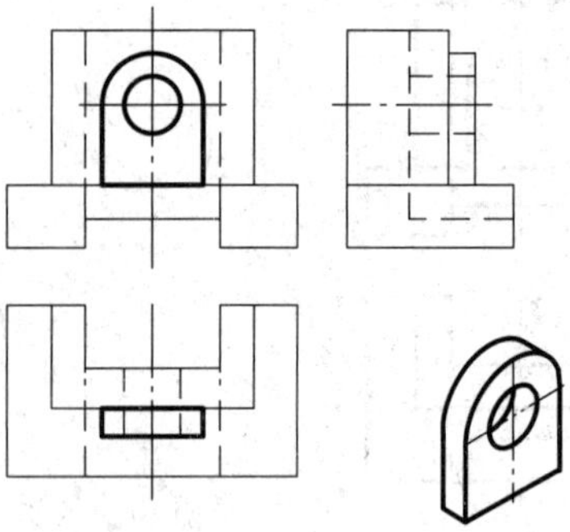

(c)想象和画出凸块Ⅲ

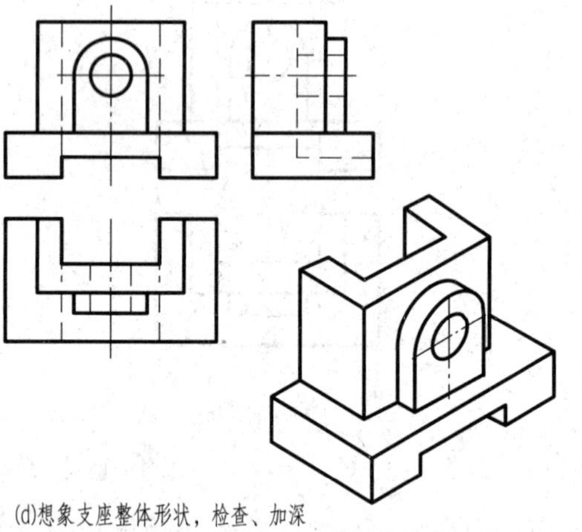

(d)想象支座整体形状，检查、加深

图 5－14　想象支座的形状和补画左视图

5.4.2　用线面分析法读图

在一般情况下，对形体清晰的组合体，用上述形体分析法就可以解决读图问题。但对有些局部较为复杂的组合体，仅用形体分析法还不够，有时候需应用线面分析法来帮助想象和读懂这些局部的形状。

线面分析法是将组合体看成是由若干面（平面或曲面）或若干线（直线或曲线）所围成。

根据线面的投影规律，视图中的一条线，可能是特殊位置平面有积聚性的投影，也可能是两平面交线的投影，或者是曲面轮廓线的投影三种情况（如图 5－15 主视图中的水平线和铅垂线）；视图中的一个封闭线框在空间可能表示一个面（平面、曲面、曲面及其切平面等）的投影。表示平面的封闭线框在其他视图中对应的投影若不是类似形，则必然是一线段，这个投影关系可简称为“无类似必积聚”，如图 5－15 中的铅垂面，主视图为矩形，其俯视图对应的投影积聚成斜线。表示曲面的封闭线框在其他视图中对应的投影是圆或圆弧，如图 5－15 中的圆柱面，主视图为矩形，其俯视图对应的投影为圆。视图中的相邻两线框一般表示两个表面，可能是相交两个面（如图 5－15 主视图中的相邻两线框表示正平面与铅垂面相交），也可能是前后、上下、左右两个面。利用上述投影规律去分析组合体的表面性质、形状和相对位置的方法，称为线面分析法。

组合体视图的读图应以形体分析法为主，线面分析法为辅。线面分析主要是用来解决读图中的难点，如切口、凹槽等。

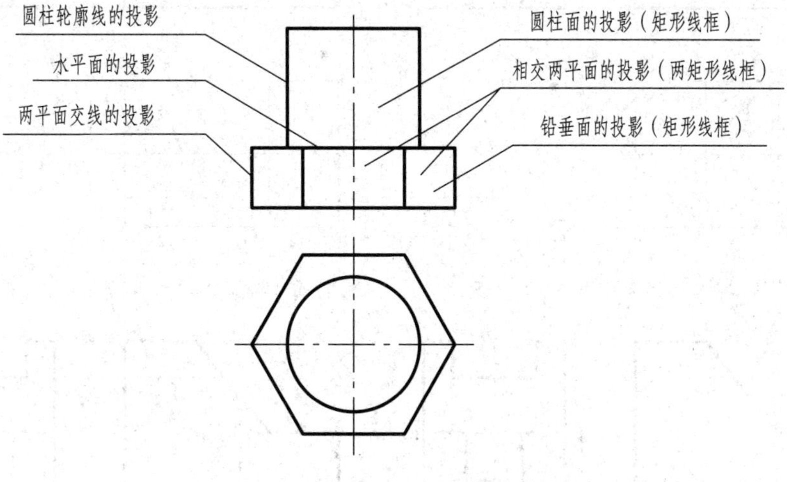

图 5－15　视图中的图线和线框

［例 5－2］　已知压块的主、左视图［图 5－16（a）］，补画出其俯视图。

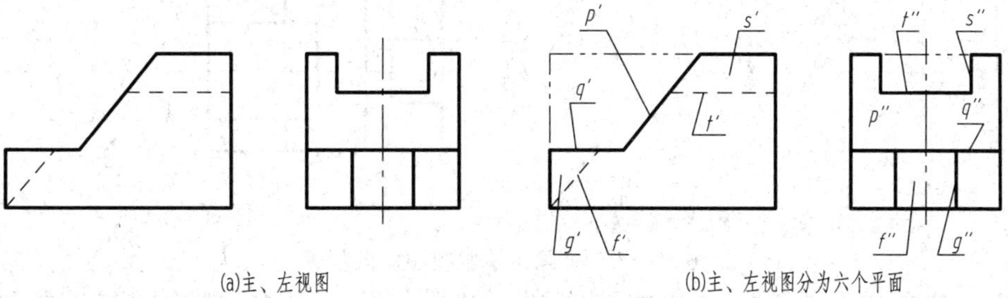

图 5－16　压块的主、左视图

分析与作图：

（1）形体分析

① 分析整体形状：由于压块的两个视图的轮廓基本上都是矩形，如图 5－16（b），所以它的基本形体是一个长方体，由左视图可知，压块前后对称。

② 分析细节形状：主视图的矩形左上方缺一部分，说明长方体左上角切割掉这一块；左视图的矩形正上方缺一矩形，说明长方体的右上方切割掉了一块；左视图正下方有一小矩形，其高度与主视图左下方的虚线对应，说明长方体左下方又被切割掉一块。

通过以上分析，已经大致了解了这个形体由长方体切割而成。究竟被什么样的平面截切，切割以后的投影为什么会成为这个样子，还需要进一步进行线面分析。

(2) 线面分析　这里仅分析与截切有关的 P、Q、S、T、G、F 这六个平面［图 5－16 (b)］。

为了正确、迅速地作图，应该边分析边作图，在分析过程中逐步画出压块的俯视图。具体作图步骤如图 5－17 所示。

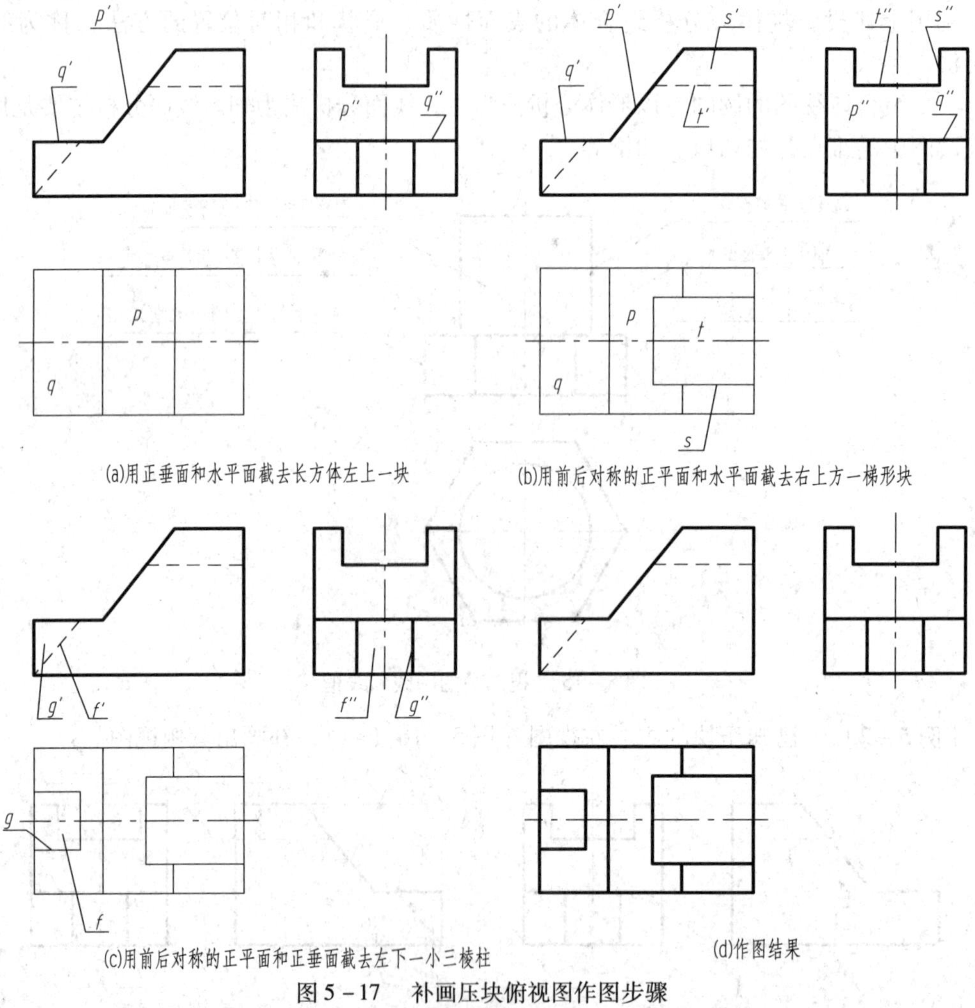

(a)用正垂面和水平面截去长方体左上一块

(b)用前后对称的正平面和水平面截去右上方一梯形块

(c)用前后对称的正平面和正垂面截去左下一小三棱柱

(d)作图结果

图 5－17　补画压块俯视图作图步骤

① 主视图 p' 是一段斜线，在左视图中找到它的对应投影。由于在左视图中与它等高的投影 p'' 是凹字形线框，所以 P 平面的正面投影 p' 只能是正垂面有积聚性的投影。平面 P 对 W 面和 H 面都是处于倾斜位置，所以它的水平投影 p 与侧面投影 p'' 类似，也是凹字形线框［图 5－17 (b)］。

② 主视图 q' 是一段水平线，在左视图中与它对应的投影也是一段水平线 q''。因此，Q 是水平面，形状为矩形，它的水平投影 q 反映 Q 平面的实形。

长方体左上方缺一块，就是由 P、Q 这两个平面切割而成［图 5－17 (a)］。

③ 从主视图右上方的梯形线框（包括虚线）s'看起，在左视图中找到它的对应投影。由于在左视图中没有与它等高的梯形线框，所以 S 的侧面投影只能是积聚成竖直线的 s''。因此，S 是正平面，它的水平投影 s 积聚成一直线段，s 平行于 OX 轴［图 5－17（b）］。

④ 主视图右上方的 t'是一段水平虚线，在左视图中与它对应的投影是一段水平实线 t''。因此，T 是水平面，形状为矩形，因而它的水平投影 t 反映 T 平面的实形。

长方体左上方在上面被切割之后，右上方又被前后对称的两个正平面 S 和水平面 T 切掉一梯形块。在这里，因为 S、T 都与 P 相交，因此 P 平面变成了凹字形［图 5－17（b）］。

⑤ 从主视图左下方的三角形线框（包括虚线）g'看起，在左视图中找到它的对应投影。由于在左视图中没有一个与它等高的三角形线框，所以 G 平面的侧面投影只能是积聚成竖直线的 g''。因此 G 是正平面，它的水平投影 g 积聚成一直线段［图 5－17（c）］，g 平行于 OX 轴。

⑥ 从左视图的矩形线框 f''看起，在主视图中找到它的对应投影。由于在主视图中没有一个与它等高的矩形线框，所以 F 平面的正面投影只能是积聚成斜线段（虚线）f'。因此 F 是正垂面，它的水平投影 f 也是矩形线框。

长方体在上面的两次切割之后，其左下方又被前后对称的两个正平面 G 和正垂面 F 切掉一小三棱柱［图 5－17（c）］。

通过以上形体、线面分析，补画出了压块的俯视图，压块的三视图如图 5－17（d）所示。现在就可以清楚地想象出压块的整体形状，如图 5－18 所示。

对于初学者来说，读图是一项比较困难的工作，但只要我们应用上述方法去进行分析，一定会提高读图能力。

图 5－19 所示是一个读图和尺寸标注结合的例题，由该形体的主视图和俯视图，想象它的整体形状，补画左视图，并标注尺寸。该形体形状特征明显，具体作图过程如图 5－20 所示，请读者自己分析。

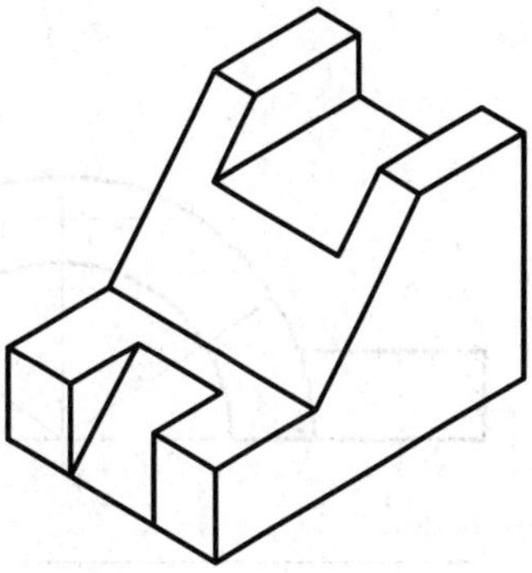

图 5－18　压块立体图

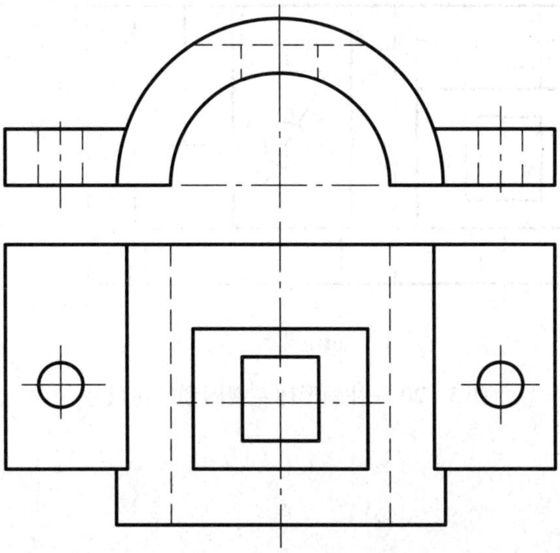

图 5－19　形体的主、俯视图

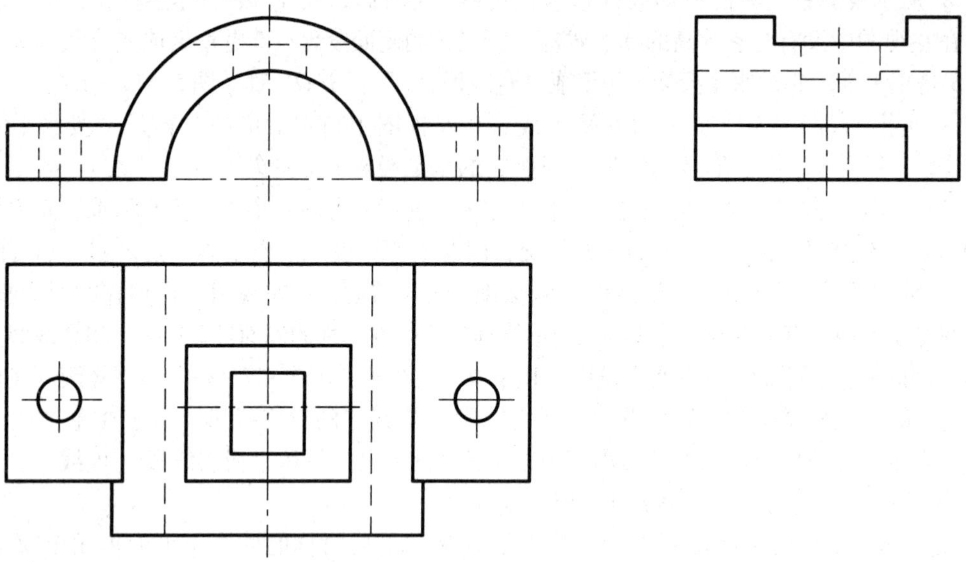

(a)补画左视图

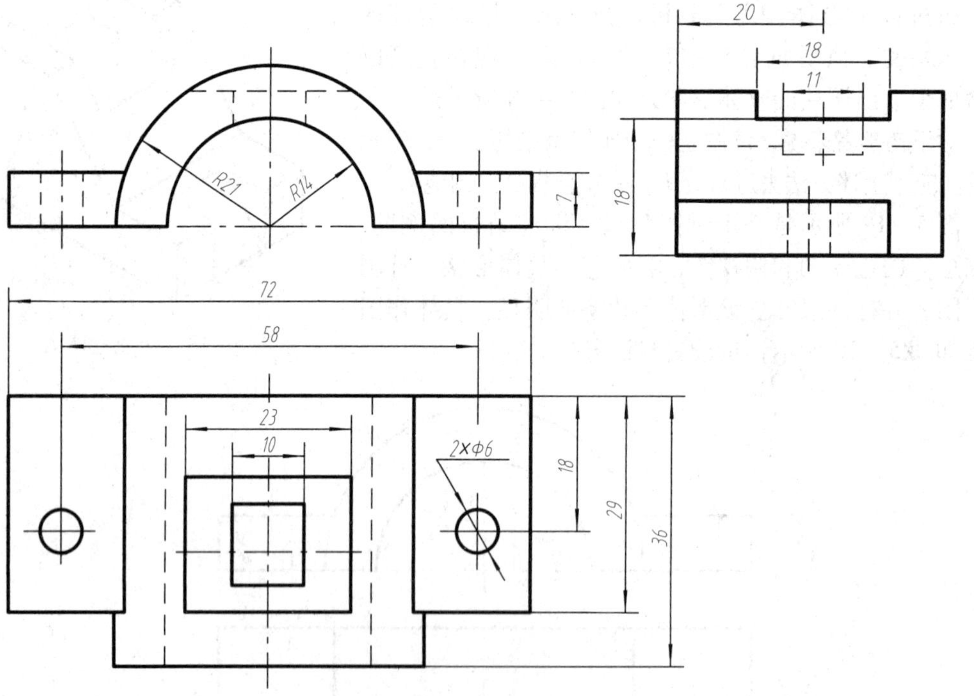

(b)标注尺寸

图 5－20　补画形体左视图和标注尺寸

第6章　轴测投影

轴测投影也是一种平行投影，但它是一种可以同时表现形体长、宽、高三个方向形状的单面投影。这种投影具有较强的立体感，容易看懂，还可用于产品的初步方案设计、工作原理表达、外观表达、空间管线布置等。轴测投影的缺点是绘制较为繁琐，且一般不能反映各面的真实形状，因此，轴测图通常仅用作辅助工程图样。

6.1　基本知识

6.1.1　轴测投影的形成

如图6－1所示，轴测投影的形成，**可看成是将形体连同其参考直角坐标系，沿不平行于任一坐标面的方向，用平行投影法将其投射在单一投影面上，得到一个具有立体感的图形，该图形称轴测投影或轴测图。**

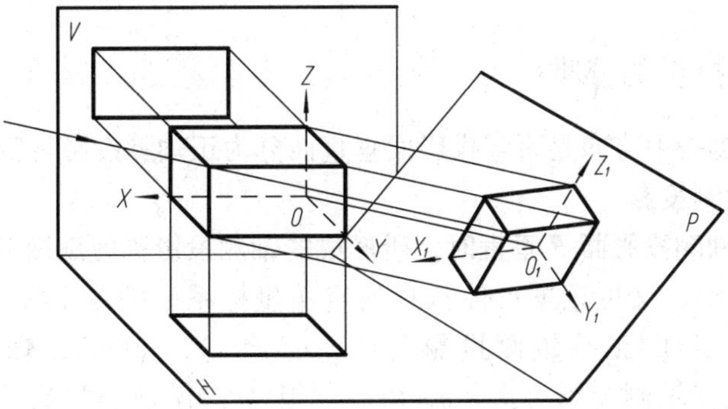

图6－1　轴测投影的形成原理

6.1.2　轴间角与轴向伸缩系数

6.1.2.1　轴间角

如图6－2所示，**任意两条直角坐标轴在轴测投影面上的投影之间的夹角称为轴间角。**如$\angle X_1 0_1 Z_1$、$\angle X_1 0_1 Y_1$及$\angle Y_1 0_1 Z_1$。

6.1.2.2　轴向伸缩系数

如图6－2所示，空间形体的直角坐标轴上任一单位长度，经投射到轴测投影面P之后，都相应地缩短了（但对斜轴测投影来说，轴的投影长度可能是缩短、等长，也可能伸长）。我们把**每根轴上一个单位长度经投射之后所得的轴测投影长度与原有的单位实长之比值称为轴向伸缩系数。**如果令直角坐标中各轴上单位长度为u，其投影后在三个方向上的长分别变为i、j、k，则

X 轴的轴向伸缩系数——$p_1 = i/u$

Y 轴的轴向伸缩系数——$q_1 = j/u$

Z 轴的轴向伸缩系数——$r_1 = k/u$

轴向伸缩系数表明凡与空间各直角坐标轴平行的线段经轴测投影后，其伸长（只有斜轴测投影会出现）或缩短的程度。

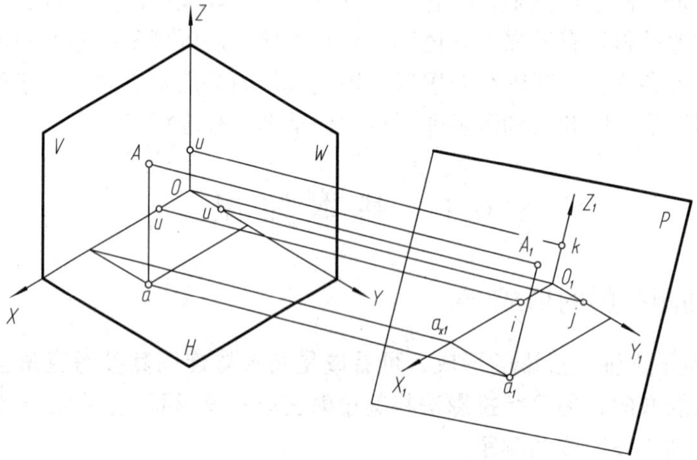

图 6－2　轴间角与轴向伸缩系数

6.1.3　轴测投影的分类

轴测投影可根据投射方向是否与投影面垂直而分为**正轴测投影**与**斜轴测投影**。

6.1.3.1　正轴测投影

当投射方向与轴测投影面 P 垂直时，所形成的轴测投影称为正轴测投影。

在正轴测投影中，又可根据形体自身的直角坐标系中的各坐标轴与投影面倾斜的角度是否相同分为：① **正等轴测投影**（$p_1 = q_1 = r_1$）；② **正二轴测投影**（$p_1 = q_1$、$r_1 = 0.5p_1$）；③ 正三轴测投影（$p_1 \neq q_1 \neq r_1$），其中，正轴测投影中使用较广的是正等轴测投影。

6.1.3.2　斜轴测投影

当投射方向与轴测投影面 P 倾斜时，所形成的轴测投影称为斜轴测投影。

斜轴测投影中使用最多的是正面斜轴测投影。正面斜轴测投影又可分为**正面斜等测**与**正面斜二测**。

6.1.4　轴测投影的投影规律

由于轴测图是采用平行投影法形成的，因此它具有平行投影的投影规律，在画图实践中主要应用以下几点特性：

① 物体上互相平行的线段，在轴测图上仍然互相平行。

② 物体上两平行线段或同一直线上的两线段长度之比值，在轴测图上保持不变。

③ 物体上平行于坐标轴的线段，在轴测图上的长度等于沿该轴的轴向伸缩系数与该线段长度的乘积。

由此可见，**物体表面上平行于各坐标轴的线段，在轴测图上也平行于相应的轴测轴，且只能沿轴测轴的方向、并按相应的轴向伸缩系数来度量。这也正是“轴测”两字的含义。**

6.2　正轴测投影

6.2.1　正等测轴测投影

当投射方向与投影面垂直，且物体所有的三个坐标轴与轴测投影面倾角相等时，所形成的轴测投影称正等轴测投影，简称正等测。

6.2.1.1　轴间角

经证明，三条轴测轴之间的夹角均为120°，画图时常令 O_1Z_1 轴为竖直方向，这样 O_1X_1 轴与 O_1Y_1 轴均与水平线成30°角。画法如图6－3所示。

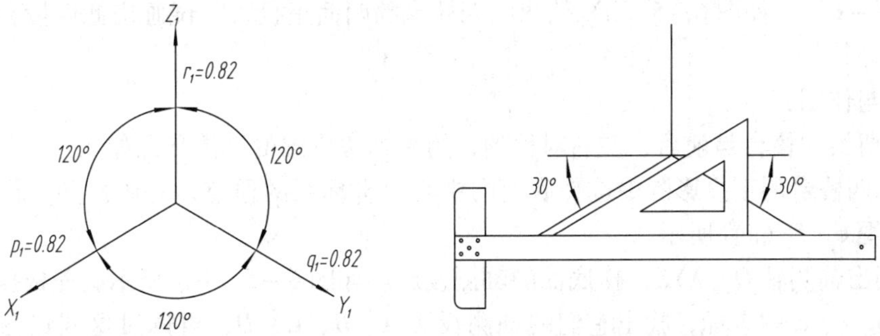

图6－3　正等测的轴间角画法和伸缩系数

6.2.1.2　轴向伸缩系数

经证明，正等测中各轴的轴向伸缩系数均相同，即：$p_l = q_1 = r_1 = 0.82$。具体作图时出现了一个问题，即若要将空间形体每一个坐标尺寸都乘以轴向伸缩系数0.82之后才能进行度量，这将很不方便。为作图方便起见，常采用**简化系数**，即 $p = q = r = 1$，采用简化系数作图时，沿各轴向的所有尺寸都可按真实长度量取。

图6－4（a）是一长方体的三面投影。图6－4（b）、（c）则是分别用轴向伸缩系数与简化系数画出的该长方体的正等测投影，比较两个投影可以看出形体空间形状没改变，只是图形放大了1/0.82≈1.22倍，因此**实际画图中常采用简化系数**。

6.2.2　平面立体正等轴测图的画法

6.2.2.1　坐标法

坐标法就是根据立体表面上各顶点的坐标（或投影），分别画出它们的轴测投影，再依次连接立体表面的轮廓线。该方法是画轴测图的基本方法，也是其他画法的基础。它不但适用于平面立体，也适用于曲面立体；不但适用于正等测，还适用于其他轴测图的绘制。

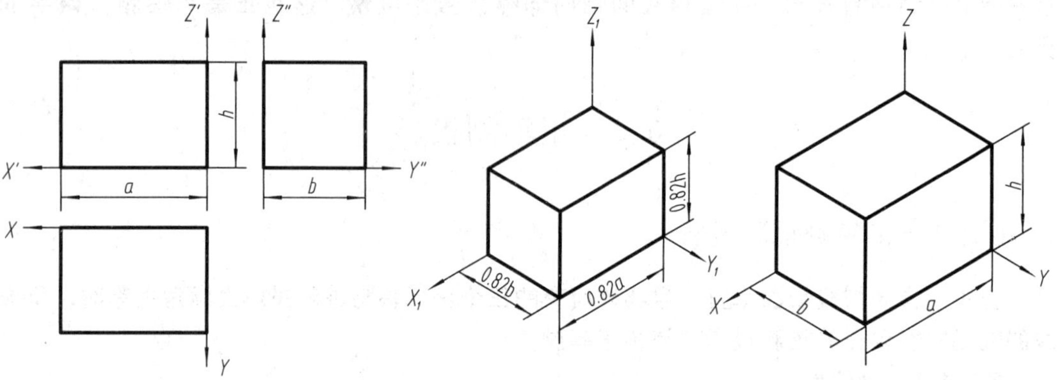

(a) 长方体的投影图　　(b) 用$p_1=q_1=r_1=0.82$画图　　(c) 用$p=q=r=1$画图

图 6－4　正等测不同轴向伸缩系数的比较

［例 6－1］　如图 6－5（a）给出一四棱台的两面正投影，试画出此四棱台的正等轴测图。

分析与作图：

由于所给四棱台是前后、左右对称的，用坐标法作图的具体步骤如下：

① 在四棱台的正投影图中选择底面的中心为坐标系的原点，并画出各坐标轴的对应投影。如图 6－5（a）所示。

② 画出轴测轴 $O-XYZ$，作底面的轴测投影。如图 6－5（b）所示，先根据各底边的中点 a、b、c、d 的坐标，找出它们的轴测投影 A、B、C、D，再通过这四点分别作相应轴测轴的平行线，从而得到底面的轴测投影。

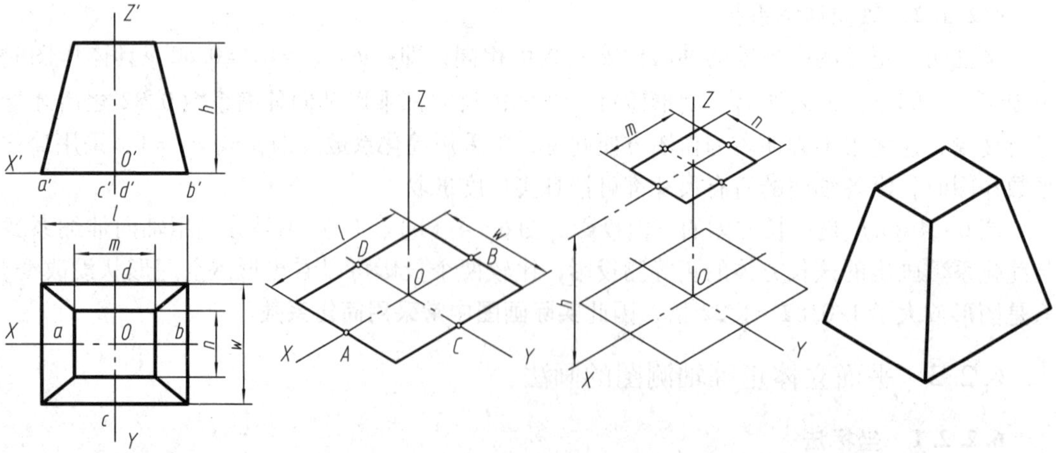

(a) 投影图　　(b) 画出四棱台底面　　(c) 画出四棱台顶面　　(d) 整理、加深可见轮廓线

图 6－5　用坐标法画四棱台

③ 将坐标系原点升高 h，确定顶面的中心，再作顶面的轴测投影。如图 6－5（c）所示。

④ 连接底面、顶面的对应顶点，加深可见轮廓线（通常轴测图中的不可见轮廓线不需要画出），完成四棱台的正等轴测图。如图 6－5（d）所示。

6.2.2.2 堆积法

有些工程物体往往是由若干个基本几何形体依次叠加或堆积而成的，绘制这类物体的轴测图时，可**按其构成的顺序依次逐个画出每一形体的轴测图，最后完成整个形体轴测图，这种画法称为堆积法或叠加法。**

[例 6－2]　画出图 6－6（a）所给组合体的正等轴测图。

分析与作图：

从正投影中不难看出：该组合体是由两部分形体叠加而成，其轴测图可依次由下而上或由上而下逐个绘出。为节省一些中间环节或作图线，坐标系的原点应选在两基本形体的结合面上。具体步骤如下：

① 首先选取组合体的结合面的中心为坐标原点，画出坐标轴的投影。如图 6－6（a）所示。

② 画出轴测轴，画出原点 O 处结合面上的轴测投影。如图 6－6（b）所示。

③ 将底部六棱柱各顶点处的可见棱线向下延伸，并截取等于底部形体高，画出底部形体；再将结合面上部的四棱柱各顶点处的棱线向上升高，并截取等于上部形体的高。如图 6－6（c）所示。

④ 连接底部和顶部各对应顶点，最后将整个形体多余作图线擦去并加深可见轮廓线，完成组合体的正等轴测图。如图 6－6（d）所示。

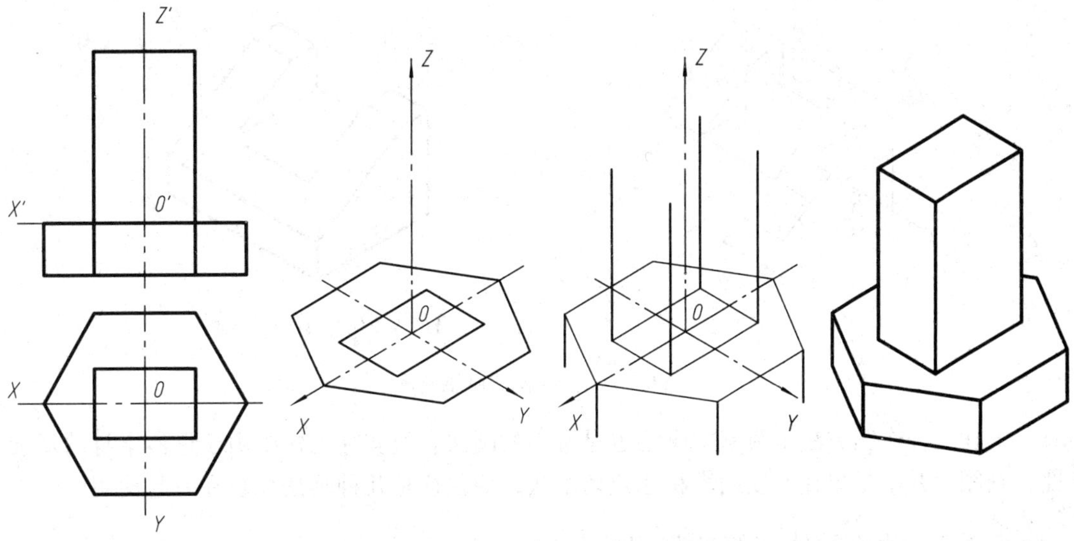

(a) 投影图　(b) 画出结合面　(c)将棱线上下延伸　(d) 整理、加深可见轮廓线

图 6－6　用堆积法画轴测图

6.2.2.3 切割法

由于实际工程中有些形体也可能是由简单形体经过切割而成，因此其轴测图的绘制也可按其形成过程，**先画出整体再依次切去多余部分逐步完成作图，这种由整体到局部的绘图方法称为切割法。**

［**例6－3**］　画出图6－7（a）所示形体正等轴测图。

分析与作图：

根据所给正投影图不难看出，该形体是由一长方体切去前上角后，再将中间开槽而成。为画图准确简便，可先画出整体再依次切割。具体步骤如下：

① 选取右、后、下点为坐标原点，画出坐标轴的投影。如图6－7（a）所示。

② 按投影图中的长、宽、高画出长方体，并按侧面投影轮廓切去长方体前上角。如图6－7（b）所示。

③ 根据正投影轮廓切去中间凹槽。如图6－7（c）所示。

④ 擦去多余线，完成切割体轴测图。如图6－7（d）所示。

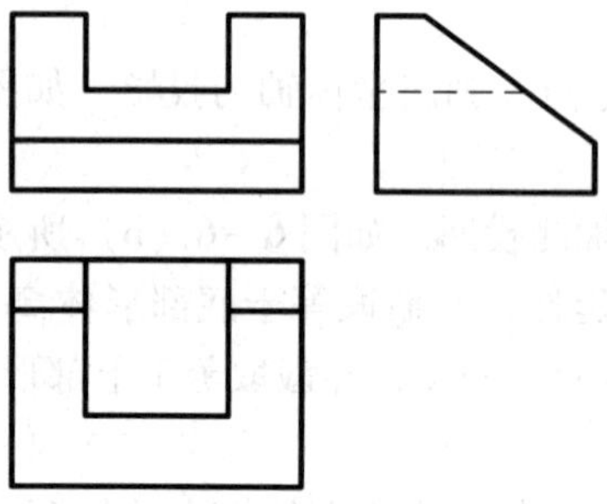

(a) 正投影图

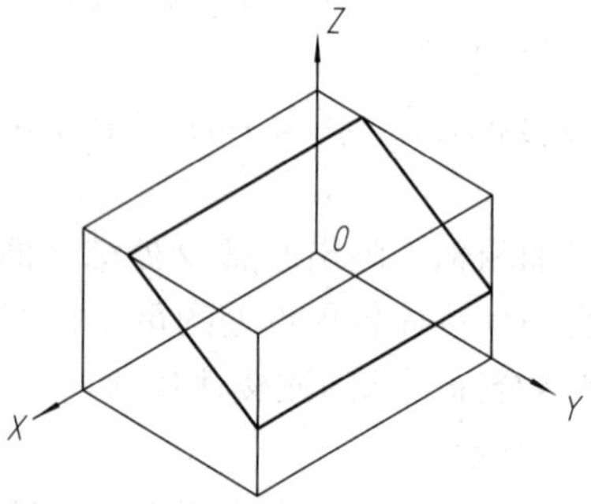

(b) 画长方体并切去前上角

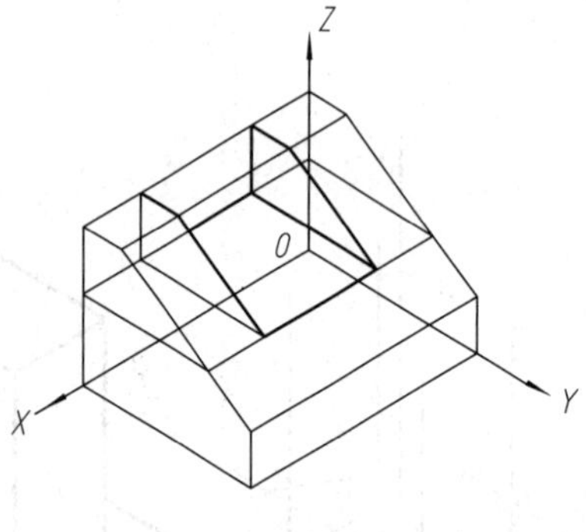

(c) 切去中间凹槽

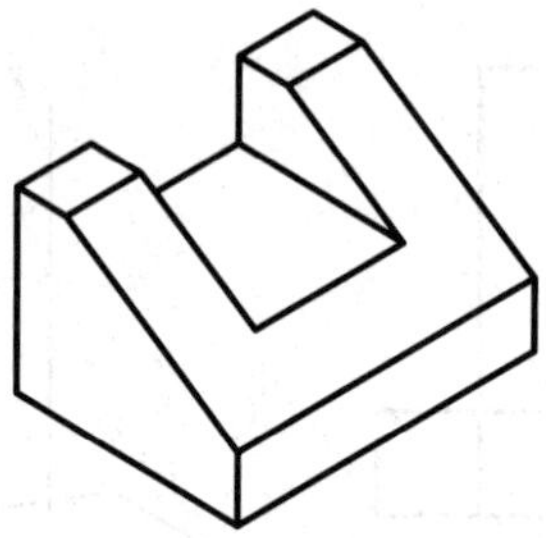

(d) 完成整个切割体的轴测图

图6－7　用切割法画轴测图

上述三种作图方法是最基本画法也是常用的画法。但实际工作中由于形体本身的复杂性，画图时并不是单纯的使用堆积法或切割法，而往往是几种画法综合在一起使用。

6.2.3　曲面立体正等轴测图的画法

6.2.3.1　平行于坐标面的圆的正等测的画法

平行于坐标面的圆，在正等轴测图中为椭圆，为了简化作图，该椭圆常采用四段圆弧连接近似绘制，称之为四圆心法。图6－8（a）所示为一半径为 r 的水平圆，该水平圆的正等测近似画法的具体作图步骤如下：

① 选取圆心为坐标原点，画出坐标轴的投影，并找出四个位于对称中心线（轴线）

上的点：a、b、c、d。如图6-8（a）所示。

② 画出轴测轴 X、Y（水平圆与 Z 轴无关，不画 Z 轴），并在轴上定四点 A、B、C、D，过 X 轴上的点 A、C 作 Y 轴的垂线，过 Y 轴上的点 B、D 作 X 轴的垂线。如图6-8（b）所示。

③ 四条垂线分别交于 O_1、O_2、O_3、O_4四个点，即为四圆心法的四个圆心，分别以 O_1、O_2为圆心，O_1A、O_2C 为半径画 AD 及 CB 弧。如图6-8（c）所示。

④ 再分别以 O_3、O_4为圆心，O_3D、O_4B 为半径画 DC 及 BA 弧，完成椭圆近似作图。如图6-8（d）所示。

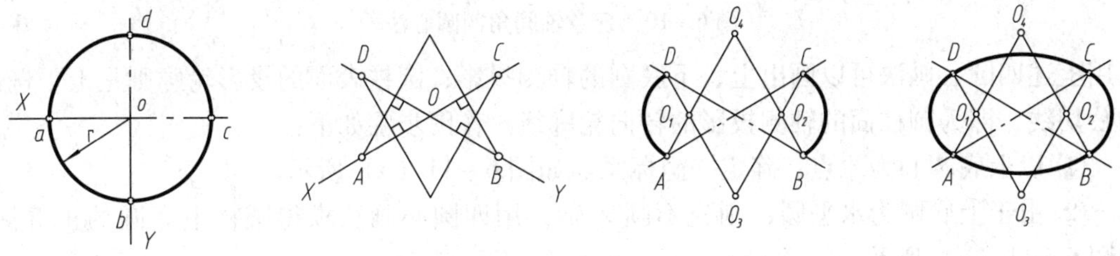

(a)投影图　(b)过轴线上的点作另一轴线的垂线　(c)找到四个圆心并画小圆弧　(d) 画大圆弧完成椭圆

图6-8　水平圆正等测四圆心法

在作半圆（或四分之一圆）时，可采用相同的方法。图6-9（a）、（b）所示分别为一半径为 r 的正平半圆和侧平半圆的正等轴测图，作图步骤由读者自行分析。

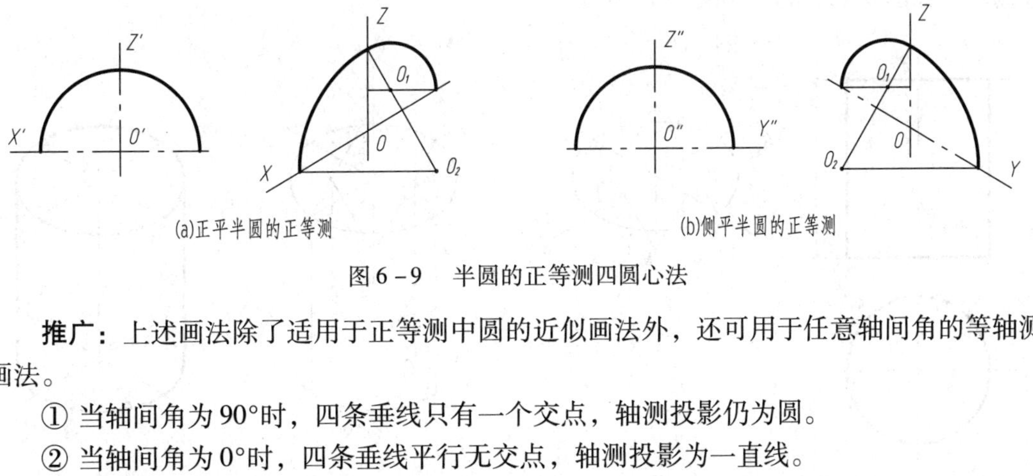

(a)正平半圆的正等测　(b)侧平半圆的正等测

图6-9　半圆的正等测四圆心法

推广：上述画法除了适用于正等测中圆的近似画法外，还可用于任意轴间角的等轴测画法。

① 当轴间角为90°时，四条垂线只有一个交点，轴测投影仍为圆。

② 当轴间角为0°时，四条垂线平行无交点，轴测投影为一直线。

③ 当轴间角为任意角度时，四条垂线有四个交点，作图方法与步骤同图6-8。如图6-10所示。

6.2.3.2　曲面立体正等测的画法

常见的曲面立体多是回转体，而回转体的底面为圆，所以掌握了圆的轴测画法也就不难画出曲面立体的轴测图。

[例6-4]　如图6-11（a）所示，已知一圆柱体的正投影图，求作其正等轴测图。

分析与作图：

圆柱为直圆柱，上下两底圆均与 H 面平行，故其正等测图为两个大小相同的椭圆，

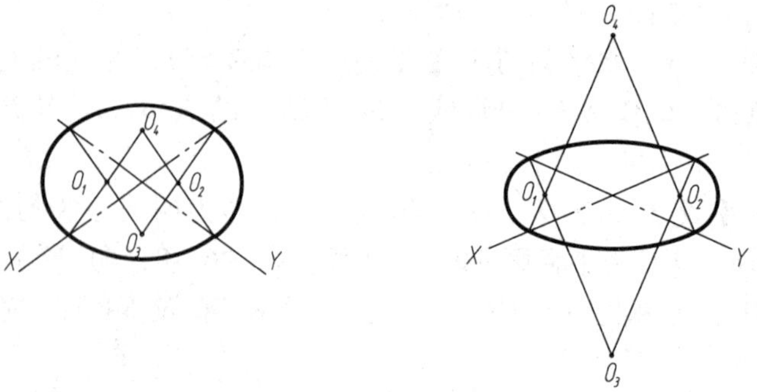

图 6－10　任意轴间角四圆心法

运用上述四圆心画法可以画出上、下底圆的轴测投影；圆柱表面的投影轮廓则是上下椭圆的公切线，即为圆柱面的轴测投影的转向轮廓线。作图步骤如下：

① 以上底圆心为原点，确定一坐标系。如图 6－11（a）所示。

② 由于上底圆为水平圆，则先不画 Z 轴，用四圆心画法求得圆柱上底圆的正等测。如图 6－11（b）所示。

③ 由于下底圆有一半不可见，将三个圆心沿着 Z 轴方向，向下截取柱高 h 得到下底椭圆的作图圆心的位置，用同样方法画出下底圆的轴测图。注意：1、2 两条素线为大、小圆弧的起止控制线。如图 6－11（c）所示。

④ 作上、下椭圆的公切线得出圆柱的转向轮廓线，将可见线加深即完成圆柱体的正等测图。如图 6－11（d）所示。

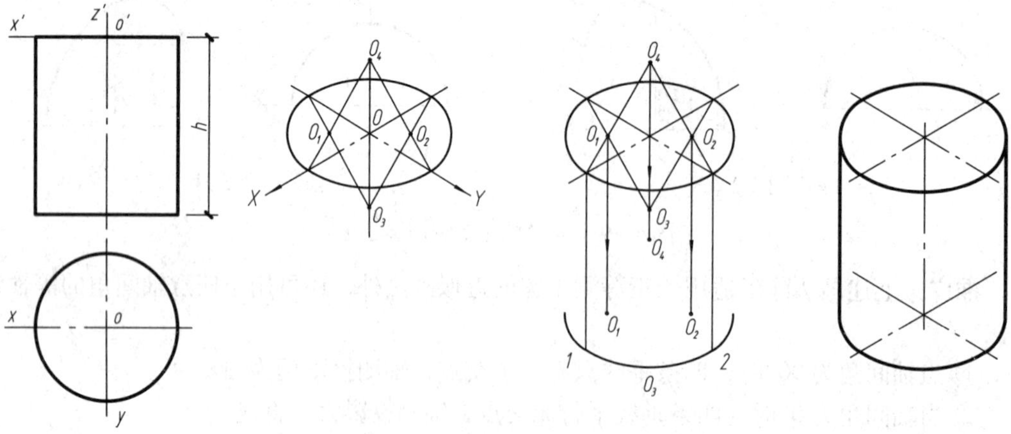

(a)投影图　(b)画轴测轴及圆柱上底圆　(c)取柱高画下底圆　(d)完成圆柱轴测图

图 6－11　圆柱的正等测图

［例 6－5］　如图 6－12（a）所示，已知带四分之一圆角平板的正投影，求作该平板的正等测图。

分析与作图：

由于四分之一圆角是与平面相切的四分之一圆柱，其正等测的画法与圆柱相类似。具体步骤如下：

① 先把顶面按矩形作出，以 R 为半径，找到四个切点，过切点作垂线（点 A 是 X 轴

线上的点，作 Y 方向即 AB 的垂线）交得作图圆心，作出圆角的正等测，然后再向下量取高度 h，进而绘出底面。如图 6－12（b）所示。

② 擦去多余图线，加深可见轮廓线完成作图。如图 6－12（c）所示。

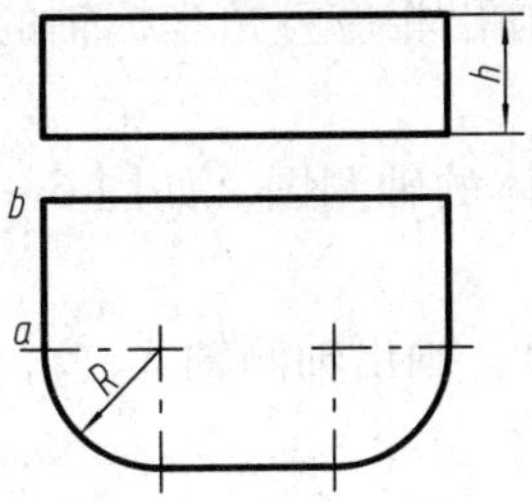

(a)投影图

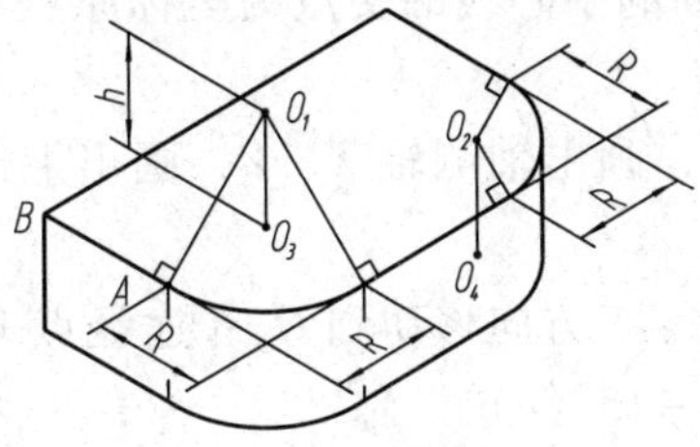

（b）求作切点及圆心

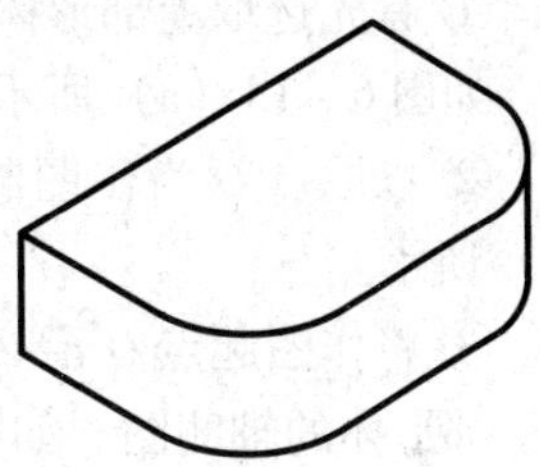
（c）整理、加深

图 6－12　圆角的正等测图

6.2.3.3　组合体正等测的画法举例

［例 6－6］　如图 6－13（a）所示，已知一组合体的正投影，求作它的正等轴测图。

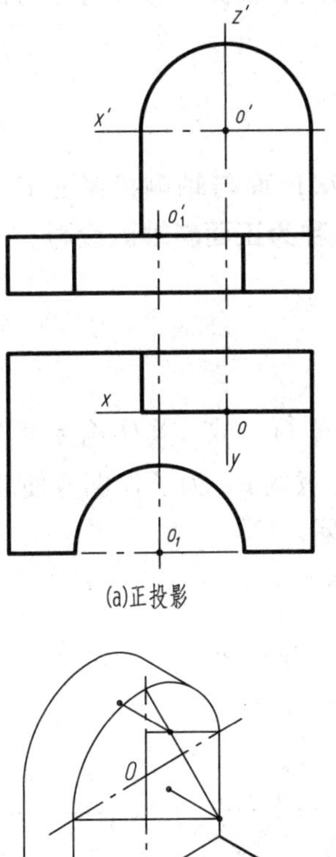

(a)正投影

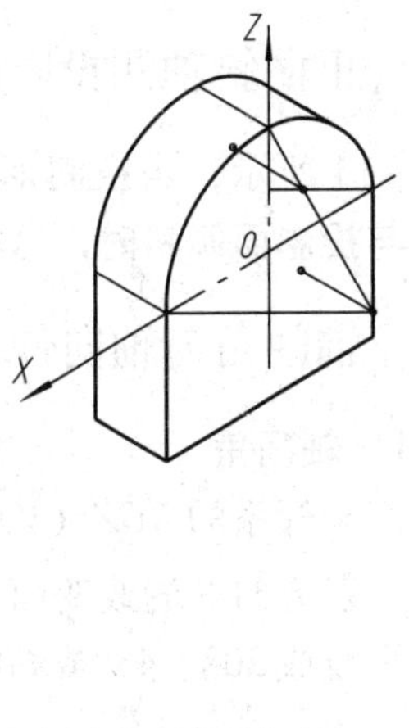

(b)由作图起点画立板的轴测图

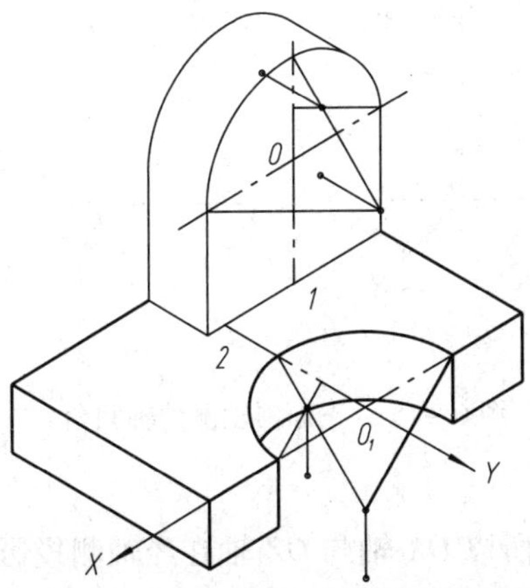

(c)移动作图起点坐标并画底板

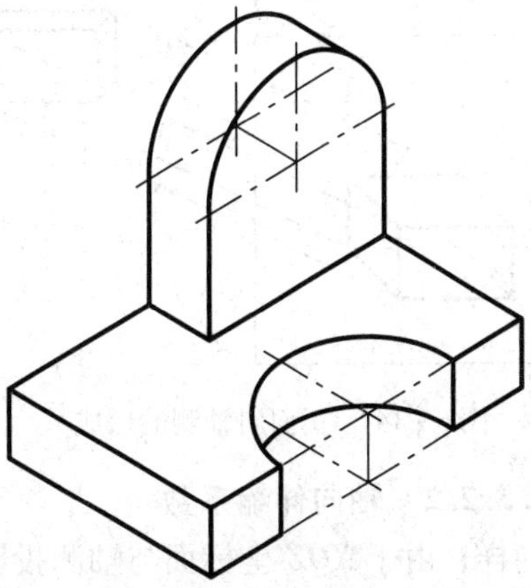
(d)完成组合体轴测图

图 6－13　组合体正等测画图示例

分析与作图：

从正投影图中可以看出：该组合体是由两部分叠加而成，其轴测图在水平及正面均有椭圆，应分别依次由下而上或由上而下逐步绘出。具体步骤如下：

① 首先选取上部形体前面的中心线的交点为坐标原点 O，画出相应直角坐标轴的投影。如图 6 – 13（a）所示。

② 以原点 O 为作图起点，画出轴测轴 X、Z，画出上部形体的轴测图。如图 6 – 13（b）所示。

③ 将作图起点 O 沿 Z、X、Y 方向移动到 O_1（途经点 1、2），画出轴测轴 X、Y，画出下部形体的轴测图。如图 6 – 13（c）。

④ 擦去多余图线，加深可见轮廓线，完成组合体的轴测图。如图 6 – 13（d）所示。

6.3 斜轴测投影

斜轴测投影中使用最多的是正面斜轴测投影。正面斜轴测投影又可分为**正面斜等测**与**正面斜二测**。

6.3.1 正面斜轴测投影的形成

如图 6 – 14 所示，**当空间形体正面投影面（*XOZ*）面与轴测投影面 *P* 平行或重合，且投射方向与投影面倾斜时，这样所形成的轴测投影称为正面斜轴测投影。**

6.3.2 轴间角与轴向伸缩系数

6.3.2.1 轴间角

由于空间坐标系的 XOZ（V）面与轴测投影面 P 平行，故 $\angle X_1O_1Z_1 = 90°$，而 O_1Y_1 轴的方向则随投射方向 S 的改变而变化（即轴间角是任意的）。为了作图方便起见，通常取 O_1Y_1 轴与水平线成 30°、45°或 60°角。如图 6 – 15 所示。

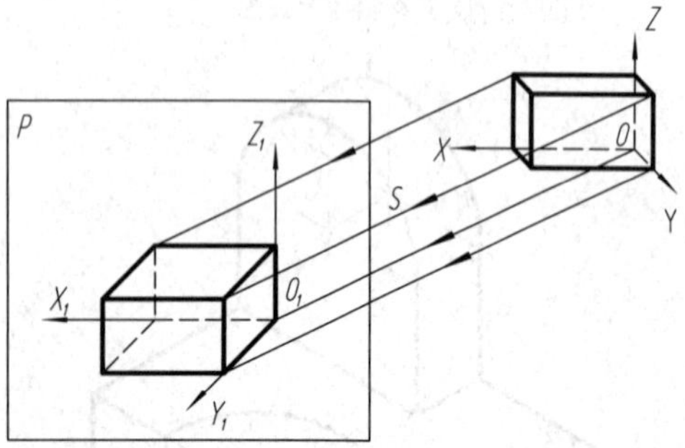

图 6 – 14　正面斜轴测的形成

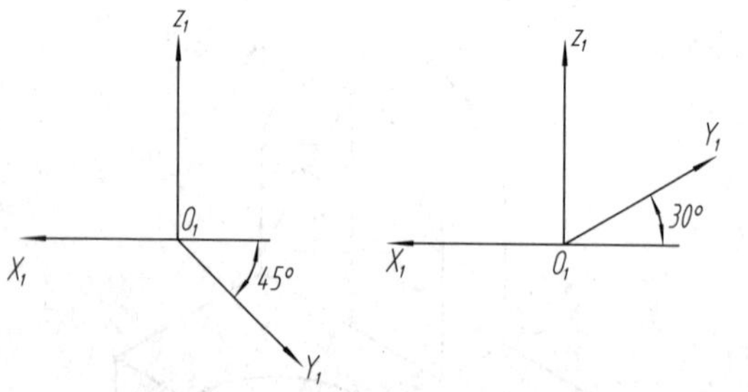

图 6 – 15　正面斜轴测的轴间角

6.3.2.2 轴向伸缩系数

同样，由于 XOZ 坐标面与轴测投影面 P 平行，所以 OX 轴与 OZ 轴在经轴测投影后没有长度变化，即其轴向伸缩系数 $p = r = 1$；而 OY 轴的投影的长短程度则可随投射方向 S 的改变而变化。因此，为便于画图，常取 $q = 1/2$ 或 1。当 $p = q = r = 1$ 时，称为**正面斜等**

测；当 $p=r=1$、$q=1/2$ 时，称为**正面斜二测**。

6.3.3 画图举例

当轴测投影面 P 平行于 V 面时，立体上与 V 面平行的面，其轴测投影反映实形，对于仅单向有圆形结构的立体，利用这一特点可使其轴测投影的作图更为简便。

[例 6-7] 画出图 6-16（a）所示的圆台的正面斜二测。

分析与作图：

这是一个具有同轴圆柱孔的圆台，圆台的前、后端面及孔口都是圆。因此，将端面放成正平面，适合用正面斜轴测，本例选用正面斜二测。作图步骤如下：

① 取圆台前表面的圆心为直角坐标系原点，画出相应坐标轴的投影。如图 6-16（a）所示。

② 以原点 O 为作图起点画出轴测轴，并在 Y 轴上量取 $L/2$，定出后端面圆的圆心 O_1，如图 6-16（b）所示。

③ 画出前、后两个端面的外轮廓圆和前孔口及后孔口的可见部分的斜二轴测图。如图 6-16（c）所示。

④ 作两端面外轮廓圆的公切线，擦去多余图线，加深可见轮廓线，完成带圆柱孔的圆台的斜二测图。如图 6-16（d）所示。

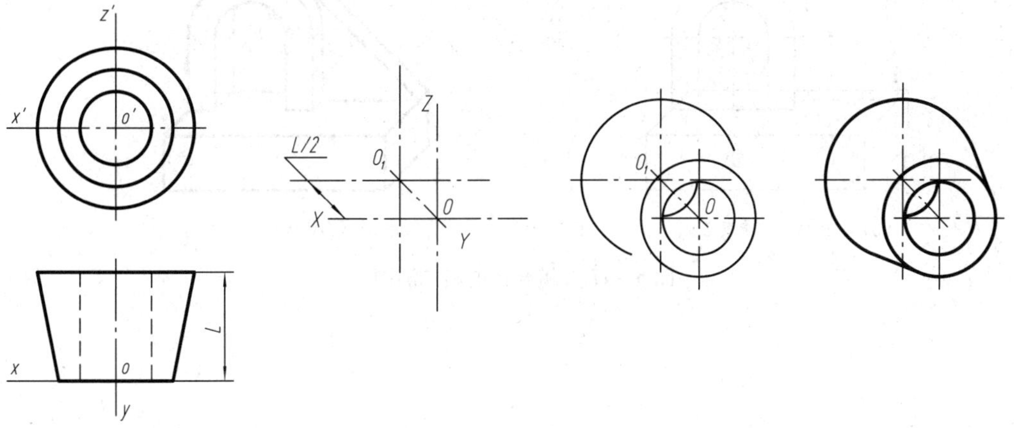

(a)投影图　(b)画轴测轴、定圆心位置　(c)作前、后端面及孔口的圆　(d)作公切线、完成斜二测

图 6-16　带圆柱孔的圆台的斜二测图

[例 6-8] 如图 6-17（a）所示，已知一组合体的正投影图，求作该形体的正面斜二测。

分析与作图：

从正投影图中可以看出：该形体是由三部分形体叠加而成，其立面部分有曲面，应分别依次由结合面向上、下逐步绘出。具体步骤如下：

① 首先选取底部与上部形体结合面的右后点为坐标原点。如图 6-17（a）所示。

② 画出轴测轴，再画出结合水平面的轴测图，并完成底部形体。如图 6-17（b）所示。

③ 确定结合面上部立面形体半圆弧的中心 O_Z，画出前立面的半圆。如图 6－17（c）所示。

④ 平移圆心，画出形体立面后部半圆并画出左侧肋板。最后，将整个形体多余作图线擦去并加深可见轮廓线，完成组合体的斜二测图。如图 6－17（d）所示。

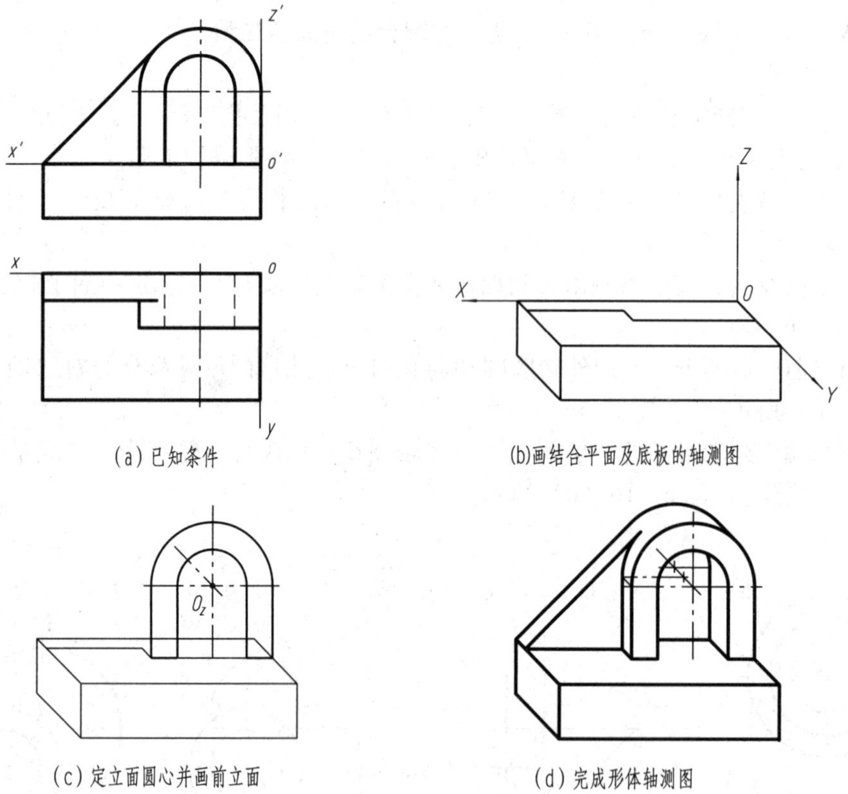

图 6－17　组合体的斜二测图

第 7 章　AutoCAD 计算机辅助绘图

7.1　AutoCAD 2010 系统界面

CAD（Computer Aided Design）计算机辅助设计绘图软件，是指主要用来解决各种工程图的绘制，且具有良好的人机交互界面的二维和三维制图软件。目前市场上已有不少成功的 CAD 软件，AutoCAD 是其中具有代表性的一个。它是美国 Autodesk 公司开发的专门用于计算机绘图设计工作的软件，是世界上用户使用最多的绘图软件之一，广泛应用于机械、建筑、电子等行业。

AutoCAD 内容十分丰富，本章以简明的实例作图方式介绍其最为基本和常用的内容，以便使读者通过学习，掌握基本的计算机绘图操作，其他内容请参考更为专业的书籍。

7.1.1　AutoCAD 的界面

AutoCAD 2010 提供了“二维草图与注释”、“三维建模”和“AutoCAD 经典”三种工作空间模式。默认状态下，打开“AutoCAD 经典”工作空间，其绘图系统界面如图 7－1 所示。

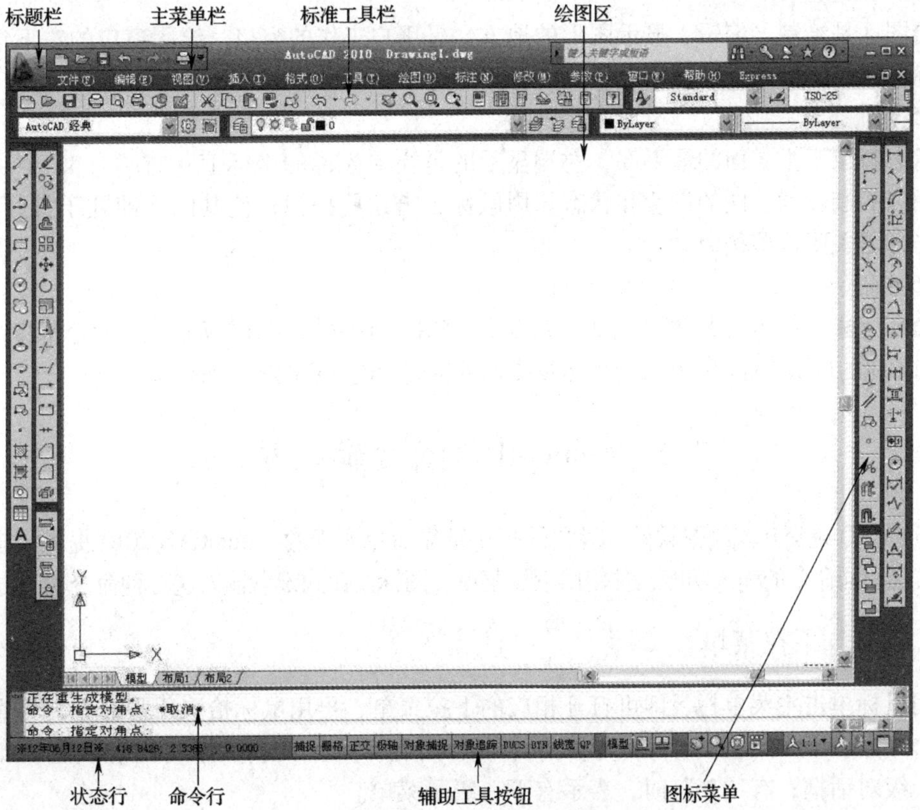

图 7－1　AutoCAD 2010 绘图系统界面

该界面主要由标题栏、主菜单栏、标准工具栏、绘图区、图标菜单、辅助工具栏、命令行及状态行等组成。

7.1.2 界面的基本操作

(1) 标题栏

标题栏位于界面的最上部，显示当前正在工作的软件名及文件名及其存储路径。单击右端按钮，可以最小化、最大化或关闭程序窗口。

(2) 主菜单栏

下拉式主菜单栏位于界面的第二行，共有 12 个主菜单项，在这些菜单项中包含了通常情况下控制 AutoCAD 运行的功能和命令。用鼠标左键单击各个主菜单项，就会弹出列有相应命令的下拉菜单，进而在菜单中点取其中的项目，即可触发相应的操作命令。

(3) 标准工具栏

默认状态下，工作空间和标准注释工具栏处于打开状态，位于界面第三行。工具栏也是由图标按钮组成，单击按钮就可执行该命令。AutoCAD 系统提供了许多个已命名的工具栏，显示或关闭相应工具栏的方法是：在已有的任意一个工具栏上右击，此时弹出一个快捷菜单，通过选择相应选项即可调出相应工具栏。用鼠标左键拽住工具栏的边框，可将其拖至屏幕任意合适的位置。使用工具栏输入命令较为简单快捷，用户利用它们可以完成大部分的绘图及编辑工作。

(4) 绘图区

绘图区是绘制、编辑、显示图形的地方，是用户工作的窗口。绘图窗口的左下角显示了当前使用的坐标系，默认情况下，为世界坐标系 WCS。

(5) 状态行

状态行位于主界面的最下部，左端显示的是当前光标的坐标值；右端有 11 个功能按钮，用以控制辅助绘图的设置和状态。用鼠标单击这些按钮，使其凹下即处于打开状态，再单击即可关闭这些按钮。

(6) 命令行

命令行窗口位于绘图区的下方，是命令操作和提示的区域。用户所输入的命令都将在该窗口得到相应的显示与提示，用户可以依据提示内容进行进一步的输入操作。

7.2 AutoCAD 的命令输入方式

AutoCAD 是交互式绘图软件，对它的操作是靠命令实现的。AutoCAD 2010 提供了多种方式来实现相同命令的输入功能，常使用下拉菜单、图标按钮和键盘输入这三种命令输入方式。

7.2.1 下拉菜单

用鼠标单击主菜单栏，即可打开相应的下拉菜单，再用鼠标拾取所需命令即可直接执行该命令。在下拉菜单中，凡菜单项命令名后面有“…”的，表示将出现该选项所对应的下一级对话框；有“▶”时，表示有下一级子菜单。

本书在介绍使用下拉菜单实施命令的操作时，为了叙述方便，采用如下形式表示命令输入的层次关系：

菜单栏 \ 命令 \ 子命令 \ …

例如输入画圆的命令：绘图 \ 画圆 \（圆心，直径）

7.2.2 图标按钮

用鼠标单击某个工具栏上相应的图标按钮，即可实现输入相应命令。如单击画圆的图标按钮，即输入了画圆命令。

7.2.3 键盘输入

所有命令均可通过键盘输入，例如用键盘输入 circle 到命令行，并按回车键确认，便进入画圆命令状态。对于下拉菜单和工具栏上没有的某些命令，特别是一些系统变量，必须通过键盘输入。在命令行键入命令字母时，不区分大小写。为了简化命令字的输入，AutoCAD 通过 acad. pgp 文件给出了一些命令的别名，如画直线命令 line 的别名是 L，画圆命令 circle 的别名是 C。

无论以何种方式输入命令，当一条命令被执行后，如果要继续重复使用该命令，只要按回车键、空格键即重复输入了该命令；或单击鼠标右键，在弹出的快捷工具栏中选“重复”即可。如果要随时结束当前命令或错误命令，可按一下键盘上的“ESC”键。

在命令被输入后，只能说明该命令被激活，即进入待执行状态，用户还应通过命令行的提示并对命令序列给出正确回答来控制命令的运行过程。在命令被输入后，应掌握命令行中的相关符号的约定：

① 命令提示的“or”前为命令操作默认选项，“ [ ]”内为其他选项。

② 斜杠“/”为命令选项，即子命令的分隔符。选某个子命令时，只要输入它的标识字母即可。

③ 尖括号“〈 〉”内为默认项或当前值，若使用该选项可直接回车。

使用鼠标操作执行命令时，按以下规则定义：拾取键通常指鼠标左键，用于指定屏幕上的点，也可以用来选择 AutoCAD 对象、工具栏按钮和菜单命令等；确认键指鼠标右键，相当于 Enter 键，此时系统弹出相应的快捷菜单，拾取“结束”选项即可结束当前使用的命令。

7.3 AutoCAD 的坐标输入方式

AutoCAD 是用三维笛卡儿坐标系统来确定点的位置，显示在状态栏左侧的坐标值就是光标所在点的位置。AutoCAD 的坐标系统有世界坐标系统 WCS 和用户自定义的坐标系统 UCS 两种。

世界坐标系 WCS 的二维图标如图 7-2 所示：*X* 轴由左向右；*Y* 轴由下向上；*Z* 轴由屏幕内指向屏幕外，即 *Z* 轴对着操作者，图标上不可见。

在利用 AutoCAD 绘制工程图中，准确的输入坐标是最基本和必须的操作，其常用的坐标点的输入方式有三种。

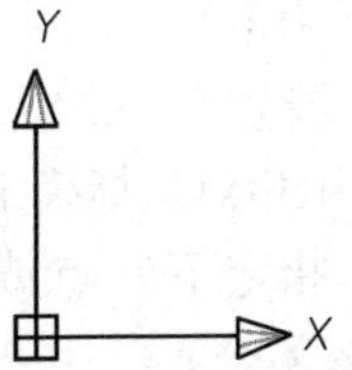

图 7-2　WCS 图标

7.3.1　绝对坐标

输入一个点的绝对坐标格式为（X，Y，Z），即输入该点距坐标原点的 X、Y、Z 三个方向的值。在二维图形中可省略 Z 坐标值的输入。

7.3.2　相对坐标

输入一个点的相对坐标格式为（@ ΔX，ΔY，ΔZ），即输入该点相对于前一点坐标的增量。符号@ 表示相对坐标，其相对坐标增量可正、可负或为零。在二维图形中可省略 Z 坐标增量值 ΔZ 的输入。

7.3.3　相对极坐标

输入一个点的相对极坐标格式为（@ $R<\theta<\varphi$），其中 R 为该点相对于前一点的距离；θ 为相对于 X 轴的角度，角度的正增量为逆时针方向；φ 为相对于 XY 平面的角度。在二维图形中可省略 φ 值的输入。

7.4　常用绘图命令

本章以实例方式介绍的常用绘图、编辑命令中，有些图形给出了尺寸，以便于读者上机学习绘制，这些尺寸均不需要标注。7.10 节“常用类型的尺寸标注”实例除外。

7.4.1　直线

7.4.1.1　等价命令

下拉菜单：绘图 \ 直线　　　　图标按钮：　　　　命令行：line（或 L）

7.4.1.2　功能

在两个坐标点之间创建直线段。按命令行中的提示继续输入点的坐标，可绘制一组连续的线段。其中每一条线段都是一个独立的对象。

7.4.1.3　操作举例

[例 7 -1]　用不同的坐标输入方法，绘制如图7 -3所示的图形。

命令：l（用别名输入画线命令 line）

LINE 指定第一点：100，100（用绝对坐标确定）

指定下一点或 [放弃（U）]：@ 20，0（用相对坐标确定）

指定下一点或 [放弃（U）]：@ 30 <60（用相对极坐标确定）

指定下一点或 [闭合（C）/放弃（U）]：@ -35，0（用相对坐标确定）

指定下一点或 [闭合（C）/放弃（U）]：c（用 close 闭合）

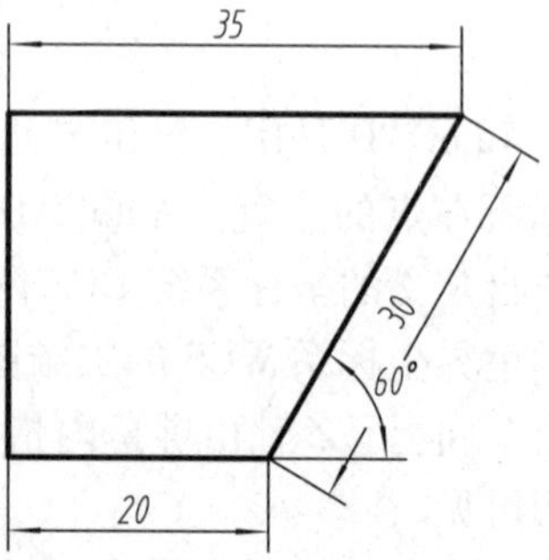

图 7 -3　画线操作实例

注意：在执行直线的命令中，“C”是“close”命令的替代键，指从当前点与起点封闭。

7.4.2　圆

7.4.2.1　等价命令

下拉菜单：绘图\圆　　　图标按钮：　　　命令行：circle（或 C）

7.4.2.2　功能

按指定方式画圆。系统提供了六种画圆的方式：圆心与半径（R）或圆心与直径（D）；直径的两端点（2P）；已知圆上三点（3P）；已知两个相切对象及圆的半径（T T R）；已知三个相切对象（T T T）。

7.4.2.3　操作举例

[例 7－2]　根据不同的已知条件，绘制如图 7－4～图 7－7 所示的各类圆。

（1）如图 7－4 所示，已知圆心（100，100），半径为 10，绘制圆。

命令：（拾取图标按钮输入画圆命令）

命令：_circle 指定圆的圆心或［三点（3P）/两点（2P）/相切、相切、半径（T）］：150，100　（输入圆心坐标）

指定圆的半径或［直径（D）］：10　（输入半径值 10）

若需以直径绘制圆，则先键入“D”后回车，再输入直径值。

（2）如图 7－5 所示，已知直径的两端点 *A*、*B*，绘制圆。

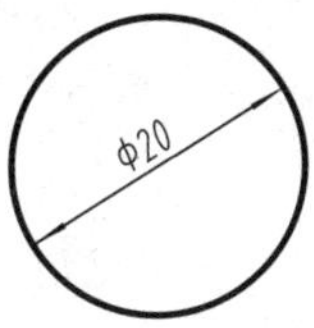

图 7－4　圆心与半径（直径）方式画圆

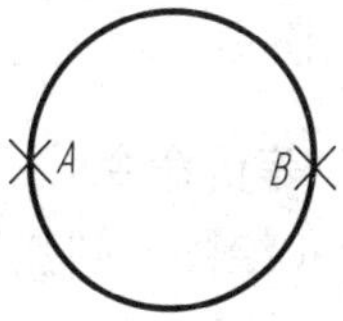

图 7－5　两点方式画圆

命令：（拾取图标按钮输入画圆命令）

命令：_circle 指定圆的圆心或［三点（3P）/两点（2P）/相切、相切、半径（T）］：2p　（选择两点画圆方式）

指定圆直径的第一个端点：（拾取点 *A* 作为指定的第一点）

指定圆直径的第二个端点：（拾取点 *B* 作为指定的第二点）

（3）如图 7－6 所示，已知圆上三点 *A*、*B*、*C*，绘制圆。

命令：（拾取图标按钮输入画圆命令）

命令：_ circle 指定圆的圆心或［三点（3P）/两点（2P）/相切、相切、半径（T）］：3p　（选择三点画圆方式）

指定圆上的第一个点：（拾取圆的第一点 *A*）

指定圆上的第二个点：（拾取圆的第二点 *B*）

指定圆上的第三个点：（拾取圆的第三点 *C*）

（4）如图 7－7 所示，已知圆的半径为 10 及两个相切对象，绘制圆。

命令：c（用别名键输入画圆命令）

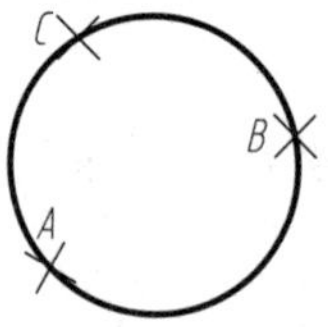

图 7 - 6　三点方式画圆

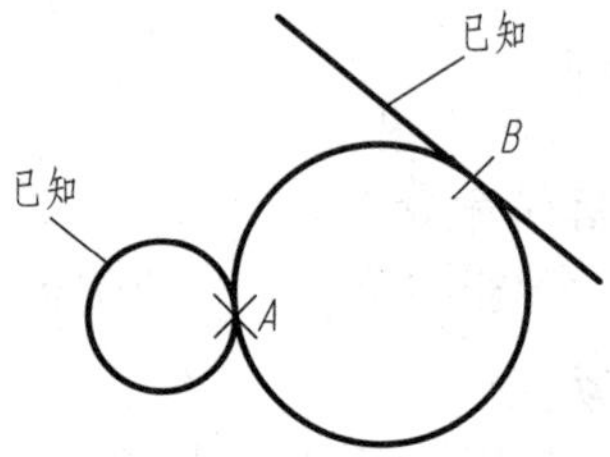

图 7 - 7　相切、相切、半径方式画圆

命令：CIRCLE 指定圆的圆心或 [三点（3P）/两点（2P）/相切、相切、半径（T)]：t　（选择相切方式画圆）

指定对象与圆的第一个切点：（在第一个相切对象圆的 *A* 点附近拾取）

指定对象与圆的第二个切点：（在第二个相切对象直线上的 *B* 点附近拾取）

指定圆的半径 <20.0000>：10（输入半径值）

注意：① 半径或直径的大小可通过键盘输入具体数值，也可在屏幕上捕捉（捕捉内容见 7.7 "辅助绘图工具"）。

② 使用"T"即相切、相切、半径方式画圆时，拾取切点的位置不同，所绘圆的位置也不同，这是由于系统在拾取点附近寻找切点。若所得结果不是需要的，可重新选择切点。

7.4.3　圆弧

7.4.3.1　等价命令

下拉菜单：绘图 \ 圆弧　　图标按钮：　　命令行：arc（或 A）

7.4.3.2　功能

按指定方式绘圆弧。系统提供了五类 11 种绘圆弧的方式，如弧上三点，起点、圆心、端点等。

7.4.3.3　操作举例

[例 7 - 3]　根据不同的已知条件，绘制如图 7 - 8、图 7 - 9 所示的圆弧。

（1）如图 7 - 8 所示，已知圆弧上三点绘制圆弧。

命令：（拾取图标按钮输入画圆弧命令）

命令：_arc 指定圆弧的起点或 [圆心（C）]：（拾取起点 *A*）

指定圆弧的第二个点或 [圆心（C）/端点（E）]：（拾取 *B* 点）

指定圆弧的端点：（拾取端点 *C*）

（2）如图 7 - 9 所示，已知圆弧的起点、圆心、端点绘制圆弧。

命令：（拾取图标按钮输入画圆弧命令）

命令：_arc 指定圆弧的起点或 [圆心（C）]：（拾取起点 *A*）

指定圆弧的第二个点或 [圆心（C）/端点（E）]：c（选择指定圆心方式画圆弧）

指定圆弧的圆心：（拾取圆心点 *B*）

指定圆弧的端点或 [角度（A）/弦长（L）]：（拾取端点 *C*）

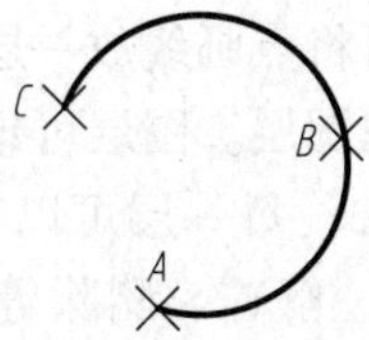

图 7－8　三点方式画圆弧

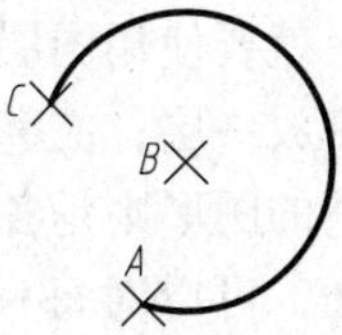

图 7－9　起点、圆心、端点方式画圆弧

7.4.4　正多边形

7.4.4.1　等价命令

下拉菜单：绘图\正多边形　　　　图标按钮：　　　　命令行：polygon

7.4.4.2　功能

按指定方式画正多边形。系统提供了三种画正多边形的方式：内接于圆多边形、外切于圆多边形、指定边长画多边形。

7.4.4.3　操作举例

［**例 7－4**］　用不同方法，绘制如图 7－10 ~ 图 7－11 所示的正多边形。

（1）如图 7－10 所示，已知正六边形外接圆半径为 12，用内接于圆方式画正六边形。

命令：（拾取图标按钮输入画正多边形命令）

命令：_polygon 输入边的数目 <4 >：6（输入六边形的边数）

指定正多边形的中心点或［边（E）］：（拾取一点作为正六边形的中心位置）

输入选项［内接于圆（I）/外切于圆（C）］ <I >：I（选择用内接于圆的方式画正六边形）

指定圆的半径：12　（输入外接圆半径值）

（2）如图 7－11 所示，已知正五边形边长为 12，用指定边长方式画正五边形。

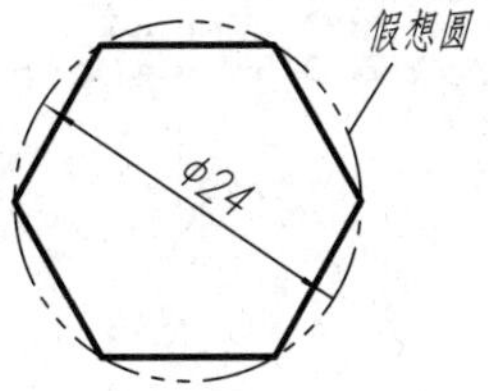

图 7－10　内接于圆方式画正六边形

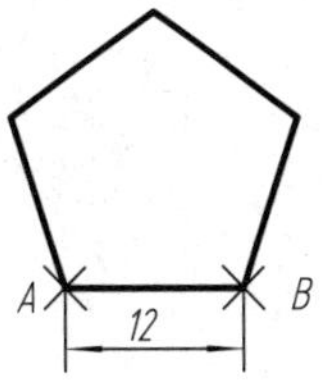

图 7－11　指定边长方式画正五边形

命令：（拾取图标按钮输入画正多边形命令）

命令：_polygon 输入边的数目 <6 >：5（输入五边形边数）

指定正多边形的中心点或［边（E）］：e（选择指定边长方式画正五边形）

指定边的第一个端点：（拾取第一个端点 *A*）

指定边的第二个端点：@12，0（给定第二个端点 *B*）

7.5　图层、图线、颜色

一幅较为复杂的图形是由各种对象组成的，既有各种线型对象如点画线、虚线、细实线、粗实线等，又有尺寸、文字、符号等对象。为了便于管理图形的各对象，又使得图形的结构更加清晰，就要使用图层这一重要的绘图技术。如可将点画线放一层，粗实线放一层……；尺寸标注放一层；文字说明再放一层；这些层就叫图层。图层可想象为没有厚度的透明图片，完整的图形则是各透明图片的精确对齐的叠加。每一层可以有自己的颜色、线型、线宽等特征，可以对每一层进行打开、关闭、冻结、解冻、删除等显示和编辑操作。由此可见，图层是对上述内容及状态进行控制的一种技术，用图层管理能使图形的各种信息清楚有序，给绘图、编辑修改和输出带来方便。

7.5.1 设置图层

启动 AutoCAD 2010 后，系统缺省创建的图层为 0 层，其设置情况显示在图层的标准工具栏上，如图 7－12 所示。

图 7－12 图层标准工具栏

7.5.1.1 等价命令

下拉菜单：格式 \ 图层　　　　图标按钮：　　　　命令行：layer

7.5.1.2 功能

弹出如图 7－13 所示“图层特性管理器”用于管理图层。用它可以创建新图层、删除已有图层等；也可以改变已有图层的特性，如颜色、线型、线宽等。

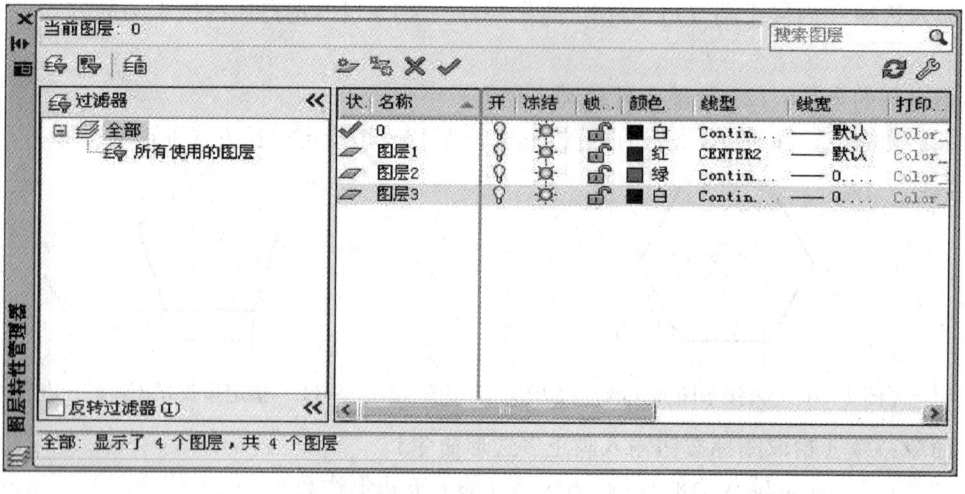

图 7－13 图层特性管理器

7.5.1.3 操作举例

［例 7－5］ 创建两个新图层，并将其中“图层 1”设置为当前层，对其进行颜色、线型和线宽设置操作。设置该层颜色为红色，线型为点画线，线宽为 0.4mm。

单击新建按钮，在图层列表处出现一个名为“图层 1”的新图层；继续单击新建按钮，系统又建立了“图层 2”新图层。用户可以修改图层名为所需的图层名。

拾取“图层 1”，再单击“当前”按钮，“图层 1”被置为当前层。

拾取“图层 2”，再单击“删除”按钮，则“图层 2”层被删除。

7.5.2　设置图层颜色

图层颜色是指该层上图形对象的颜色。

要将［**例7－5**］“图层1”的颜色设置为红色，可单击该层“颜色”列图标■，弹出如图7－14所示的“选择颜色”对话框，在该对话框拾取红色，“图层1”的颜色被设置成了红色。

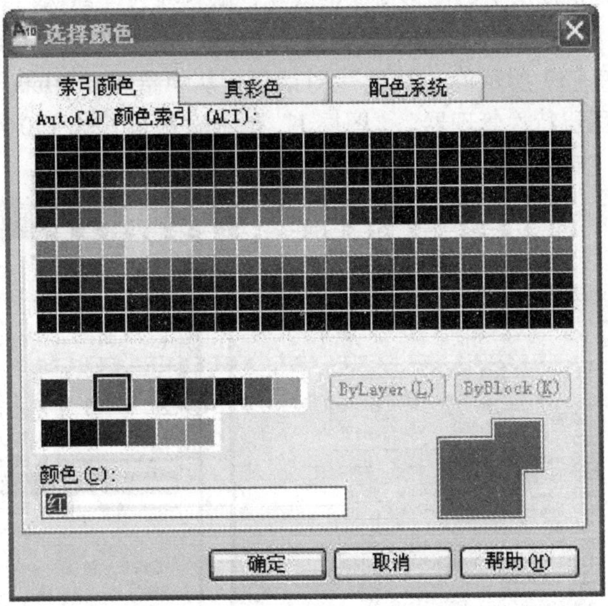

图7－14　选择颜色对话框

7.5.3　设置图层线型

图层的线型，是指该层上的图形对象的线型，缺省线型为“Continuous”即实线。

要将［**例7－5**］“图层1”层的线型设为点画线，可单击该层的“线型”列的“Continuous”处，弹出如图7－15所示的“选择线型”对话框。若对话框没有所需的线型，

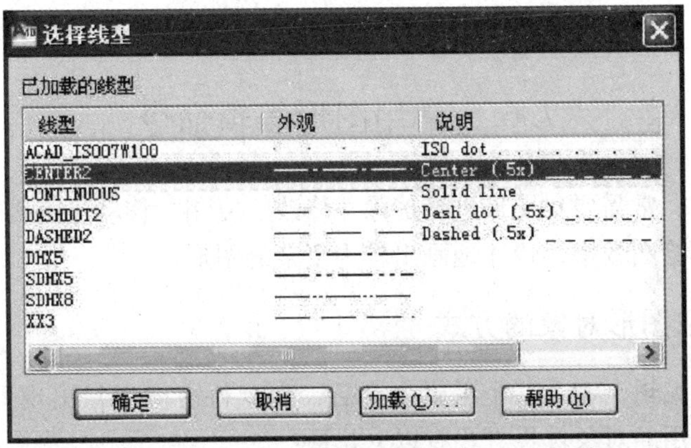

图7－15　选择线型对话框

可单击框下“加载”按钮，弹出如图 7－16 所示的“加载或重载线型”的下一级对话框，从中拾取合适的点画线，单击“确定”按钮，返回到“选择线型”对话框，选中的点画线即被装载到列表中，再拾取点画线，单击“确定”按钮返回到“图层特性管理器”，“图层 1”的线型被设置成了点画线。

7.5.4　设置图层线宽

图层的线宽，是指该层上的图形对象的线宽，缺省项为“默认”线宽。

要将［**例 7－5**］“图层 1”的线宽设置为 0.40mm，可单击该层的“线宽”列的“默认”处，弹出如图 7－17 所示的“线宽”对话框；从中拾取 0.40mm 线宽值，单击“确定”按钮返回到“图层特性管理器”，“图层 1”的线宽被设置成了 0.40mm；最后单击该“图层特性管理器”“确定”按钮结束设置操作。

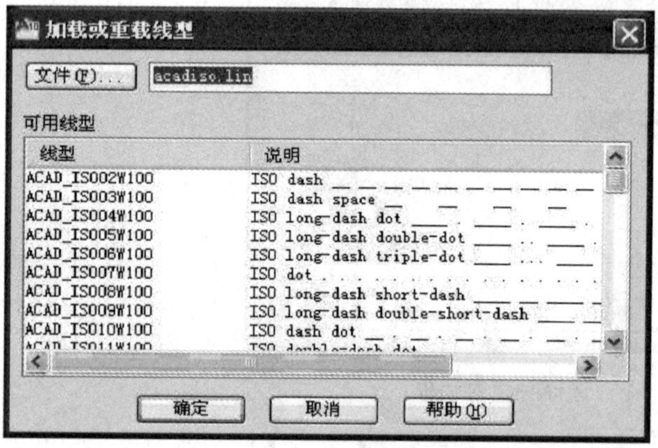

图 7－16　加载线型对话框

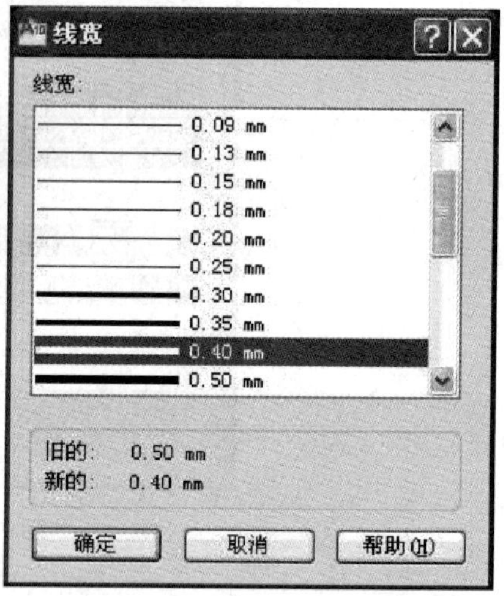

图 7－17　线宽对话框

注意：① 图形的绘制只能在当前层进行。

② 当前层、0 层或包含图形对象的图层是不能删除的。

提示：对图层的管理也可通过对图层工具栏来进行，如图 7－12 所示：单击图层工具栏的下拉箭头▾，在出现的下拉菜单中拾取某一图层，即可将该图层切换为当前层。

7.6　常用图形编辑命令

在绘图过程中，常需要对图形进行擦除、修改、复制、移动等编辑操作，学会使用编辑命令，可以提高绘图效率，快速地画出较为复杂的图形。

7.6.1　选取图形对象的方式

要对图形进行编辑，键入某个编辑命令后，命令行窗口通常出现提示“选择对象”，要求选择对象。常用的对象选择方式有以下几种：

（1）点选　为默认方式，十字光标变成一个小方块，用鼠标直接左击拾取对象，对象虚显，则表示选中。

（2）窗选　光标在对象左上方 A 处单击不放并拖至右下方 B 处再单击，拉出一个矩形窗口，完全在窗口内的对象均被选中，如图 7－18 中的直线和六边形虚显被选中。若窗口是由右上方 C 处向左下方 D 处移动则拉出一个虚线窗口，凡与窗口边界相交的图素均会被选中，此时如图 7－18 中的圆会同直线、六边形一样全会被选中。

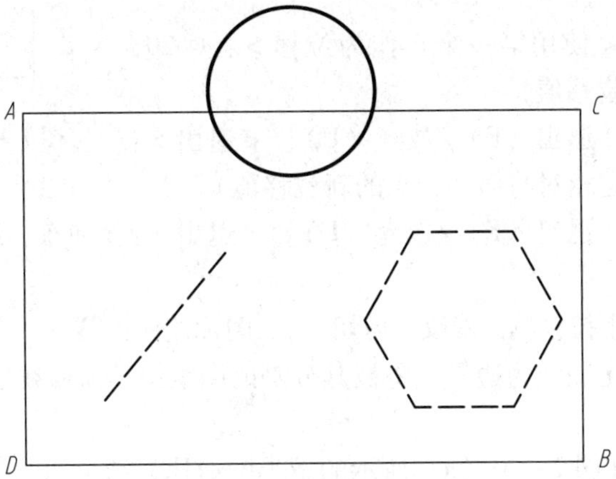

图 7－18　图形对象的选择

（3）全选　在提示下输入 ALL，则所有图形对象被选中。

（4）取消　在提示下输入 Undo 或 U，则取消最后进行的选择操作。

注意：在“选择对象”提示下应按回车键结束选择，方能执行命令或进行下一步的操作。

7.6.2　常用编辑命令

7.6.2.1　擦除

（1）等价命令　下拉菜单：修改\擦除　　图标按钮：　　命令行：erase（或 E）

（2）功能　删除图中部分或全部图形对象或文本对象等。

（3）操作举例

[**例 7－6**]　将如图 7－18 所示的直线擦除。

命令：（拾取图标按钮输入擦除命令）

命令：_erase

选择对象：找到 1 个（拾取直线）

选择对象：（回车，执行擦除命令）

7.6.2.2　复制

（1）等价命令　下拉菜单：修改\复制　　图标按钮：　　命令行：copy（或 Cp）

（2）功能　多重复制选择的对象，简化相同结构的绘制。

（3）操作举例

[**例 7－7**]　将如图 7－19 所示直径 $\phi16$ 的圆按要求位置复制两份。

命令：（拾取图标按钮输入复制命令）

命令：_copy

选择对象：找到1个（拾取圆）

选择对象：（回车，结束对象选择）

当前设置：复制模式 = 多个

指定基点或［位移（D）/模式（O）］＜位移＞：（拾取任意点）

指定第二个点或＜使用第一个点作为位移＞：@20，10（指定第二个点的位移值）

指定第二个点或［退出（E）/放弃（U）］＜退出＞：@20，-10（继续指定相对与第一个点的新位移值）

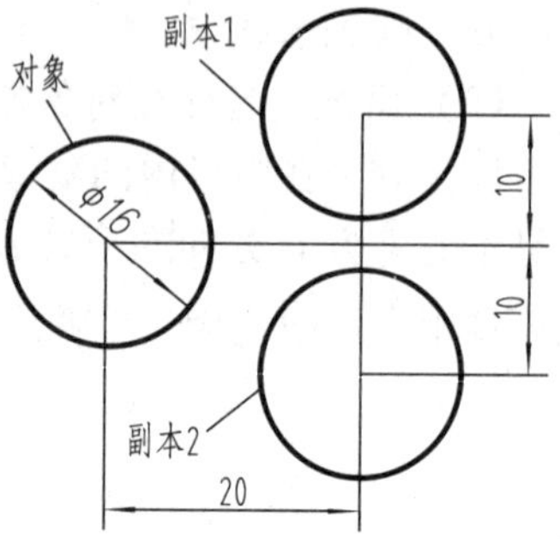

图7-19　复制操作实例

指定第二个点或［退出（E）/放弃（U）］＜退出＞：（回车，结束复制操作）

7.6.2.3　剪切

（1）等价命令　下拉菜单：修改\剪切　　图标按钮：　　命令行：trim（或Tr）

（2）功能　以指定图线为边界，将被其分割的图线中不需要线段去除。

（3）操作举例

［例7-8］　将如图7-20（a）所示的下半圆剪掉，结果如图7-20（b）所示。

命令：（拾取图标按钮输入剪切命令）

命令：_trim

当前设置：投影 = UCS，边 = 无

选择剪切边…

选择对象或＜全部选择＞：找到1个（拾取*A*边）

选择对象：找到1个，总计2个（拾取*B*边）

选择对象：（回车，结束剪切边界选择）

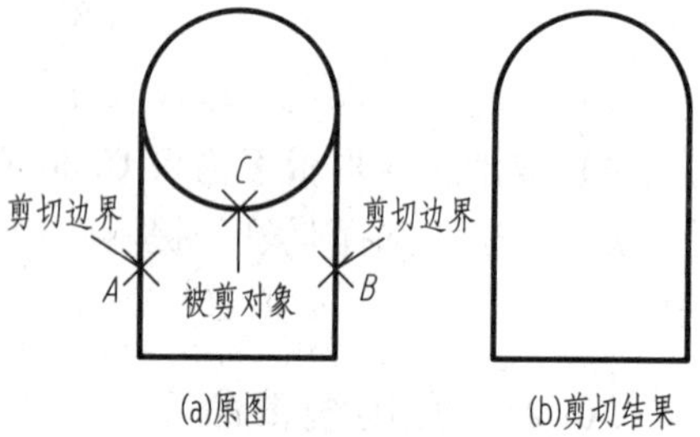

图7-20　剪切操作实例

选择要修剪的对象，或按住Shift键选择要延伸的对象，或［栏选（F）/窗交（C）/投影（P）/边（E）/删除（R）/放弃（U）］：（拾取圆的*C*部）

选择要修剪的对象，或按住Shift键选择要延伸的对象，或［栏选（F）/窗交（C）/投影（P）/边（E）/删除（R）/放弃（U）］：（回车，完成剪切操作）

提示：命令中的选项“U”表示将刚剪掉的部分恢复。

7.6.2.4　拉长

（1）等价命令　下拉菜单：修改\拉长　　命令行：lengthen（或Len）

（2）功能　修改对象的长度和圆弧的包含角。

（3）操作举例

［例7-9］　将如图7-21（a）所示图形的中心线拉长，结果如图7-21（b）所示。

命令：_lengthen（从下拉菜单拾取命令）

选择对象或［增量（DE）/百分数（P）/全部（T）/动态（DY）］：de（以指定增量长度方式拉长对象）

输入长度增量或［角度（A）］＜0.0000＞：3（输入长度增量3）

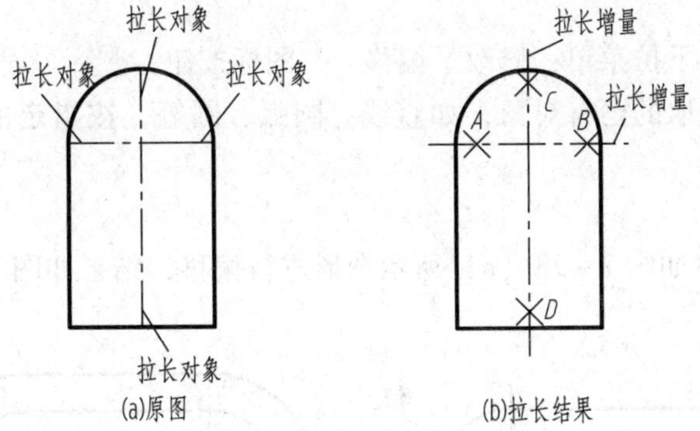

图 7－21　拉长操作实例

选择要修改的对象或［放弃（U）］:（拾取 *A* 处）
选择要修改的对象或［放弃（U）］:（拾取 *B* 处）
选择要修改的对象或［放弃（U）］:（拾取 *C* 处）
选择要修改的对象或［放弃（U）］:（拾取 *D* 处）
选择要修改的对象或［放弃（U）］:（回车）
由此例可知，将拉长与剪切相配合，会使得作图更加方便和规范。
提示：对象被拉长时，是在离拾取点最近的端点处按增量拉长。

7.6.2.5　镜像

（1）等价命令　下拉菜单：修改 \ 镜像　　图标按钮：　　命令行：mirror（或 Mi）

（2）功能　将选定的对象按设定的对称线进行对称复制，操作时可删除原对象，也可保持留原对象。

（3）操作举例

［例 7－10］　将如图 7－22（a）所示图形进行镜像，结果如图 7－22（c）所示。

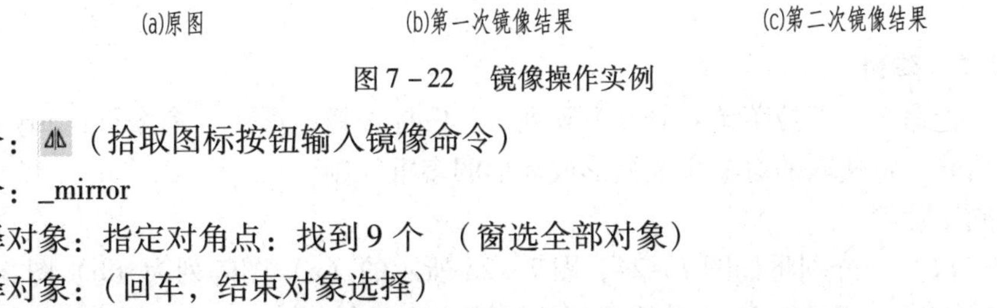

图 7－22　镜像操作实例

命令：（拾取图标按钮输入镜像命令）
命令：_mirror
选择对象：指定对角点：找到 9 个　（窗选全部对象）
选择对象：（回车，结束对象选择）
指定镜像线的第一点：指定镜像线的第二点：（拾取点 *A*，拾取点 *B*）
是否删除源对象？［是（Y）/否（N）］＜N＞：（回车，选默认项不删除源对象）
结果如图 7－22（b）所示。第二次镜像请读者自行完成。

7.6.2.6 偏移

(1) 等价命令　下拉菜单：修改\偏移　　图标按钮：　　命令行：offset（或 O）

(2) 功能　将选取的已有对象，如直线、圆弧、圆等，按指定的距离进行多次平行复制。

(3) 操作举例

[例 7－11]　将如图 7－23（a）所示图形进行偏移，结果如图 7－23（b）所示。

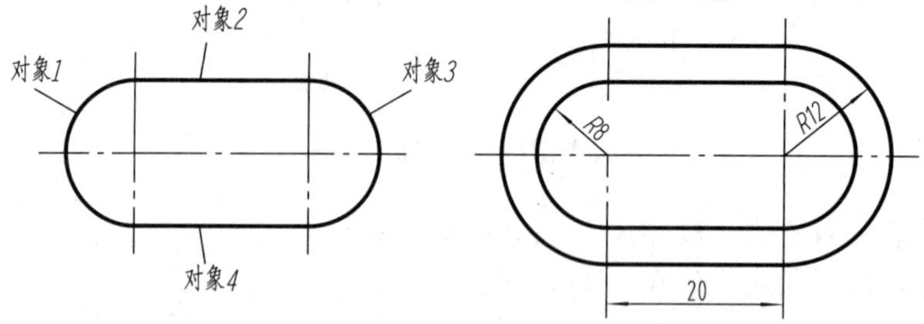

(a)原图　　(b)偏移结果

图 7－23　偏移操作实例

命令：（拾取图标按钮输入偏移命令）

命令：_offset

当前设置：删除源＝否　图层＝源　OFFSETGAPTYPE＝0

指定偏移距离或［通过（T）/删除（E）/图层（L）］<0.0000>：4（输入偏移距离 4）

选择要偏移的对象，或［退出（E）/放弃（U）］<退出>：（拾取对象 1 左部圆弧）

指定要偏移的那一侧上的点，或［退出（E）/多个（M）/放弃（U）］<退出>：（在此圆弧外侧单击）

选择要偏移的对象，或［退出（E）/放弃（U）］<退出>：（拾取对象 2 上部直线）

指定要偏移的那一侧上的点，或［退出（E）/多个（M）/放弃（U）］<退出>：（在此直线上侧单击）

（分别拾取对象 3 右部圆弧和对象 4 下部直线，分别在两对象外侧单击，回车完成作图）

7.6.2.7 阵列

(1) 等价命令　下拉菜单：修改\阵列　　图标按钮：　　命令行：arry（或 Ar）

(2) 功能　将选取的对象生成矩形或环形的多重复制。

(3) 操作举例

[例 7－12]　分别将如图 7－24、图 7－25 所示的（a）图阵列为（b）图。

1) 矩形阵列　命令：（拾取图标按钮输入阵列命令）

屏幕出现如图 7－26 所示的阵列对话框，本例设置如对话框所示，操作如下：

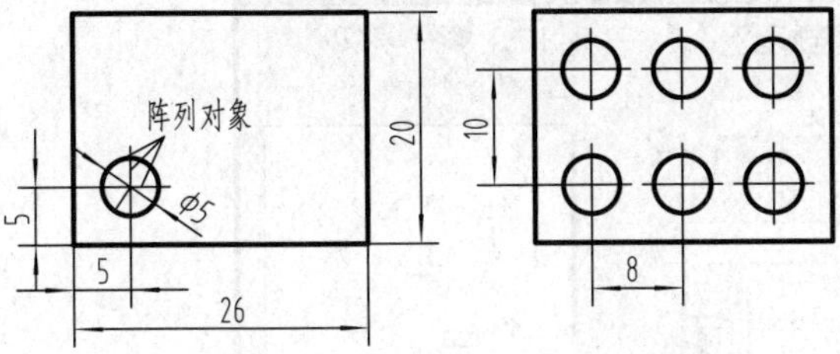

(a)原图　　(b)阵列结果

图 7－24　矩形阵列操作实例

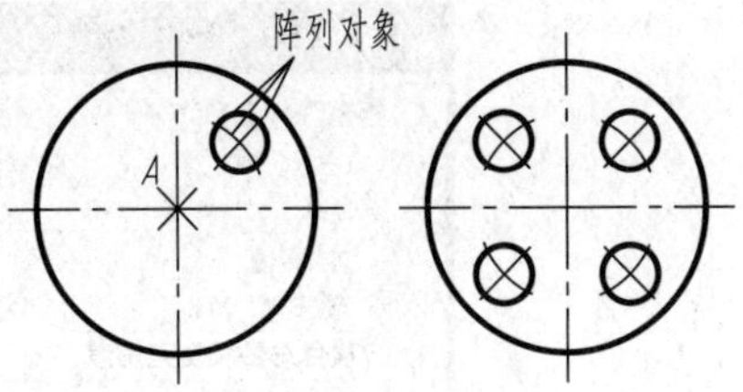

(a)原图　　(b)阵列结果

图 7－25　环形阵列操作实例

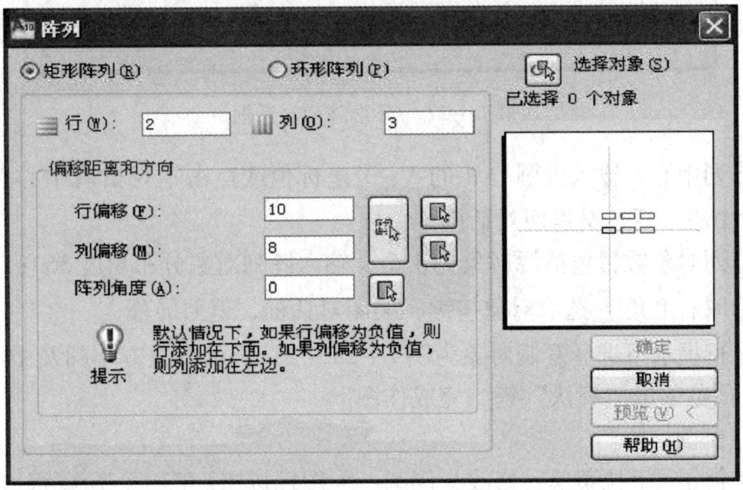

图 7－26　矩形阵列对话框

① 鼠标单击矩形阵列单选框为⊙，要创建矩形阵列；

② 输入行数 2，输入列数 3；

③ 输入行间距 10，输入列间距 8，阵列角度 0（默认 0 度即行与列与图形的 X、Y 轴正交）；

④ 鼠标拾取右上角选取对象按键，对话框关闭，返回屏幕。出现命令行提示：

命令：_array

选择对象：[选择图 7－24（a）左下方小圆及其中心线为复制对象，回车结束选择，返回对话框]

接受预览结果，单击“确定”键完成作图，如图 7－24（b）所示。

2）环形阵列　命令：（拾取图标按钮输入阵列命令）

屏幕出现阵列对话框，鼠标单击环形阵列单选框⊙，切换为创建环形阵列对话框，如图 7－27 所示。本例设置如此对话框所示，操作如下：

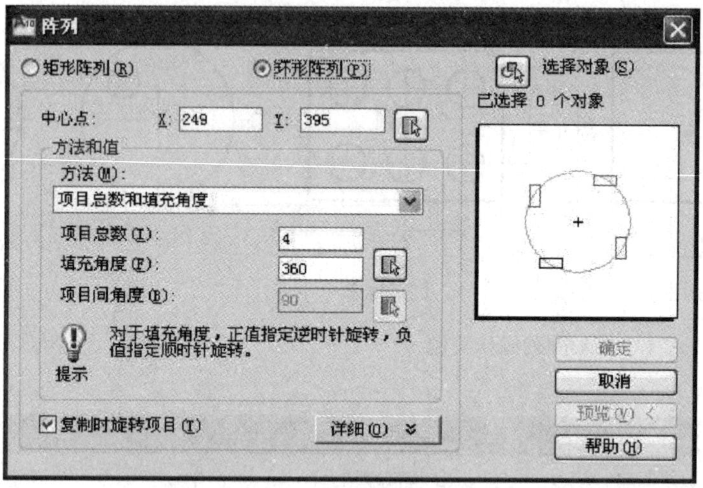

图 7－27　环形阵列对话框

① 指定阵列中心：输入大圆心 *A* 的 *X*、*Y* 坐标值或点击本行拾取中心点按钮，返回绘图区选取中心 *A* 后，又返回对话框；

② 输入阵列对象数目包括源对象为 4 个，输入阵列对象分布角度 360；

③ 鼠标拾取右上角选取对象按键，关闭对话框，返回屏幕；

④ 在命令行提示下选择复制对象为图 7－25（a）所示右上方小圆及中心线，返回对话框，若接受预览单击“确认”键，完成作图。

7.6.2.8　倒圆

（1）等价命令　下拉菜单：修改 \ 倒圆　　图标按钮：　　命令行：fillet（或 F）

（2）功能　用给定的圆角半径作弧来光滑连接两条直线、圆弧或圆。

（3）操作举例

[**例 7－13**]　分别用 *R* 为 8 的圆角半径将如图 7－28 所示的图（a）倒圆成为图（b）。

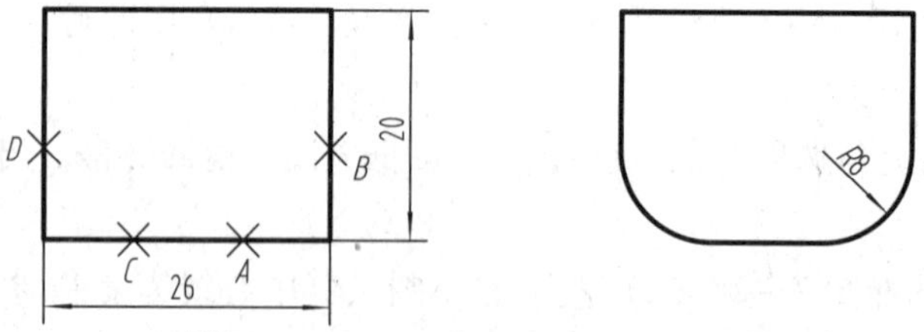

(a)原图　　(b)倒圆结果

图 7－28　倒圆操作实例

命令：（拾取图标按钮输入倒圆命令）

命令：_ fillet 当前设置：模式 = 修剪，半径 = 0.0000

选择第一个对象或［多段线（P）/半径（R）/修剪（T）/多个（U）］：r　（选择分项 *R* 设置圆角半径）

指定圆角半径 <0.0000 > ：8　（输入半径值）

选择第一个对象或［放弃（U）/多段线（P）/半径（R）/修剪（T）/多个（M）］：m（选择对多个对象倒圆）

选择第一个对象或［放弃（U）/多段线（P）/半径（R）/修剪（T）/多个（M）］：（拾取点 *A* 处）

选择第二个对象，或按住 Shift 键选择要应用角点的对象：（拾取点 *B* 处）

选择第一个对象或［放弃（U）/多段线（P）/半径（R）/修剪（T）/多个（M）］：（拾取点 *C* 处）

选择第二个对象，或按住 Shift 键选择要应用角点的对象：（拾取点 *D* 处）

选择第一个对象或［放弃（U）/多段线（P）/半径（R）/修剪（T）/多个（M）］：（回车，完成倒圆操作）

操作举例

［例 7 - 14］　用倒圆的方法，完成如图 7 - 29（a）所示的圆弧连接，结果为图 7 - 29（b）。

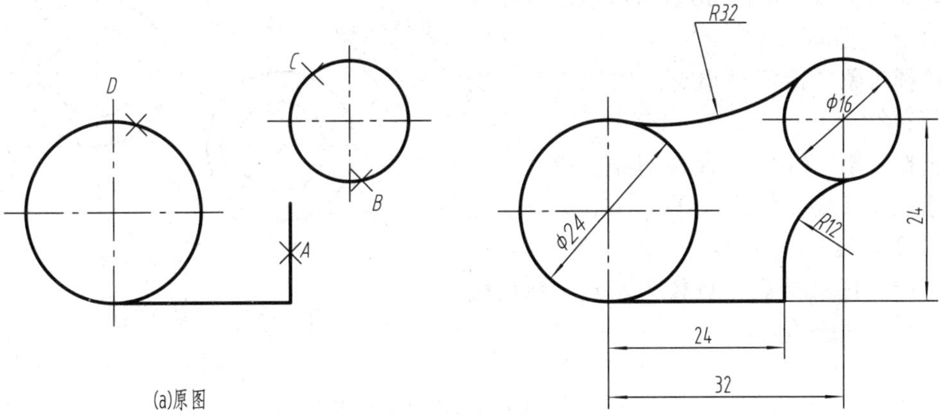

(a)原图

(b)倒圆结果

图 7 - 29　倒圆作圆弧连接实例

命令：（拾取图标按钮输入倒圆命令）

命令：_ fillet

当前设置：模式 = 修剪，半径 = 8.0000

选择第一个对象或［放弃（U）/多段线（P）/半径（R）/修剪（T）/多个（M）］：r（选 *R* 选项设置半径）

指定圆角半径 <8.0000 > ：12（输入半径值）

选择第一个对象或［放弃（U）/多段线（P）/半径（R）/修剪（T）/多个（M）］：（拾取点 *A* 处）

选择第二个对象，或按住 Shift 键选择要应用角点的对象：（拾取点 *B* 处）

命令：（回车，重复倒圆命令）

FILLET

当前设置：模式 = 修剪，半径 = 13.0000

选择第一个对象或［放弃（U）/多段线（P）/半径（R）/修剪（T）/多个（M）]：r（选 *R* 选项设置半径）

指定圆角半径<13.0000>：32（输入半径值）

选择第一个对象或［放弃（U）/多段线（P）/半径（R）/修剪（T）/多个（M）]：（拾取点 *C* 处）

选择第二个对象，或按住 Shift 键选择要应用角点的对象：（拾取点 *D* 处）

从此例可看出用倒圆的方法进行圆弧连接作图，简化了绘图操作，提高了作图速度。

注意：用倒圆方式连接弧或圆时，对象的拾取点位置决定了圆角的位置，有多解性，应尽量接近对象的两个切点；另外，在圆弧与圆弧连接时只能进行外切作图。

7.6.2.9　移动

（1）等价命令　下拉菜单：修改\移动　　图标按钮：　　命令行：move（或 M）

（2）功能　将选取的对象移动到指定位置一次，重定位。

（3）操作举例

［例 7-15］　将如图 7-30 所示的图形向右移动 25，向上移动 10。

命令：（拾取图标按钮输入移动命令）

命令：_ move

选择对象：指定对角点：找到 7 个（窗选全部对象）

选择对象：（回车，结束对象选择）

指定基点或［位移（D）］<位移>：指定第二个点或<使用第一个点作为位移>：@25，10（任意拾取一点作为基点，然后输入第二个点的位移量）

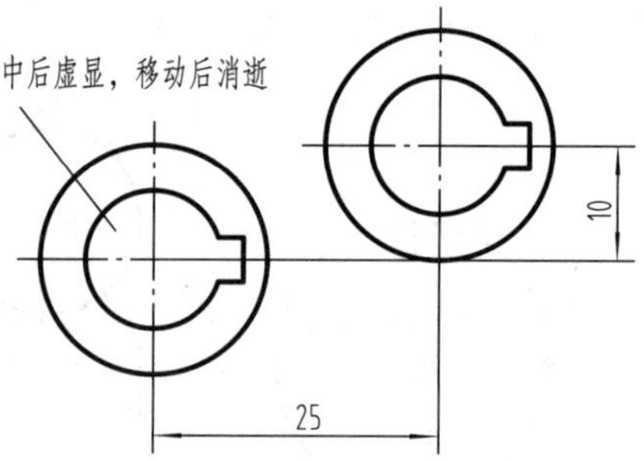

图 7-30　移动作图实例

7.7　辅助绘图工具

为了提高绘图的准确性和绘图速度，AutoCAD 提供了多种绘图辅助工具，以下介绍几种最常用的命令。

7.7.1　图形显示

绘图时，我们有时需要将图形在显示时放大去绘制细部结构，有时又要将图形显示时缩小以便观察全图。AutoCAD 提供了强大的图形显示功能，使用户能准确观察方便绘图。这种显示功能并不改变图形的真实尺寸，只是改变显示尺寸。

7.7.1.1　缩放

（1）等价命令　下拉菜单：视图\缩放　　图标：　　命令行：zoom（或 Z）

（2）操作过程

命令：z　（输入缩放命令）

ZOOM

指定窗口角点，输入比例因子（nX 或 nXP），或［全部（A）/中心点（C）/动态（D）/范围（E）/上一个（P）/比例（S）/窗口（W）］<实时>

应先确定缩放方式，其中几个常用选项及等价的图标按钮含义如下：

① 全部（A）　在屏幕上显示全部图形。

② 窗口（W）　将矩形窗口内的图形尽可能放大显示。

③ 实时　选择该项，光标变成相似图案，鼠标左键按住此光标沿垂直方向上下拖动，即可对图形实时缩小或放大；按 Esc 或回车键结束命令，也可单击鼠标右键在弹出的快捷菜单中单击“退出”结束命令。另一种方便的操作是：向上或向下滚动两键鼠标的中间滚轮，也可对图形进行实时缩小或放大；松开滚轮则退出操作。

7.7.1.2　图形的平移

图形的平移是指仅仅移动观察图形的视口，从而可在任何方向上观察图形，但并不改变图形的形状和位置，就像移动图纸一样。

（1）等价命令　下拉菜单：视图 \ 平移　　图标：　　命令行：pan（或 P）

（2）操作过程　选择该项，光标变成一只小手，按住鼠标左键并拖动，即可对图形实现移动。按回车键结束命令；或单击鼠标右键在弹出的菜单中选择“退出”结束命令。另一种方便的操作是：按住两键鼠标的中间滚轮，即出现平移光标符号，始终按住鼠标中间滚轮并拖动，即可进行平移操作；松开滚轮则退出操作。

注意：zoom、pan 命令是“透明”命令，是指在某个命令执行过程中，可以插入执行的命令，并不会中断原有命令。插入执行中，也可单击鼠标右键在弹出的菜单中对各分项进行选择。

7.7.2　辅助绘图

7.7.2.1　正交格式

用于选择是否以正交方式绘图。当选择正交方式时，可绘制与 X、Y 轴平行的线段。

常用的调用方式如图 7－31 所示，单击状态栏 正交 按钮使其凹下或弹起，使正交模式处于打开或关闭状态。正交模式打开画水平线段或垂直线段时，可拾取第一点，然后移动光标拉出一条水平线或垂直线给出方向，直接输入线段长度即可。

图 7－31　状态栏

7.7.2.2　对象捕捉

在绘图过程中，我们常需要准确地找到已绘制的对象上的一些特殊点，如圆心、交点、端点、中点、圆的切点和垂足等。这些点若使用坐标输入的方法去确定很麻烦。AutoCAD 提供了点对象的捕捉功能，能帮助我们快速、精确地捕捉到这些点，从而提高我们的绘图速度和精度。

（1）设置

下拉菜单　工具 \ 草图设置：弹出如图 7－32 所示的草图设置对话框，单击对象捕捉选项卡。

状态栏　鼠标右击图 7－31 状态栏中 对象捕捉 按钮，在弹出的菜单中选“设置(S)”，弹出如图 7－32 所示对话框。

命令行　osap：弹出图 7－32 所示的草图设置对话框，单击对象捕捉选项卡。

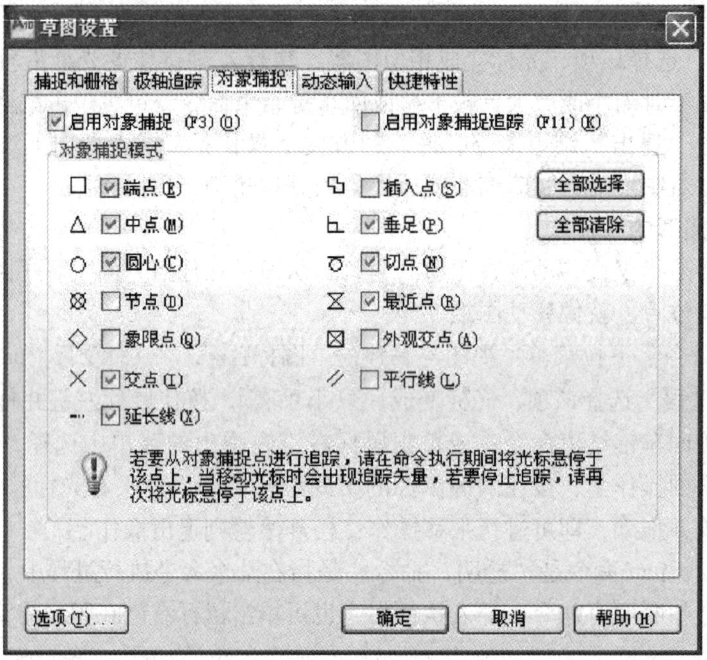

图 7－32　草图设置的对象捕捉对话框

勾选☑ 启用对象捕捉，再对需要捕捉的点与小图标中间的复选框进行勾选，即可对捕捉进行设置和转换。绘图时应记清每种捕捉模式的小图标，当光标移至对象，在正确的捕捉标记出现后拾取确认。

（2）操作举例

[例 7－16]　按如图 7－32 所示草图设置对话框中的对象捕捉进行设置。

在绘图中，可单击如图 7－31 所示状态栏 对象捕捉 按钮，随时打开或关闭对象捕捉。在绘图时，若临时需要捕捉某些单点，也可按住“Shift”键并在绘图区单击鼠标右键，在弹出的快捷菜单中选择一种捕捉对象即可，这称为单点扑捉方式。

操作举例

[例 7－17]　使用对象捕捉，绘制如图 7－33 (b) 所示的与已知正三边形相内切的圆。

命令：_ circle 指定圆的圆心或 [三点(3P) /两点 (2P) /相切、相切、半径 (T)]：3p (输入画圆命令，选择三点画圆方式画圆)

指定圆上的第一个点：(捕捉第一条边的中点)

指定圆上的第二个点：(捕捉第二条边的中点)

指定圆上的第三个点：(捕捉第三条边的中点)

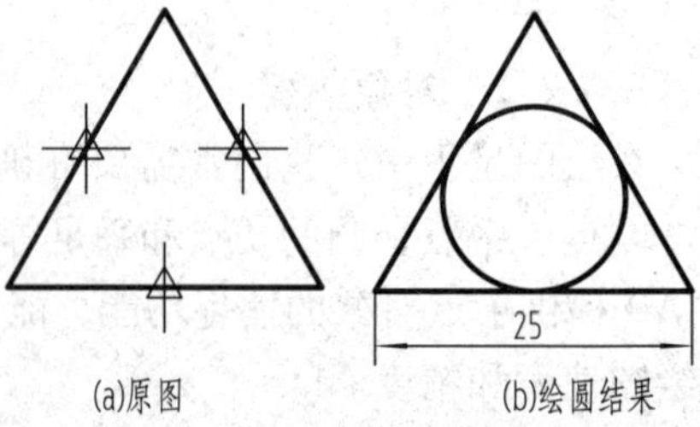

图 7－33　对象捕捉作图实例

注意：① 在绘图命令执行期间，提示输入点坐标时，才可用光标捕捉对象的几何点。

② 不要选择太多的捕捉模式，否则在使用时容易出现干扰现象。

7.7.2.3　极轴追踪

在绘图中，我们常需要按指定的角度来绘制对象，如30°的直线等。AutoCAD 提供了极轴追踪辅助绘图工具，使我们能按事先给定的角度增量来追踪特征点，以方便地画出指定点。

（1）设置

下拉菜单　工具\ 草图设置：弹出如图 7－34 所示的草图设置对话框，单击极轴追踪选项卡。

状态栏　鼠标右击极轴追踪按钮，在弹出的菜单中选“设置（S）”，弹出如图 7－34 所示对话框。

（2）操作举例

[例 7－18]　画出图 7－35（b）所示的长为 20、角度分别为 45°和 135°两条点画线。

按如图 7－34 所示草图设置对话框中的极轴追踪进行设置，在增量角下拉列表框选增量角为 15°；单击如图 7－31 所示状态栏极轴按钮，打开极轴追踪。

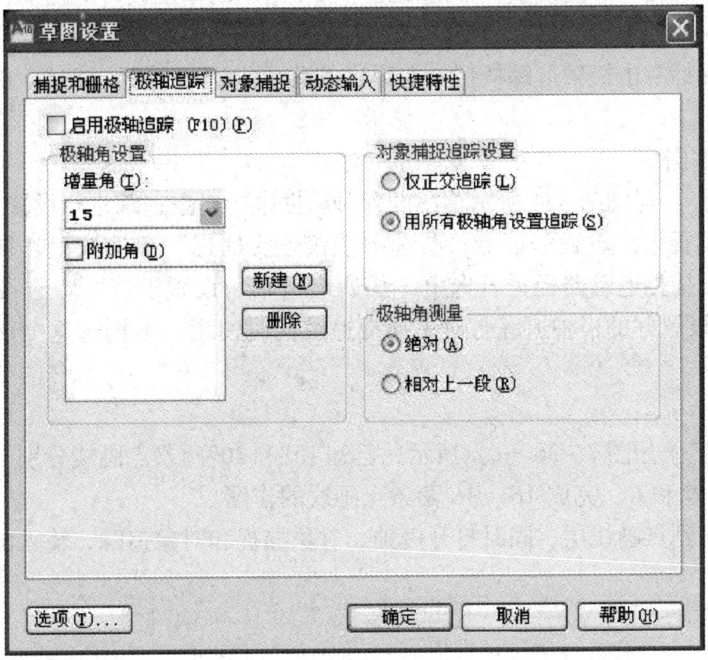

图 7－34　草图设置的极轴追踪对话框

将图层切换到点画线层，同时打开对象捕捉，输入画直线命令。

命令：_ line 指定第一点：　（捕捉已知线中点 *A*）

指定下一点或［放弃（U）］：20（移动光标到约 45°方向，出现一条无限延伸的准确的 45°虚线，同时显示的追踪标签给出光标点当前的距离和 45°角度值，这时键入准确的距离值 20）

指定下一点或［放弃（U）］：（回车，完成 *AB* 线的绘制）

第二条线 *AC* 请自行完成。

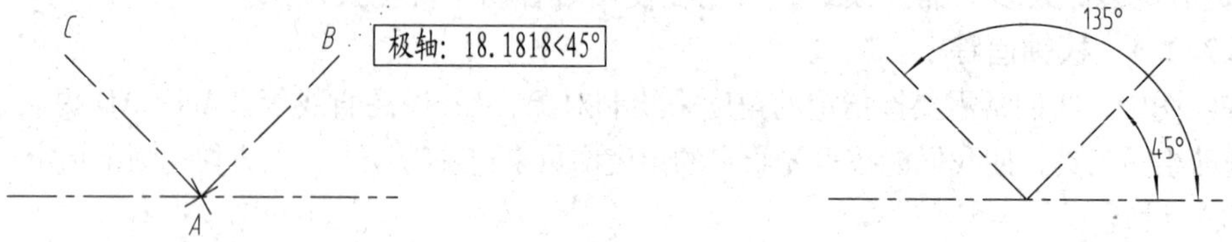

(a)作图过程　　(b)绘圆结果

图 7 – 35　极轴追踪作图实例

7.7.2.4　对象追踪

在绘图时，我们有时事先并不知道具体的追踪方向，但知道与其他对象的某种关系如相交等，这时可使用对象追踪，准确的追踪捕捉到相关对象点，快速完成作图。注意，对象追踪必须与对象捕捉同时工作，即启用对象追踪前必须先打开对象捕捉。

（1）设置

下拉菜单　工具\ 草图设置：弹出如图 7 – 34 所示的草图设置对话框，单击极轴追踪选项卡。

状态栏　鼠标右击极轴追踪按钮，在弹出的菜单中选“设置（*S*）”，弹出如图 7 – 34 所示对话框。

（2）操作举例

［例 7 – 19］　对图 7 – 34 所示草图设置对话框中的对象追踪进行设置。

在“对象捕捉追踪设置”区域，若选中“仅正交捕捉”单选按钮，只显示获取的对象捕捉点的正交捕捉追踪路径；若选中“用所有极轴角设置追踪”单选按钮，即可以将**［例 7 – 18］**已设置好的极轴追踪与对象捕捉追踪同时使用，本例选这个选项，设置结果如图 7 – 34 所示。

操作举例

［例 7 – 20］　如图 7 – 36（c）所示，已知 15°和 30°两条点画线分别与已知直线、圆弧相交于点 *A*、*B* 和 *C*，完成 *AB*、*AC* 两条点画线的作图。

将图层切换到点画线层，同时打开极轴、对象捕捉和对象追踪，输入画直线命令。

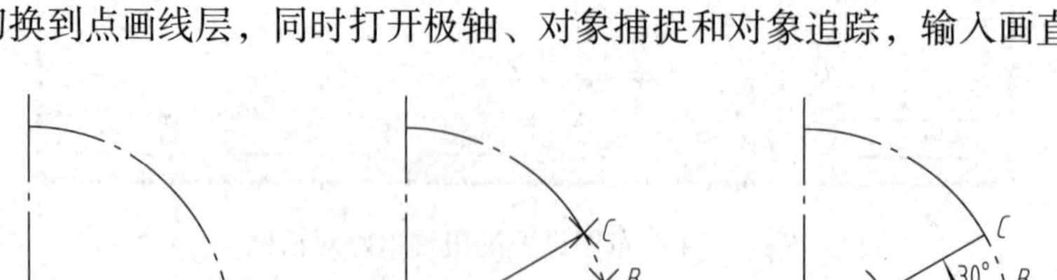

(a)原图　　(b)作图过程　　(c)绘圆结果

图 7 – 36　对象捕捉追踪作图实例

命令：_ line 指定第一点：（捕捉点 *A*）

指定下一点或［放弃（U）］：（捕捉 15°极轴追踪线与圆弧的交点 *B*）

指定下一点或［放弃（U）］：（回车，完成 15°点画线 *AB* 的作图）

30°点画线 *AC* 请自行完成。

7.8 综合举例

[**例 7-21**] 绘制如图 7-37 所示的二维图形。

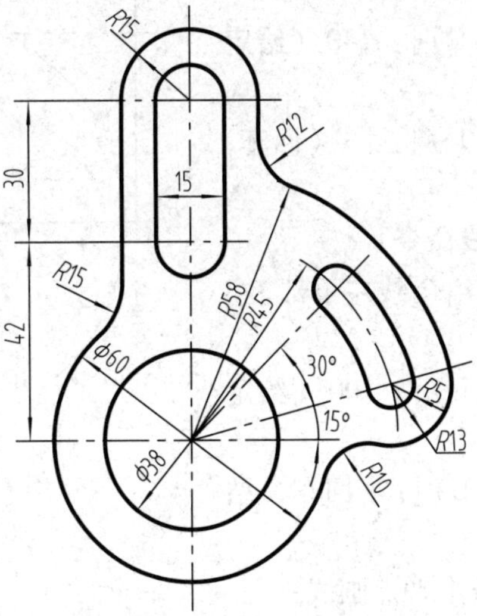

图 7-37 二维平面图形示例

7.8.1 使用图层命令设置图层线型及颜色

如下表所示：

图层名	颜色	线型	线宽
1 图层 1	红色	点画线（Center）	0.25
2 图层 2	绿色	粗实线（Continuous）	0.5
3 图层 3	白色	细实线（Continuous）	0.25

7.8.2 使用 osnap 命令设置对象捕捉模式

设置对象捕捉模式，需捕捉圆心、交点、切点。

7.8.3 使用菜单栏工具\ 草图设置对话框中极轴追踪选项卡设置极轴追踪

极轴角设置和对象捕捉追踪设置同图 7-34 所示。

7.8.4 画图

（1）打开极轴追踪和对象捕捉，用直线、圆、复制命令作出各种定位点画线，如图 7-38所示。

① 单击图层工具栏中的下拉箭头，在弹出的下拉菜单中拾取“图层 1”。

② 画正交点画线：

命令：L（输入画线命令）

LINE 指定第一点：（拾取垂直点画线起点 P_1）

指定下一点或［放弃（U）］：140（给定垂直点画线终点 P_2）

指定下一点或［放弃（U）］：（回车，结束画线命令）

命令：（回车，重复画线命令）

LINE 指定第一点：（在 P_1P_2 线左下部 1/3 处拾取最低水平线起点 P_3）

指定下一点或［放弃（U）］：100（给定水平点画线终点 P_4）

指定下一点或［放弃（U）］：（回车，结束画线命令）

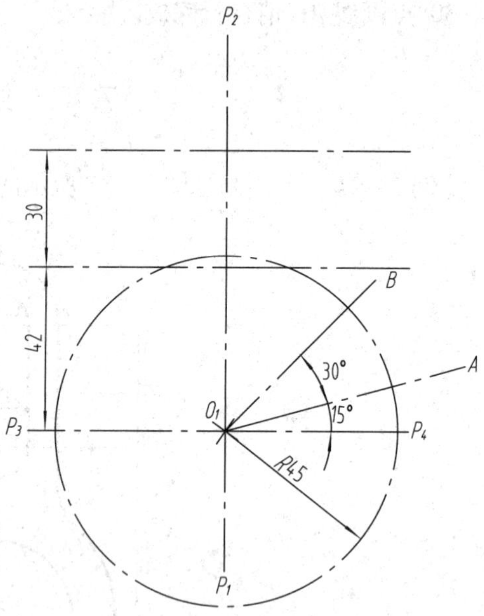

图 7－38　绘制定位线

③ 复制作出中上部两条水平点画线：

拾取图标按钮

命令：_ copy

选择对象：找到 1 个（选择水平点画线 P_3P_4）

选择对象：（回车，结束选择）

当前设置：复制模式 = 多个

指定基点或［位移（D）/模式（O）］＜位移＞：指定第二个点或＜使用第一个点作为位移＞：42（捕捉两条点画线交点 O_1 作为基点，光标垂直上移，输入 42）

指定第二个点或［退出（E）/放弃（U）］＜退出＞：72　（光标垂直上移，输入相对点 O_1 距离 72）

指定第二个点或［退出（E）/放弃（U）］＜退出＞：（回车）

④ 画下部 R45 中心线圆：

拾取按钮

命令：_ circle 指定圆的圆心或［三点（3P）/两点（2P）/相切、相切、半径（T）］：（捕捉 O_1）

指定圆的半径或［直径（D）］：45（输入半径）

⑤ 画右部两条倾斜的 15°、45°定位点画线：

键入“L”

LINE 指定第一点：（捕捉圆心 O_1）

指定下一点或［放弃（U）］：65（在 15°追踪线上输入距离 65，画出 O_1A）

指定下一点或［放弃（U）］：（回车，结束画 15°线）

命令：（回车，重复画线命令）

LINE 指定第一点：（捕捉圆心 O_1）

指定下一点或［放弃（U）］：55（光标向 45°方向移动，在 45°追踪线上输入距离 55，画出 O_1B）

完成定位点画线绘制，结果如图 7 – 38 所示。

（2）用画圆命令画各个粗实线圆，如图 7 – 39 所示。

① 单击图层工具栏的下拉箭头，在弹出的下拉菜单中拾取“图层 2”。

② 画圆：

命令：C（输入画圆命令）

命令：_ circle 指定圆的圆心或［三点（3P）/两点（2P）/相切、相切、半径（T）］：（捕捉圆心 O_1）

指定圆的半径或［直径（D）］ <45.0000>：30（输入 Φ60 大圆半径值）

用同样方法画出与 ϕ60 大圆同心的 ϕ38 圆，过程略。

用同样方法捕捉交点 O_2、O_3、O_4、O_5，分别以这些点为圆心，画 Φ15、R15、R13 和 R5 六个小圆，过程略。

完成已知粗实线圆的绘制，结果如图 7 – 39 所示。

（3）用剪切命令修剪点画线圆、各粗实线圆为所需的圆弧和半圆，如图 7 – 40 所示。

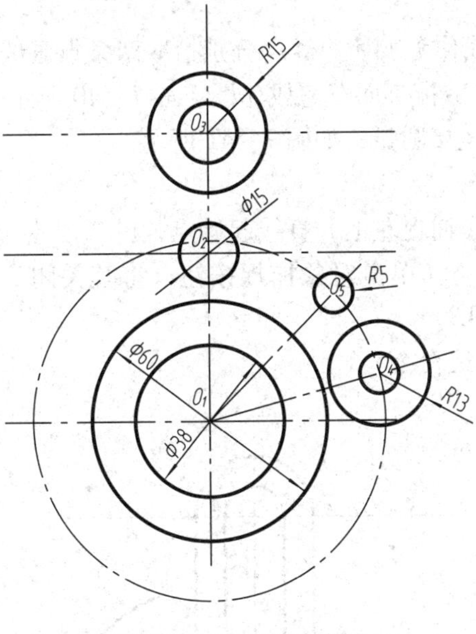

图 7 – 39　画已知圆

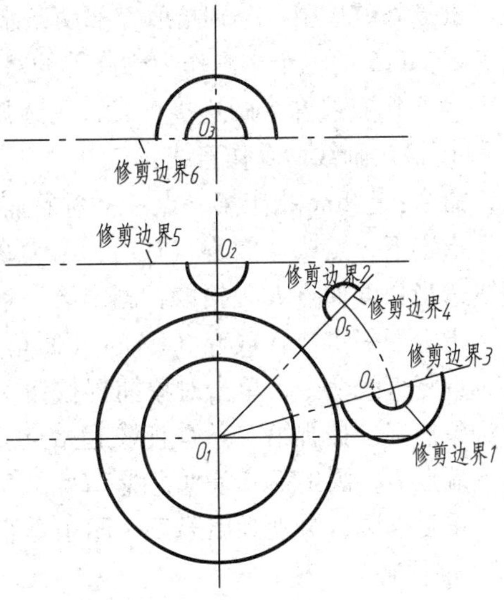

图 7 – 40　修剪圆

① 用剪切命令修剪圆心为 O_1、半径为 R45 的点画线圆。

命令：

命令：_ trim

当前设置：投影 = UCS，边 = 无

选择剪切边…

选择对象：找到 1 个（拾取右下部圆心为 O_4、半径为 R5 的圆作为剪切边界）

选择对象：找到 1 个，总计 2 个（拾取右上部圆心为 O_5半径为 R5 的圆作为另一剪切

边界)

选择对象:(回车,结束剪切边界的选择)

选择要修剪的对象,或按住 Shift 键选择要延伸的对象,或［投影（P）/边（E）/放弃（U）］:(拾取 $R45$ 点画圆外伸段)

② 用剪切命令修剪圆心为 O_4、O_5,半径为 $R13$、$R5$ 的粗实线圆;圆心为 O_2、O_3,直径为 $\phi15$、半径为 $R15$ 的粗实线圆;将它们均剪切成半圆。

回车,重复修剪命令:

命令:_ trim

当前设置:投影 = UCS,边 = 无

选择剪切边…

选择对象或 <全部选择>:找到 1 个(拾取 15°点画线作为剪切边界)

选择对象:找到 1 个,总计 2 个(拾取 45°点画线作为另一剪切边界)

选择对象:(回车,结束剪切边界的选择)

选择要修剪的对象,或按住 Shift 键选择要延伸的对象,或［栏选（F）/窗交（C）/投影（P）/边（E）/删除（R）/放弃（U）］:

分别拾取两条点画线间的 $R13$、$R5$ 的三个半圆作为要修剪的对象,逐一减掉,回车完成作图。

重复修剪作图,分别拾取上部两条水平点画线作为剪切边界,分别拾取两条点画线间的 $R15$、$\phi15$ 的三个半圆作为要修剪的对象,逐一减掉,回车完成作图,如 7 – 40 所示。

(4)用直线命令画连接直线,用圆弧命令画连接圆弧,如图 7 – 41 所示。

① 输入画线命令作直线:

命令:_ line 指定第一点:<对象捕捉 开>(捕捉左上方直线起始点 A)

指定下一点或［放弃（U）］:<对象捕捉关>(单击对象捕捉按钮,将其关闭。在直线适当长度如点 B 处拾取,画出第一条垂直线 AB)

指定下一点或［放弃（U）］:(回车,结束画线命令)

重复直线命令,单击对象捕捉按钮,再次打开对象捕捉。捕捉第二条垂直线起始点 C,再捕捉下端点 D,画出第二条垂直线 CD。

重复作图,分别画出第三、四条垂直线 EF、GH,过程略。

② 打开对象捕捉,输入画圆弧命令作圆弧:

命令:a(输入画圆弧命令,注意逆时针方向确定起点与终点)

命令:_ arc 指定圆弧的起点或［圆心（C）］:c(输入 c,选择圆心,起点、端点方式画圆弧)

指定圆弧的圆心:(捕捉 $R58$ 大弧的圆心 O_1)

指定圆弧的起点:(捕捉 15°点画线与 $R13$ 圆相交点 T_1 为与 $R58$ 圆弧相切的起点)

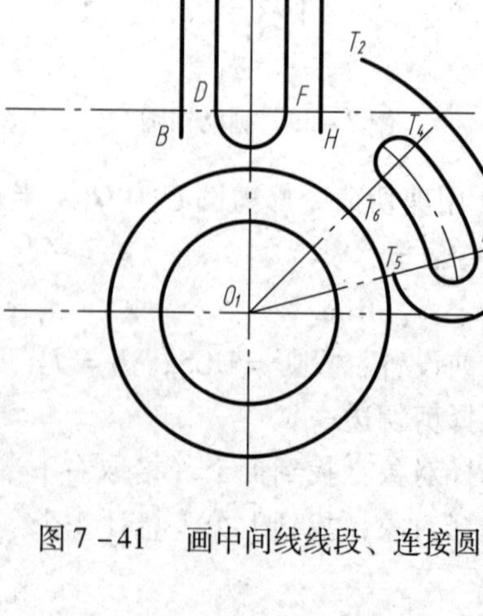

图 7 – 41　画中间线线段、连接圆弧

指定圆弧的端点或［角度（A）/弦长（L）］：（在适当拾取端点如 T_2 处）

命令：（回车，重复画圆弧命令，画 $R50$（45 + 5）圆弧）

ARC 指定圆弧的起点或［圆心（C）］：c（选择圆心，起点、端点方式画圆弧）

指定圆弧的圆心：（捕捉圆心 O_1）

指定圆弧的起点：（捕捉 15°点画线与 $R5$ 圆的交点 T_3 作为起点）

指定圆弧的端点或［角度（A）/弦长（L）］：（逆时针捕捉 45°线与另一个 $R5$ 圆的交点 T_4 作为终点）

重复作图，画出 $R40$（45 - 5）圆弧 T_5T_6，过程略。

（5）用圆角命令作圆弧连接，如图 7 - 42 所示。

命令：（输入圆角命令）

命令：_ fillet

当前设置：模式 = 修剪，半径 = 0. 0000

选择第一个对象或［放弃（U）/多段线（P）/半径（R）/修剪（T）/多个（M）］：r（选择指定圆角半径选项 r）

指定圆角半径 <0. 0000>：10（输入圆角半径为 10）

选择第一个对象或［放弃（U）/多段线（P）/半径（R）/修剪（T）/多个（M）］：（在 $\phi60$ 大圆上的 T_1 点附近单击）

选择第二个对象，或按住 Shift 键选择要应用角点的对象：（在 $R13$ 圆上 T_2 点附近单击，即完成右下部圆弧连接）

重复作图，用圆角半径 $R12$、$R15$ 为连接弧半径，完成右上部、左中部圆弧连接作图，过程略。结果如图 7 - 42 所示。

（6）用剪切命令剪去所有画出轮廓线的点画线，再用拉长命令适当拉长，并注意剪去 $\phi60$ 大圆在图内的部分圆弧，请自行完成作图。结果如图 7 - 42 所示。

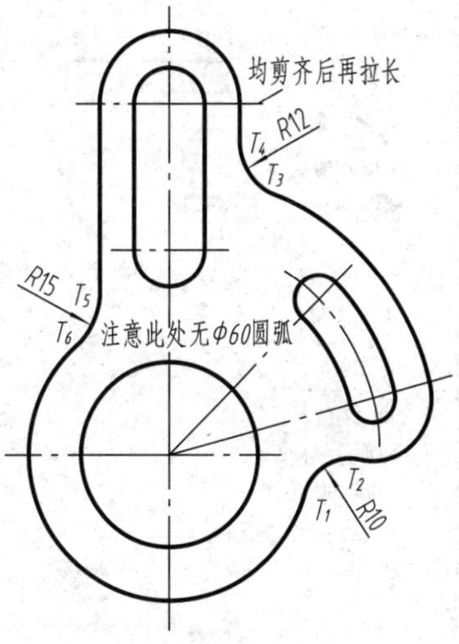

图 7 - 42　用倒圆角、剪切命令和拉长命令完成作图

7.9 图案填充

图案填充命令 bhatch 用于在指定的填充边界内填充一定样式的图案，在工程图中主要用来填充剖面线，表达一个剖切的区域，也可以使用不同的图案填充来表达不同材料的零部件。

7.9.1 等价命令

下拉菜单：绘图/图案填充…　　　图标：　　命令行：bhatch（或 H）

7.9.2 操作举例

[**例 7 - 22**] 绘制如图 7 - 43（b）所示的剖面线。

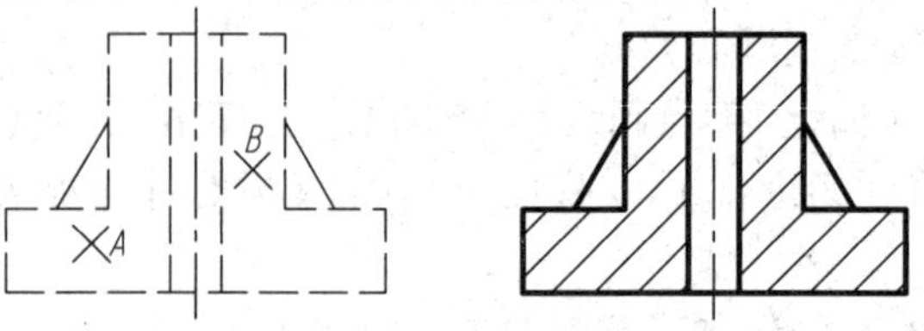

(a)选择填充区域　　(b)填充结果

图 7 - 43 绘制剖面线

输入图案填充命令，打开如图 7 - 44 所示的边界图案填充对话框，操作过程如下：

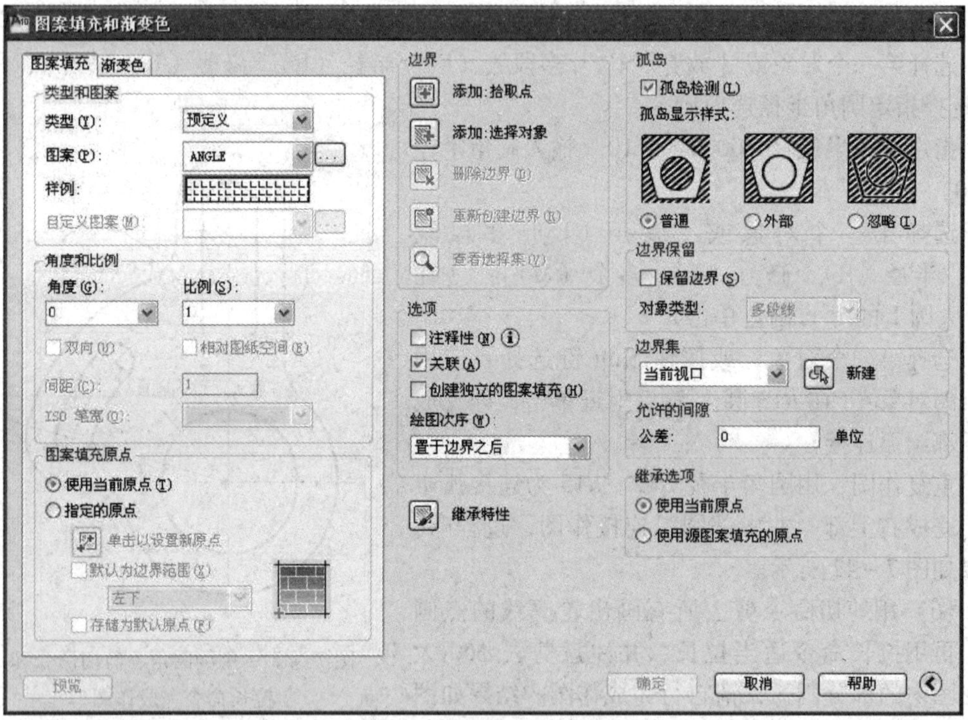

图 7 - 44 边界图案填充对话框

（1）类型和图案选项区

① 类型下拉列表框　选择“预定义”选项为设置填充图案的类型。

② 图案下拉列表框　用于设置填充图案。单击其右边[...]按钮，又打开“填充图案选项板”对话框，如图 7 - 45 所示；单击上部 ANSI 选项卡，可弹出相应的对话框，如图 7 - 46所示；拾取“ANSI31”号金属材料剖面线，单击“确定”返回边界图案填充对话框。（“ANSI37”为非金属材料剖面符号，用户也最常选作工程图中的填充图案。）此时，可看到样例“预览”栏中，用于预览填充图案样例已变为剖面线。

（2）角度和比例选项区

① 角度下拉列表框　设置填充图案的旋转角度为“0”，取默认值。

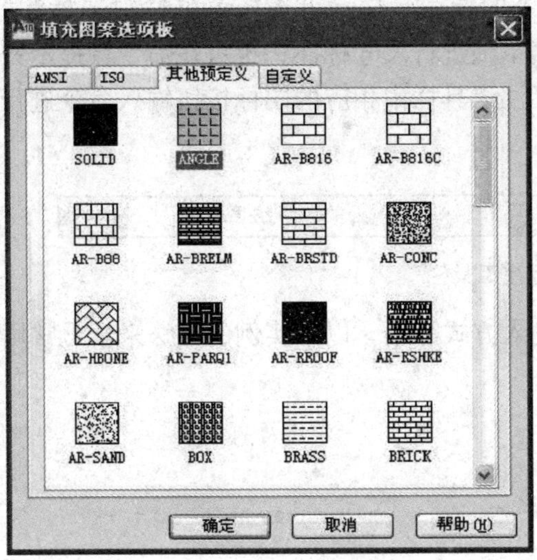

图 7－45　填充图案选项板

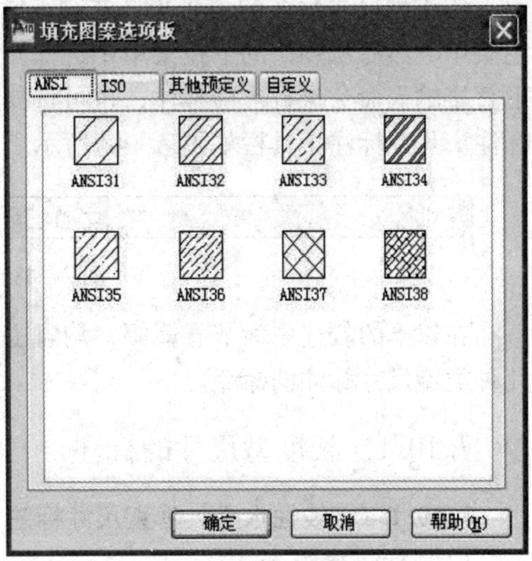

图 7－46　ANSI 填充图案选项板

② 比例下拉列表框　设置填充图案的比例为“1”。在剖面线填充中，可根据图形大小设置不同比例来改变剖面线疏密程度，值大线疏，值小线密。

(3) 边界选项区　单击“添加：拾取点”按钮，系统切回到绘图屏幕，命令行提示“选择内部点：”，在要填充的两个封闭的区域内部分别拾取 *A*、*B* 两点后，区域边界虚显，如图 7－43（a）所示；回车确认，系统又切回对话框。

单击“预览”按钮，系统又切回绘图屏幕，预览若满意，回车完成剖面线绘制，如图 7－43（b）所示。若需调整，可按 Esc 键重新切换到对话框进行重新设置操作。

7.10　常用类型的尺寸标注

在 AutoCAD 中，尺寸标注分为长度型、半径型、直径型、角度型、引线型等类型，如图 7－47 所示。其中，线性水平标注、线性垂直标注、对齐标注、基线标注、连续标注均属于长度型标注类型。

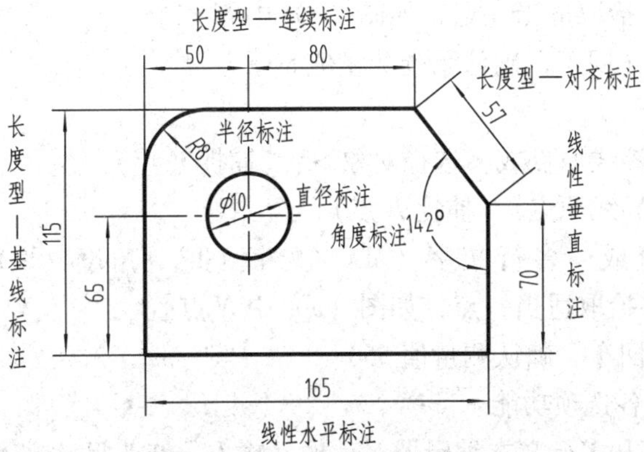

图 7－47　尺寸标注类型

各类型尺寸标注的命令调入方式同其他命令的调用一样：可选择菜单栏中“标注”主菜单，然后从列出的下拉菜单中选择相应的菜单项进行尺寸标注；也可在命令行提示符下直接输入命令进行尺寸标注；也可选择尺寸标注工具栏中相应的图标按钮输入命令进行标注。尺寸标注工具栏如图7－48所示。

图7－48　尺寸标注工具栏

在以下的叙述中为节省篇幅，均省去命令输入方式介绍，以举实例的方法来学习常用几种类型尺寸标注的命令。

7.10.1　长度型尺寸的标注

7.10.1.1　线性水平、垂直尺寸标注

（1）标注举例

［例7－23］　标注图7－49中矩形的尺寸。

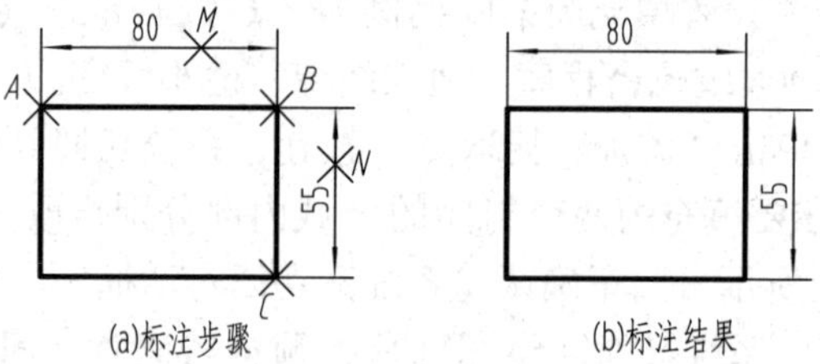

图7－49　水平、垂直尺寸标注

使用选择两点的方法标注，操作步骤如下：

命令：

命令：_ dimlinear

指定第一条尺寸界线原点或＜选择对象＞：（捕捉*A*点）

指定第二条尺寸界线原点：（捕捉*B*点）

指定尺寸线位置或［多行文字（M）/文字（T）/角度（A）/水平（H）/垂直（V）/旋转（R）］：［拾取适当一点，如图（a）中*M*点］

标注文字＝80　（回车，确认系统测量值80）

命令：_ dimlinear

指定第一条尺寸界线原点或＜选择对象＞：（捕捉*C*点）

指定第二条尺寸界线原点：（捕捉*B*点）

指定尺寸线位置或［多行文字（M）/文字（T）/角度（A）/水平（H）/垂直（V）/旋转（R）］：［拾取适当一点，如图（a）中*N*点］

标注文字＝55（回车，确认测量值55）

（2）命令提示中各选项功能

① 多行文字　打开多行文本编辑器对话框，输入、修改尺寸文本。

② 文字　在命令行输入尺寸文本，不用系统测量值。

③ 角度　改变尺寸文本的书写方向。

④ 水平　指明标注尺寸为水平尺寸［一般不选此项，直接移动光标确定，如确定图7－49（a）中尺寸80的标注位置*M*处］

⑤ 垂直　指明标注尺寸为垂直尺寸［一般不选此项，直接移动光标确定，如确定图7－49（a）中尺寸55的标注位置*N*处］

⑥ 旋转　指定尺寸线的倾斜角度，用来标注倾斜方向的尺寸。

7.10.1.2　对齐尺寸标注

对齐尺寸的特点是尺寸线与标注对象平行，经常用于标注对象为既不水平也不垂直的线段。

［例7－24］　标注图7－50中图形的尺寸。

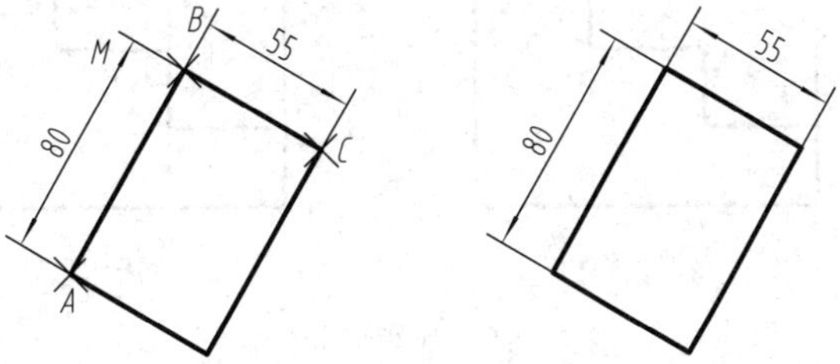

(a)标注步骤　　(b)标注结果

图7－50　对齐尺寸标注

选择两点方法标注，操作步骤如下：

命令：

命令：_ dimaligned

指定第一条尺寸界线原点或＜选择对象＞：（捕捉点*A*）

指定第二条尺寸界线原点：（捕捉点*B*）

指定尺寸线位置或［多行文字（M）/文字（T）/角度（A）］：（拾取适当一点，如图（a）中点*M*）

标注文字＝80（回车，确认测量值80）

重复作图标注出尺寸55，结果如图7－50（b）所示。

对齐命令提示中各选项的功能与线性水平、垂直标注相关内容相同。

7.10.1.3　基线尺寸标注

基线尺寸标注的特点是与前一个尺寸具有共用的第一条尺寸界线，用于标注共基线的线性或角度尺寸。

［例7－25］　标注图7－51中图形的尺寸，条件为第一个尺寸30刚用线性尺寸标注方法注出。

操作步骤如下：

命令：

命令：_ dimbaseline

指定第二条尺寸界线原点或［放弃（U）/选择（S）］＜选择＞：［捕捉图（a）中点*A*］

标注文字＝60（系统自动标出测量值60）

指定第二条尺寸界线原点或［放弃（U）/选择（S）］<选择>：［捕捉图（a）中点 *B*］
标注文字 =90（系统自动标出测量值 90）
指定第二条尺寸界线原点或［放弃（U）/选择（S）］<选择>：［回车结束命令，结果如图 7 –51（b）所示］

注意：响应命令第一行提示时，若前一个尺寸（如本例的“30”）不是刚标注的，系统提示“选择基准标注:”，此时拾取共同的尺寸界线，如图 7 –51（a）所示的“基线”，然后继续操作同本例所示。

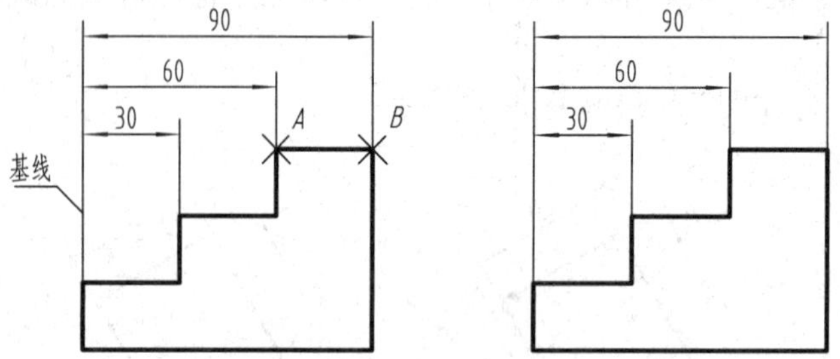

(a)标注步骤　(b)标注结果

图 7 –51　基线尺寸标注

7.10.1.4　连续尺寸标注

连续尺寸的特点是用前一个尺寸的第二条尺寸界线作为它的第一条尺寸界线，并且两个尺寸线在同一条直线上。

［例 7 –26］　标注图 7 –52 中图形的尺寸，条件为图中第一个尺寸“30”为刚标注的。

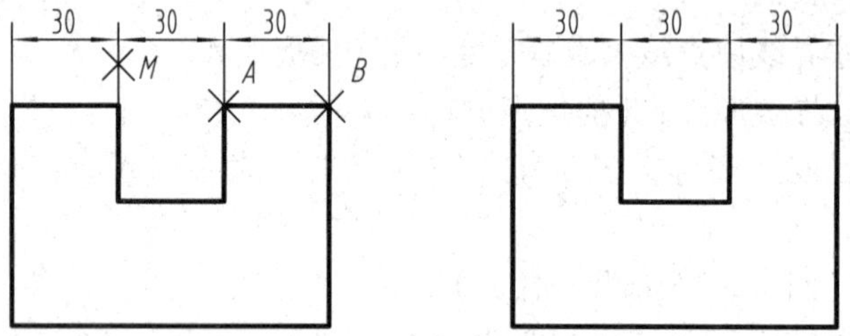

(a)标注步骤　(b)标注结果

图 7 –52　连续尺寸标注

操作步骤如下：
命令：⊢⊣
命令：_ dimcontinue
指定第二条尺寸界线原点或［放弃（U）/选择（S）］<选择>：（捕捉点 *A*）
标注文字 =30（系统自动标出测量值 30）
指定第二条尺寸界线原点或［放弃（U）/选择（S）］<选择>：（捕捉点 *B*）
标注文字 =30（系统自动标出测量值 30）
指定第二条尺寸界线原点或［放弃（U）/选择（S）］<选择>：（回车结束）

注意：响应命令第一行提示时，若前一个尺寸（如本例第一个尺寸“30”）不是刚标注的，系统提示“选择连续标注:”，此时应选择第一个尺寸的第二条尺寸界线作为将要标注尺寸的第一条尺寸界线起点，如选择本例图 7-52（a）中的点 *M* 处，然后继续指定第二条尺寸界线起点，如图 7-52（a）中点 *A*，后续操作方法同本例所示。

7.10.2　半径、直径尺寸标注

半径尺寸标注与直径尺寸标注类似，均可为所选择的圆或圆弧标注半径或直径。若采用测量值，系统会在测量值前自动添加“*R*”或“ϕ”字符并标出半径或直径值。若不采用测量值，用户可根据需要，按命令提示选项自定义标注文字。下面以图 7-53 所示直径标注为例说明操作过程。

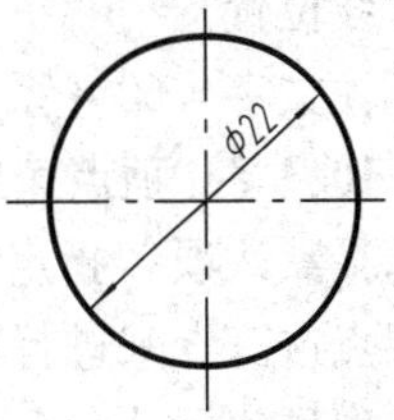

图 7-53　直径尺寸的标注

命令：

命令：_ dimdiameter

选择圆弧或圆：（拾取图 7-53 圆）

标注文字 =22（系统显示测量值 22）

指定尺寸线位置或［多行文字（M）/文字（T）/角度（A）］：（在合适位置拾取）

半径与直径尺寸标注命令提示中各选项的作用，参见线性水平、垂直尺寸标注相关内容。

7.10.3　角度尺寸标注

角度尺寸标注用于标注圆弧、圆、直线所夹的角度尺寸，如图 7-54 所示，操作步骤如下。

7.10.3.1　圆弧角度尺寸标注

命令：

命令：_ dimangular

选择圆弧、圆、直线或 <指定顶点>：［拾取图 7-54（a）圆弧上点 *A*，系统使用圆弧上的三点作为角度的定义点。圆弧的圆心是角度的顶点，圆弧的两端点成为尺寸界线的起点］

指定标注弧线位置或［多行文字（M）/文字（T）/角度（A）/象限点（Q）］：（拾取尺寸线位置）

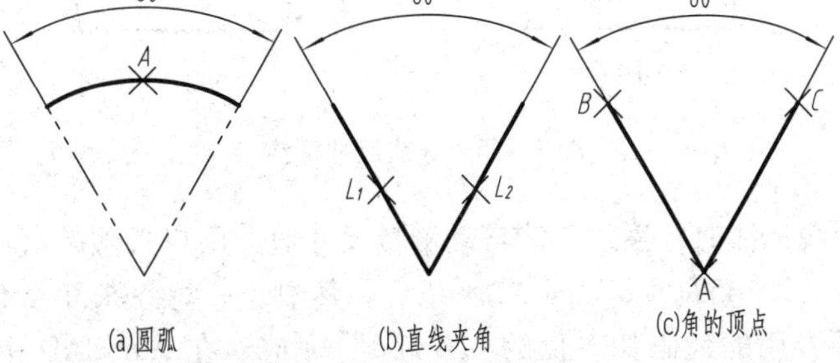

图 7-54　角度标注种类

标注文字 =60（系统标出测量值 60°）

7.10.3.2 直线夹角角度尺寸标注及引线标注

命令：_ dimangular

选择圆弧、圆、直线或 <指定顶点>：［选择直线，则用于标注两条不平行直线间的夹角。拾取图 7－54（b）第一条直线 L_1］

选择第二条直线：［拾取图 7－54（b）第二条直线 L_2］

指定标注弧线位置或［多行文字（M）/文字（T）/角度（A）/象限点（Q）］：（拾取尺寸线位置）

标注文字 =60（系统标出测量值 60°）

7.10.3.3 顶点角度尺寸标注

选择默认项“指定顶点”，即可使用用户指定的角的顶点、角的第一个端点、角的第二个端点这三点来进行顶点角度尺寸标注，操作如图 7－54（c）所示。

角度尺寸标注命令提示中各选项的作用，参见线性尺寸标注相关内容。

7.10.3.4 引线标注

引线尺寸标注经常用于标注旁注尺寸，如图 7－55 所示。

［例 7－27］ 用引线标注法标注图 7－55（b）中的旁注尺寸。

操作步骤：

命令：qleader（键盘输入命令）

指定第一个引线点或［设置（S）］<设置>：［捕捉图 7－55（a）点 *A*］

指定下一点：［拾取图 7－55（a）点 *B*］

指定下一点：（回车，结束引线点上的拾取）

指定文字宽度 <0>：（回车，通常使用缺省值 0）

输入注释文字的第一行 <多行文字（M）>：2×45%%d（键盘输入“2×45%%d”）

输入注释文字的下一行：命令：［回车，完成标注如图 7－55（b）所示］

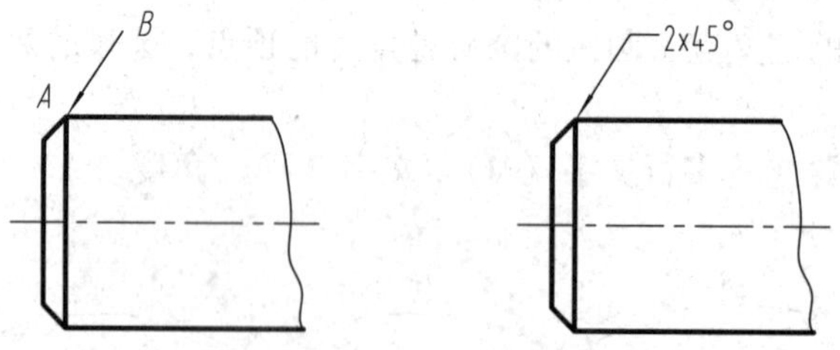

(a)引线位置　　(b)输入注释文字

图 7－55 引线尺寸标注

注意：使用引线标注时，系统不能自动测量尺寸值，用户必须键盘输入尺寸文本，如本例最后一步输入“2×45%%d”即“2×45°”。其中，一些特殊符号不能直接输入，如本例的“°”，需要专用的代码如本例的“%%d”完成。在 AutoCAD 中，常用的代码及对应特殊符号见表 7－1。

表 7－1　　　　　　　　　　　　　　**最常用特殊代码**

代码	%%c	%%d	%%p	%%%
符号	直径代号 φ	角度符号°	公差符号 ±	百分比符号%

7.10.4　编辑标注

编辑标注就是对已标注完毕的尺寸进行必要的修改。一般说来，应尽可能通过尺寸样式进行调整、修改，但由于系统的标注尺寸有局限性，有些方面满足不了我国制图标准要求，在操作中需要单独修改某一尺寸，AutoCAD 在这些方面也为用户提供了多种编辑方法。下面仅介绍常用的编辑标注命令。

（1）命令　dimedit

（2）功能　修改尺寸文本，旋转尺寸文本的角度，调整尺寸界线倾斜角度。

（3）操作举例

[例 7－28]　修改图 7－56 的尺寸文本“80”为“φ80”。

命令：

命令：_ dimedit

输入标注编辑类型［默认（H）/新建（N）/旋转（R）/倾斜（O）］<默认>：n（选择“新建”尺寸文字，系统弹出如图 7－57 所示的“文字格式”工具栏和文字输入窗口，删去文字输入窗口光标后的“0”字符，键盘输入“%%c80”，“%%c”即直径代号“φ”的特殊代码，单击“确认”，切回绘图屏幕及命令行）

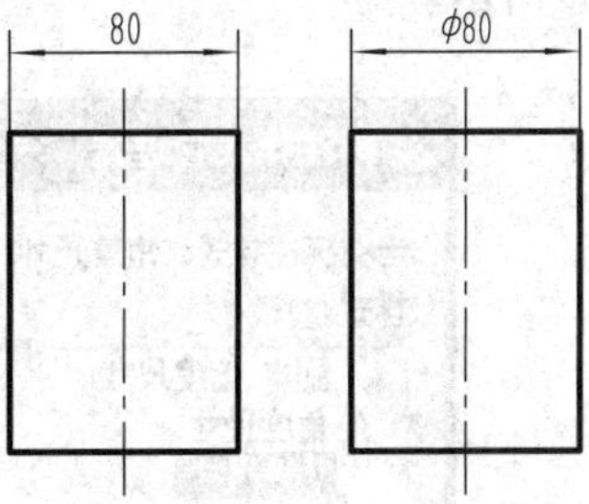

(a)修改前　　(b)修改后

图 7－56　修改尺寸文字

选择对象：找到 1 个［拾取图 7－56（a）中“80”］

选择对象：［回车，完成修改后标注如图 7－56（b）所示］

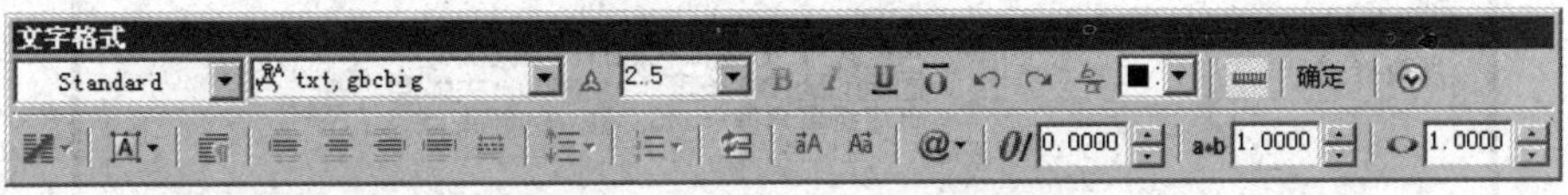

图 7－57　“文字格式”对话框

（4）命令提示中其他各选项功能

① 默认　用于按默认位置及其方向放置尺寸文字。

② 旋转　用于将尺寸文本按角度旋转。

③ 倾斜　用于修改尺寸界线，使其偏转一角度而不与尺寸线垂直，如图 7－58 所示。

(a)修改前　　(b)修改后

图 7－58　修改尺寸界线

7.11 创建与设置标注样式

尺寸标注的基本步骤是：首先用“图层”命令创建一个独立图层，用于尺寸标注；然后用“文字样式”命令创建一种文字样式，用于设置尺寸标注中的字母和数字的字体和大小等（文字样式创建见下节 7.12.1［例 7－30］）；再用“标注样式”命令创建新的标注样式来进行尺寸标注，AutoCAD 提供的 ISO 标准样式比较符合我国标准，只需对它的尺寸界线等的某些值进行适当修改，就可以建立基本符合我国制图标准的尺寸标注样式；最后打开对象捕捉，使用 7.10 所述的“标注”命令对图中元素进行标注。

［例 7－29］ 根据下列要求，创建机械制图标注样式“我的尺寸标注”。

（1）要求

① 尺寸界线起点偏移量为 0，尺寸界线超出尺寸线距离为 2mm。

② 尺寸箭头使用“实心闭合”形状，大小为 3mm。

③ 标注文字高度为 3.5mm，位于尺寸线中间。

（2）创建步骤

① 选择菜单栏“格式/标注样式”命令，打开“标注样式管理器”对话框，如图 7－59所示。

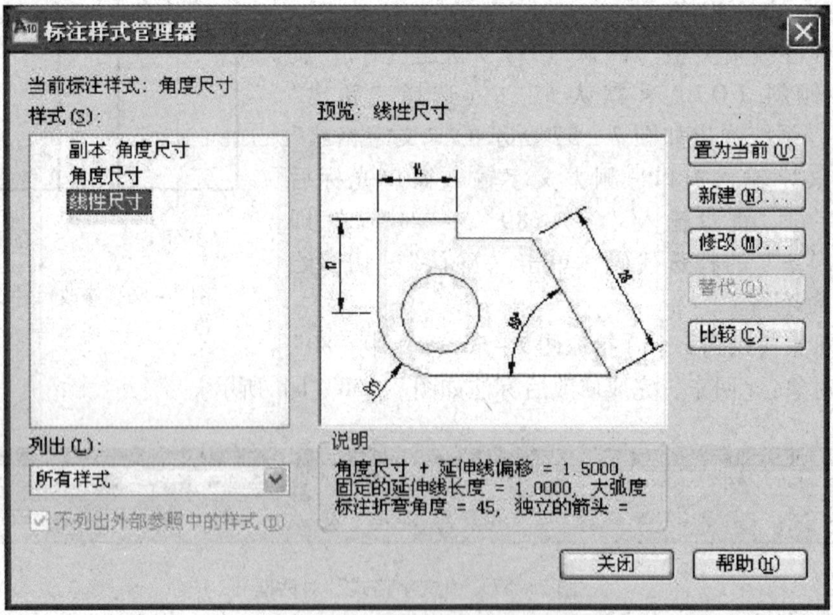

图 7－59 标注样式管理器对话框

② 单击“新建”按钮，打开“创建新标注样式”对话框，如图 7－60 所示。在新样式名文本框内，输入“我的尺寸标注”，其他不变，单击“继续”按钮。

③ 打开“新建标注样式：我的尺寸标注”对话框，单击“线”选项卡，其对话框内容如图 7－61 所示。在尺寸界线区，将超出尺寸线的值改为“2”，起点偏移量改为“0”；其他选项均不变，取默认值。

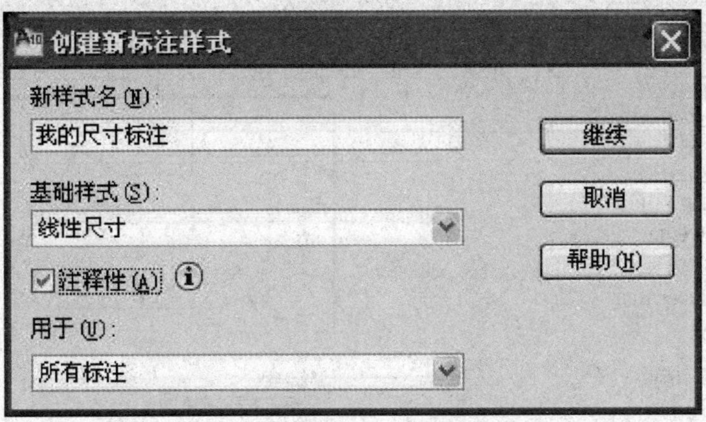

图 7－60　创建新标注样式对话框

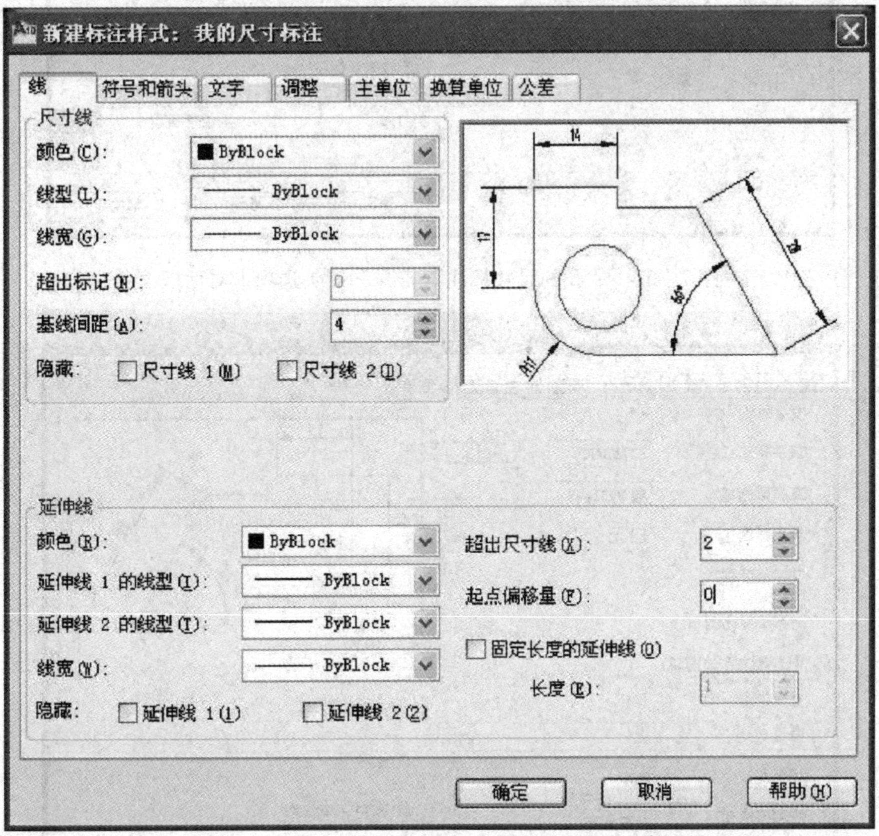

图 7－61　新样式“我的尺寸标注”线选项卡对话框

④ 单击“符号和箭头”选项卡，如图 7－62 所示。在箭头选项区，将所有箭头取默认值即设置为“实心闭合”，箭头大小设置为“3”。在圆心标记选项区，选“无”单选框。其他选项不变，取默认值。

⑤ 单击“文字”选项卡，如图 7－63 所示。在文字外观选项区，文字样式取默认值“Standard”。

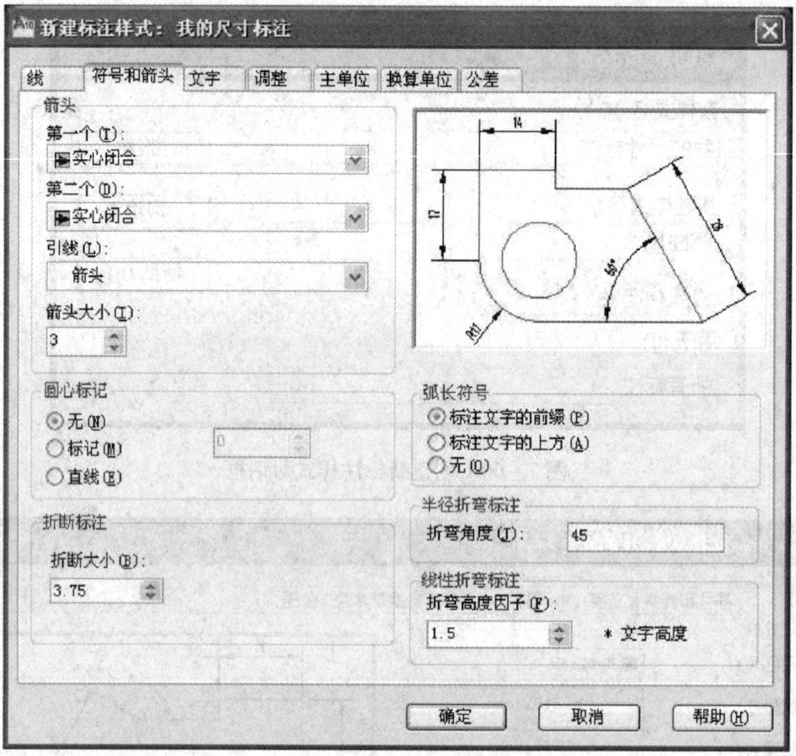

图 7－62　“我的尺寸标注”符号和箭头选项卡对话框

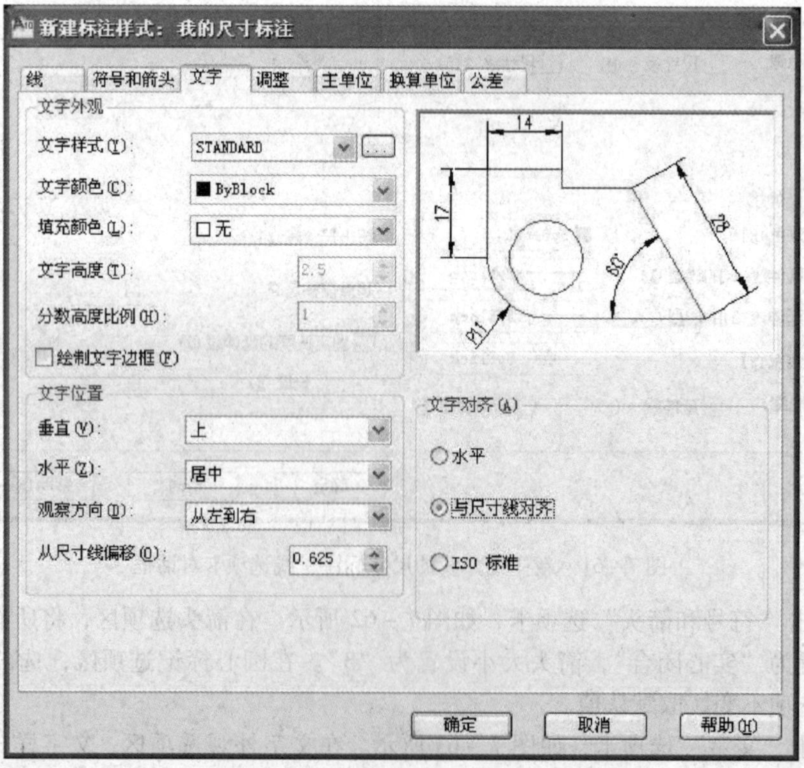

图 7－63　“我的尺寸标注”文字选项卡对话框

若设置了其他样式，也可选用：文字高度改为“3.5”，其他选项不变取默认值。

⑥ 单击“确定”按钮，返回到如图7-59所示第一个“标注样式管理器”对话框，单击“置为当前”按钮，即完成了“我的尺寸标注”尺寸标注新样式的设置和创建，即可用此样式进行尺寸标注。

7.12 工程图中的文字注写

文字或称文本是工程图的重要部分，国家标准中汉字、数字等字体在标注或注写中是不同的。因此在AutoCAD中，注写文字之前首先要定义使用的文字样式。注写时有单行文字和多行文字两种处理方式，以下分别予以说明。

7.12.1 文字样式

7.12.1.1 等价命令

下拉菜单 格式\文字样式 图标 命令行：style

7.12.1.2 功能

可以设置文本的字体、高度、角度、方向和其他文字特性。在图形文件中可以创建多种文字样式。

7.12.1.3 操作说明

调用命令后，会打开如图7-64所示的文字样式对话框。对话框分为五个选项区，下面按区介绍常用选项功能。

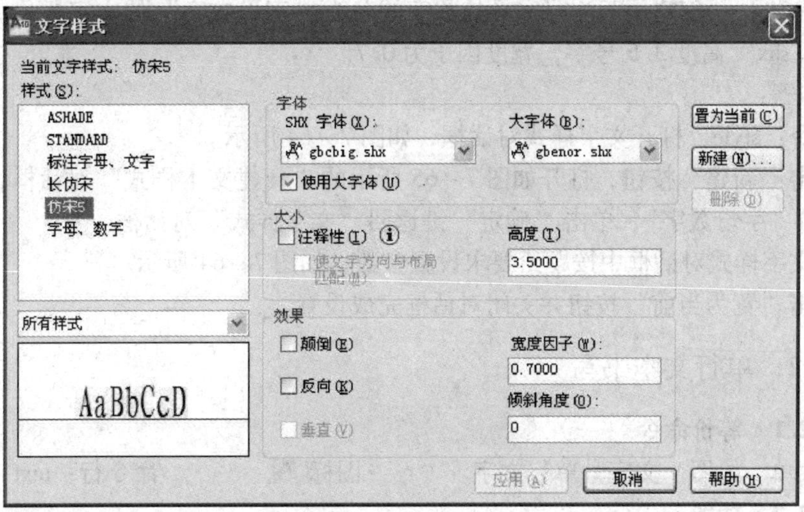

图7-64 文字样式对话框

（1）样式选项区 样式列表框：列出已定义的可以使用的样式名，默认显示当前样式。可从列表选择其他已定义样式。缺省状态为Standard。

（2）字体选项区

① 字体名下拉列表 可以选择字体。

② 字体样式下拉列表 可以选择字体样式，例如斜体、粗体或者常规字体。

③ 大字体复选框　选中后，“字体样式”下拉列表变为“大字体”下拉列表，用于选择大字体。其中，AutoCAD 提供的 gbenor. shx 和 gbeitc. shx 字体分别用于标注直体和斜体字母与数字；gbcbig. shx 则用于标注中文。

（3）大小选项区　高度：根据输入的值设置文字高度。

（4）效果选项区

① 宽度因子　设置文字字符的宽度与高度比例。

② 倾斜角度　设置字体的倾斜角度，是指偏离字高方向的角度。正值向右倾斜，负值向左倾斜。

（5）预览选项区　随着字体的改变和在效果区的修改，动态显示字体样式。

①“应用”按钮　作用是确认所做的设置为可应用文字样式。

②“置为当前”按钮　作用是确认所做的设置并应用于图中作为当前样式。

③“新建”按钮　将打开如图 7－65 所示的“新建文字样式”对话框，可以创建新的文字样式。

图 7－65　新建文字样式对话框

7.12.1.4　应用举例

［例 7－30］　创建用于注写字母与数字的名为“字母数字”的文字样式。设置字体为“gbenor. shx”高度 3.5 号字，宽度因子为 0.7。

操作步骤：

① 命令：style，打开文字样式对话框，如图 7－64 所示。

② 单击“新建”按钮，打开如图 7－65 所示的“新建文本样式”对话框，在框中输入新样式名“字母数字”，单击“确定”键返回“文字样式”对话框。

③ 在文字样式对话框中按题给要求设置参数，如图 7－64 所示。

④ 单击“置为当前”按钮并关闭对话框完成设置。

7.12.2　单行文本书写

7.12.2.1　等价命令

下拉菜单　绘图 \ 文字 \ 单行文字　　图标 A　　命令行：text

7.12.2.2　功能

用于创建较简短，不需要多种字体的文本内容。每行文本都是独立的对象，可对这些文本进行旋转、对齐、大小等设置。

7.12.2.3　操作举例

［例 7－31］　使用［例 7－30］创建的文字样式，创建文字注释“4 × M8 孔均布”，如图 7－66 所示。

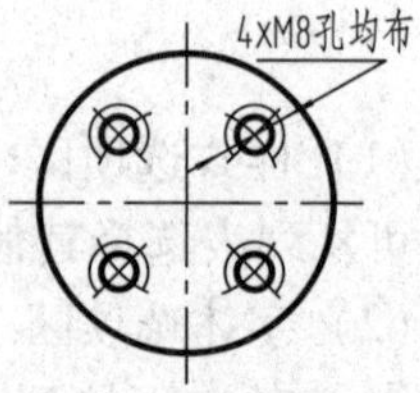

图 7－66　创建单行文字

命令：_ dtext（输入单行文字创建命令）

当前文字样式："字母数字"　文字高度：　3.5000　注释性：　否（说明当前样式和字高）

指定文字的起点或［对正（J）/样式（S）］：（在需要输入文字的地方单击，确定文字起点）

指定高度 <3.5000>：（回车）

指定文字的旋转角度 <0>：（指文本与 *X* 轴夹角，回车）

（此时出现光标，输入"4×M8 孔均布"后回车两次，结束书写）

注意：输入中文文字，要切换到 Windows 的中文输入方式下进行。

7.12.2.4　命令中各选项功能

（1）对正选项　用于控制文字的对正样式。输入"J"后，系统将提示：

输入选项

［对齐（A）/调整（F）/中心（C）/中间（M）/右（R）/左上（TL）/中上（TC）/右上（TR）/左中（ML）/正中（MC）/右中（MR）/左下（BL）/中下（BC）/右下（BR）］：

AutoCAD2010 中，系统为文字提供了多种对正方式，缺省项为左对齐。

（2）样式（S）　此选项用于选择已定义过的样式作为当前文本使用的样式。

7.12.3　多行文本书写

7.12.3.1　命令

下拉菜单：绘图\文字\多行文字　　图标：**A**　　命令行：mtext

7.12.3.2　功能

对于较长较为复杂的内容，可使用该命令创建多行文字，创建的所有文字行或段落被当作同一个文本对象。多行文本比单行文本具有更多的编辑功能，可使用文字格式对话框方便地将字体、高度、上下划线、颜色等变化应用到段落中的单个文字上。

7.12.3.3　操作举例

［例 7-32］　完成图 7-67 所示标题栏的绘制，并书写文字，不标注标题栏尺寸。

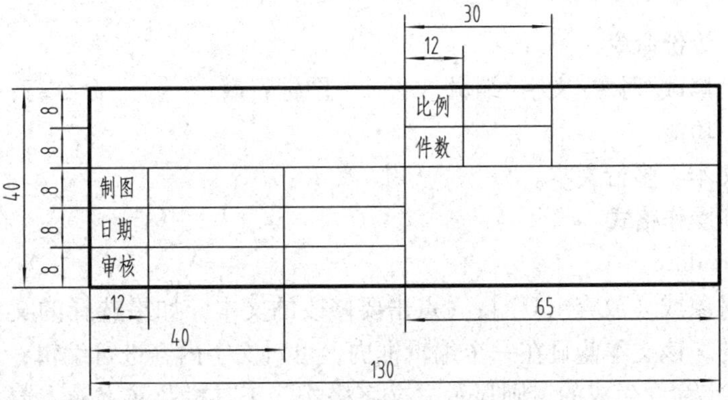

图 7-67　标题栏绘制及文字注写

操作步骤：

① 首先完成标题框绘制。

② 参照［**例 7－30**］设置文字样式：先单击“大字体”单选框，不选大字体；再从“字体名”下拉列表框中选“仿宋 GB2312”字体；高度值输入“5”；宽度因子输入“0.7”；单击“应用”按钮；再单击“置为当前”按钮。

③ 设置并选择标注图层为当前层。

④ 选择书写文本命令。本例虽然输写文字内容简单，但根据对齐需要，选择多行文本 mtext 命令更合适。

⑤ 调用 mtext 命令输入文字时，弹出 7.10.4［例 7－28］图 7－57 所示“文字格式”工具栏和文字输入窗口，操作如下：

命令：_ mtext 当前文字样式：“仿宋 5”　文字高度：　5　注释性：　否

指定第一角点：（捕捉“制图”两字所在矩形框的左上角点）

指定对角点或［高度（H）/对正（J）/行距（L）/旋转（R）/样式（S）/宽度（W）/栏（C）］：j（选择“对正”选项）

输入对正方式［左上（TL）/中上（TC）/右上（TR）/左中（ML）/正中（MC）/右中（MR）/左下（BL）/中下（BC）/右下（BR）］<左上（TL）>：mc（选择“MC”正中选项）

指定对角点或［高度（H）/对正（J）/行距（L）/旋转（R）/样式（S）/宽度（W）/栏（C）］：（捕捉“制图”两字所在矩形框的右下角点，整个矩形框为书写边界框；切换到 Windows 的中文输入方式下输入“制图”两字；单击“确定”按钮，完成书写）

重复本例作图输入其他文字，完成文字注写，结果如图 7－67 所示。

7.12.3.4　命令行常用选项含义和功能

（1）高度（H）　用于设置文字的高度。

（2）对正（J）　用于设置多行文字对正方式，其对正方式同单行文字一样。

（3）行距（L）　用于设置多行文字的行间距。

（4）旋转（R）　设置多行文本的旋转角度。

（5）宽度（W）　设置文字矩形边界框的宽度。

7.12.4　文本的编辑

7.12.4.1　等价命令

下拉菜单：修改/对象/文字/编辑　　　图标：A/　　　命令行：ddedit

7.12.4.2　功能

修改单行文本、多行文本。

7.12.4.3　操作格式

命令：_ ddedit

选择注释对象或［放弃（U）］：（点击要修改的文本，如果选择的文本是由 text 单行文字命令生成的，该文本蓝显在一个编辑框内，可对文字内容进行编辑；若选择的文本是由 mtext 多行文字命令生成的，则显示“文字格式”工具栏及文字输入窗口如图 7－57 所示，在其中可修改文字内容、样式、高度、转角等其他特性）

选择注释对象或［放弃（U）］：（修改完成后回车）

7.13　AutoCAD 三维实体造型概述

我们常把能够反映物体三维形象的图叫三维图形，在 AutoCAD 中，绘制三维图形的技术称为三维几何造型。使用这种技术可以直接创建各种三维模型，直观表达物体的立体形状。还能对三维模型进行着色、渲染处理，从而得到设计方案的三维效果图。还可以由三维模型直接生成工程图，如视图、剖视图，并且还能自动计算它们的体积、面积、重心、惯性矩等实体属性。这种三维几何造型技术越来越受到工程技术人员的重视。

使用 AutoCAD 可以通过线框模型方式、表面模型方式和实体模型方式三种方式来创建三维图形，如图 7－68 所示。线框模型方式是用三维的直线和曲线组成轮廓模型，被用来作为表面模型和实体模型的显示方式。表面模型方式是用物体的表面表示三维物体，它包括线、面的信息，可以进行表面计算，求两面交线、消隐、渲染等操作，但由于描述的仅是表面，没有体的信息，因而不能表达立体的属性，不能作对象间的交、并、差布尔运算。实体模型包含了线、面、体的全部信息，可以对几何物体进行唯一的、无冲突的、完整的描述，因而可对各实体对象进行各种布尔运算，从而创建各种复杂实体，是三种模型中最高级的一种。本节将介绍关于创建实体模型的基本知识。

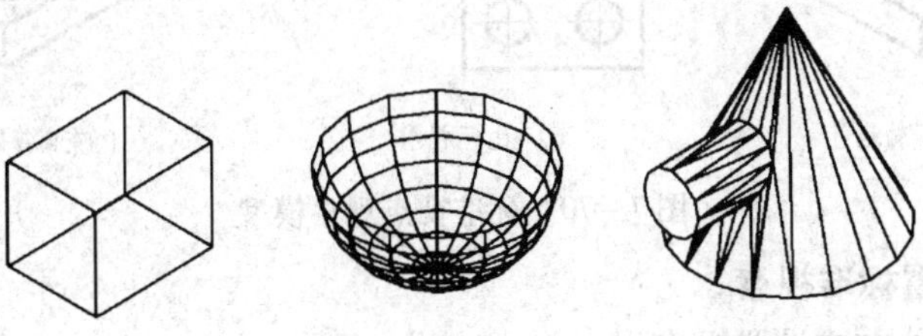

(a)线框模型　(b)表面模型　(c)实体模型

图 7－68　三维模型

7.14　三维几何造型基础

7.14.1　世界坐标系

如本章前面所述，AutoCAD 的坐标系分世界坐标系和用户坐标系两种。二维图形主要在世界坐标系 WCS 中完成，如图 7－69（a）所示。三维 WCS 增加了第三维坐标轴即 *Z* 轴，*Z* 轴的方向由屏幕指向操作者，如图 7－69（b）所示，可由右手定则确定。由此可知，二维绘图中，用户使用的屏幕平面就是三维坐标系中的 *XY* 坐标面，*Z* 坐标为零，而描述三维形体需要三维坐标，空间点的位置由 *X*、*Y*、*Z* 确定。

本章均采用世界坐标系，空间点的绝对坐标、相对坐标、相对极坐标见本章前面所述，不再述及。

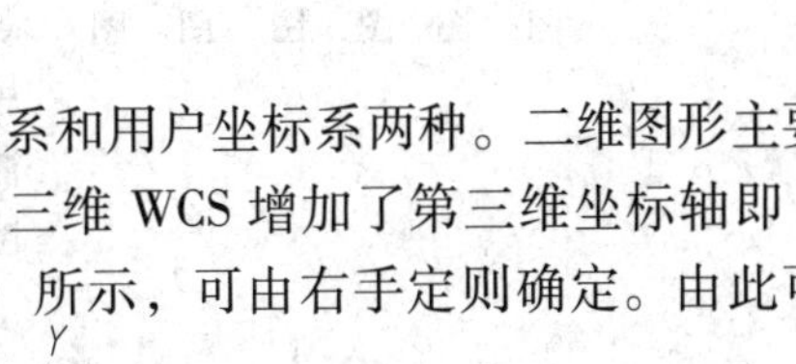

(a)WCS图标　(b)确定Z轴

图 7－69　世界坐标系及有关定义

7.14.2 观察三维模型的基本方法

绘制三维图形常采用平行投影法，用户在三维空间观察三维模型时，眼睛所在的位置称为视点，视点和原点的连线方向称为视线，投射方向由视线所决定，投影面垂直视线，从而得到轴测投影图。在特殊情况下，当视点取在某个坐标轴上时，对应的投影面就是该轴所垂直的那个投影面，三维图形即投影成为正投影中的一个视图。AutoCAD 默认的观察方向为视线方向与 *Z* 轴重合，因而投影所得的视图是三维模型在 *XY* 平面内的视图，相当于俯视图，它是 AutoCAD 默认的视图，简称平面视图。我们应用三维模型表达物体各个方向的立体形状，或者要把三维模型投影成视图时，经常要改变图形的观察方向，以便从不同方向观察或绘制物体，AutoCAD 为我们提供了 6 个标准视图和 4 个正等轴测图的投影方向。这 10 个标准视图的调用方法，可通过以下举例进行参考学习。

如将图 7－70（a）所示的物体投影成三个基本视图，如图 7－70（b）所示；并从东、西两个不同方向投影，得出两个正等轴测图，如图 7－70（a）、（c）所示。

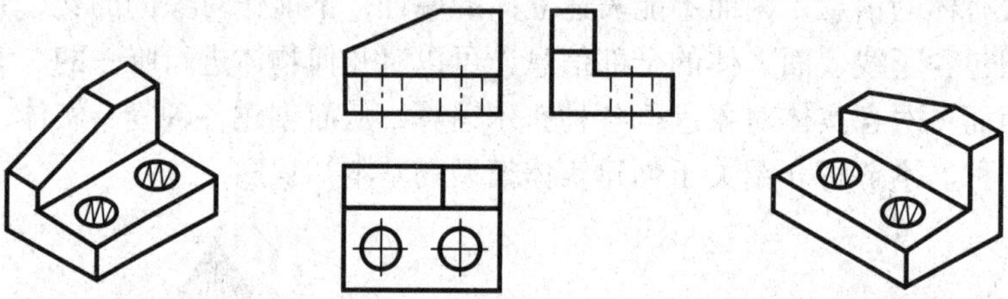

(a)西南等轴测图　　(b)三视图　　(c)东南等轴测图

图 7－70　标准视点观察模型

7.14.2.1 设置标准视点

常使用以下两种方式设置标准视点：

（1）下拉菜单：视图 \ 三维视图

（2）调出视图工具栏，如图 7－71 所示。

图 7－71　三维视图主要下拉菜单项与视图工具栏相应图标的对应关系

7.14.2.2 投影操作

若要投影成某种视图，可选择上述的任一种命令输入方式，拾取图 7－71 相应选项即可。如要投影为主视图，在菜单栏拾取“主视图”选项或在工具栏拾取“主视图”图标按钮即可。

7.14.3 消隐

在创建三维模型时，不论是哪类模型，物体均是以线框模型的方式显示的，不区分可见不可见图线，使用消隐操作可使表面模型和实体模型在显示时去掉不可见线。

7.14.3.1 等价命令

下拉菜单：视图\消隐　　图标：　　命令行：hide

7.14.3.2 功能

重新生成图形，不显示被前面对象挡住的隐藏线。

7.14.3.3 操作举例

[**例 7-33**]　将图 7-72（a）所示的三维模型进行消隐。

命令：hide［稍等片刻，当前图形重新生成，如图 7-72（b）所示］

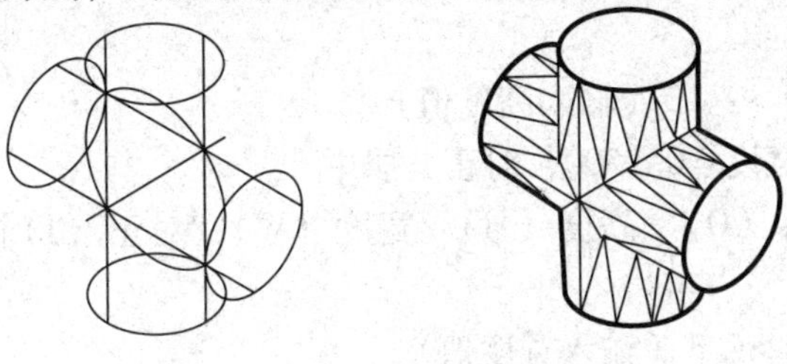

(a)消隐前　　(b)消隐后

图 7-72　模型消隐前后对比

7.15 创建基本实体模型

在 AutoCAD 中绘制基本体是绘制立体的基础和关键。常用基本体有八种：多段体、长方体、球体、圆柱体、圆锥体、楔形体、圆环体和棱锥面。绘制前应先调入建模命令，然后选择视图观察方式。

（1）调入建模命令　常使用以下三种方式调入建模命令：

① 下拉菜单：绘图\建模；

② 调出建模工具栏；

③ 在标准工具栏中将“AutoCAD 经典”工作空间切换为“三维建模”工作空间。

图 7-73 为建模主要下拉菜单项与建模工具栏相应图标按钮的对应关系。

（2）选择视图观察方式　按照 7.14.2 介绍的观察三维模型的方法，常将视图切换为西南等轴测图。

以下介绍基本体素的绘制方法。为了便于读者上机作图，本章有些举例操作给出了作图尺寸，上机作图时不需要标注。

多段体　长方体　楔体　圆锥体　圆球体　圆柱体　圆环体　棱锥面　拉伸　旋转　并集　差集　交集

图 7-73　建模下拉菜单项与建模工具栏图标按钮的对应关系

7.15.1 多段体

7.15.1.1 等价命令

下拉菜单：绘图 \ 建模 \ 多段体　　图标：　　命令行：polysolid

7.15.1.2 功能

创建多段体。

7.15.1.3 操作举例

(1)［**例 7-34**］　绘制如图 7-74 所示的多段体。

打开极轴

命令：_ Polysolid 高度 =4.0000，宽度 =0.2500，对正 = 居中

指定起点或［对象（O）/高度（H）/宽度（W）/对正（J）］<对象>：h（选择高度选项）

指定高度 <4.0000>：12（输入高度值）

高度 =12.0000，宽度 =0.2500，对正 = 居中

指定起点或［对象（O）/高度（H）/宽度（W）/对正（J）］<对象>：w（选择宽度选项）

指定宽度 <0.2500>：3（输入宽度值）

高度 =12.0000，宽度 =3.0000，对正 = 居中

指定起点或［对象（O）/高度（H）/宽度（W）/对正（J）］<对象>：（拾取一点）

指定下一个点或［圆弧（A）/放弃（U）］：20（拉出极轴线平行 *X* 轴后输入第一段距离）

指定下一个点或［圆弧（A）/放弃（U）］：10（拉出极轴线平行 *Y* 轴后输入第二段距离）

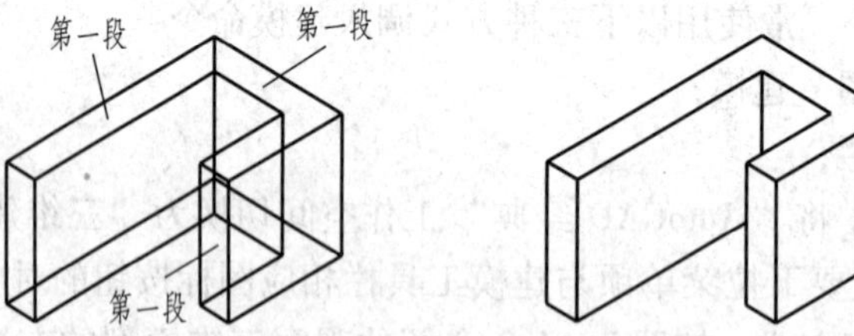

(a)消隐前　　(b)消隐后

图 7-74　多段体

指定下一个点或［圆弧（A）/闭合（C）/放弃（U）］：10（拉出极轴线平行 *X* 轴后输入第三段距离）

指定下一个点或［圆弧（A）/闭合（C）/放弃（U）］：（回车）

(2) 对象选项功能及操作方法　先绘制一个图形如多边形，然后调入本命令，再设置多段体高度和宽度，最后选择“对象”选项将图形转换为多段体。

7.15.2 长方体

7.15.2.1 等价命令

下拉菜单：绘图 \ 建模 \ 长方体　　图标：　　命令行：box

7.15.2.2 功能

创建长方体。

7.15.2.3 操作举例

（1）［**例 7－35**］　绘制如图 7－75 所示的长方体。

命令：

命令：_ box

指定长方体的角点或［中心点（CE）］ <0，0，0>：（拾取一点为底面矩形第一角点 *A*）

指定角点或［立方体（C）/长度（L）］：@ 15，10（给定底面矩形第二角点 *B* 的位置）

指定高度：12（指定高度 *AC*）

（2）各选项功能及操作方法

① CE（center）　指定底面中心点法创建长方体。操作为先指定底面中心点，如图 7－75（a）中点 *D*，再指定一个角点 *A* 或 *B*，再输入高 *BC*。

② C（cube）　创建立方体。操作为先拾取一点为第一角点 *A*，选择 *C* 项，再指定边长。

③ L（length）　按指定长宽高创建长方体，长、宽、高分别对应的是 *X*、*Y*、*Z* 坐标值。

提示：指定底面矩形第二角点可用相对坐标法，以便于确定矩形的长和宽，如本例所示的 *B* 点的输入方法。

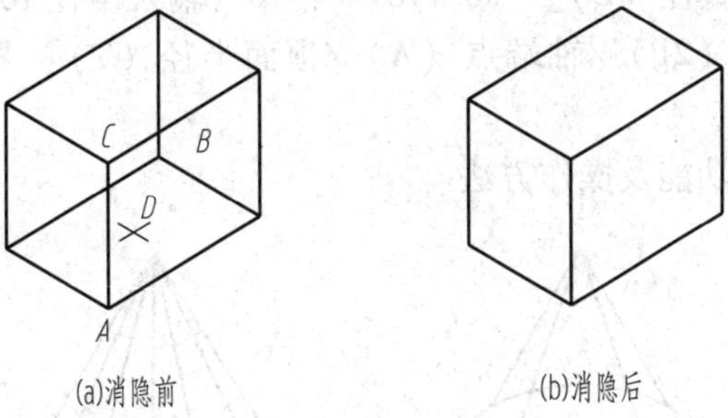

图 7－75　长方体

7.15.3 楔形体

7.15.3.1 等价命令

下拉菜单：绘图 \ 建模 \ 楔体　　图标：　　命令行：wedge

7.15.3.2 功能

创建楔体。

7.15.3.3 操作举例

（1）［**例 7－36**］　绘制如图 7－76 所示的楔形体。

命令：_ wedge

指定第一个角点或［中心（C）］：（拾取一点为底面矩形第一角点 *A*）

指定其他角点或［立方体（C）/长度（L）］：@ －15，10（给定底面矩形第二个角点 *B* 的位置）

指定高度或［两点（2P）］<15.0000>：12（指定高度 *AC*）

（2）提示中各选项功能和操作方法　由于楔形体是长方体沿对角线切成两半后的形体，因此可以使用与绘制长方体同样的方法来绘制楔形体。

注意：楔形体的长、宽均指底面的 *X*、*Y* 坐标值，高为底面第一个角点处的立体高度。如本例中 *A* 点处高度 *AC*。

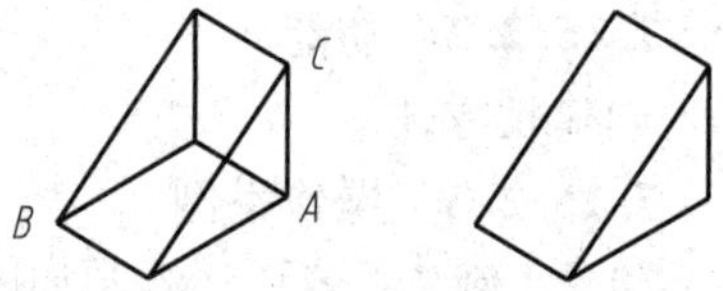

(a)消隐前　　(b)消隐后

图 7－76　楔形体

7.15.4　圆锥体

7.15.4.1　等价命令

下拉菜单：绘图\建模\圆锥体　　图标：　　命令行：cone

7.15.4.2　功能

创建圆锥体或椭圆锥体。

7.15.4.3　操作举例

（1）**［例 7－37］**　绘制如图 7－77 所示的圆锥体。

命令：_ cone

指定底面的中心点或［三点（3P）/两点（2P）/相切、相切、半径（T）/椭圆（E）］：（拾取一点为底面的中心点）

指定底面半径或［直径（D）］<8.1107>：10（输入半径 10）

指定高度或［两点（2P）/轴端点（A）/顶面半径（T）］<12.0000>：20（给定高度 20）

（2）提示中各选项功能及操作方法

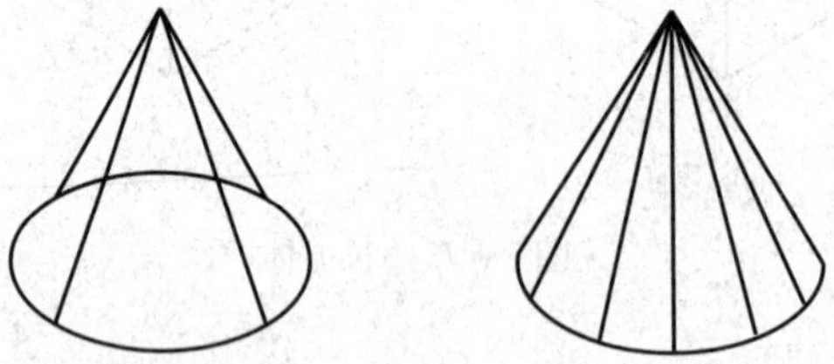

(a)消隐前　　(b)消隐后

图 7－77　圆锥体

① E（elliptical）　创建椭圆锥体。先确定底面椭圆形状，再确定椭圆锥体高度或锥顶位置。

② A（apex）　指定圆锥体顶点。用户以“A”响应，给出锥顶的三维坐标，即可画出轴线为三维空间任意位置的圆锥体。

7.15.5 球体

7.15.5.1 等价命令

下拉菜单：绘图\ 建模\ 球体　　图标：　　命令行：sphere

7.15.5.2 功能

创建球体。

7.15.5.3 操作举例

[例 7－38]　绘制如图 7－78 所示的球体。

命令：

命令：_ sphere

指定中心点或［三点（3P）/两点（2P）/相切、相切、半径（T）]：（拾取一点为球体中心点）

指定半径或［直径（D）］ <10.0000>：8（输入半径 8）

(a)消隐前　　(b)消隐后

图 7－78　球体

7.15.6 圆柱体

7.15.6.1 等价命令

下拉菜单：绘图\ 建模\ 圆柱体　　图标：　　命令行：cylinder

7.15.6.2 功能

创建圆柱体或椭圆柱体。

7.15.6.3 操作举例

（1）**[例 7－39]**　绘制如图 7－79 所示的圆柱体。

命令：_ cylinder

指定底面的中心点或［三点（3P）/两点（2P）/相切、相切、半径（T）/椭圆（E)]：（拾取一点为底面的中心点）

指定底面半径或［直径（D）］ <10.0000>：10（输入半径 10）

指定高度或［两点（2P）/轴端点（A）］ <20.0000>：15（给定高度 15）

（2）提示中各选项功能及操作方法

E（elliptical）　创建椭圆柱体。首先确定底面椭圆形状，再确定椭圆柱体高度。

A　指定轴端点。用户以“A”响应，给出另一轴端点的三维坐标，即可画出轴线为三维空间任意位置的圆柱体。

注意：球体、圆柱体、圆锥体和圆环体可用系统变量 ISOLINES 确定实体模型的轮廓线数量，其值越大，网线越密。更改系统变量 ISOLINES 值后，需要用 regen 命令重新生成新模型，才能得到相应的显示效果。

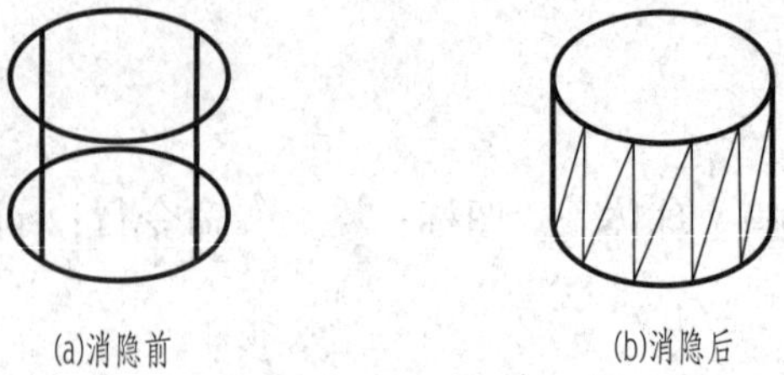

图 7－79　圆柱体

［例 7－40］　设置图 7－80（a）所示圆柱的线框密度为 10。

命令：isolines

输入 ISOLINES　的新值<4>：10（设置新的线框密度值为 10）

命令：regen［重新生成，结果如图 7－80（b）所示］

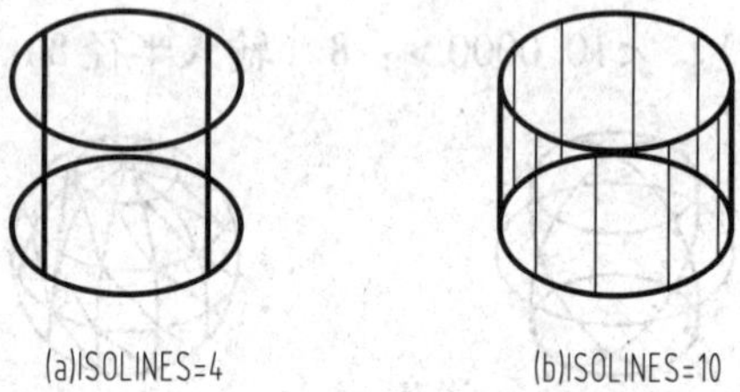

图 7－80　圆柱体 ISOLINES 值不同时示例

7.15.7　圆环体

7.15.7.1　等价命令

下拉菜单：绘图 \ 建模 \ 圆环体　　图标：　　命令行：torus

7.15.7.2　功能

创建圆环体。

7.15.7.3　操作举例

［例 7－41］　绘制如图 7－81 所示的圆环体。

命令：_ torus

指定中心点或［三点（3P）/两点（2P）/相切、相切、半径（T）］：（拾取一点为中心点）

指定半径或［直径（D）］<30.0000>：15（输入圆环体半径 15）

指定圆管半径或［两点（2P）/直径（D）］<10.0000>：5（输入圆管半径 5）

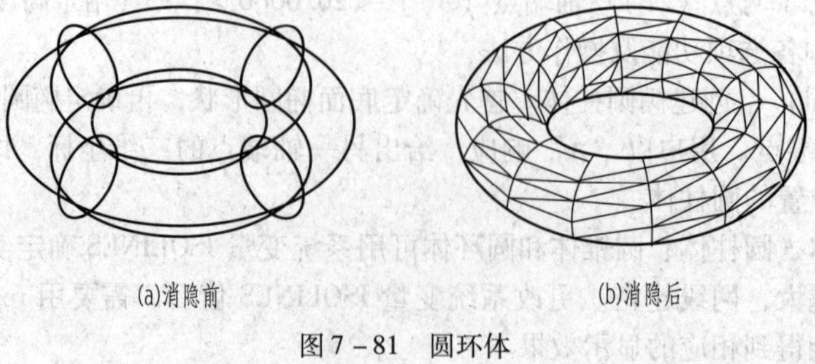

图 7－81　圆环体

7.15.8　棱锥面

7.15.8.1　等价命令

下拉菜单：绘图\ 建模\ 棱锥面　　图标：　　命令行：pyramid

7.15.8.2　功能

创建棱锥面。

7.15.8.3　操作举例

（1）［**例 7－42**］　绘制如图 7－82 所示棱锥面。

命令：_ pyramid

4 个侧面　外切　（默认项）

指定底面的中心点或［边（E）/侧面（S）］：（拾取一点为底面的中心点）

指定底面半径或［内接（I）］<15.0000>：10　（输入底面半径 10）

指定高度或［两点（2P）/轴端点（A）/顶面半径（T）］<15.0000>：20　（给定高度 20）

（2）提示中各选项功能及操作方法

① E（edge）　以边长方式作出底面多边形。用户以“E”响应，分别给定两点即作出底面。

② S（side）　确定棱锥面的侧面数。用户以“S”响应，再给定侧面数。

注意：本节所述的基本体素的绘制方法可归纳为：除圆球体和圆环体是指定半径定义外，其余体素均是先输入底面的控制尺寸，再指定立体的高度来定义的。

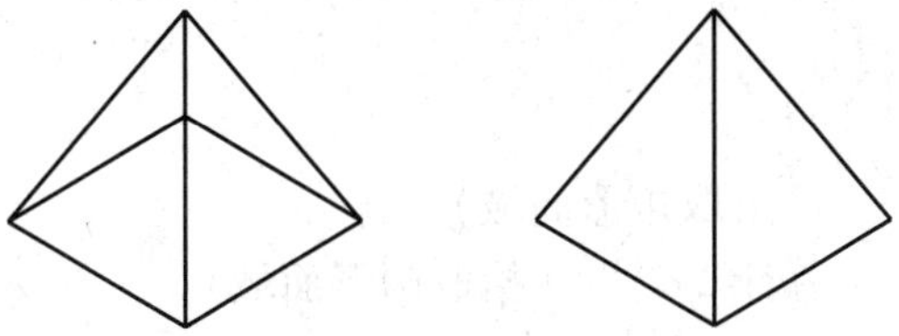

(a)消隐前　　(b)消隐后

图 7－82　棱锥面

7.16　通过拉伸创建实体

创建拉伸体的方法是将一个封闭的底面图形沿其垂直方向拉伸而成。这个拉伸对象可以是：圆、椭圆、正多边形命令画的正多边形等连续的封闭的二维图形。如果封闭图形是由多线段构成，如由直线、圆弧等命令所绘线段构成时，必须把其转换成面域，方可拉伸成实体。

7.16.1　面域的创建

7.16.1.1　等价命令

下拉菜单：绘图\ 面域　　图标：　　命令行：region

7.16.1.2 功能

由二维对象创建面域，面域是实体模型。

7.16.1.3 操作举例

[**例7－43**] 将图7－83所示的图形转换成面域。

命令：_ region

选择对象：指定对角点：找到8个 （窗选图7－83所示图形为创建面域对象）

选择对象：（回车，结束选择）

已提取3个环。

已创建3个面域。（系统提示完成面域对象创建）

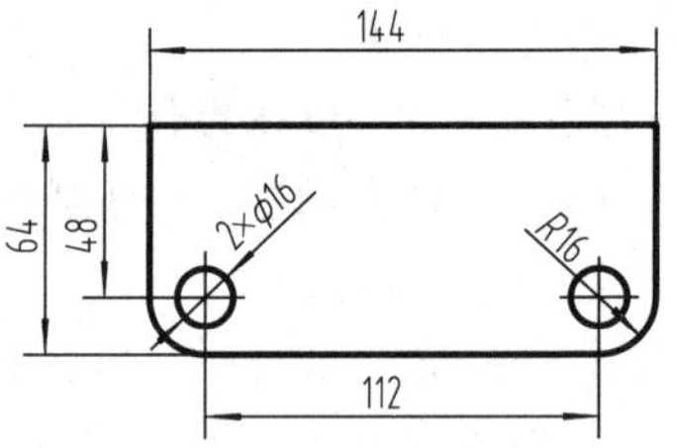

图7－83 创建面域

7.16.2 面域的布尔运算

7.16.2.1 等价命令

下拉菜单：修改\实体编辑\并集 修改\实体编辑\差集 修改\实体编辑\交集

图标：（见图7－73建模工具栏或三维建模选项板上的三维制作工具台）

命令行：union或subtract或intersect

7.16.2.2 功能

对面域进行布尔运算。

7.16.2.3 操作举例

[**例7－44**] 对图7－84（a）所示的面域进行布尔运算。

（1）并集运算

命令：_ union

选择对象：找到1个 （拾取矩形面域）

选择对象：找到1个，总计2个 （拾取圆形面域）

选择对象：[回车，两个面域合并为一个，如图7－84（b）所示]

（2）差集运算

命令：_ subtract 选择要从中减去的实体或面域...

选择对象：找到1个 （拾取矩形面域）

选择对象：（回车，结束被减面域的选择）

选择要减去的实体或面域..

选择对象：找到1个 （拾取圆形面域）

选择对象：[回车，矩形面域减去了圆形面域，如图7－84（c）所示]

（3）交集运算

命令：_ intersect

选择对象：找到1个 （拾取矩形面域）

选择对象：找到1个，总计2个 （拾取圆形面域）

选择对象：[回车，两个面域的公共部分为交集，如图7－84（d）所示]

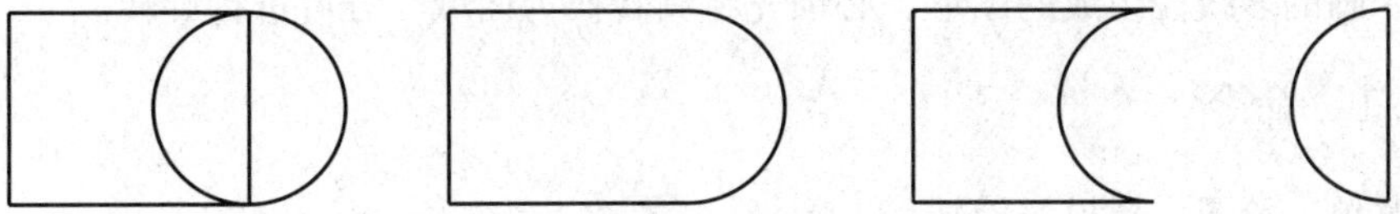

(a)原始面域　(b)并集运算　(c)差集运算　(d)交集运算

图 7－84　面域的布尔运算

7.16.3　通过拉伸创建实体

7.16.3.1　等价命令

下拉菜单：绘图\建模\拉伸　　图标：　　命令行：extrude（或 Ext）

7.16.3.2　功能

将二维对象拉伸为三维实体。拉伸对象可以是任何二维封闭多段线、多边形、圆、面域等。

7.16.3.3　操作举例

［**例 7－45**］　将图 7－83 所示面域拉伸成如图 7－85 所示底板实体。

拉伸前先对面域作差集运算，用外轮廓面域减去两个小圆面域，过程略。

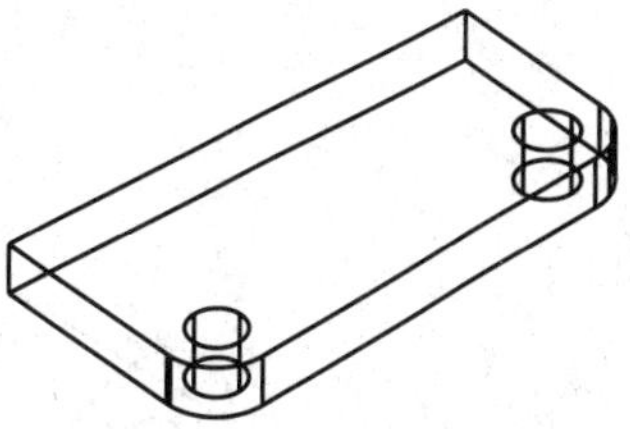

图 7－85　拉伸创建实体

命令：_ extrude

当前线框密度：ISOLINES＝4

选择要拉伸的对象：找到 1 个（拾取图 7－83 所示面域）

选择要拉伸的对象：(回车，结束拉伸对象的选择)

指定拉伸的高度或［方向（D）/路径（P）/倾斜角（T）］＜14.0000＞：14（给定底板高度 14）

提示中 P（path）选项功能为：沿指定路径拉伸对象。

注意：① 实体可拉伸成柱，若给定倾斜角 *T*（taper）也可拉伸成锥，倾角范围在 $-90° \sim +90°$之间。

② 拉伸高度为正值时，沿 *Z* 轴正向拉伸；如果为负值，则沿 *Z* 轴负向拉伸。

③ 使用指定路径拉伸时，路径与面域不能平行，二者一般在两个互相垂直的平面内。

从本节的作图中可总结出：先创建面域，然后使用交、并、差操作先将不同面域组合为较复杂的单一面域，然后再将其拉伸为三维实体，能简化创建三维实体的作图。这种方法用于有许多孔、槽结构的拉伸体，可以减少较多绘图步骤，使作图更加简单快捷。

7.17　通过旋转创建实体

通过旋转创建回转体的方法是将一个封闭的断面图形，绕与其平行的轴旋转而成。这个封闭的旋转对象即断面图形同拉伸体底面一样，必须是连续的封闭的二维图形。如果是由直线命令画的多线段组成的图形，必须先将其转换为面域，方可进行旋转。

7.17.1　命令

下拉菜单：绘图 \ 建模 \ 旋转　　图标：　　命令行：revolve

7.17.2　功能

将封闭二维对象绕轴旋转为回转体。

7.17.3　操作举例

（1）［**例 7－46**］　将图 7－86（a）所示面域通过绕轴的 *A*、*B* 两端点旋转成回转体，如图 7－86（b）、（c）所示。

命令：_ revolve

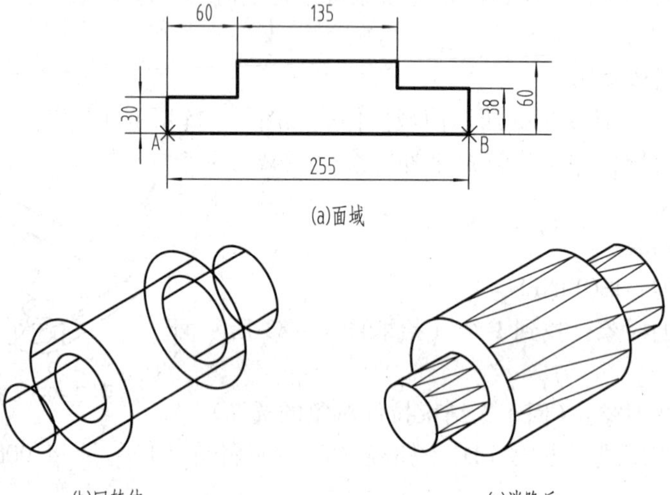

(a)面域

(b)回转体　　(c)消隐后

图 7－86　旋转创建实体

当前线框密度：ISOLINES = 4

选择要旋转的对象：找到 1 个［拾取图 7－86（a）所示面域］

选择要旋转的对象：（回车，结束选择）

指定轴起点或根据以下选项之一定义轴［对象（O）/X/Y/Z］＜对象＞：（捕捉*A* 点）

指定轴端点：（捕捉 *B* 点）

指定旋转角度或［起点角度（ST）］＜360＞：（回车，选取默认项 360°）

（2）提示中各选项功能

① O（objects）　选择现有的直线或多段线中的单条线段为旋转轴。

② X（asix）\ Y（asix）　使用当前坐标系的 *X* 或 *Y* 轴作为旋转轴。

要确定绕某个轴旋转的正方向，可用右手原则。即大拇指指向该轴的正方向，弯曲的 4 个手指即是绕该轴旋转的正方向，如图 7－87 所示。

图 7－87　确定正旋转方向

7.18　三维实体基本编辑

AutoCAD 提供了各种形式的基本编辑命令，如在编辑二维图形中所使用的删除、移动、复制等命令，这些命令均可用于编辑三维实体模型。此外，本节还将介绍三维阵列、三维旋转、三维镜像、对齐及对实体倒角、倒圆角等专门适用于三维实体的编辑命令，使用这些编辑功能可对三维实体进行复杂的编辑。

本节通过几个实例，学习使用对三维实体进行基本编辑的操作。

7.18.1　三维阵列

7.18.1.1　等价命令

下拉菜单：修改 \ 三维操作 \ 三维阵列　　　　命令行：3darray

7.18.1.2　功能

将指定对象在三维空间实现矩形或环形阵列。

7.18.1.3　操作举例

（1）矩形阵列

［**例 7－47**］　将图 7－88（b）所示底板中的小圆柱阵列为图 7－88（c）所示。

注意：图 7－88（a）尺寸为底板表面形状尺寸，底板高度为 8。表面形状及左下角小圆画好后，创建成面域，不要进行差集运算，拉伸为底板和小圆柱两个实体后，再对小圆柱实体进行矩形阵列。

命令：_ 3darray

选择对象：找到 1 个（拾取欲阵列的实体对象小圆柱）

选择对象：（回车，结束选择）

输入阵列类型［矩形（R）/环形（P）］＜矩形＞：（回车，选默认项矩形阵列）

输入行数（－－－）＜1＞：2（输入行数 2，行沿着 y 方向）

输入列数（｜｜｜）＜1＞：2（输入列数 2，列沿着 x 方向）

输入层数（...）＜1＞：1（输入层数 1，层沿着 z 方向

指定行间距（－－－）：60（输入行间矩 60）

指定列间距（｜｜｜）：96（输入列间矩 96）

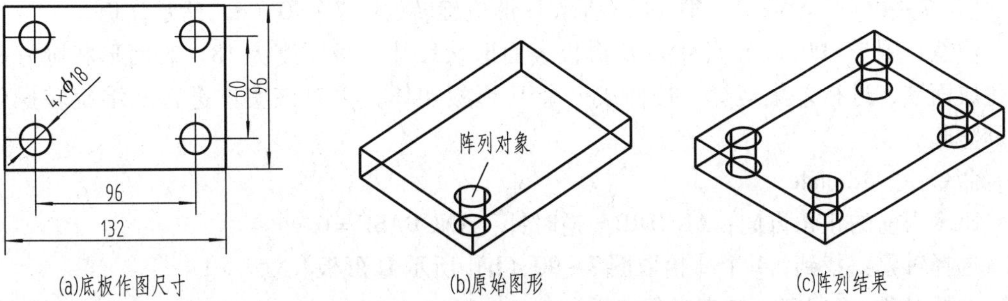

(a)底板作图尺寸　　(b)原始图形　　(c)阵列结果

图 7－88　三维阵列之矩形阵列

(2) 环形阵列

[例 7-48] 将图 7-89(a)所示图形环形阵列为图 7-89(b)所示。

注意:底板表面的大、小圆画好后,直接拉伸为大圆柱和小圆柱两个实体后,再对小圆柱实体进行环形阵列。

命令:_ 3darray

选择对象:找到 1 个(拾取阵列实体对象小圆柱)

选择对象:(回车,结束选择)

输入阵列类型 [矩形(R)/环形(P)] <矩形>:p(选择环形阵列)

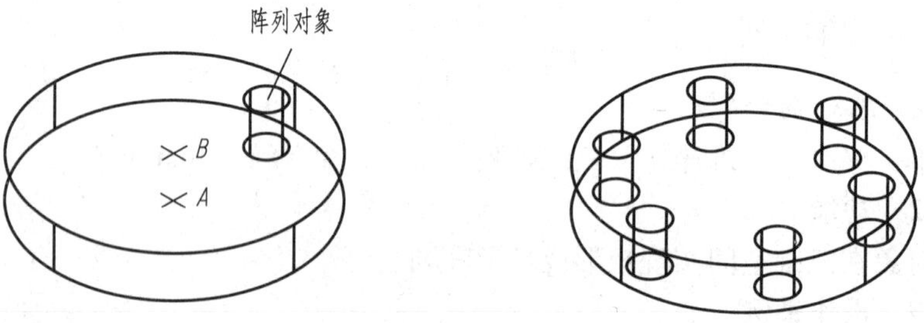

(a)原始图形　　(b)阵列结果

图 7-89　三维阵列之环形阵

输入阵列中的项目数目:6(输入阵列对象数目,包括源对象共 6 个)

指定要填充的角度(+=逆时针,-=顺时针)<360>:(回车,默认 360°)

旋转阵列对象?[是(Y)/否(N)] <Y>n(不旋转)

指定阵列的中心点:(捕捉大圆柱底圆圆心点 *A*)

指定旋转轴上的第二点:(捕捉大圆柱顶面圆心点 *B*)

7.18.2　三维旋转

7.18.2.1　等价命令

下拉菜单:修改\三维操作\三维旋转　　　命令行:rotate3D

7.18.2.2　功能

将指定的对象绕空间轴旋转到新的位置。

7.18.2.3　操作举例

[例 7-49] 将图 7-90(b)所示 U 形板旋转为图 7-90(c)所示立板。

注意:图 7-90(a)尺寸为 U 形板表面形状尺寸,板厚度为 18。表面形状画好后,创建成面域,进行差集运算,拉伸成一个 U 形板实体,再对该实体进行三维旋转操作,使其竖起。

命令:_ 3drotate

UCS 当前的正角方向:ANGDIR=逆时针　ANGBASE=0

选择对象:找到 1 个 [拾取图 7-90(b)所示 U 形板]

选择对象:(回车,结束对象选择)

指定基点:(此时绘图窗口出现一个球形坐标,捕捉四边形长边中点 *A*,使坐标球心

移至点 *A*）

拾取旋转轴：（球形坐标中的红色环代表 *X* 轴，绿色环代表 *Y* 轴，蓝色环代表 *Z* 轴。单击绿色环，此时出现一条平行 *Y* 轴的绿线）

指定角的起点或键入角度：90（输入绕 *Y* 轴旋转的角度）

正在重生成模型。（U 形板旋转立起）

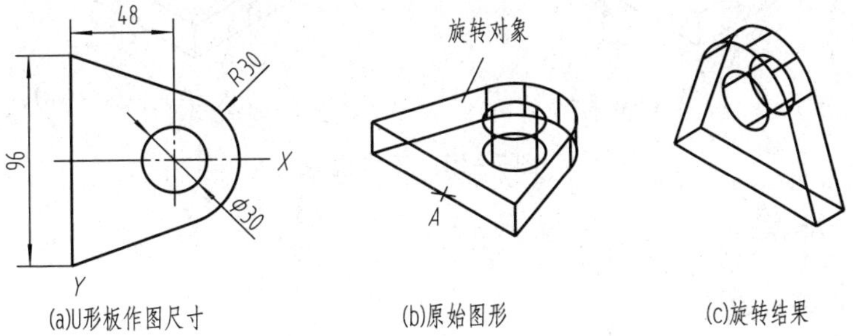

图 7－90　三维旋转

7.18.3　三维镜像

7.18.3.1　等价命令

下拉菜单：修改 \ 三维操作 \ 三维镜像　　　　命令行：　mirror3d

7.18.3.2　功能

将指定的对象在三维空间相对某一平面镜像。

7.18.3.3　操作举例

（1）**［例 7－50］**　将图 7－91（a）所示图形镜像为图 7－91（b）所示。图 7－91（a）尺寸参考 7.21 节图 7－98。

命令：_ mirror3d

选择对象：找到 1 个［拾取图 7－91（a）竖板］

选择对象：（回车，结束对象选择）

指定镜像平面（三点）的第一个点或［对象（O）/最近的（L）/Z 轴（Z）/视图（V）/XY 平面（XY）/YZ 平面（YZ）/ZX 平面（ZX）/三点（3）］＜三点＞：3（选默认项，以三点方式确定镜像面）

在镜像平面上指定第一点：在镜像平面上指定第二点：在镜像平面上指定第三点：［捕捉图 7－91（a）底板下表面前边线中点 *A* 作为第一点，捕捉底板上表面前边线中点 *B* 作为第二点，捕捉底板上表面后边线中点 *C* 作为第三点］

是否删除源对象？［是（Y）/否（N）］＜否＞：（回车，不删除源对象。完成作图）

（2）命令中常用选项功能及操作

① Z（zaxis）　通过确定镜像面上的法线来确定镜像面。如本例的镜像面平行 *YZ* 面，可确定点 *A* 及平行 *X* 轴的任一点（如点 *D*），即 *AD* 线作为镜像面的法线。

② XY/YZ/ZX　这三项分别表示用与当前坐标系 *XY*、*YZ*、*ZX* 平行的平面作为镜像面。如本例也可选 *YZ* 选项为镜像面，用拾取 *B* 点来响应“指定 YZ 平面上的点”，回车完成作图。

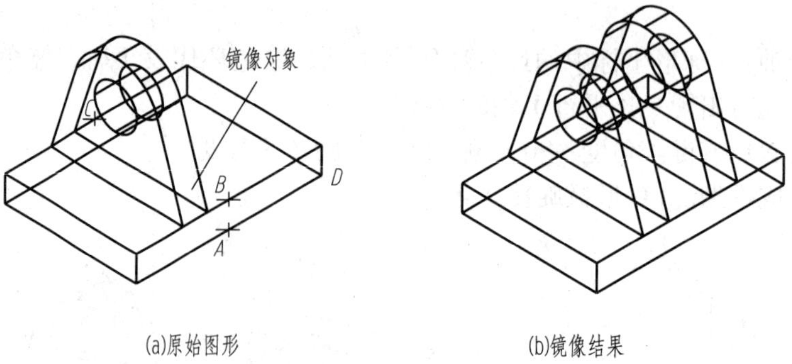

图 7 - 91　三维镜像

7.18.4　对齐

7.18.4.1　等价命令

下拉菜单：修改 \ 三维操作 \ 对齐　　　　命令行：align

7.18.4.2　功能

移动指定的对象（源对象），并使它与某个对象（目标对象）对齐。

7.18.4.3　操作举例

［例 7 - 51］　将图 7 - 92（a）所示图形对齐为图 7 - 92(d)所示，作图见图 7 - 92（d）。

命令：_ align

选择对象：找到 1 个（选择楔体）

选择对象：(回车，结束对象选择)

指定第一个源点：(捕捉楔体上点 A)

指定第一个目标点：(捕捉长方体上点 A′)

指定第二个源点：(捕捉楔体上点 B)

指定第二个目标点：(捕捉长方体上点 B′)

指定第三个源点或 <继续>：(捕捉楔体上点 C)

指定第三个目标点（捕捉长方体上点 C′)

注意：① 可以只选取一对或者二对对应点，但最多可选取三对对应点。

② 三种方式功能区别为：

选取一对对应点时，本命令相当于移动（move)，如图 7 - 92（b）所示。

选取二对或三对对应点时，本命令相当于移动（move)、旋转（rotate）和三维旋转（rotate3d）命令的组合运用，如图 7 - 92（b)、(c）所示。

③ 此命令既适用于二维对象，也适用于三维对象。

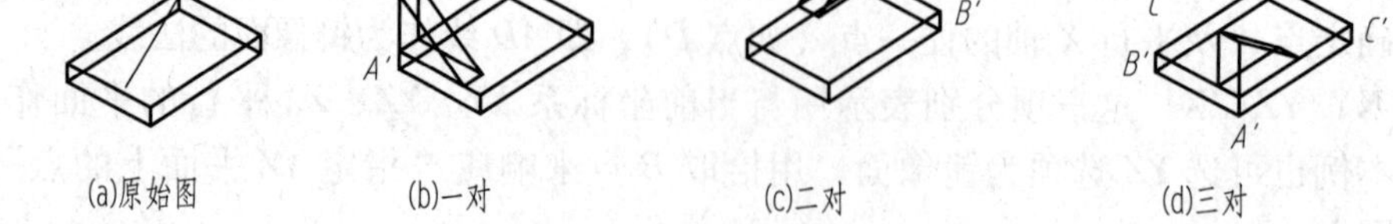

图 7 - 92　对齐及三种对齐方式

7.19　三维实体的倒角和圆角

在三维实体修改中，对三维实体倒角、倒圆角的命令同二维一样，仍用 chamfer、fillet，但操作有所不同。以下分别以实例方式予以介绍。

7.19.1　实体倒角

7.19.1.1　等价命令

下拉菜单：绘图 \ 倒角　　图标：　　命令行：chamfer

7.19.1.2　功能

对实体棱边倒角，在两个相邻的曲面间生成一个平坦的过渡面。

7.19.1.3　操作举例

[例 7 –52]　对图 7 –93（a）所示轴的 *A*、*B*、*C*、*D* 边倒角，成为图 7 –93（b）所示。

命令：_ chamfer

（“修剪”模式）当前倒角距离 1 =0. 0000，距离 2 =0. 0000

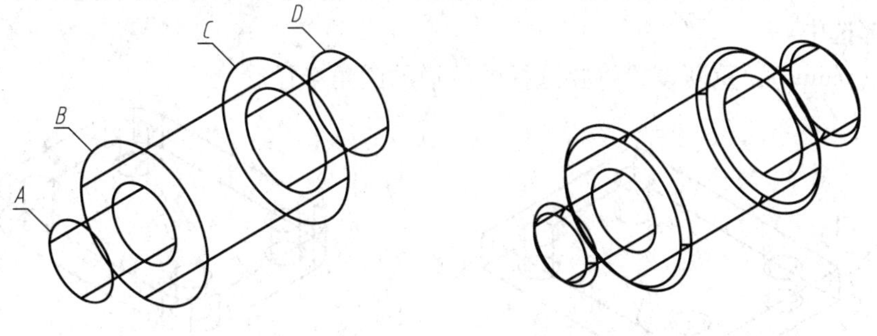

(a)原始图形　　(b)倒角结果

图 7 –93　实体倒角

选择第一条直线或［放弃（U）/多段线（P）/距离（D）/角度（A）/修剪（T）/方式（E）/多个（M）］：（拾取边 *A*）

基面选择...（此时边 *A* 所在的圆柱面虚显）

输入曲面选择选项［下一个（N）/当前（OK）］<当前（OK）>：（回车，以当前的圆柱面作为基面）

指定基面的倒角距离：1（指定基面的倒角距离为 1）

指定其他曲面的倒角距离 <1. 0000>：（回车，指定其他曲面的倒角距离也为 1）

选择边或［环（L）］：（拾取边 *A*，回车后即实现对边 *A* 的倒角）

用相同方法对 *B*、*C*、*D* 边倒角。

7.19.2　实体圆角

7.19.2.1　等价命令

下拉菜单：绘图 \ 圆角　　图标：　　命令行：fillet

7.19.2.2　功能

对实体棱边倒圆角，在两个相邻面间生成一个圆滑过渡的曲面。

7.19.2.3　操作举例

（1）［**例 7－53**］　对图 7－94（a）所示的底板倒圆角为图 7－94（b）所示。底板尺寸见图 7－88。

命令：_ fillet

当前设置：模式 = 修剪，半径 = 16.0000

选择第一个对象或［放弃（U）/多段线（P）/半径（R）/修剪（T）/多个（M）］：（拾取边 *A*）

输入圆角半径 <16.0000>：18（输入圆角半径 18）

选择边或［链（C）/半径（R）］：（拾取边 *B*）

选择边或［链（C）/半径（R）］：（拾取边 *C*）

选择边或［链（C）/半径（R）］：（拾取边 *D*）

选择边或［链（C）/半径（R）］：（回车）

（2）命令中常用选项功能

① C（chain）：选择具有相切关系即倒圆角的多条边首尾相切的棱边中的一条，可将其他边全部选中。

② R（radius）：重新设置将要选择的棱边的圆角半径。

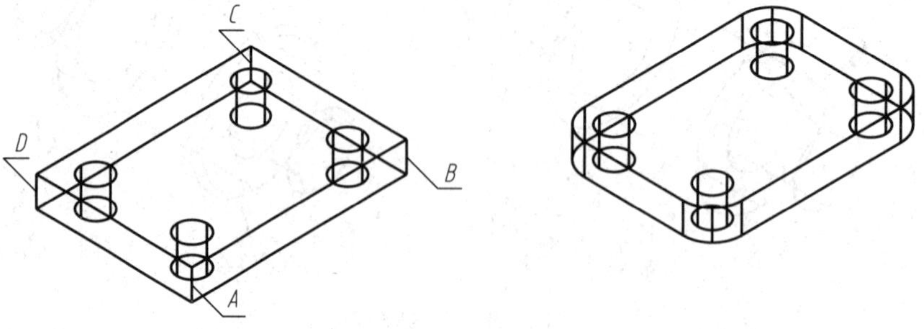

(a)圆角边选择　　(b)圆角结果

图 7－94　实体圆角

7.20　三维实体的布尔运算

三维绘图中，一个复杂的实体模型往往不能一次生成，同画组合体一样，要先进行形体分析，把复杂实体分解成相对简单的实体和基本体，再确定组合体生成方法，通过布尔运算组合而成。三维实体布尔运算的命令及使用方法与二维的相同，不同的是对象为多个三维实体，是对它们求交、并、差集的运算，使多个实体最终创建成复杂的组合体。本节将通过几个实例来学习这些基本运算。

7.20.1　对三维实体求并集

7.20.1.1　等价命令

下拉菜单：修改 \ 实体编辑 \ 并集　　图标：　　命令行：union

7.20.1.2 功能

对三维实体进行并集运算，使多个实体组合生成一个新实体。

7.20.1.3 操作举例

[**例 7－54**] 对图 7－95（a）所示的圆锥体和圆柱体进行并集运算，生成图 7－95（b）所示新实体。

命令：_ union

选择对象：找到 1 个（拾取圆柱体）

选择对象：找到 1 个，总计 2 个（拾取圆锥体）

选择对象：（回车，生成新实体）

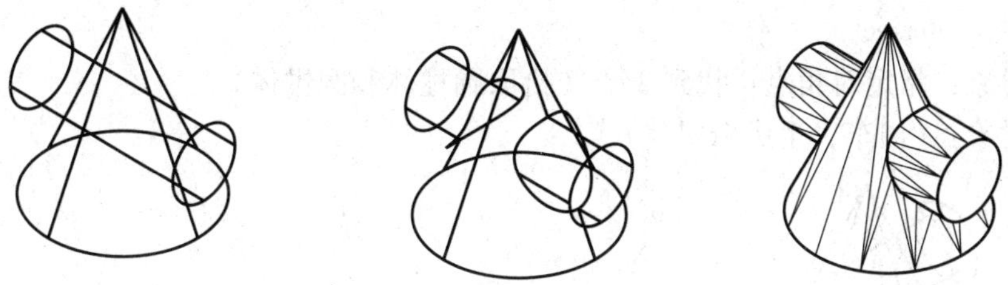

(a)作并集的实体　　(b)求并集后的效果　　(c)消隐后

图 7－95　对三维实体求并集

7.20.2 对三维实体求差集

7.20.2.1 等价命令

下拉菜单：修改 \ 实体编辑 \ 差集　　图标：　　命令行：subtract

7.20.2.2 功能

从一组实体（一个或多个）减去另一组实体，形成一个新实体。

7.20.2.3 操作举例

[**例 7－55**] 对图 7－96（a）所示的圆锥体和圆柱体进行差集运算，生成图 7－96（b）所示新实体。

命令：_ subtract 选择要从中减去的实体或面域...

选择对象：找到 1 个（拾取圆锥体作为被减实体）

选择对象：（回车，结束被减实体的选择）

选择要减去的实体或面域..

选择对象：找到 1 个（拾取圆柱体作为要减去的实体）

选择对象：（回车，生成新实体）

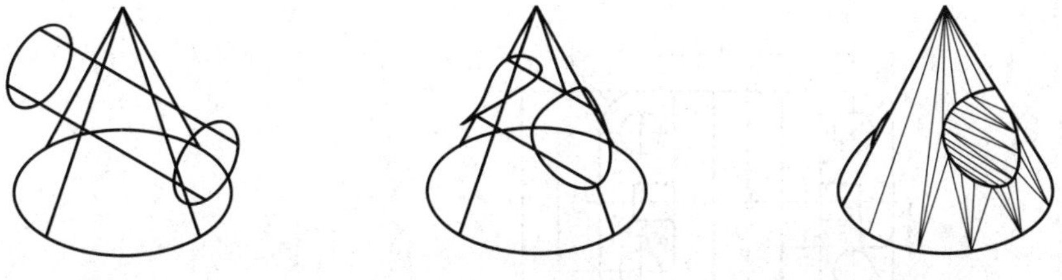

(a)作差集的实体　　(b)求差集后的效果　　(c)消隐后

图 7－96　对三维实体求差集

7.20.3　对三维实体求交集

7.20.3.1　等价命令

下拉菜单：修改 \ 实体编辑 \ 差集　　图标：　　命令行：subtract

7.20.3.2　功能

用参与差集运算的各实体的公共部分创建一个新实体。

7.20.3.3　操作举例

[**例 7 – 56**]　对图 7 – 97（a）所示的圆锥体和圆柱体进行交集运算，生成图 7 – 97（b）所示新实体。

命令：_ intersect

选择对象：指定对角点：找到 2 个（拾取圆柱体和圆锥体）

选择对象：（回车，生成新实体）

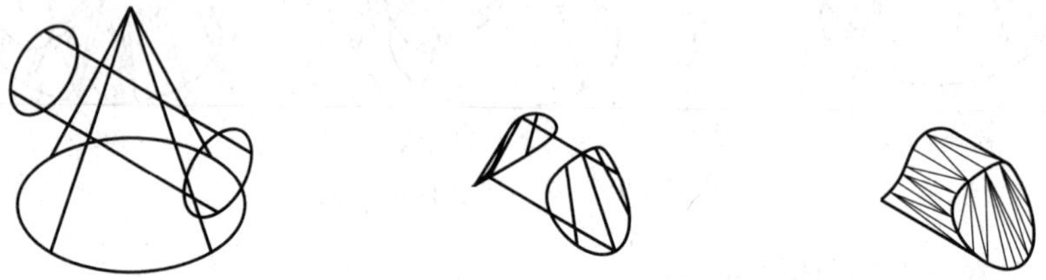

(a)作交集的实体　　(b)求交集后的效果　　(c)消隐后

图 7 – 97　对三维实体求交集

7.21　创建组合体实例

[**例 7 – 57**]　根据图 7 – 98 所示组合体的三视图及尺寸，创建其三维实体模型，如图7 – 99所示。

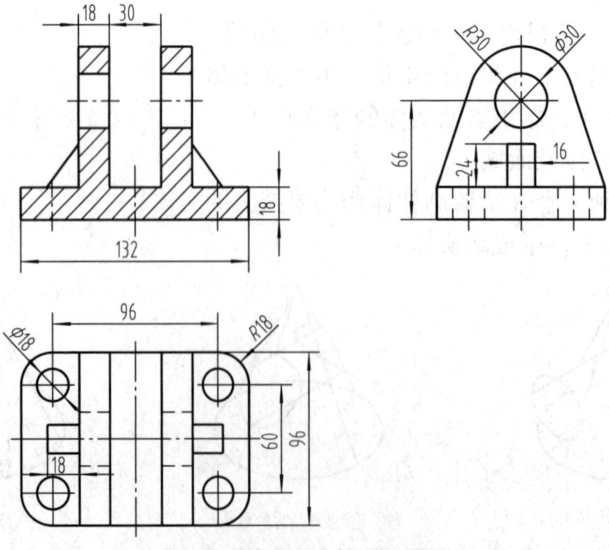

图 7 – 98　组合体三视图

7.21.1　对组合体进行形体分析

经过对图 7－98 三视图读图分析，已知组合体是由底板、立板和肋板三大部分组成，经过移动、三维旋转、对齐、三维镜像等编辑方法，初步形成叠加体；再进一步进行并集运算，最后生成一个完整的组合体实体模型。分析过程及最后结果如图 7－99 所示。

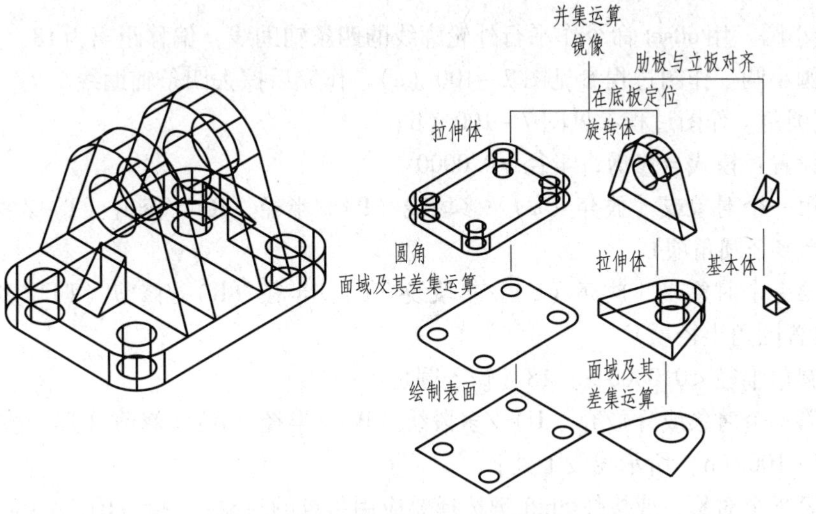

图 7－99　创建组合体实体模型及形体分析

7.21.2　绘制底板、立板及肋板

7.21.2.1　绘制底板

底板可用对面域拉伸或对基本体编辑两种方法创建。

对基本体编辑的方法是：根据图 7－98 底板尺寸先创建长方体和小圆柱体两个基本体，然后进行三维阵列、倒圆角，最后对长方体和四个小圆柱进行差集运算。其作图方法参考 7.18.1“三维阵列”之矩形阵列［例 7－47］，和 7.19.2“实体圆角”内容及［例 7－53］；过程略。

本例使用更为简捷的创建面域、对面域进行差集运算、再进行拉伸的方法创建底板。作法如图 7－100 所示。

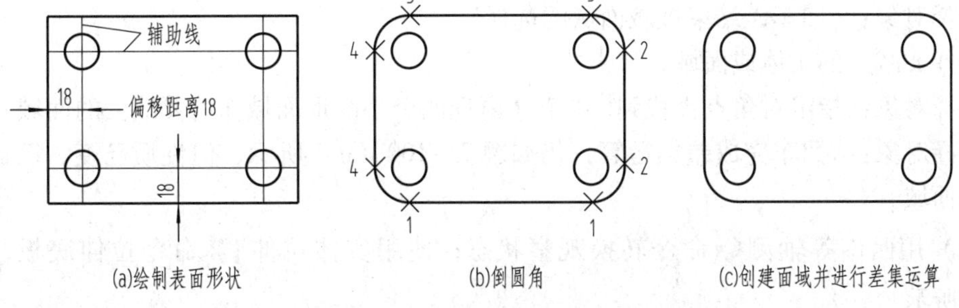

图 7－100　创建底板表面面域

具体步骤如下：

（1）使用画线 line、偏移 offset、画圆 circleh 和倒圆角 fille 命令绘出底板表面特征形状，如图 7－100（a）所示；用圆角 fille 命令倒圆角，如图 7－100（b）所示；再用面域 region命令创建面域并进行差集运算，如图 7－100（c）所示。

① 绘四边形　用 plan 命令切回到 *XY* 平面作图，用 line 命令按图示尺寸绘出四边形。过程略。

② 绘小圆　用 offset 命令作平行外轮廓线的四条辅助线，偏移距离为 18，定出四个小圆圆心，画小圆。作图过程参见图 7－100（a）。作完后擦去四条辅助线。

③ 倒圆角　作图过程参见图 7－100（b）。

当前设置：模式 = 修剪，半径 = 0.0000

选择第一个对象或［放弃（U）/多段线（P）/半径（R）/修剪（T）/多个（M）]：m（选择倒多个圆角项）

选择第一个对象或［放弃（U）/多段线（P）/半径（R）/修剪（T）/多个（M）]：r（选择设置圆角半径项）

指定圆角半径 <0.0000>：18（输入圆角半径 18）

选择第一个对象或［放弃（U）/多段线（P）/半径（R）/修剪（T）/多个（M）]：［拾取图 7－100（b）所示线段 1 处］

选择第二个对象，或按住 Shift 键选择要应用角点的对象：［拾取图 7－100（b）所示线段 2 处］

…（顺次拾取线段 2、3、3、4、4、1、1、2 处，来响应选择对象的提示，最后回车完成倒圆角）

④创建面域　图形见图 7－100（c）。

命令：_ region

选择对象：指定对角点：找到 12 个［窗选图 7－100（b）所示图形］

选择对象：（回车，结束对象的选择）

已提取 5 个环。

已创建 5 个面域。（提示已创建大小 5 个面域）。

⑤ 对面域进行差集运算　如图 7－100（c）所示。

命令：_ subtract 选择要从中减去的实体或面域...

选择对象：找到　1 个（拾取矩形面域为被减的面域）

选择对象：（回车，结束被减面域的选择）

选择要减去的实体或面域..

选择对象：指定对角点：找到　4 个（窗选四个小圆形面域作为要减去的面域）

选择对象：［回车完成差集运算，仍如图 7－100（c）所示，但性质已变，已成为一个复杂面域］

（2）用西南等轴测命令转换观察状态；使用实体拉伸命令拉伸底板，如图 7－101所示。

下拉菜单：视图\ 三维视图\ 西南等轴测

命令：_ extrude

当前线框密度：ISOLINES = 4

选择要拉伸的对象：找到 1 个［拾取图 7 - 100（c）所示进行过差集运算的面域］

选择要拉伸的对象：(回车，结束对象的选择)

指定拉伸的高度或［方向（D）/路径（P）/倾斜角（T）］<4.5000>：18（输入底板高度 18）

完成了底板模型的创建，再用西南等轴测命令观察，如图 7 - 101 所示。

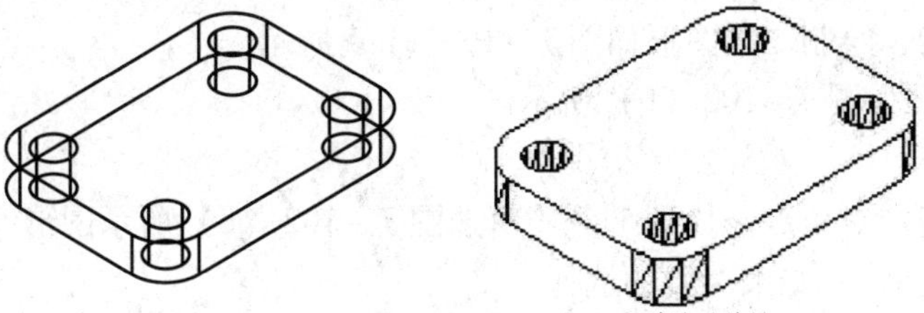

(a)拉伸成底板　　(b)消隐后效果

图 7 - 101　底板实体模型

注意：若下步作图要绘制二维图形，可用 plan 命令切回到 *XY* 平面作图，也可直接在等轴测状态下作图。

7.21.2.2　绘制立板

立板的创建同底板一样，也可用对面域拉伸或对基本体编辑两种方法创建。本例采用较简单的拉伸面域创建立板的方法，如图 7 - 102 所示。绘图步骤如下：

(1) 使用画圆、画线、修剪、面域及差集等画图和编辑命令，并设置圆心、切点捕捉等绘图辅助命令来创建图 7 - 102 所示复杂面域。

① 用 plan 命令切回到 *XY* 平面作图，极轴打开，绘制二维图形如图 7 - 102（a）所示。

命令：_ line 指定第一点：(任意拾取一点 *A*)

指定下一点或［放弃（U）］：96（给定下一点 *B*）

指定下一点或［放弃（U）］：(回车)

命令：_ line 指定第一点：(拾取 *AB* 线中点 *C*)

指定下一点或［放弃（U）］：48（给定下一点 *D*）

命令：_ circle 指定圆的圆心或［三点（3P）/两点（2P）/相切、相切、半径（T）］：(捕捉点 *D*)

指定圆的半径或［直径（D）］：30

重复画圆命令，画出与大圆同心的 $\phi30$ 小圆。过程略。

命令：_ line 指定第一点：(拾取点 *A*)

指定下一点或［放弃（U）］：(捕捉大圆上切点 *E*)

指定下一点或［放弃（U）］：(回车，完成切线 *AE* 的绘制)

回车并重复画线命令，作出另一条切线 *BF*。过程略。

擦除辅助线 *CD*。修剪作图过程如图 7 - 102（a）所示。

命令：_ trim

当前设置：投影 = UCS，边 = 无

选择剪切边...

选择对象或 <全部选择>：找到 1 个（拾取切线 *AE*）

选择对象：找到 1 个，总计 2 个（拾取切线 *BF*）

选择对象：（回车，结束剪切边界的选择）

选择要修剪的对象，或按住 Shift 键选择要延伸的对象，或［栏选（F）/窗交（C）/投影（P）/边（E）/删除（R）/放弃（U）］：（拾取大圆内侧）

回车完成剪切，绘制二维图形如图 7－102（b）所示。

② 创建面域　如图 7－102（b）所示。

命令：_ region

选择对象：指定对角点：找到 5 个［窗选图 7－102（b）所示图形］

选择对象：（回车，结束对象的选择）

已提取 2 个环。

已创建 2 个面域。（提示已创建两个面域）

③ 用布尔运算创建复杂面域　如图 7－102（b）所示。

命令：_ subtract 选择要从中减去的实体或面域...

选择对象：找到 1 个（拾取外轮廓作为被减面域对象）

选择对象：（回车，结束被减对象的选择）

选择要减去的实体或面域..

选择对象：找到 1 个（拾取小圆作为要减去的面域）

选择对象：（回车，完成复杂面域的创建）

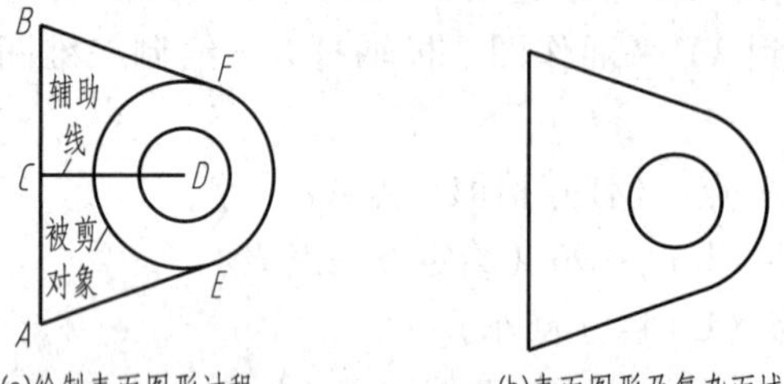

(a)绘制表面图形过程　(b)表面图形及复杂面域

图 7－102　创建立板表面复杂面域

（2）用西南等轴测命令转换观察状态；再用实体拉伸命令，创建立板如图 7－103所示。

命令：_ extrude

当前线框密度：ISOLINES = 4

选择要拉伸的对象：找到 1 个（拾取复杂面域为拉伸对象）

选择要拉伸的对象：（回车，结束拉伸对象的选择）

指定拉伸的高度或［方向（D）/路径（P）/倾斜角（T）］：18（给定拉伸高度）

（3）使用三维旋转 rotate3d 命令，将立板绕 *Y* 轴旋转竖起，如图 7－104 所示。

作图方法同 7.18.2 “三维旋转”［例 7－49］。过程略。

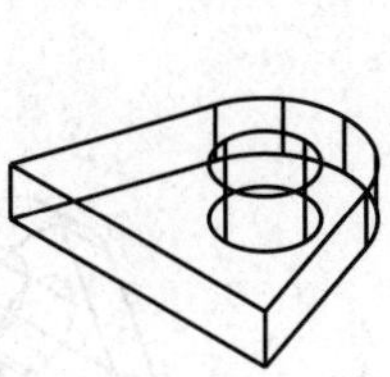

图 7 - 103　创建拉伸立板

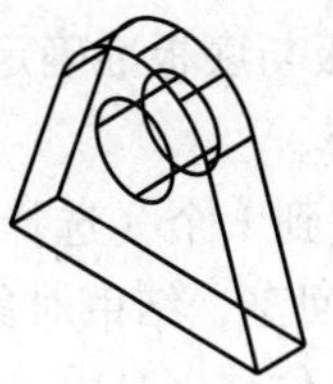

图 7 - 104　旋转立板

7.21.2.3　创建肋板

肋板为楔体，用创建楔体命令作出图 7 - 105 所示图形。

命令：_ wedge

指定第一个角点或［中心（C）］：（任意拾取一点）

指定其他角点或［立方体（C）/长度（L）］：@18，16（指定底面矩形另一角点）

指定高度或［两点（2P）］ <24.0000>：24（输入高度，完成肋板实体模型创建）

图 7 - 105　创建肋板实体模型

我们可用三维旋转操作来编辑肋板，使肋板绕 Z 轴旋转 180°至适当方向，但本例以下建模中将要使用对齐操作来编辑助板，使其准确定位。请注意对比两种方法的不同特点。

7.21.3　编辑各实体并进行布尔运算

7.21.3.1　编辑实体

使用移动、对齐 align、三维镜像 mirror3d 等编辑命令创建组合体，步骤如下：

① 打开极轴追踪、对象捕捉和对象追踪，移动立板与底板叠加，如图 7 - 106 所示。

命令：_ move

选择对象：找到 1 个（拾取立板）

选择对象：（回车，结束对象的选择）

指定基点或［位移（D）］ <位移>：（捕捉立板底面矩形右部长边中点 *M*）

指定第二个点或 <使用第一个点作为位移>：（极轴追踪底板上表面左侧边棱中点 *A*，再追踪其右侧边棱中点 *B*，此时追踪线平行 *X* 轴；同样，追踪底板上表面前边棱中点 *C*，再追踪其后侧边棱中点 *D*，此时追踪线平行 *Y* 轴；沿着两条虚显的追踪线，慢慢向上表面的中心移动，两条跟追踪线相交处即为上表面中心点 *M*，拾取确认）

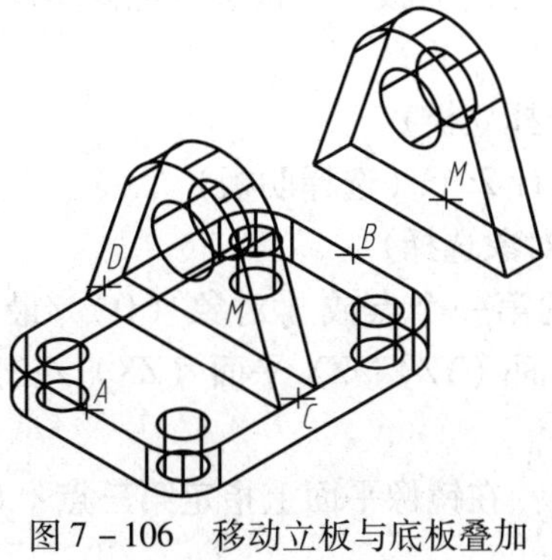

图 7 - 106　移动立板与底板叠加

② 再左移立板与底板准确定位，如图 7－107 所示。

命令：_ move

选择对象：找到 1 个（选择立板）

选择对象：（回车，结束对象选择）

指定基点或［位移（D）］ <位移>：（捕捉底板上表面前边棱中点 *C*）

指定第二个点或<使用第一个点作为位移>：@ －15，0，0（沿 *X* 轴负向移动 15 至点 *N*）

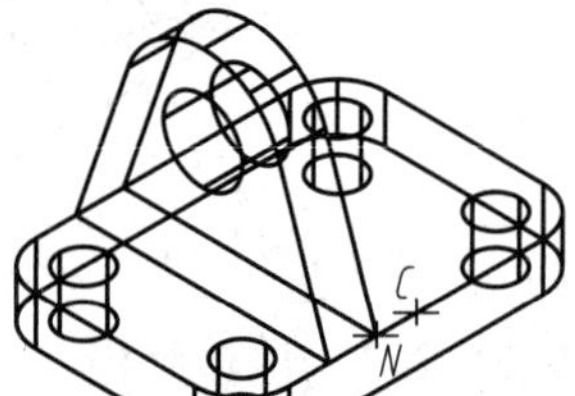

图 7－107　移动立板与底板定位

③ 用对齐 align 命令将肋板叠加在底板上，如图 7－108所示。

命令：_ align

选择对象：找到 1 个（拾取肋板）

选择对象：（回车，结束对象选择）

指定第一个源点：（捕捉肋板底面左边棱中点 *A*）

指定第一个目标点：（捕捉立板底面左边棱中点 *A′*）

指定第二个源点：（捕捉肋板底面左边棱后端点 *B*）

指定第二个目标点：（捕捉立板底面左边棱前端点 *B′*）

指定第三个源点或<继续>：（捕捉肋板底面右边棱中点 *C*）

指定第三个目标点（捕捉底板上表面左边棱中点 *C′*）

从肋板的定位操作中可以看出，对齐命令结合了移动、旋转命令，使作图更加简化。对齐在三维编辑中是一个常用的命令。

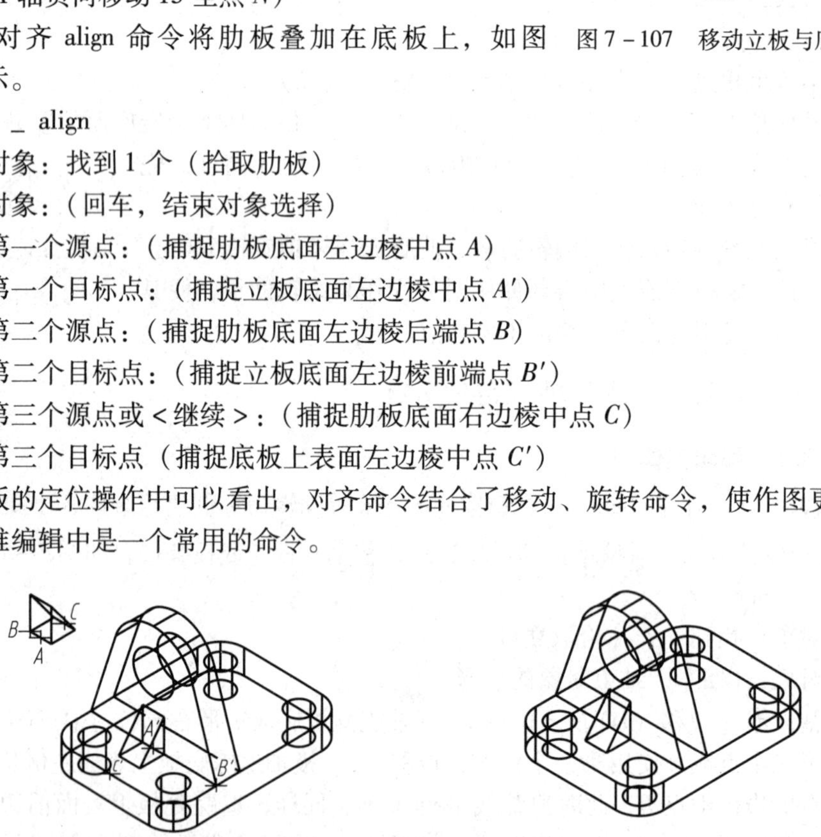

图 7－108　肋板与底板对齐

④ 用三维镜像 mirror3d 命令对立板、肋板进行镜像操作，如图 7－109（a）所示。

命令：_ mirror3d

选择对象：找到 1 个（选择立板）

选择对象：找到 1 个，总计 2 个（选择肋板）

选择对象：（回车，结束对象选择）

指定镜像平面（三点）的第一个点或［对象（O）/最近的（L）/Z 轴（Z）/视图（V）/XY 平面（XY）/YZ 平面（YZ）/ZX 平面（ZX）/三点（3）］ <三点>：（捕捉底板上表面后边棱中点 *A*）

在镜像平面上指定第二点：在镜像平面上指定第三点：（捕捉底板上表面前边棱中点 *B* 及下表面前边棱中点 *C*）

是否删除源对象？［是（Y）/否（N）］<否>：（回车，结束作图）

7.21.3.2 进行布尔运算

对组合叠加体进行并集运算生成组合体实体模型，如图 7－109（a）所示。

命令：_ union

选择对象：指定对角点：找到 5 个（窗选底板、两立板、两肋板；回车，生成组合体实体模型）

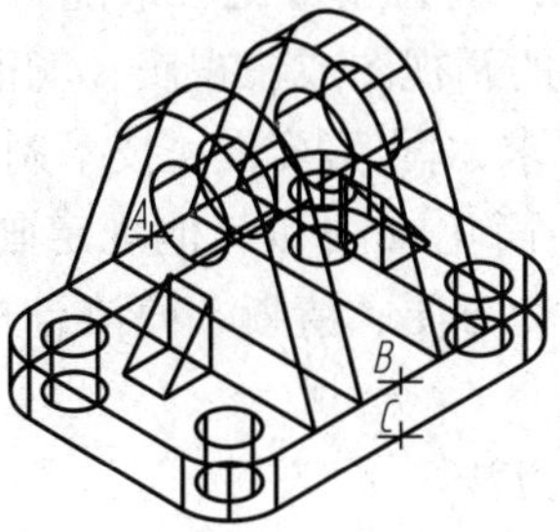

(a)三维镜像及并集运算

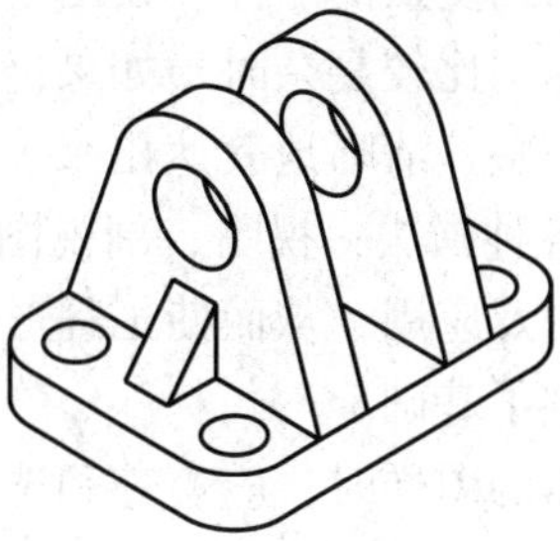

(b)消隐后效果

图 7－109 三维镜像及并集运算生成组合体

第 8 章　工程形体的图样画法

在我们前面所学的视图表达中，可见的轮廓线用实线表示，不可见的轮廓线用虚线表示，对于内部结构复杂的零件，视图中的虚线较多，就会显得比较杂乱。在实际生产中，物体的形状和结构比较复杂时，如果仍用前面所讲的两视图或三视图，就很难把它们的内外形状准确、完整、清晰地表达出来。为了满足要求，国家标准《技术制图》、《机械制图》中规定了各种画法：视图、剖视图、断面图、简化画法和其他规定画法等工程形体的常用表达方法及应用，从而使工程形体的表达更为方便、清晰、简洁，并为工程图样的绘制及阅读提供了基础。

在绘制物体的图样时，应遵守和选用这些表达方法。

8.1　视　　图

视图是根据有关标准和规定，用正投影法所绘制出的物体图形。视图通常有基本视图、向视图、局部视图和斜视图四种。

8.1.1　基本视图

物体向基本投影面投射所得的视图，称为基本视图。

在原有三个投影面的基础上，再增设三个投影面，组成一个正六面体。国标中规定正六面体的六个面为基本投影面，各投影面的展开方式见图 8－1（a），基本视图的配置关系见图 8－1（b）。这六个基本视图，除了我们前面讲过的主视图、俯视图、左视图外，

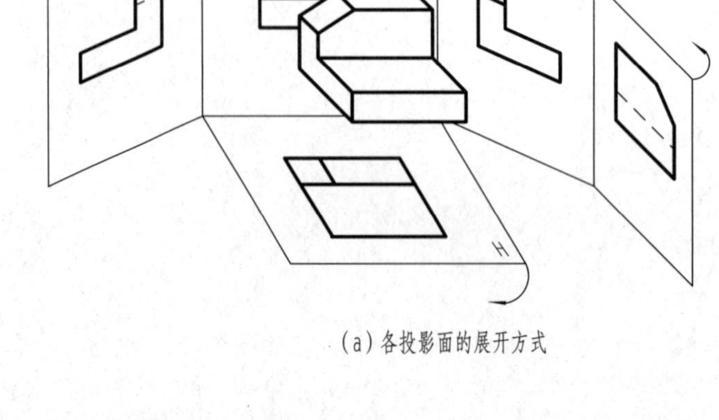

(a) 各投影面的展开方式

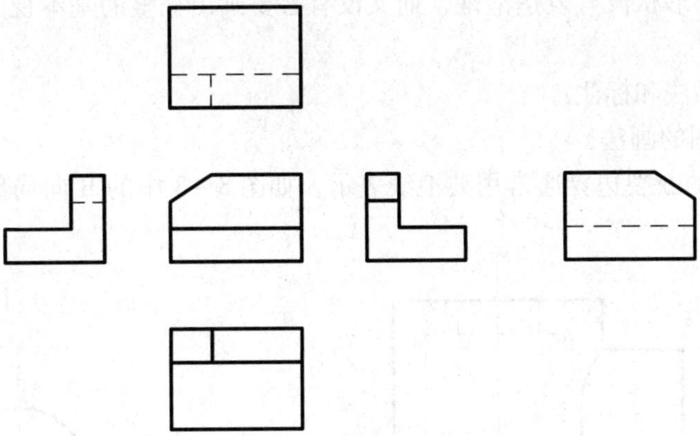

(b) 基本视图的配置

图 8－1　视图

还有：由右向左投射所得的右视图，由下向上投射所得的仰视图和由后向前投射所得的后视图。六个基本视图之间仍应保持“长对正、高平齐、宽相等”的对应关系。在同一张图纸内，按图 8－1（b）配置视图时，一律不标注视图的名称。

8.1.2　向视图

不按基本视图配置，即可以自由配置的视图。如图 8－2 所示，这种可自由配置的视图称为向视图。

向视图一定要标注。标注方式为：在向视图的上方标注“×”，在相应视图的附近用箭头指明投射方向并标注相同字母，如图 8－2 所示。

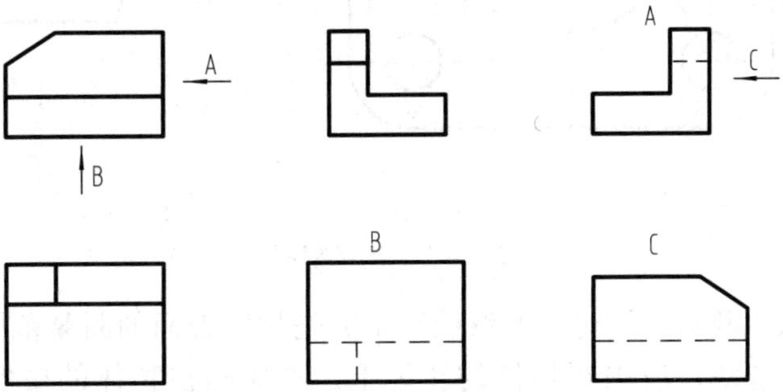

图 8－2　向视图

在画向视图时，要注意以下几点：

① 向视图是基本视图的另一种表达形式，它们的主要差别在于视图的配置位置方面。向视图的配置是随意的，因此必须予以明确标注才不致产生误解。

② 向视图中的视图名称“×”为大写拉丁字母，字母应与正常的读图方向一致，以便于识别。

8.1.3　局部视图

将物体的某一部分向基本投影面投射所得的视图。

当物体的局部形状没有表达清楚，而又没有必要画出完整的基本视图时，可采用局部视图的表达方法。

局部视图的画法和标注：

（1）局部视图的画法

① 局部视图的断裂边界通常用波浪线表示，如图 8－3 中的 B 向局部视图。

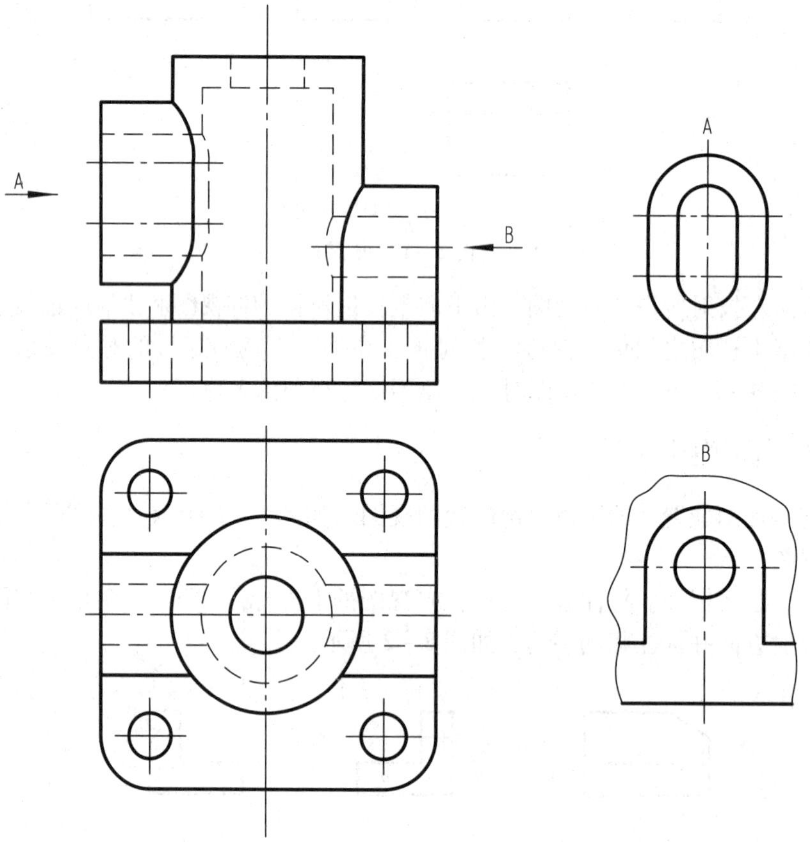

图 8－3　局部视图

② 用波浪线表示断裂边界时，波浪线确定的是物体表面的断裂范围，故波浪线不应超过断裂表面的轮廓线，应画在物体的实体上，不应画在物体的中空处或外侧。如图 8－4 所示。

③ 当局部视图所表示的局部结构是完整的，且外形轮廓又是封闭状态时，波浪线可省略不画。如图8－3中的 A 向局部视图。

（2）局部视图的配置与标注

局部视图的配置与标注形式通常有两种：

① 按基本视图的配置形式配置。当局部视图按投影关系配置，中间又没有其他图形隔开时，可省略标注。如图 8－5 中的俯视图。

② 按向视图的配置形式配置，并标注。通常局部

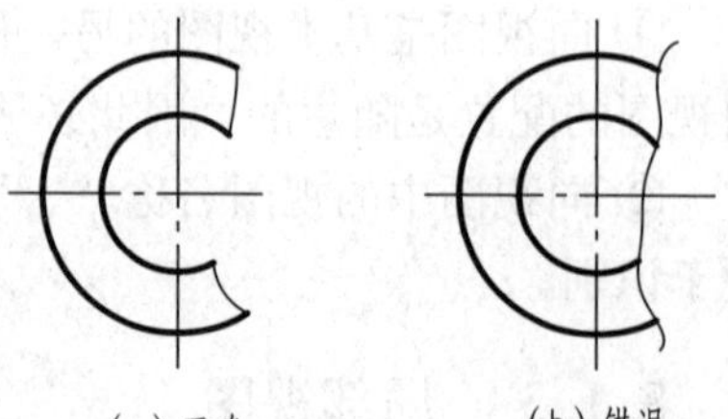

图 8－4　局部视图波浪线的画法

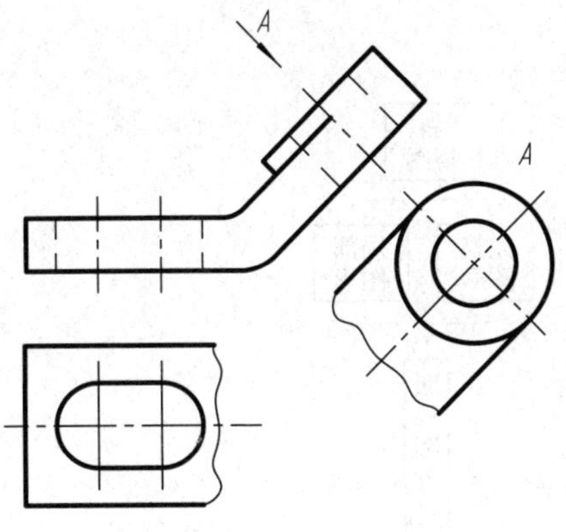

(a) 按箭头投影关系配置

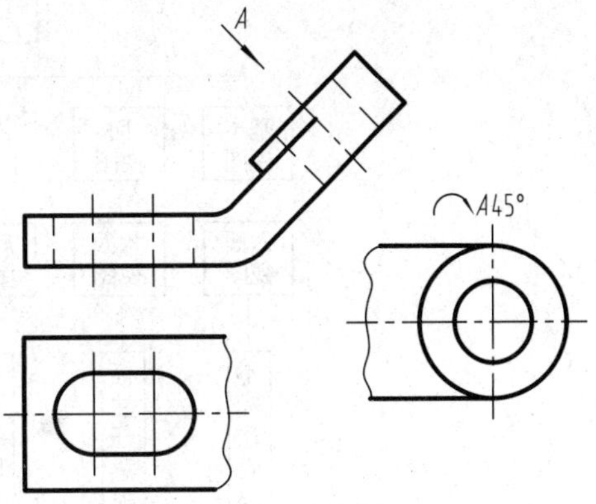

(b) 按箭头方向

图 8－5　斜视图

视图配置在箭头所指的方向或基本视图的位置，以便与原来的基本视图保持相对应的投影关系。另外，为了合理地利用图纸，也可以将局部视图配置在图纸的合适位置，但应按向视图的规则标注。即一般情况下，应在局部视图的上方标注视图的名称"×"，并在相应的视图附近用箭头指明投影方向，标注同样的字母"×"，如图 8－3 所示。

8.1.4　斜视图

物体向不平行于任何基本投影面的平面投射所得的视图。

斜视图主要用来表达物体倾斜部分的真实形状。为了表达倾斜部分的真实形状，可选择一个与物体倾斜部分平行并垂直于一个基本投影面的辅助投影面，将该倾斜部分的结构形状向辅助投影面投射，这样得到的视图便是斜视图。

斜视图的画法和标注的规定：

（1）斜视图的画法　当某一倾斜于基本投影面的结构的真实形状用斜视图表达清楚后，其余部分可用波浪线断开不画，如图 8－5（a）A 向斜视图。波浪线的画法同局部视图。

（2）斜视图的配置与标注

① 斜视图一般按投影关系配置在箭头所指的方向，如图 8－5（a）A 向斜视图。必要时，也可配置在其他适当的位置，如图 8－5（b）A 向斜视图。

② 斜视图必须标注，规定用"×"的形式标注视图名称。必要时允许将图形旋转，但需在旋转后的视图上标注，标注形式为"⌒×"，如图 8－5（b）中的"⌒A45°"，表示该视图名称的大写拉丁字母应靠近旋转符号的箭头端；也允许将旋转角度写在字母后，如"A"或"A45°"。

8.1.5　小结

视图是设计和表达物体结构形状的基本方法。基本视图、向视图、局部视图和斜视图相辅相成，各有侧重，它们的相互关系和特点如图 8－6 所示。

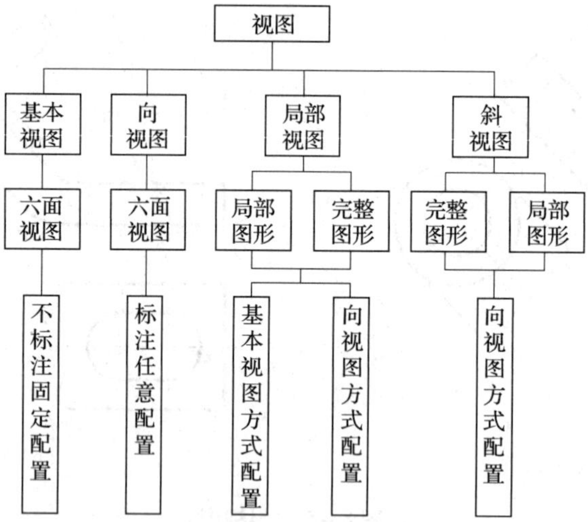

图 8－6　视图小结

8.2　剖　视　图

当物体的内部结构形状比较复杂时，如果仍采用视图进行表达，图形上会出现虚线过多以及虚、实线交错、重叠的情况，影响图形清晰及结构形状的表达，也不便于标注尺寸。

为了清楚地表达物体的内部形状，通常采用剖视的表达方法。

8.2.1　剖视图

8.2.1.1　剖视图的概念

假想用剖切面剖开物体，将处在观察者和剖切面之间的部分移出，而将剩下的部分向投影面投射所得的图形称为剖视图（简称为剖视）。如图 8－7 所示。

8.2.1.2　剖视图的基本画法

（1）形体分析　读懂物体的内外部结构形状。

（2）确定剖切面的位置及剖切范围　一般常用平面作为剖切面。剖切平面应通过物体内部结构的对称平面或孔、槽的轴线，并平行于相应的投影面。这样，在剖视图上就可以反映被剖切物体内部的真实形状或尺寸。

（3）画剖视图　剖切后，剖切平面切到的物体不可见结构变为可见，这部分和其后面的可见轮廓线，都用粗实线画出。同时，当物体被剖切面剖切后，其部分外形被假想移走，则被假想移走的外形轮廓线不应画出。

（4）画剖面符号（剖面线）　在剖视图中，剖切面与物体的接触部分称为剖面区域。为了区分物体的实心部分与空心部分，国家标准规定在物体剖面区域上要画出剖面符号，必要时不同的材料要用不同的剖面符号。同一物体在各剖视图中的剖面符号应一致。

当不需要在剖面区域中表示材料的类别时，可采用通用的剖面线表示。

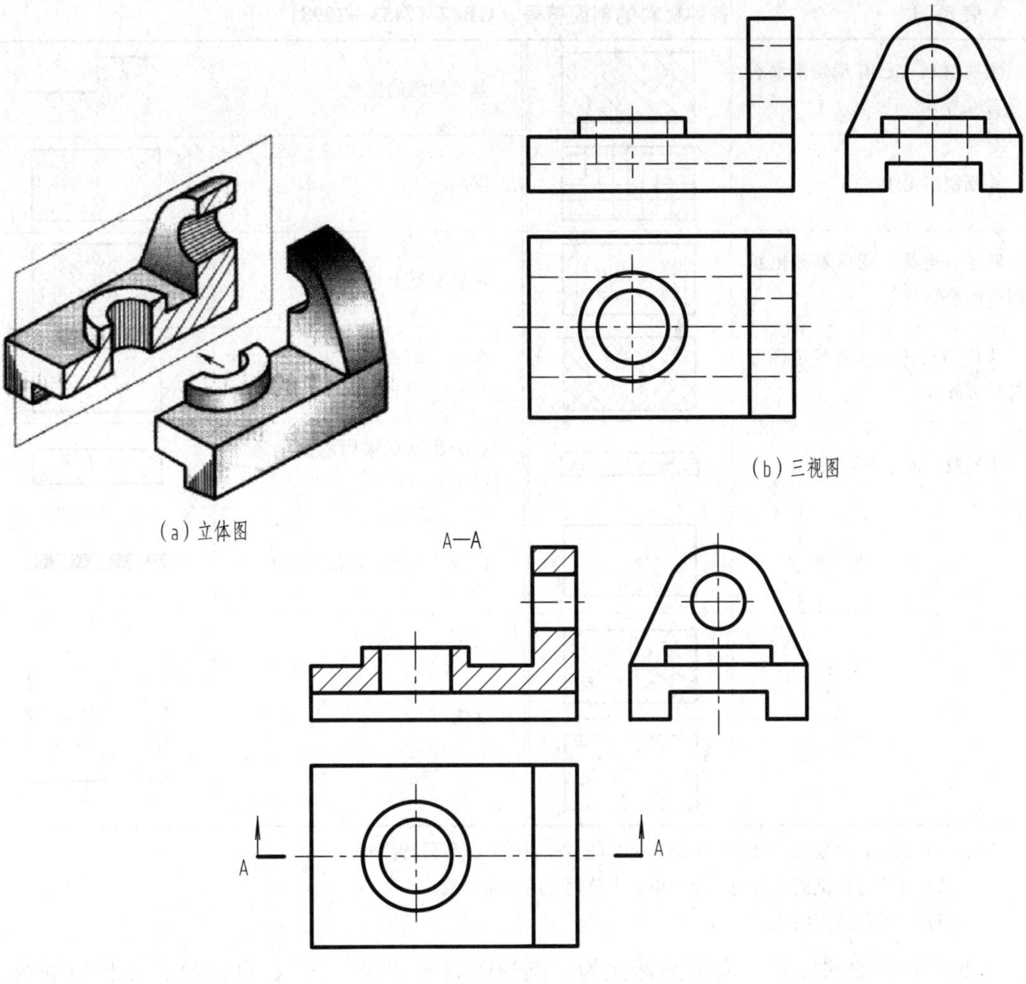

图 8－7　剖视的基本概念

通用剖面线应以适当角度的细实线绘制，最好与主要轮廓线或剖面区域的对称线成45°；当画出的剖面线与图形的主要轮廓线或剖面区域的对称线平行时，可将剖面线画成与图形的主要轮廓线或剖面区域的对称线成30°或60°，但其倾斜方向应与其他视图上的剖面线的倾斜方向相同。如图 8－8 所示。

图 8－8　通用剖面线的画法

若需在剖面区域中表示材料的类别时，应采用特定的剖面符号表示。特定剖面符号由相应的标准规定。各种材料的剖面符号如表 8－1 所示。

表 8 – 1　　　　　　　　各种材料的剖面符号（GB/T 17453—1998）

金属材料（已有规定剖面符号者除外）	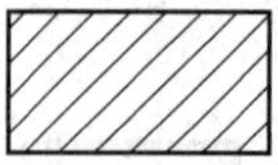	基础周围的泥土	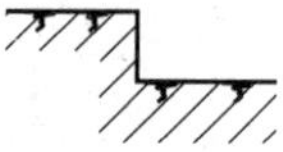
线圈绕组元件	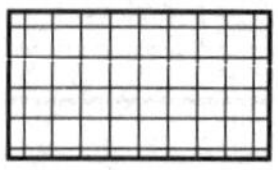	混凝土	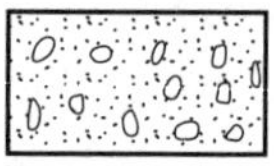
转子、电枢、变压器和电抗器等的叠钢片	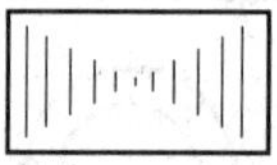	钢筋混凝土	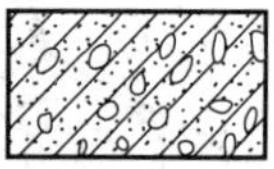
非金属材料（已有规定剖面符号者除外）	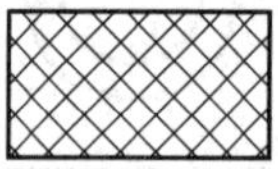	型砂、填砂、粉末冶金、砂轮、陶瓷刀片、硬质合金刀片等	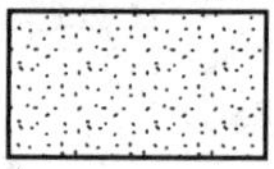
木质胶合板（不分层数）		玻璃及供观察用的其他透明材料	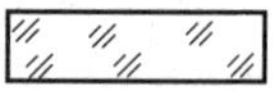
木材　纵剖面		格网（筛网、过滤网等）	
木材　横剖面	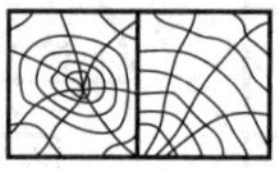	液体	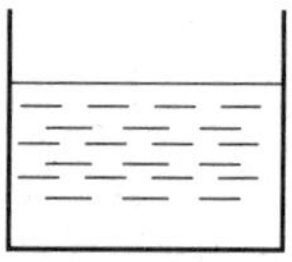
砖	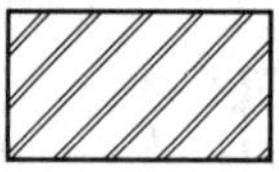		

注：（1）剖面符号仅表示材料的类别，材料的名称和代号必须另行注明。
（2）叠钢片的剖面线方向，应与束装中叠钢片的方向一致。
（3）液面用细实线绘制。

（5）剖视图的标注　完整的标注为：剖视图名称“×－×”；剖切位置在相应的视图上用剖切符号表示，并标注相同的字母×；投射方向用箭头表示。如图 8－7 所示。

1）剖视图名称　一般应在所画剖视图的上方用字母标出剖视图的名称“×－×”。

2）剖切符号　即剖切平面与投影面的交线。在它的起止处用长约 5～10mm 短粗实线表示，但不要与图形轮廓线相交。剖切符号也称剖切位置线。

3）投射方向　在剖切位置线的起止点外侧画出与其相垂直的箭头，表示剖切后的投射方向。

4）剖视图可省略标注的情况

① 当单一剖切平面通过物体的对称平面，且剖视图按基本视图关系配置，中间又没有其他图形隔开时，可以省略标注。见图 8－9。

② 当剖视图按基本视图关系配置，中间又没有其他图形隔开时，可省略箭头。

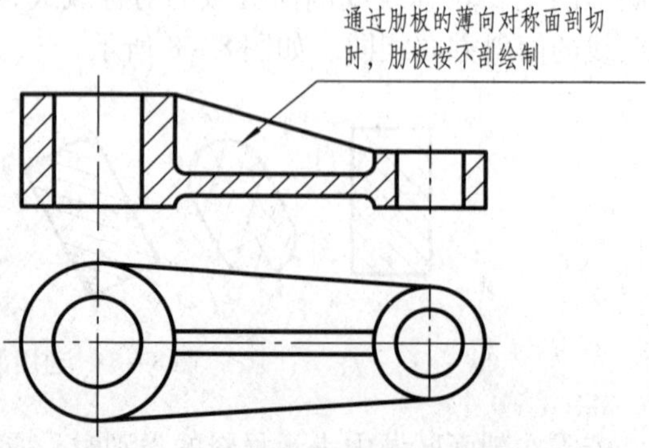

图 8－9　剖视图省略标注及肋板剖切

8.2.1.3　画剖视图时应注意的问题

（1）剖视图是假想把物体剖切后画

出的投影，剖视图以外的其他视图应完整的画出。

（2）采用剖视图后，凡是已经表达清楚的内部结构形状，在其他视图上表达该结构的虚线可省略不画。

（3）同一物体在各剖视图中的各个剖面区域内，其剖面线画法应一致。

（4）物体上的肋板、轮辐及薄壁等结构，当剖切平面沿其薄向对称面剖切时，这些结构的剖面区域内不画剖面符号，而用粗实线将它与其邻接部分分开。如图 8 – 9 所示。

8.2.2　剖视图的种类

按照剖切面剖开物体的不同程度，剖视图可分为全剖视图、半剖视图和局部剖视图。

8.2.2.1　全剖视图

全剖视图是用剖切面完全地剖开物体所得的剖视图，如图 8 – 7、图 8 – 9 所示。主要用于表达内部形状复杂、外形较为简单的物体。

8.2.2.2　半剖视图

半剖视图是当物体具有对称平面时，向垂直于对称平面的投影面上投射所得的图形，可以对称中心线为界，一半画成剖视图，另一半画成视图，这种组合的图形称为半剖视图。如图 8 – 10 所示。

半剖视图的优点是在一个视图上，既能保留物体的外部形状，又能表达其内部结构，故半剖视图主要用于内、外形状都需要表达的对称物体。

半剖视图的标注原则与全剖视图相同。

画半剖视图时应注意下列问题：

① 在半剖视图中，半个外形视图和半个剖视图的分界线是点画线，不能画成粗实线。

② 由于图形对称，物体的内部形状已在半个剖视图中表达清楚时，在表达外部形状的半个视图中，虚线应省略不画。

8.2.2.3　局部剖视图

局部剖视图是用剖切面局部地剖开物体所得的剖视图。主要用于表达物体的局部内部形状结构。当不宜用全剖视图及半剖视图时常采用局部剖视图的表达方法。如图 8 – 11、图 8 – 13 所示。

局部剖视图的标注：当用单一剖切平面剖切，且剖切位置明显时，局部剖视图的标注可省略。

画局部剖视图应注意下列问题：

① 物体断开处的边界线在局部剖视图中用波浪线表示，它是视图与局部剖视图的分界线，同时也相应地确定了剖切范围的大小。波浪线只能画在物体表面的实体部分，不得穿越孔或槽，也不能超出视图之外或与视图上的其他图线重合。如图 8 – 12 所示。

② 局部剖视图是一种十分灵活的表达方法，运用恰当，可使表达重点突出，简明清晰。但在同一个视图中局部剖视不宜采用过多，否则会使表达过于零乱，影响图形清晰。

③ 当剖视图不宜采用全剖或半剖时，则可采用局部剖，如图 8 – 13 所示。

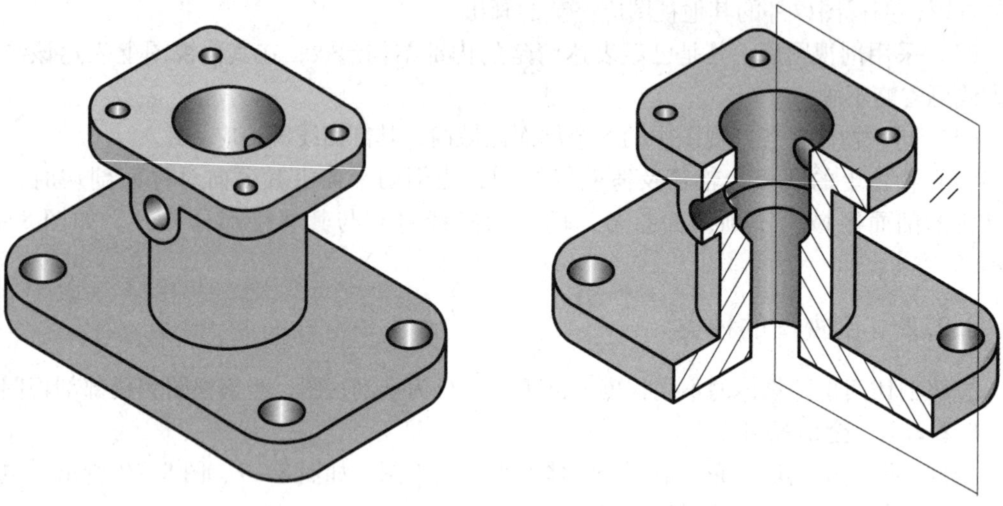

(a) 立体图

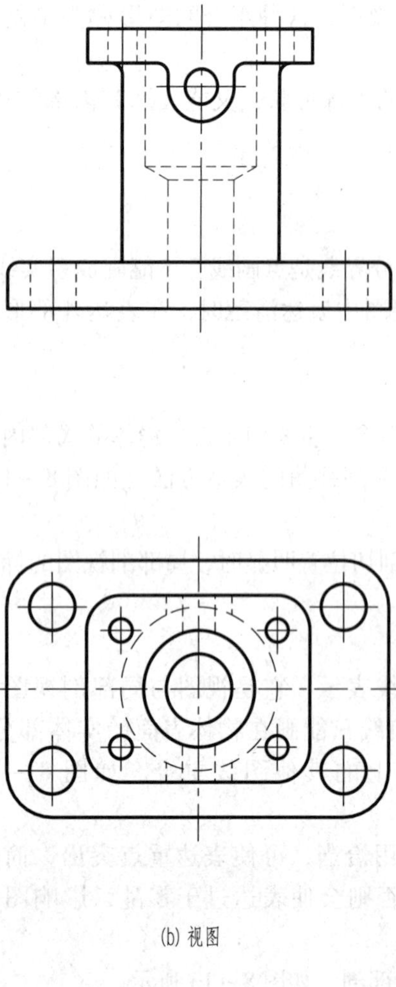

(b) 视图

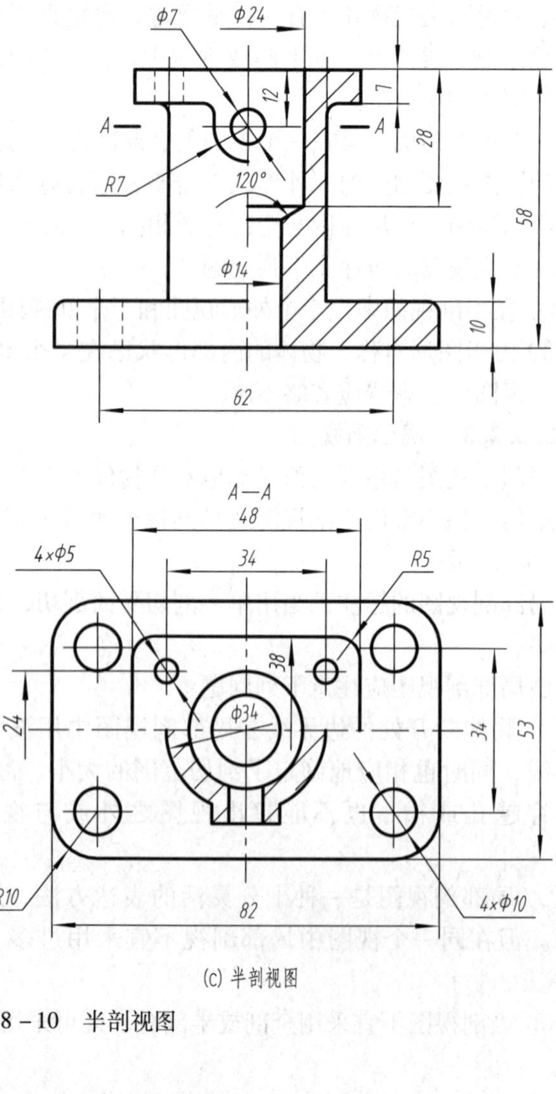

(c) 半剖视图

图 8－10　半剖视图

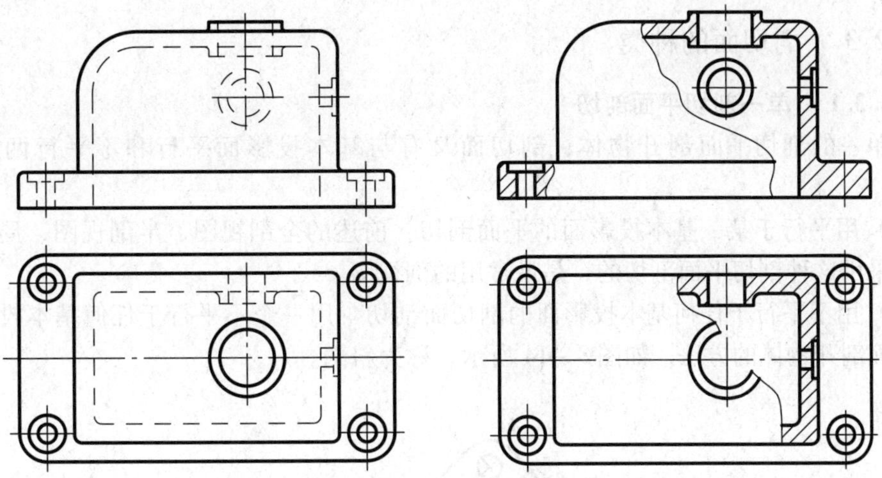

图 8－11　局部剖视图

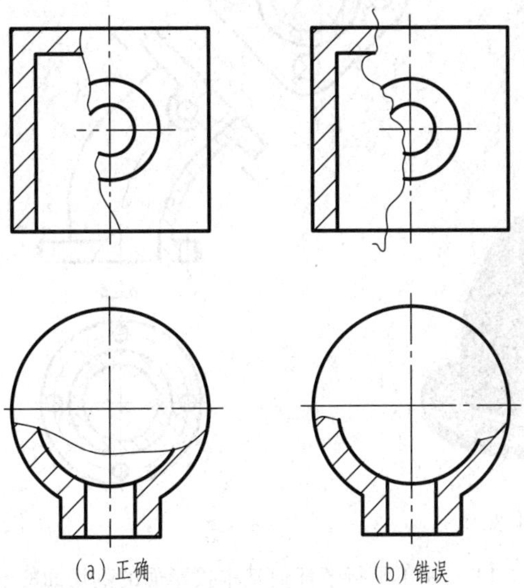

(a) 正确　　(b) 错误

图 8－12　波浪线的画法

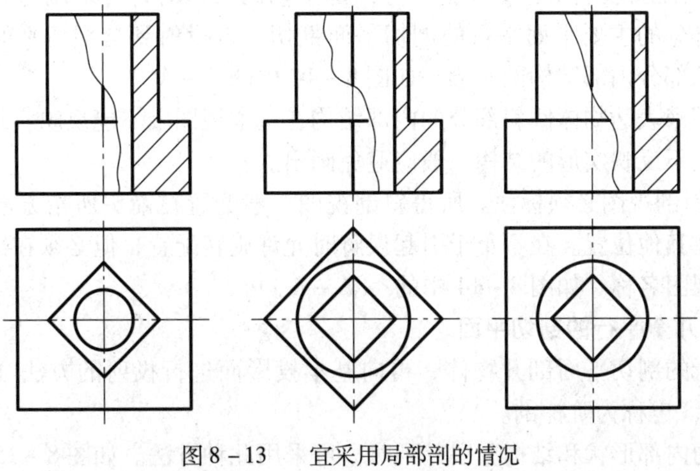

图 8－13　宜采用局部剖的情况

8.2.3 剖切面的种类

8.2.3.1 单一剖切平面剖切

用单一的剖切平面剖开物体，剖切面又有与基本投影面平行和不平行两种剖切方式。

（1）用平行于某一基本投影面的平面剖切　前述的全剖视图、半剖视图、局部剖视图都是采用这种剖切平面剖切的，是最常用的剖视图。

（2）用不平行于任何基本投影面的剖切面剖切　用一个不平行于任何基本投影面的剖切平面剖开物体的方法，如图 8－14 所示，称为斜剖。

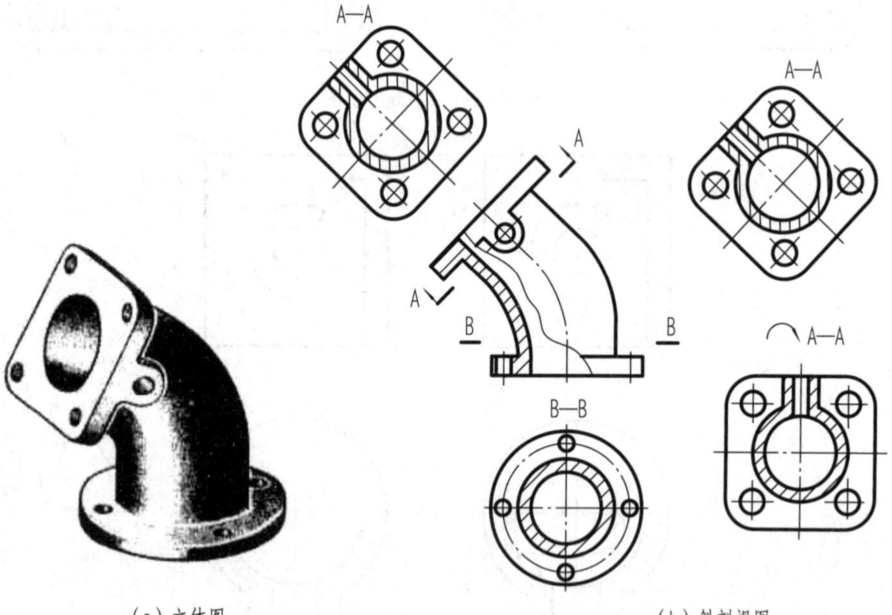

（a）立体图　　（b）斜剖视图

图 8－14　用不平行于任何基本投影面的剖切面的剖切

① 画法　当需要表达物体上倾斜部分内部结构的实形时，可采用与某一基本投影面垂直且与倾斜部分的主要平面平行的剖切平面剖切，再投射到与剖切平面平行的投影面上，即可得到该部分内部结构的实形。如图 8－14 中的 A－A。

斜剖主要用来表达物体倾斜部分的内部结构在基本视图上不能反映实形时，物体上凡是在斜剖视图上不反映实形的结构一般应避免画出。

② 标注　斜剖视图必须标注。所得斜剖视图一般配置在箭头所指方向并符合投影关系，也允许放在其他位置。在不至于引起误解时允许旋转配置，但必须在剖视图上方标出旋转符号及剖视图名称。如图 8－14 中的⌒ A－A。

8.2.3.2 几个平行的剖切平面

用几个平行的剖切平面剖开物体，再向基本投影面进行投射的方法（剖切平面与基本投影面平行）。也称为阶梯剖。

当物体上的内部形状和结构分层并列时，可采用此种方法。如图 8－15（a）。

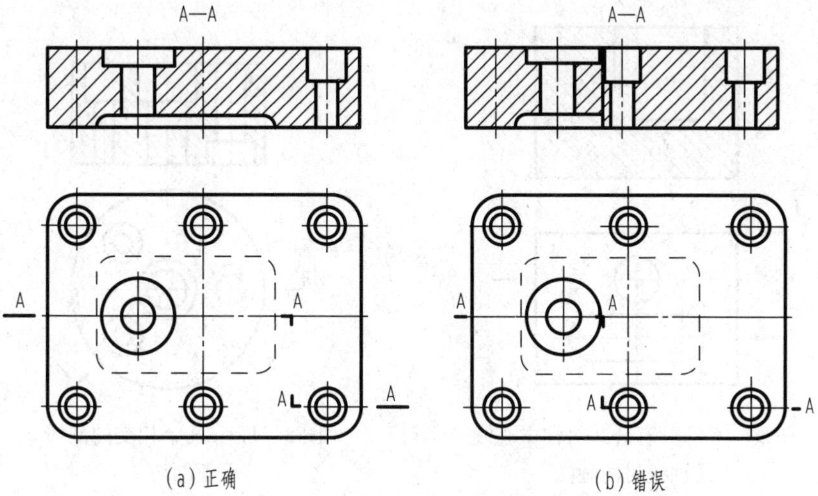

图 8－15　用几个平行的剖切平面剖切

画图时应注意的问题：

① 在标注时，须在剖切面的起、止和转折处画出剖切符号并用箭头指明投射方向，标注字母“×”，同时在剖视图上方注明剖视图名称“×－×”，如图 8－15（a）。当剖视图按基本视图关系配置，中间又没有其他图形隔开时，可省略箭头。

② 在剖视图中，不能画出各剖切平面转折处的界线；剖切符号的转折处也不应与图上的轮廓线重合。如图 8－15（a）。

③ 要正确选择剖切平面的位置，在图形内一般不应出现不完整的要素，如图 8－15（a）。只有当这些结构在剖视图上具有公共对称中心线时，可以以对称中心线或轴线为界，各画一半，如图 8－16 所示。

8.2.3.3　几个相交的剖切面

用相交的剖切平面（交线垂直于某一基本投影面）剖开物体的方法。也称为旋转剖。

可用于表示轮、盘类物体上的孔、槽结构以及具有公共轴线的非回转体物体，如图 8－17 及图 8－18 所示。

（1）画法　用相交的剖切平面剖开物体，如图 8－18，先假想按剖切位置剖开物体，然后将被倾斜剖切面剖开的结构及有关部分旋转到与选定的基本投影面平行后再进行投射，得到图 8－18 的 A－A。

（2）标注　在标注时，须在剖切面的起、止和转折处画出剖切符号并用箭头指明投射方向，标注字母“×”，同时在剖视图上方注明剖视图名称“×－×”，如图 8－17 及图 8－18所示。若剖视图按基本视图关系配置，中间又没有其他图形隔开时，可省略箭头。

（3）画图时应注意以下几点

① 相交的剖切平面，其交线应与物体上的回转轴线重合，并垂直于某一基本投影面，以反映被剖切结构的实形。

② 剖开的倾斜结构及其有关部分应旋转到与选定的投影面平行后再投射画出，但在剖切平面后的部分结构一般仍按原来的位置投影画出，如图 8－18 中的小油孔。

③ 当物体被剖切后产生不完整要素时，应将此处按不剖处理，如图 8－19 所示。

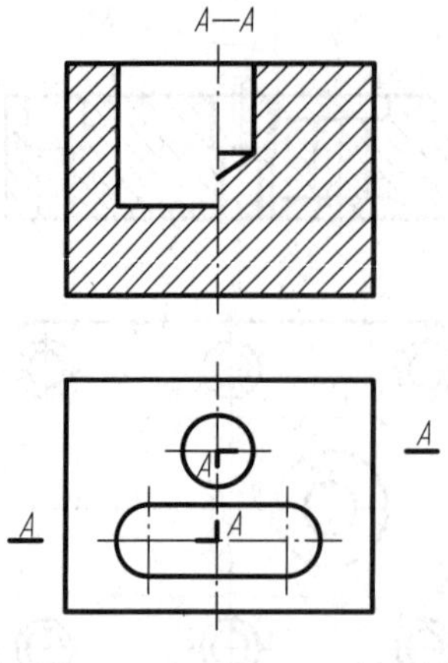

图 8－16　具有公共对称中心线或轴线时的画法

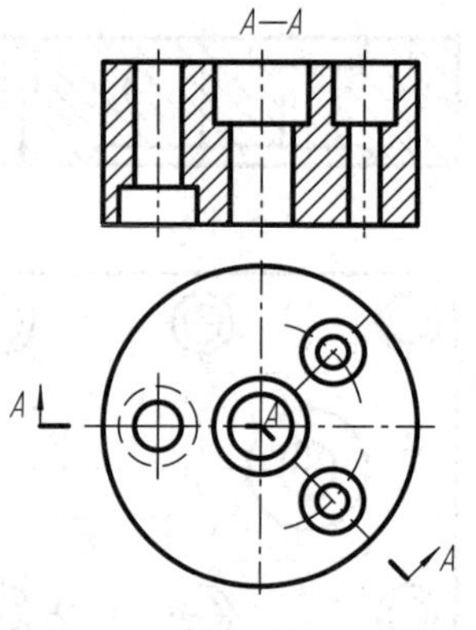

图 8－17　几个相交的剖切面剖切

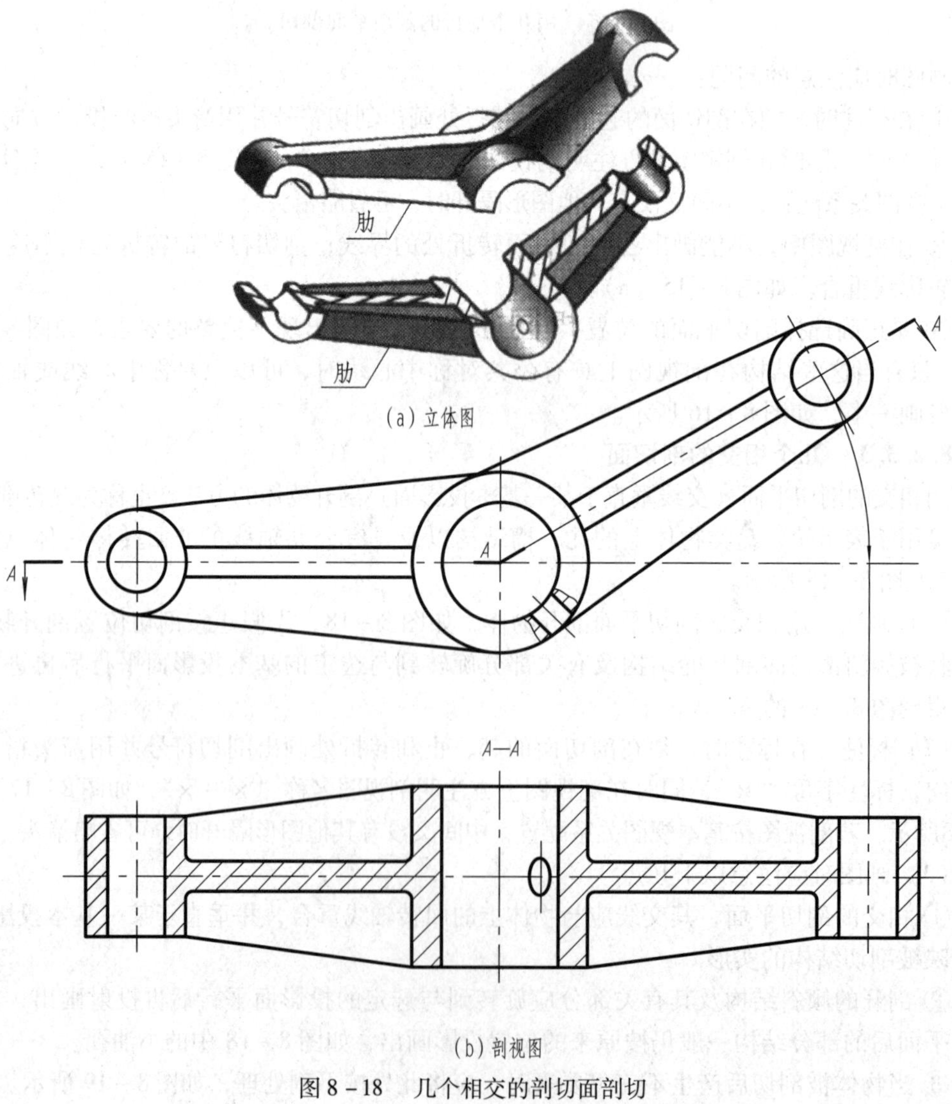

图 8－18　几个相交的剖切面剖切

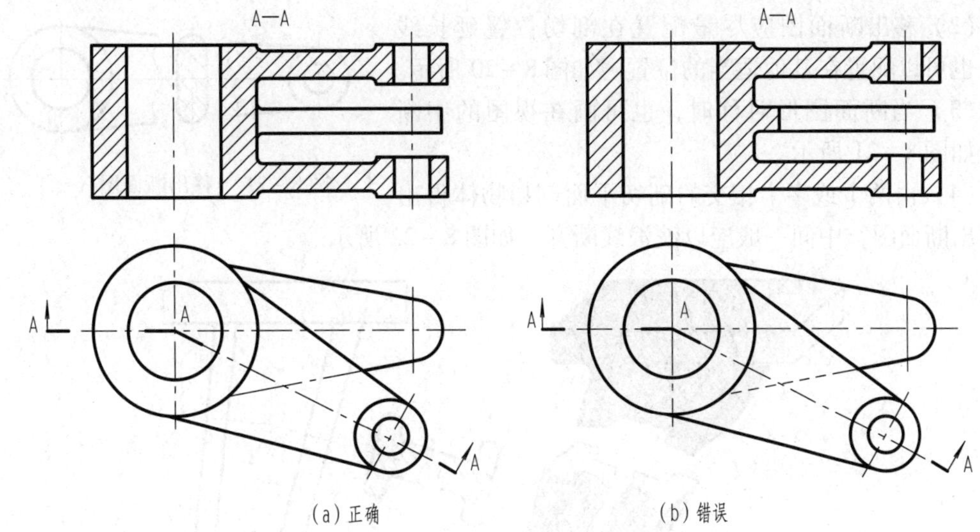

图 8－19　剖切后产生不完整要素的画法

8.3　断　面　图

8.3.1　断面图的概念

假想用剖切平面将物体的某处切断，仅画出该剖切面与物体接触部分的图形，称为断面图。如图 8－20 所示。

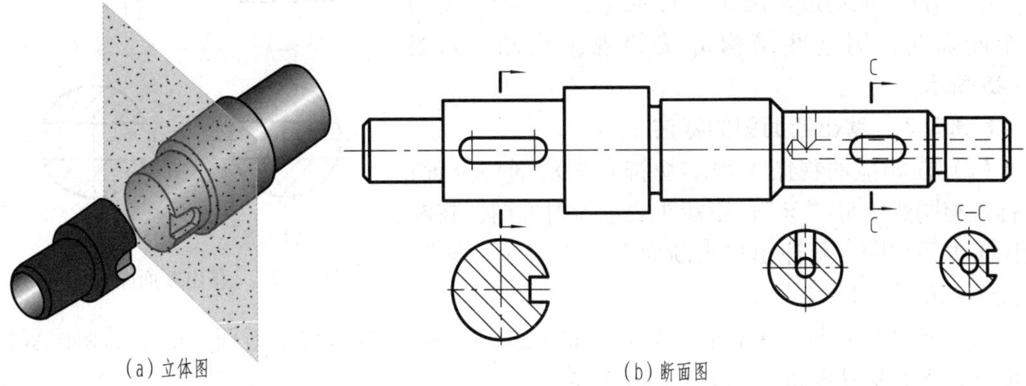

图 8－20　移出断面图（一）

断面图主要用于表达物体某一断面处的真实形状，故剖切平面应垂直于所要表达部分的轴线或轮廓线。

断面图分为移出断面图和重合断面图。

8.3.2　移出断面图

画在视图之外的断面图称为移出断面图。

8.3.2.1　移出断面图的画法及配置

（1）移出断面图的轮廓线用粗实线绘制。

（2）移出断面图应尽量配置在剖切位置延长线上，也可以配置在其他适当的位置。如图 8－20 所示。

（3）当断面图形对称时，也可画在视图的中断处。如图 8－21 所示。

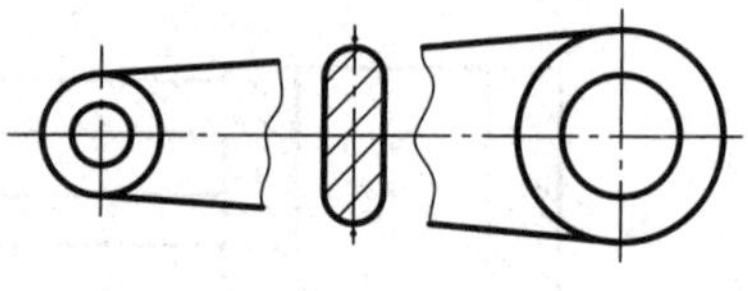

图 8－21　移出断面图（二）

（4）由两个或多个相交的剖切平面剖切物体得出的移出断面图，中间一般应以波浪线断开。如图 8－22 所示。

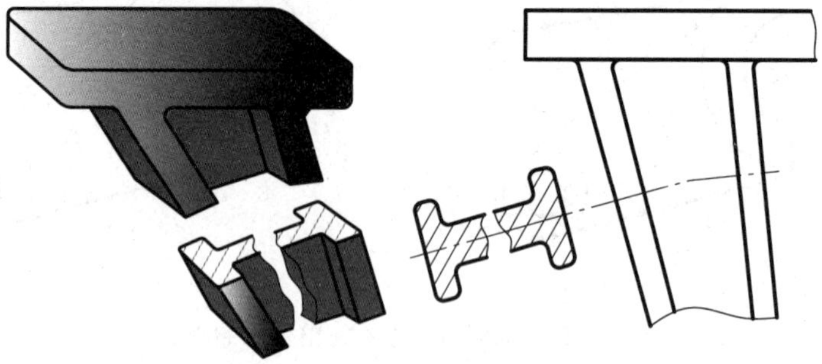

(a) 立体图　　(b) 断面图

图 8－22　移出断面图（三）

（5）移出断面图的其他规定画法

① 当剖切面通过回转面形成的孔或凹坑的轴线时，这些结构应按剖视图绘制。如图8－23、图 8－24 所示。

② 当剖切面通过非圆孔，而导致出现完全分离的两个断面时，则这些结构应按剖视图绘制。如图 8－25 所示。

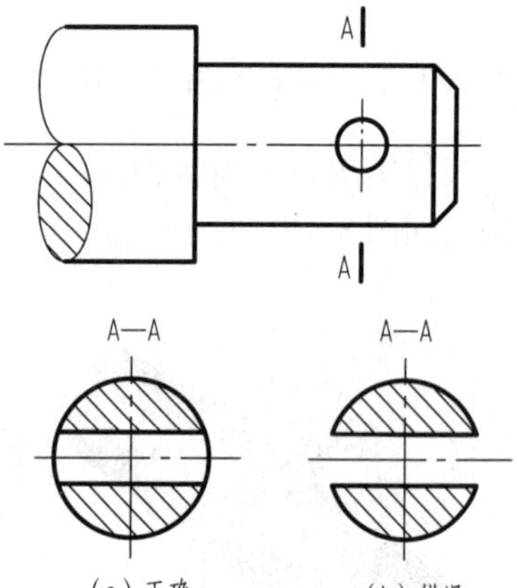

(a) 正确　　(b) 错误

图 8－23　移出断面图（四）

8.3.2.2　移出断面图的标注

（1）在相应的视图上用剖切符号表示剖切位置，并标注相同的字母“×”；用箭头表示投射方向；在断面图上方用相同字母注出移出断面图名称“×－×”。如图 8－20 的“C－C”。

（2）可省略字母　配置在剖切位置的延长线上的不对称移出断面，由于剖切位置已很明确，不必标注字母。如图 8－20（b）。

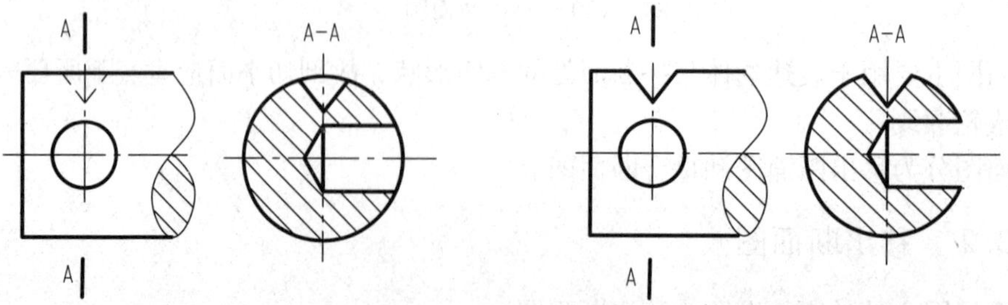

(a) 正确　　(b) 错误

图 8－24　移出断面图（五）

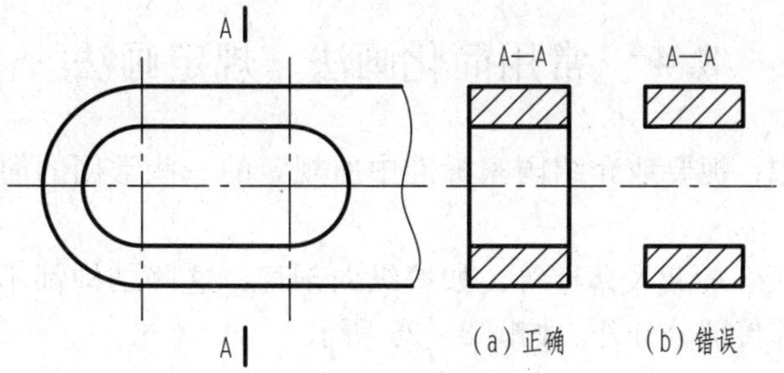

图 8－25　移出断面图（六）

（3）可省略箭头　配置在其他位置的对称移出断面（如图 8－23），以及按投影关系配置的不对称移出断面（如图 8－24），均可省略箭头。

（4）可不标注　配置在剖切位置延长线上的对称移出断面，如图 8－20（b）和图 8－22，以及配置在视图的中断处的对称移出断面，如图 8－21，均可不标注。

8.3.3　重合断面图

画在视图轮廓线之内的断面图称为重合断面图。如图 8－26、图 8－27 所示。

图 8－26　重合断面图（一）

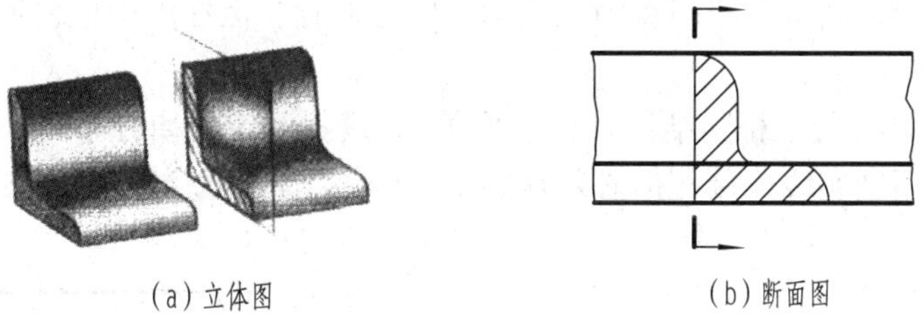

图 8－27　重合断面图（二）

8.3.3.1　重合断面图的画法

（1）重合断面图的轮廓线用细实线绘制。

（2）当视图中的轮廓线与重合断面图的图形重合时，视图中的轮廓线仍应连续画出，不可间断。如图 8－27（b）所示。

8.3.3.2　重合断面图的标注

（1）对称的重合断面，不必标注。如图 8－26（b）所示。

（2）配置在剖切符号上的不对称重合断面，需画出剖切符号及箭头，不必标注字母。如图 8－27（b）所示。

8.4　常用简化画法、规定画法

在下面的内容中，扼要地介绍国家标准中所规定的一些常用的简化画法和其他规定画法。

(1) 物体的肋板、轮辐及薄壁等，如按纵向剖切，这些结构都不画剖面符号，而用粗实线将它与其相邻接部分分开。如图 8－28 所示。

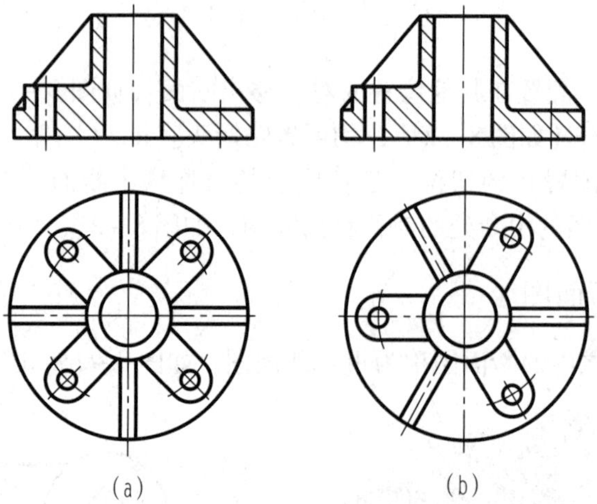

图 8－28　均匀分布的肋及孔的画法

(2) 当零件为回转体时，其上均匀分布的肋板、轮辐、孔等结构不处于剖切平面上时，可将这些结构旋转到剖切平面上画出。如图 8－28 所示。

(3) 当物体具有若干直径相同且成规律分布的孔（圆孔、螺孔、沉孔等）时，可以仅画出一个或几个，其余只需用点画线表示其中心位置，但在图中应注明孔的总数。如图 8－29 所示。

(4) 当物体具有若干相同结构（齿、槽等），并按一定规律分布时，只需画出几个完整的结构，其余用细实线连接，但必须在图中注明该结构的总数。如图 8－30 所示。

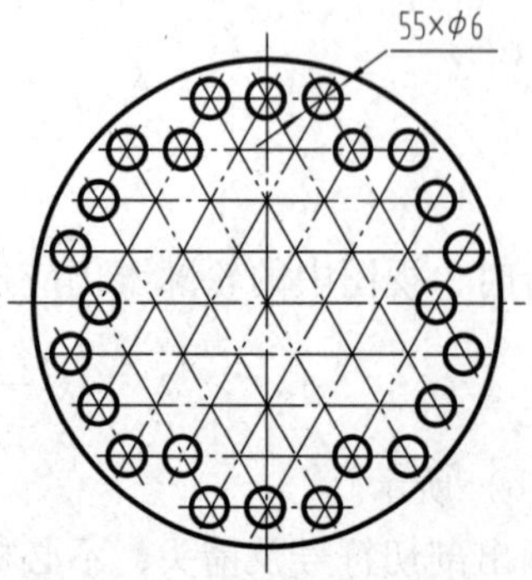

图 8－29　相同直径的孔的画法

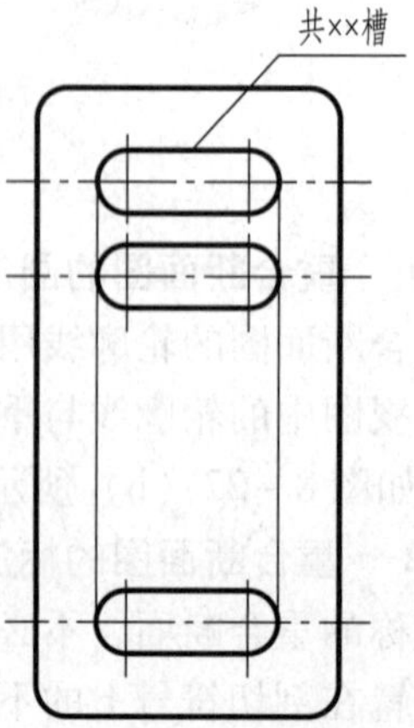

图 8－30　相同结构的槽的画法

（5）在不至引起误解时，对称物体的视图可只画一半或四分之一，并在对称中心线的两端画出两条与其垂直的平行细实线。如图 8－31 所示。

（6）当物体上的平面在视图上不能充分表达时，可用平面符号即相交的两条细实线表示。如图 8－32 所示。

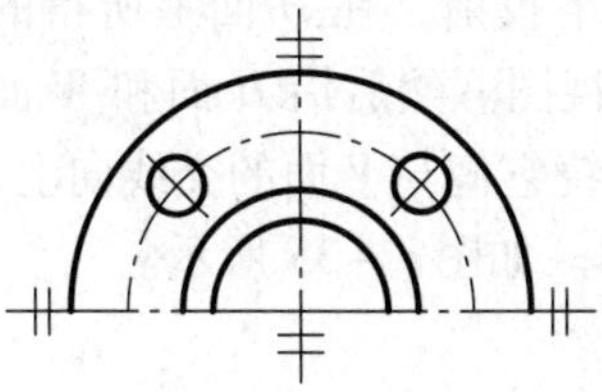

图 8－31　对称物体的画法

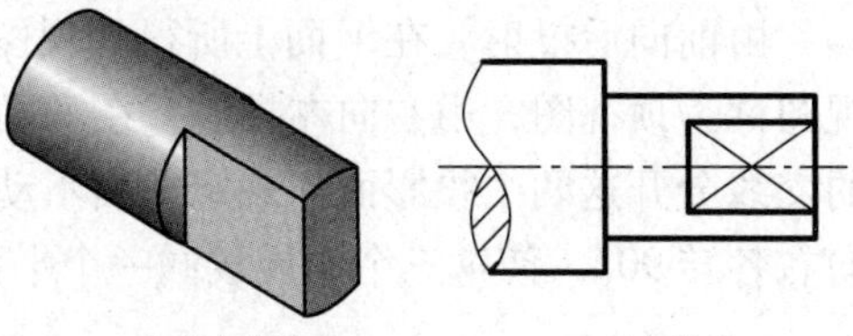

(a) 立体图　(b) 视图

图 8－32　平面的表示方法

（7）较长的物体如轴、杆、型材、连杆等，沿长度方向的形状一致或按一定规律变化时，可断开后缩短绘制，但尺寸仍须按实际长度标注。如图 8－33 所示。

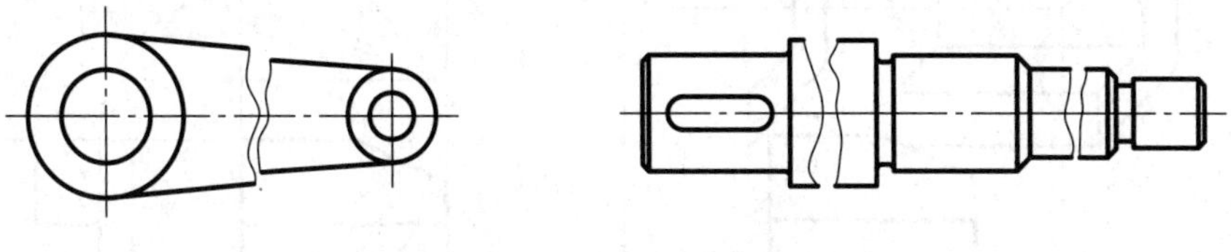

图 8－33　较长的物体的断开画法

（8）当物体上某些结构在原图上表达不够清楚或不便标注尺寸时，可将这些细小部分结构用大于原图所采用的比例单独画出，这种图形称为局部放大图。如图 8－34 所示。

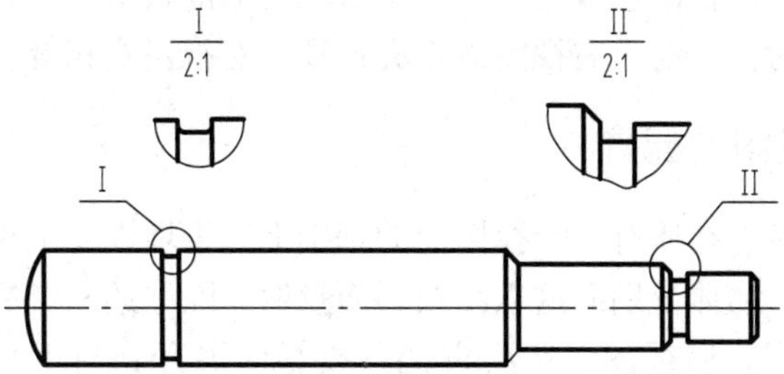

图 8－34　局部放大图

绘制局部放大图时，用细实线圆圈出被放大的部位，并将局部放大图尽量配置在被放大部位的附近，同时在局部放大图上方注明所采用的比例。当同一物体有几个被放大部位时，必须用罗马数字依次标明，并在局部放大图上方用分数形式标注出相应的罗马数字和采用的比例。如图 8－34 所示。

8.5　第三角画法简介

在国际技术交流和贸易中，第一角画法和第三角画法都可以采用。我国一直采用第一角画法。但有些国家则采用第三角画法，如美国等。我们在今后的工作中很可能会遇到阅读和绘制第三角画法的图样。

第三角画法是将物体置于第三分角内，并使投影面处于观察者与物体之间去投射而得到正投影的方法。

8.5.1　第三角画法三面视图的形成

由前向后投射，在 *V* 面上所得的视图称为前视图；由上向下投射，在 *H* 面上所得的视图称为顶视图；由右向左投射，在 *W* 面上所得的视图称为右视图。然后沿 *H* 面和 *W* 面的交线分开这两个投影面，规定 *V* 面不动，将 *H* 面和 *W* 面分别绕它们与 *V* 面的交线向上、向右各转 90°，使这三个面展成同一个平面，得到物体的三视图。如图 8－35 所示。

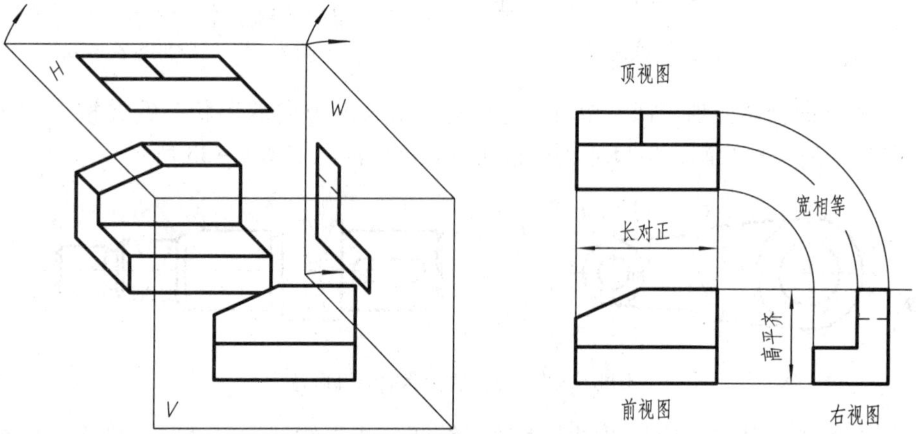

图 8－35　第三角画法及三视图

采用第三角画法的三视图也有与第一角画法相类似的投影特性，即多面正投影的投影规律：前、顶视图长对正；前、右视图高平齐；顶、右视图宽相等。如图 8－35 所示。

8.5.2　六面视图的配置

采用第三角画法时，在原有三个投影面的基础上，再增设三个投影面，组成一个正六面体，即六个投影面。物体分别向这六个投影面投射，除上述三个视图外，新增加的三个视图为左视图、底视图、后视图，然后再把各投影面展开到与 *V* 面重合的一个平面上。如图 8－36 所示。

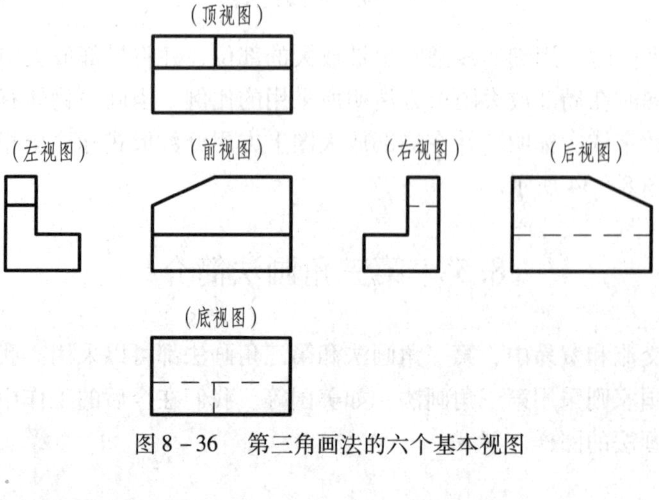

图 8－36　第三角画法的六个基本视图

8.5.3 第三角画法的识别符号

国际标准（ISO）中规定，可以采用第一角画法，也可以采用第三角画法。为了区别这两种画法，标准中规定了相应的识别符号，如图 8－37 所示。该符号一般标在图纸标题栏的上方或左方。

采用第三角画法时，可在图样中画出如图 8－37（a）所示的第三角画法识别符号。图 8－37（b）为第一角画法的识别符号，必要时也可画出。

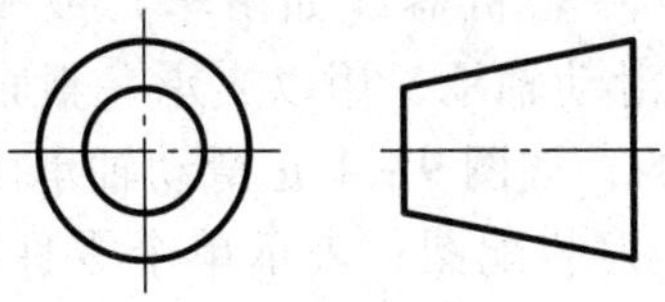

(a) 第三角画法符号

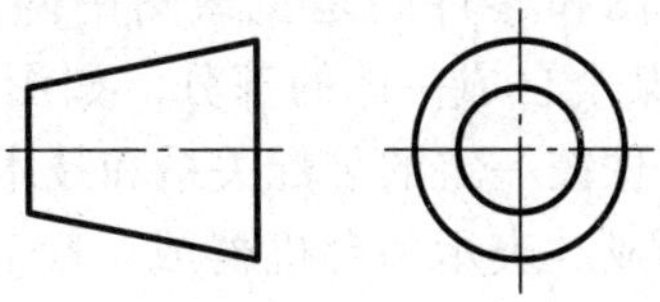

(b) 第一角画法符号

图 8－37　第三角和第一角画法识别符号

第9章　机　械　图

9.1　概　　述

装配图和零件图是机械图中两种重要的图样。一台机器（如吊车）或一个部件（机器中某个自成一体的部分，如图9－1所示的正滑动轴承，用以支承一根轴）都是由若干零件按一定的装配关系和技术要求装配起来的，如图9－1正滑动轴承由八种零件装配而成。表示一台机器或一个部件的图样，称为装配图；表示单个零件的图样，称为零件图。

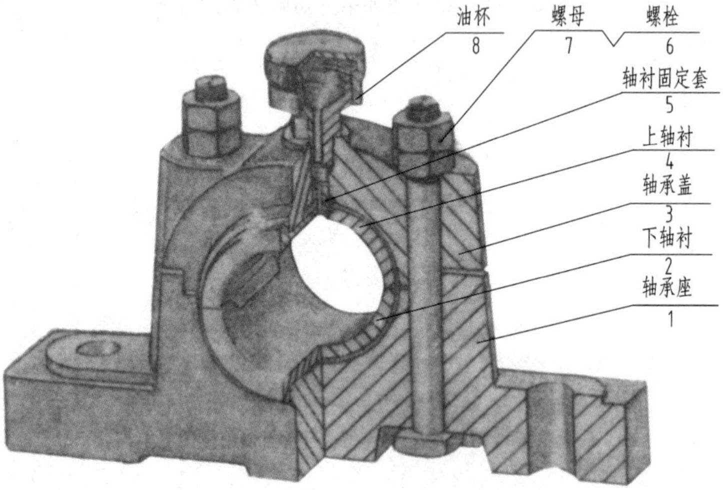

图9－1　正滑动轴承装配轴测图

阅读和绘制机械图必须熟悉和遵守机械制图国家标准中的有关规定。此外，在机械零件中，螺栓、螺母、垫圈、齿轮、弹簧等都是经常使用的零件，都有各自的规定画法和国标代号，在读图和绘图时还要经常查阅有关国家标准和机械零件手册。

9.2　零　件　图

零件图是加工制造零件的依据。直接指导制造和检验零件的图样称为零件图。图9－1中的第1号零件是正滑动轴承的底座，称轴承座，图9－2是它的零件图。

9.2.1　零件图的内容

零件图表示零件的结构形状、尺寸大小和技术要求。从图9－2可以看出，一张完整的零件图一般应包括以下几项基本内容。

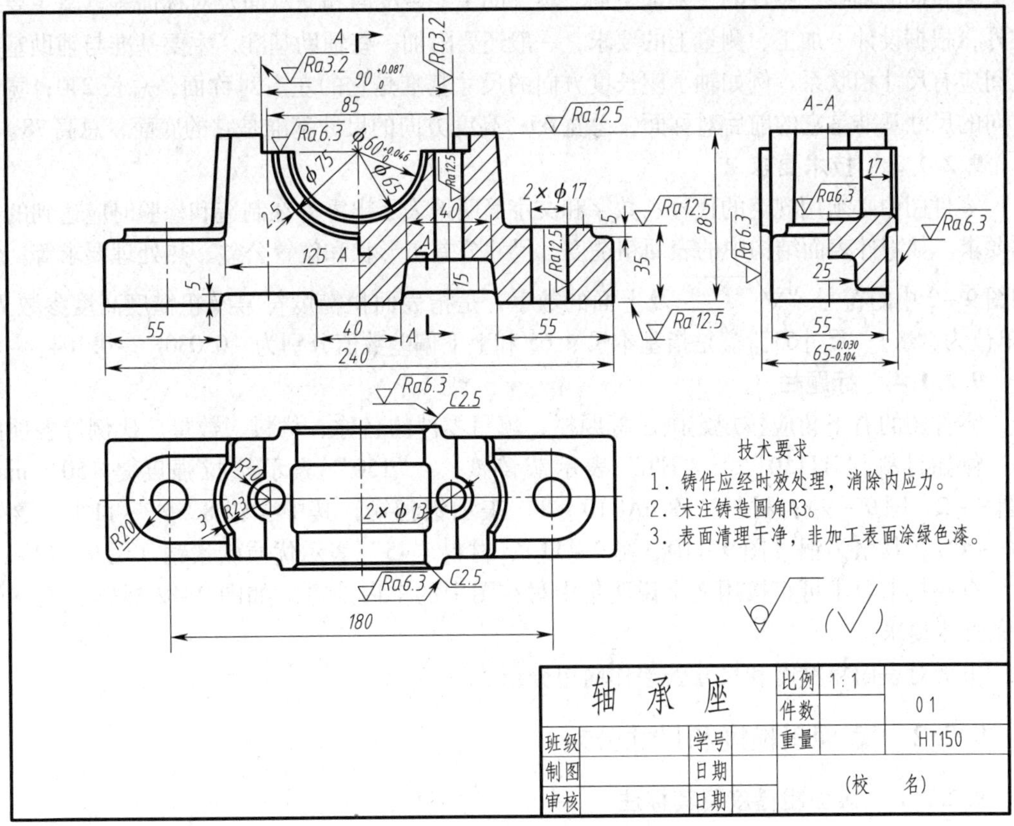

图 9－2　轴承座零件图

9.2.1.1　一组视图

零件图应有一组视图，正确、完整、清晰地表达零件的内、外形状和结构。

在图 9－2 中，轴承座零件图选用了主视图、俯视图和左视图三个视图。由于轴承座前后左右都对称，所以主视图采用半剖视，一半表达外部形状和结构，另一半表达内部形状和结构。

轴承座底部有两个凹槽，所以左视图采用阶梯剖，剖切平面是 A－A。左视图中的阶梯剖也采用半剖，加上俯视图，进一步表达了轴承座的内、外形状和结构。

9.2.1.2　零件尺寸

零件图应正确、完整、清晰、合理地标注出零件在制造、检验时的全部尺寸。应特别注意，既不能缺少，又不能重复和多余。在机械图中，同一方向的尺寸不能注成封闭的尺寸链。零件图的各个尺寸链都必须有一个开口才合理。如轴承座总长为 240，底部三个平面分别为 55、40、55。一段一段尺寸如链条上一个一个环，现在链条有两节是空白的，即 40 和左右两个 55 之间的凹槽不注尺寸。不注尺寸的空白处即为开口。因为在机械制造中要考虑到加工误差，要保证三个加工平面的尺寸，凹槽的尺寸稍有出入也不会影响零件的质量。因此，长度方向在加工中产生的误差可归纳到这两个开口处。

要合理地标注尺寸，除满足设计要求外，还要便于零件的加工、测量、检验等，即满足工艺上的要求。为此，先要确定尺寸基准。零件长、宽、高三个方向的尺寸基准，常采用零件上回转面的轴线、零件的主要加工面、零件的主要装配面和支承面及对称面等。除主要基准外，根据设计、加工、测量上的要求，一般还要附加一些辅助基准，主要基准与辅助基准之间应有尺寸相联系。例如轴承座长度方向的尺寸基准是它的左右对称面，总长240；宽度方向的尺寸基准是它的前后对称面，总宽65；高度方向的尺寸基准是它的底面，总高78。

9.2.1.3　技术要求

零件图中必须用规定的代号、数字和文字简明地表示出零件在制造和检验时应达到的技术要求。如零件表面结构中的表面粗糙度、尺寸公差、形状和位置公差、热处理要求等。例如图9－2中的符号“$\sqrt{Ra\ 3.2}$”及上面的数字，是指表面粗糙度符号及粗糙度高度参数 *Ra*（单位为微米）；尺寸$65^{-0.030}_{-0.104}$是指基本尺寸65和上下偏差数值分别为－0.030、－0.104。

9.2.1.4　标题栏

零件图的右下角应按规定画出标题栏，填写零件的名称、材料、数量、比例等各项内容。例如材料“HT150”，“HT”表示灰铸铁，“150”表示抗拉强度是150N/mm^2（图9－2、图9－9）；材料“ZCuAl 10－3”表示铝青铜，其中含铝8.5%～11%，含铁2%～4%，其余为铜（图9－10、图9－11）；材料“45”表示优质碳素钢（图9－12）。

有些技术要求可直接用文字说明集中写在图中的空白地方。如图9－2标题栏上方的三条技术要求。

下面对表面粗糙度和尺寸公差作简单介绍。

9.2.2　表面粗糙度和尺寸公差

9.2.2.1　表面粗糙度及其标注

零件的实际表面是按所定特征加工形成的，看起来很光滑，但借助放大装置便会看到高低不平的状况。实际表面的轮廓是由粗糙度轮廓（R轮廓）、波纹度轮廓（w轮廓）和原始轮廓（P轮廓）构成的，各种轮廓所具有的特性都与零件的表面功能密切相关。

本章主要介绍常用表面粗糙度的概念及其在图上的标注方法，表面结构的其他要求需要时可查阅有关标准。

1．表面粗糙度的基本概念

零件在加工过程中，由于刀痕、刀具和零件被加工表面之间的摩擦、切削分离时的塑性变形和工艺系统中的高频振动等因素的影响，使零件表面存在着间距较小的轮廓峰谷。这种表面上具有较小间距和峰谷所组成的微观几何形状特征，称为表面粗糙度。

2．表面粗糙度的常用参数

国家标准规定了评定表面粗糙度的常用参数有轮廓算术平均偏差（*Ra*）和轮廓最大高度（*Rz*）。

（1）轮廓算术平均偏差（*Ra*）

如图9－3所示，在零件表面的一段取样长度 *l* 内，测量方向（Z方向）轮廓线上的点与中线之间距离绝对值的算术平均值，在这里，中线是具有几何轮廓形状并划分轮廓的基准线。

（2）轮廓最大高度（*Rz*）

如图9－3所示，在取样长度 *l* 内，轮廓峰顶线和轮廓谷底线之间的距离，它在评定某些允许出现较大的加工痕迹的零件表面时有实用意义。

在实用上，*Ra* 用得较多，其数值及取样长度的选用见表9－1。

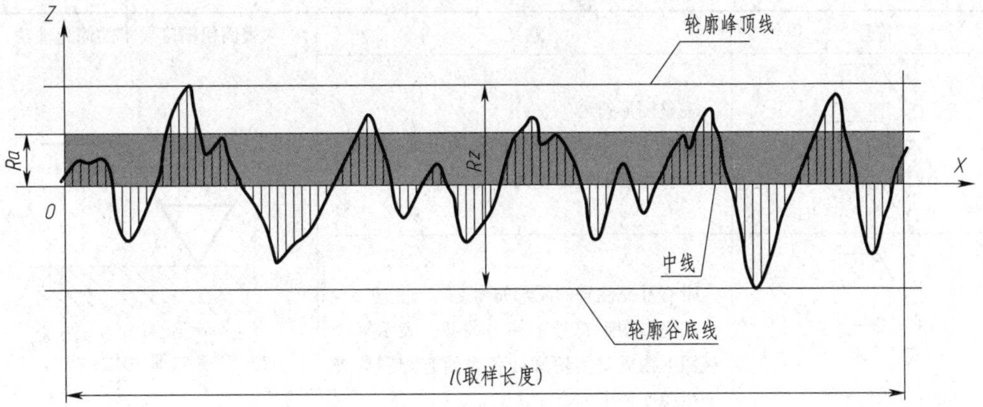

图 9－3　轮廓曲线和表面粗糙度参数

表 9－1　　**Ra 及 l，ln 选用值**

Ra/μm	≥0.008～0.02		>0.02～0.1		>0.1～2.0		>2.0～10.0	>10.0～80	
取样长度 l/mm	0.08		0.25		0.8		2.5	8.0	
评定长度 ln/mm	0.4		1.25		4.0		12.5	40	
Ra（系列）/μm	0.008	0.010	<u>0.012</u>	0.016	0.4	<u>0.025</u>	0.032	0.040	<u>0.050</u>
	0.063	0.080	<u>0.100</u>	0.125	0.160	<u>0.20</u>		0.25	0.32
	0.40	0.50	0.63	<u>0.80</u>	1.00	1.25		<u>1.60</u>	2.0
	2.5	<u>3.2</u>	4.0	5.0	<u>6.3</u>	8.0		10.0	<u>12.5</u>
	16	20	<u>25</u>	32	40	<u>50</u>		63　80	<u>100</u>

注：1. Ra 中下划线为第一系列，应优先选用。

2. ln 是评定轮廓所必须的一段长度，一般为五个取样长度

3. 表面粗糙度的标注

表面粗糙度符号的意义和画法见表 9－2。

表 9－2　　**表面粗糙度符号的意义和画法**

符号	意义	基本符号画法
	基本符号，单独使用没有意义	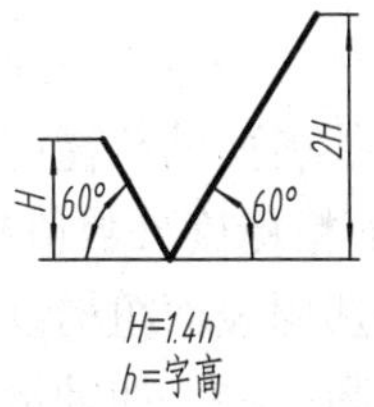
	扩充图形符号 基本符上加一短线，表示用去除材料的方法获得的表面，仅当其含义是“被加工表面”时才能单独使用	
	扩充图形符号 基本符号上加一小圆，表示表面粗糙度是用不去除材料的方法获得，如：铸、锻、冲压、热轧、冷轧、粉末冶金等。或者是保持上道工序的状况或原供应状况	

续表

符号	意义	表面粗糙度要求的简化注法
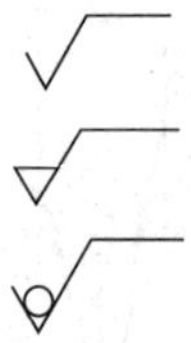	完整图形符号 在上述 3 个图形符号的长边上加一横线，用于标注表面粗糙度的补充信息	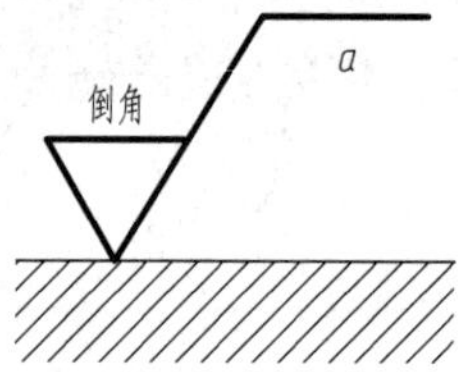 a的内容包括参数代号(如Ra, Rz)和参数极限值(单位为μm)
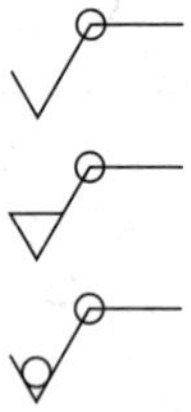	带有补充注释的图形符号 在完整图形符号上加一圆圈，表示某个视图上构成封闭轮廓的各表面有相同的表面粗糙度要求	

在图样上标注表明粗糙度的基本原则是：

（1）参数代号为斜体平排的大小写拉丁字母。注写和读取方向与尺寸的注写和读取方向一致。

（2）可标注在轮廓线或其延长线上，其符号从材料外指向并接触表面（如图 9－4）。

（3）同一图样上每个表面一般只标注一次，代（符）号应注在可见轮廓线、尺寸线、尺寸界线或它们的延长线上，并尽可能靠近有关的尺寸线。

（4）如果工件的多数（包括全部）表面具有相同的表面粗糙度要求时，可统一标注在图样的标题栏附近，见图 9－5。此时（除全部表面有相同要求的情况外），表面粗糙度要求的符号后面应有在圆括号内给出无任何其它标注的基本符号。不同的表面粗糙度要求应直接标注在图形中（如图 9－5）。

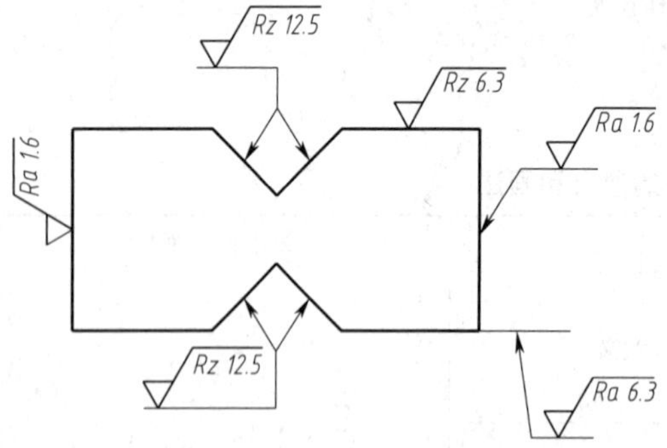

图 9－4　表面粗糙度的标注

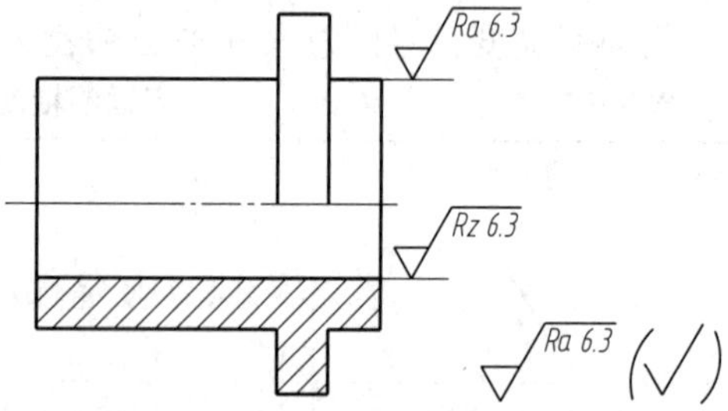

图 9－5　表面粗糙度全部相同的标注

零件表面的粗糙度是评定零件表面质量的一项技术指标。零件表面粗糙度要求越高（即表面粗糙度参数值越小），其加工成本也越高，因此，在满足零件表面的功能下，应合理的选用表面粗糙度。一般来说，凡零件上有配合要求的或相对运动的表面，表面粗糙度要求高一些。如轴承座中的半圆孔是和下轴衬（图 9－10）紧贴的表面，其表面粗糙度为▽Ra 3.2，比轴承座底面（不重要的接触面）的表面粗糙度▽Ra 12.5 高一些。

9.2.2.2　尺寸公差及其标注

尺寸公差是零件图和装配图中一项重要的技术要求，也是检验产品质量的技术指标。

制造零件时，为了使零件具有互换性，轴与孔配合时，并不要求零件的尺寸做得绝对准确，而只是要求在一个合理的范围之内，由此就规定了极限尺寸。零件制成后的实际尺寸，应在规定的最大极限尺寸和最小极限尺寸的范围内。允许尺寸的变动量称为尺寸公差，简称公差。

零件的互换性是指从一批相同零件中任取一件，即可装到机器上去，并能保证使用要求，就称这批零件具有互换性。零件的互换性是由尺寸公差来保证的。

1. 尺寸公差的基本概念

图 9 - 2 所示轴承座的零件图上，有 3 处重要尺寸标注了公差，即 $65^{-0.030}_{-0.104}$，$\phi60^{-0.046}_{0}$ 和 $90^{+0.087}_{0}$。下面以图 9 - 2 中的 $65^{-0.030}_{-0.104}$（轴）与图 9 - 10 中的 $65^{+0.074}_{0}$（孔）为例，对尺寸公差的一些名词作简要说明（图 9 - 6）。

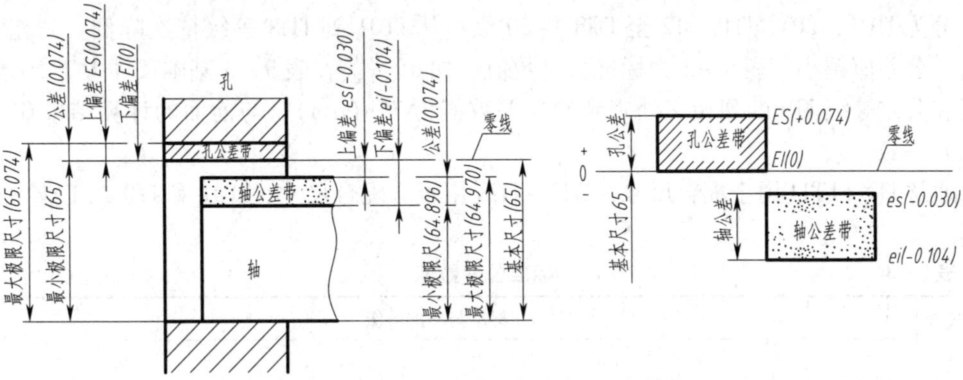

(a) 尺寸公差名词解释　　(b) 公差带图

图 9 - 6　尺寸公差名词解释与公差带图

（1）基本尺寸　设计时给定的尺寸，如果用 A 表示，则 $A = 65$。

（2）极限尺寸　允许尺寸变化的两个界限值，它是以基本尺寸为基数来确定的。其中较大的一个是最大极限尺寸，较小的一个是最小极限尺寸，如果分别用 A_{max}、A_{min} 表示，则

$$A_{max} = 65 + (-0.030) = 64.970$$

$$A_{min} = 65 + (-0.104) = 64.896$$

（3）极限偏差（简称偏差）　某一尺寸减其基本尺寸所得的代数差。最大极限尺寸或最小极限尺寸减其基本尺寸所得到的代数差，分别称为上偏差和下偏差。国标规定孔的上偏差用 ES、下偏差用 EI 表示；轴的上、下偏差分别用 es 和 ei 表示。尺寸 $65^{-0.030}_{-0.104}$ 在轴承座中所标注的位置是与下轴衬（图 9 - 7）配合的轴套类零件，因此下轴衬的上、下偏差为

$$上偏差\ es = A_{max} - A = 64.970 - 65 = -0.030$$

$$下偏差\ ei = A_{min} - A = 64.896 - 65 = -0.104$$

（4）尺寸公差（简称公差）　允许尺寸的变动量。它等于最大极限尺寸与最小极限尺寸之差或等于上偏差与下偏差代数差的绝对值。如果用 δ 表示尺寸公差，则

$$\delta = A_{max} - A_{min} = 64.970 - 64.896 = 0.074$$

或 $\delta = |es - ei| = |-0.030 - (-0.104)| = 0.074$

（5）实际尺寸　零件制成后测量所得的尺寸。零件的实际尺寸只允许在最大极限尺寸和最小极限尺寸之间，否则零件就成为废品。

（6）尺寸公差带（简称公差带）　在图9－6（a）中，由代表上、下偏差的两条直线所限定的一个区域，称为公差带。将上、下偏差和基本尺寸的关系，按同一放大的比例画成的简图，称为公差带图，如图9－6（b）所示。在公差带图中，零线表示基本尺寸，它是确定正、负偏差的基准线。

（7）标准公差和基本偏差　公差带是由公差大小和其相对于零线的位置来确定的。公差大小由标准公差确定，而公差带相对于零线的位置则由基本偏差确定。

1）标准公差　国家标准将基本尺寸分段，规定了20个标准公差等级，每一个等级用一个代号表示。标准公差等级代号用符号IT（字母IT为国际公差的符号）和数字组成。分为IT01，IT0，IT1，IT2至IT18共20级。从IT01到IT18等级依次降低。公差等级越高，公差值越小。表9－3为标准公差数值。如$65^{-0.030}_{-0.104}$在表9－3基本尺寸大于50至80的行和公差等级IT9的列相交处查到的公差数值为74（μm），与前面的计算结果0.074（mm）一致。

通常IT1～1T11用于配合尺寸，IT12～IT18用于非配合尺寸，IT01和IT0在工业中很少用到。

表9－3　　标准公差数值

基本尺寸/mm		标准公差的等级																			
		μm												mm							
大于	至	IT01	IT0	IT1	IT2	IT3	IT4	IT5	IT6	IT7	IT8	IT9	IT10	IT11	IT12	IT13	IT14	IT15	IT16	IT17	IT18
—	3	0.3	0.5	0.8	1.2	2	3	4	6	10	14	25	40	60	0.1	0.14	0.25	0.40	0.60	1.0	1.4
3	6	0.4	0.6	1	1.5	2.5	4	5	8	12	18	30	48	75	0.12	0.18	0.30	0.48	0.75	1.2	1.8
6	10	0.4	0.6	1	1.5	2.5	4	6	9	15	22	36	58	90	0.15	0.22	0.36	0.58	0.90	1.5	2.2
10	18	0.5	0.8	1.2	2	3	5	8	11	18	27	43	70	110	0.18	0.27	0.43	0.70	1.10	1.8	2.7
18	30	0.6	1	1.5	2.5	4	6	9	13	21	33	52	84	130	0.21	0.33	0.52	0.84	1.30	2.1	3.3
30	50	0.6	1	1.5	2.5	4	7	11	16	25	39	62	100	160	0.25	0.39	0.62	1.00	1.60	2.5	3.9
50	80	0.8	1.2	2	3	5	8	13	19	30	46	74	120	190	0.30	0.46	0.72	1.20	1.90	3.0	4.6
80	120	1	1.5	2.5	4	6	10	15	22	35	54	87	140	220	0.35	0.54	0.87	1.40	2.20	3.5	5.4
120	180	1.2	2	3.5	5	8	12	18	25	40	63	100	160	250	0.40	0.63	1.00	1.60	2.50	4.0	6.3
180	250	2	3	4.5	7	10	14	20	29	46	72	115	185	290	0.46	0.72	1.15	1.85	2.90	4.6	7.2
250	315	2.5	4	6	8	12	16	23	32	52	81	130	210	320	0.52	0.81	1.30	2.10	3.20	5.2	8.1
315	400	3	5	7	9	13	18	25	36	57	89	140	230	360	0.57	0.89	1.40	2.30	3.60	5.7	8.9
400	500	4	6	8	10	15	20	27	40	63	97	155	250	400	0.63	0.97	1.55	2.50	4.00	6.3	9.7

2）基本偏差　基本偏差是指确定公差带相对零线位置的那个极限偏差。它可以是上偏差或下偏差，一般为靠近零线的那个偏差。公差带在零线上方时，基本偏差为下偏差；公差带在零线下方时，基本偏差为上偏差。在图9－6中，孔的基本偏差为下偏差，轴的

基本偏差为上偏差。

基本偏差用代号（字母）表示，对孔用大写字母A，B，…，ZC表示；对轴用小写字母a，b，…，zc表示，轴、孔各28个基本偏差，形成基本偏差系列，如图9－7所示。孔的基本偏差A～H为下偏差，K～ZC为上偏差。轴的基本偏差a～h为上偏差，k～zc为下偏差。JS和js没有基本偏差，其标准公差带对称分布于零线两侧。

公差带用公差带代号表示，它由基本偏差代号的字母和标准公差等级代号的数字组成，例如，孔公差带代号H9，轴公差带代号h9等。

图9－7所示为轴与孔基本偏差系列。基本偏差系列图只表示公差带的位置，不表示公差的大小，因此，公差带一端是开口的，开口的另一端由标准公差限定。表9－4和表9－5分别部分摘录了GB/T 1800.4—1999规定的轴和孔极限偏差数值，本章零件图和装配图涉及的尺寸公差可从这两个表查到。如轴径ϕ30k6，在表9－4中由基本尺寸大于18至30的行和公差带代号k6的列相交处得轴的上偏差es＝＋15，轴的下偏差ei＝＋0.002，所以ϕ30k6可写成$\phi 30^{+0.015}_{+0.002}$（见图9－11轴的左端尺寸）；又如孔径$\phi$50H8，在表9－5中由基本尺寸大于30至50的行和公差带代号H8的列相交处得孔的上偏差ES＝＋0.039，孔的下偏差EI＝0，所以ϕ50H8可写成$\phi 50^{+0.039}_{0}$（见图9－11及图9－10上、下轴衬的内径尺寸）。

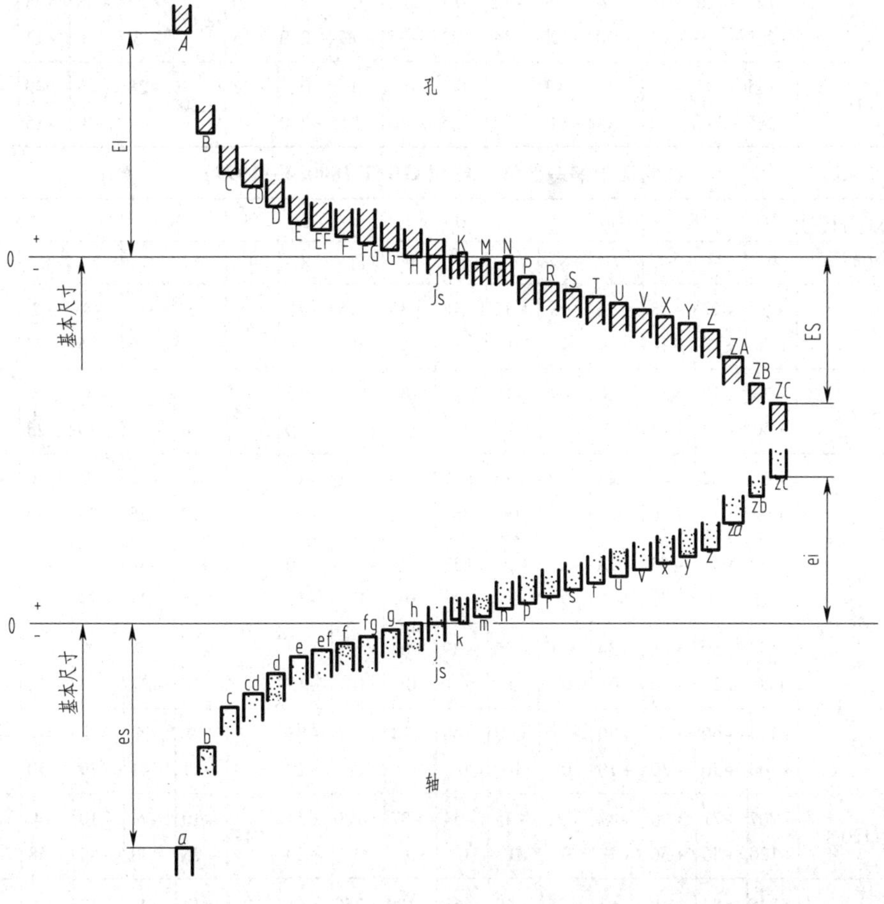

图9－7　基本偏差系列

表 9 -4　　　　轴的极限偏差数值（根据 GB/T 1800. 4—1999）　　　　μm

公差带代号	d		f			g	h				j	js	k		m	n	p
基本尺寸/mm	9	11	7	8	9	6	6	7	9	11	7	7	6	7	6	6	6
>3 ~6	-30	-30	-10	-10	-10	-4	0	0	0	0	+8	±6	+9	+13	+12	+16	+20
	-60	-105	-22	-28	-44	-12	-8	-12	-30	-75	-4		+1	+1	+4	+8	+12
>6 ~10	-40	-40	-13	-13	-13	-5	0	0	0	0	+10	±7	+10	+16	+15	+19	+24
	-76	-130	-28	-35	-49	-14	-9	-15	-36	-99	-5		+1	+1	+6	+10	+15
>10 ~18	-50	-50	-16	-16	-16	-6	0	0	0	0	+12	±9	+12	+19	+18	+23	+29
	-93	-160	-34	-43	-59	-17	-11	-18	-43	-110	-6		+1	+1	+7	+12	+18
>18 ~30	-65	-65	-20	-20	-20	-7	0	0	0	0	+13	±10	+15	+23	+21	+28	+35
	-117	-195	-41	-53	-72	-20	-13	-21	-52	-130	-8		+2	+2	+8	+15	+22
>30 ~50	-80	-80	-25	-25	-25	-9	0	0	0	0	+15	±12	+18	+27	+25	+33	+42
	-142	-240	-50	-64	-87	-25	-16	-25	-62	-160	-10		+2	+2	+9	+17	+26
>50 ~80	-100	-100	-30	-30	-30	-10	0	0	0	0	+18	±15	+21	+32	+30	+39	+51
	-174	-290	-60	-76	-104	-29	-19	-30	-74	-190	-12		+2	+2	+11	+20	+32
>80 ~120	-120	-120	-36	-36	-36	-12	0	0	0	0	+20	±17	+25	+38	+35	+45	+59
	-207	-340	-71	-90	-123	-34	-22	-35	-87	-220	-15		+3	+3	+13	+23	+37
>120 ~180	-145	-145	-43	-43	-43	-14	0	0	0	0	+22	±20	+28	+43	+40	+52	+68
	-245	-395	-84	-106	-143	-39	-25	-40	-100	-250	-18		+3	+3	+15	+27	+43

表 9 -5　　　　孔的极限偏差数值（根据 GB/T 1800. 4—1999）　　　　μm

公差带代号	D	F		G	H					J	JS	K		M	N		P
基本尺寸/mm	9	7	8	7	6	7	8	9	11	8	9	7	8	7	8	6	7
>3 ~6	+60	+22	+28	+16	+8	+12	+18	+30	+75	+10	±15	+3	+2	-4	-2	-9	- -8
	+30	+10	+10	+4	0	0	0	0	0	-8		-9	-16	-16	-20	-17	-20
>6 ~10	+76	+28	+35	+20	+9	+15	+22	+36	+90	+12	±18	+5	+1	-4	-3	-12	-9
	+40	+13	+13	+5	0	0	0	0	0	-10		-10	-21	-19	-25	-21	-24
>10 ~18	+93	+34	+43	+24	+11	+18	+27	+43	+110	+15	±21	+6	+2	-5	-3	-15	-11
	+50	+16	+16	+6	0	0	0	0	0	-8		-12	-25	-23	-30	-26	-29
>18 ~30	+117	+41	+53	+28	+13	+21	+33	+52	+130	+20	±26	+6	+4	-7	-3	-18	-14
	+65	+20	+20	+7	0	0	0	0	0	-13		-15	-29	-28	-36	-31	-35
>30 ~50	+142	+50	+64	+34	+16	+25	+39	+62	+160	+24	±31	+7	+5	-8	-3	-21	-17
	+80	+25	+25	+9	0	0	0	0	0	-15		-18	-34	-33	-42	-37	-42
>50 ~80	+174	+60	+76	+40	+19	+30	+46	+74	+190	+28	±37	+9	+5	-9	-4	-26	-21
	+100	+30	+30	+10	0	0	0	0	0	-18		-21	-41	-39	-50	-45	-51
>80 ~120	+207	+71	+90	+47	+22	+35	+54	+87	+220	+34	±43	+10	+6	-10	-4	-30	-24
	+120	+36	+36	+12	0	0	0	0	0	-20		-25	-48	-45	-58	-52	-59
>120 ~180	+245	+83	+106	+54	+25	+40	+63	+100	+250	+41	±50	+12	+8	-12	-4	-36	-28
	+145	+43	+43	+14	0	0	0	0	0	-22		-28	-55	-52	-67	-61	-68

2. 尺寸公差在图样上的标注

(1) 在零件图上的标注

如图9-8所示，在零件图上标注公差的方法有3种形式：只标注公差带代号［图9-8（a）］；只标注极限偏差数值［图9-8（b）］；标注出公差带代号及极限偏差数值［图9-8（c）］。

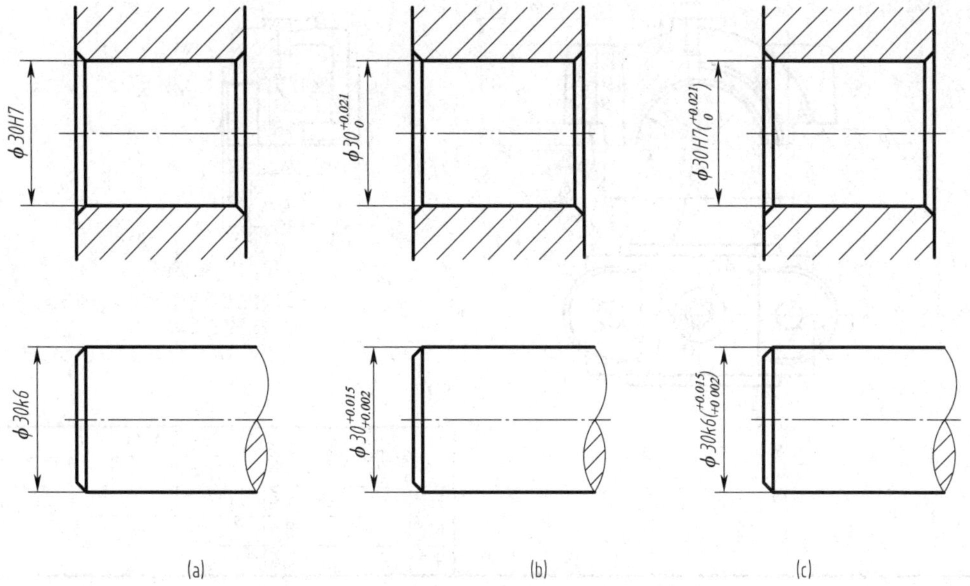

图9-8　零件图上公差的标注

在零件图上采用极限偏差标注尺寸公差的基本原则是：

① 各偏差值应根据设计时的要求，从有关国家标准中查得。

② 基本尺寸相同、互相配合的孔和轴，都要直接在各自的零件图上标注尺寸偏差。例如图9-2的轴承座与图9-10的下轴衬有两处配合，尺寸公差分别是 $\phi60^{+0.046}_{0}$（孔）与 $\phi60^{+0.021}_{+0.002}$（轴）、$65^{+0.074}_{0}$（孔）与 $65^{-0.030}_{-0.104}$（轴）。

③ 采用极限偏差标注线性尺寸公差时，上偏差应注在基本尺寸的右上方，下偏差应与基本尺寸注在同一底线上（图9—8）。

④ 上下偏差的小数点必须对齐，小数点后的位数也必须相同。若上偏差或下偏差为“零”时，用数字“0”标出，“0”的位置与上偏差或下偏差小数点前的个位数对齐（图9-8）。

⑤ 当上下偏差的绝对值相同时，偏差数与基本尺寸采用同号字并列写出，如 $\phi35\pm0.080$。否则，上下偏差均采用小号字（图9-8）。

(2) 在装配图上的标注

在装配图中标注尺寸的配合代号时，必须用分数的形式注在基本尺寸的右边，分子为孔的公差带代号，分母为轴的公差带代号。如图9-27中的 $65\ \frac{H9}{f9}$、$\phi60\ \frac{H8}{k6}$ 等。在这里，配合是指基本尺寸相同时，相互结合的孔和轴公差带之间的间隙配合、过渡配合、过盈配合关系，即按使用要求不同，装配在一起的两零件结合时松紧程度不同。

正滑动轴承的其他主要零件图，如图 9－9、图 9－10、图 9－11 所示，请读者自行分析它们的视图选择和尺寸标注。

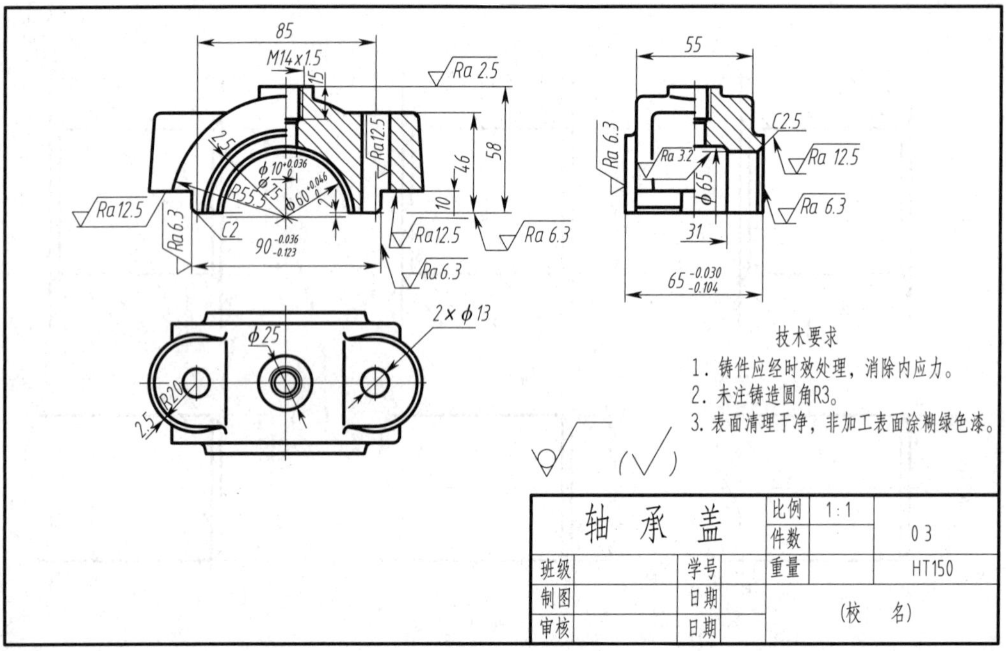

图 9－9　轴承盖零件图

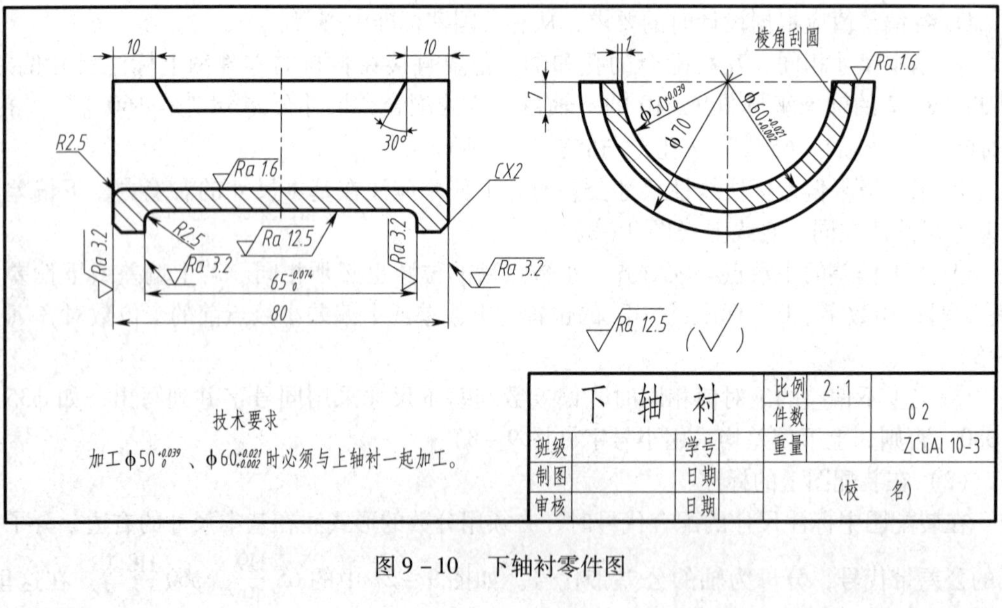

图 9－10　下轴衬零件图

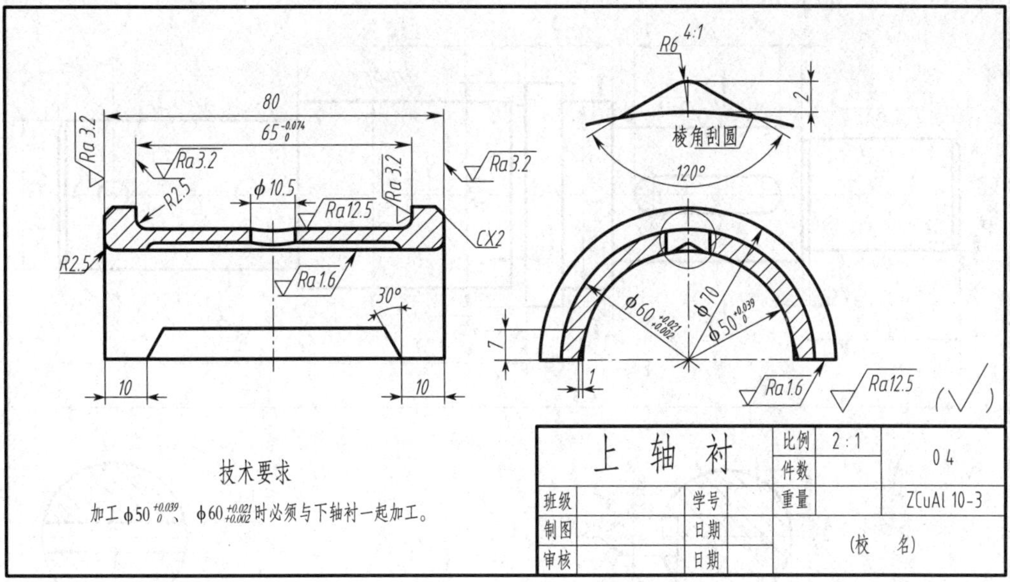

图9－11　上轴衬零件图

根据零件的结构形状，轴承座、轴承盖属于比较复杂的一类零件，因而需要的视图也多一些。而上下轴衬以及轴是属于同一类比较简单的轴套类零件，其视图也少一些。轴是一种常见的零件，正滑动轴承就是支承轴工作的一个部件。由于使用上的要求，轴常有特殊的结构、尺寸标注和图示方法。下面以轴为例对零件图的视图选择及尺寸标注作简要的介绍。

9.2.3　轴套类零件图

图9－12所示是轴的零件图。图9－12所示这根轴在长度为$62^{-0.100}_{-0.290}$处的径向尺寸是$\phi 50^{+0.025}_{+0.009}$，而图9－11及图9－10上、下轴衬零件图中的内径尺寸是$\phi 50^{+0.039}_{0}$，它们的基本尺寸都是$\phi 50$，假定这根轴与正滑动轴承配合使用。

9.2.3.1　视图选择

在考虑轴的表达方法之前，必须先了解轴上各结构的作用和要求。轴是机器或部件中的运动零件，当轴转动时，通过键将扭矩传递给传动齿轮或其他零件，因此这根轴的左端开有键槽，以便用键把轴和传动齿轮连接在一起，如图9－12。为了保证传动可靠，传动齿轮和轴承由轴中间的轴肩固定其轴向位置；轴右端的圆柱销孔也是为了固定轴上的其他零件。为了使轴衬紧靠在轴肩上，轴径变化处有退刀槽。轴的两端均有倒角，以去除金属锐边，使轴装配时易于套入轴孔。

（1）主视图选择　零件的主视图要尽可能把零件各部分的主要结构反映出来。轴的基本形状是同轴回转体，因此主视图应选用垂直于圆柱轴线的方向作为投影方向。这样既可把各段圆柱部分的相对位置和形状大小表示清楚，也反映轴肩、退刀槽、倒角等工艺结构。此外，如将键槽转向正前方，主视图即反映键槽的形状和位置。

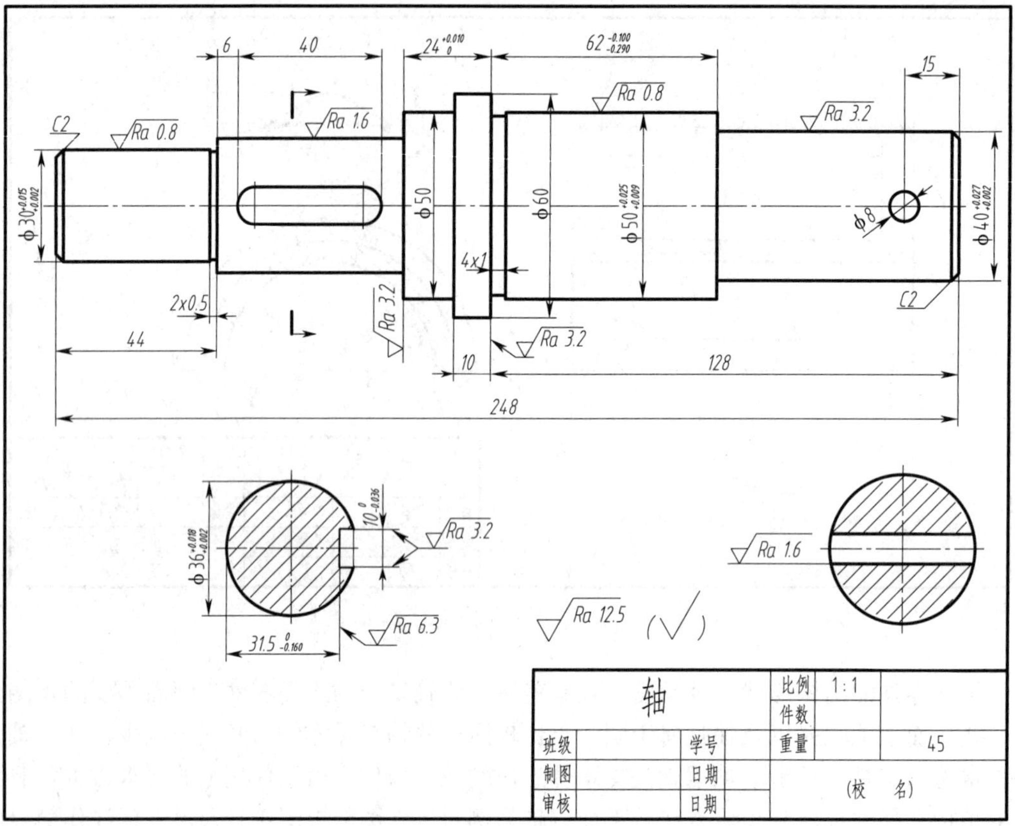

图 9－12 轴的零件图

在确定零件的安放位置时，为了便于加工和安装，通常对轴、套、盘等回转体零件选择其加工位置，而对支架、箱体等零件选择其工作位置，即安装位置。由于轴主要在机床上加工，为了便于加工时看图，轴线宜水平放置（图 9－12）。

（2）其他视图的选择　由于轴的各段圆柱可以用注尺寸 ϕ 来表示，因此不必画出其左视图或右视图。轴上的键槽在主视图中已反映了它的长度和宽度，为了表示其深度，采用了移出断面。轴上的圆柱销孔也采用了移出断面（图 9－12）。这样这根轴的结构形状即可全部表达清楚。

对于其他零件，一旦主视图选定，其他视图的选择应根据零件的复杂程度和内外结构来全面考虑，使每一个视图有一个表达重点。但要注意采用的视图数目不宜过多，以免繁琐、重复，导致主次不分。

9.2.3.2　尺寸标注

轴套类零件在标注尺寸时，都以水平放置的轴线作为径向尺寸基准（也是高度方向的尺寸基准）。由此，注出如图 9－12 所示的 $\phi40^{+0.027}_{+0.002}$、$\phi50^{+0.025}_{+0.009}$、$\phi30^{+0.015}_{+0.002}$ 等，以及移出断面中的 $\phi36^{+0.018}_{+0.002}$ 等，这样就把设计上的要求和加工时的工艺基准统一起来了。

轴套类零件长度方向的尺寸基准，常选用重要的端面、接触面（轴肩）或加工面等。

轴在加工时先加工一端，再加工另一端，所以轴的两个端面都是工艺基准（轴类零件在车床上加工时，两端用顶针顶住轴的中心孔），由此注出 44、128，总长 248 等。而中间的轴肩，按设计要求保证长度为 $24^{+0.100}_{0}$，所以就得另加一尺寸基准，从而注出 10、$62^{-0.100}_{-0.290}$。

对于其他尺寸，如键槽宽度和深度、倒角等，须查有关标准后注出。退刀槽宽度和直径亦应符合标准，以便加工时选用刀具。图 9 – 12 中轴左、右端面处的 *C*2 表示倒角尺寸为 2 × 45°。

尺寸标注不仅要符合设计要求，还要考虑加工次序和检测是否方便。

9.3 标准件和常用件

在机器或部件的装配、安装中，广泛使用螺纹紧固件或其他连接件进行紧固和连接；在机械的传动、支承、减振等方面，也广泛使用齿轮、轴承、弹簧等机件。这些被大量使用的机件，有的在结构形式尺寸方面均已标准化，称为标准件；有的部分重要参数已系列化，称为常用件。如图 9 – 1 所示，轴承座和轴承盖就是由一对螺栓连接起来的。螺栓、螺母属标准件，而齿轮属常用件。

由于标准件和常用件的用量大，需要成批或大量生产。为了多快好省地获得产品和在装配维修机器时按规格选用或更换，国家有关部门批准并颁布了各种标准件的标准和常用件的部分参数的标准。绘图时，这些零件的形状和结构不需要按真实投影画出，而应该采用国家标准规定的画法、代号和标记。至于它们的详细结构和尺寸，可以查阅相应的国家标准或机械零件手册。

螺纹紧固件、键和圆柱齿轮是比较典型的标准件和常用件，下面介绍它们的规定画法、代号和标记。

9.3.1 螺纹和螺纹紧固件

9.3.1.1 螺纹

如图 9 – 13 所示，螺纹是指在螺栓、螺钉、螺母等零件上起连接或传动作用的沿着螺旋线所形成的具有规定牙型的连续凸起和沟槽。

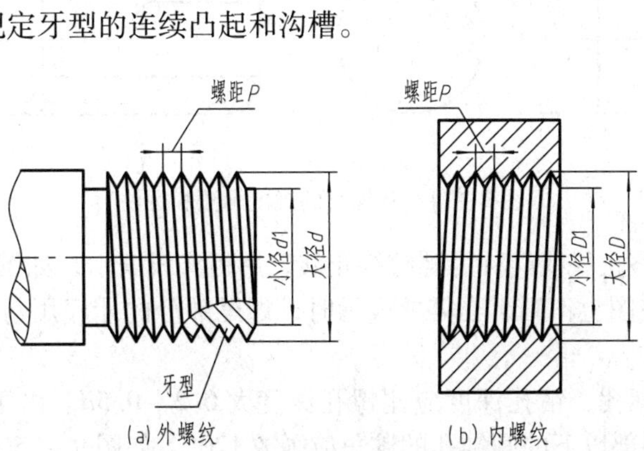

图 9 – 13 外螺纹和内螺纹

（1）外螺纹和内螺纹　加工在圆柱或圆锥外表面上的螺纹，称为外螺纹，见图9－10（a）；加工在圆柱或圆锥孔壁上的螺纹，称为内螺纹，见图9－13（b）。

内、外螺纹连接时，螺纹的下列要素必须一致：

① 牙型　螺纹的牙型有三角形（图9－13）、梯形、锯齿形和方形等，各有不同的用途。

② 公称直径　公称直径是指螺纹最大直径的基本尺寸。螺纹的最大直径称为大径，外螺纹的大径用 d 表示，内螺纹的大径用 D 表示；螺纹的最小直径称为小径，外螺纹的小径用 d_1 表示，内螺纹的小径用 D_1 表示。如图9－13所示。

螺纹牙型上凸起和沟槽宽相等地方的假想圆柱的直径，称为螺纹的中径，中径圆柱的母线称为中径线。

③ 线数 n　螺纹有单线和多线之分。沿一条螺旋线形成的螺纹称为单线螺纹；沿两条或两条以上，在轴向等距分布的螺旋线所形成的螺纹为多线螺纹。

④ 螺距 P 和导程 S　螺纹相邻两个牙型中径线上对应两点间的轴向距离称为螺距，螺距用 P 表示，见图9－13。螺旋线旋转一周沿轴向移动的距离，称为导程，用 S 表示。单线螺纹的导程等于螺距；多线螺纹的导程等于线数乘螺距，即 $S=nP$。

⑤ 旋向　螺纹的旋向分右旋和左旋两种。工程上常用右旋螺纹。

改变上述五项要素中的任何一项，都会得到不同规格的螺纹。为了便于设计和制造，国家标准对螺纹的牙型、直径和螺距都作了规定，凡这三项符合标准的螺纹称为标准螺纹。

（2）螺纹的规定画法　螺纹的实际外形比较复杂，国家标准《机械制图》中对螺纹的画法作了如下规定：

① 螺纹的牙顶用粗实线表示，螺纹的牙底用细实线表示，螺杆的倒角或倒圆部分也应画出，如图9－14、图9－15的主视图所示。小径通常画成大径的0.85倍。在垂直于螺纹轴线的视图中，表示牙底的细实线圆只画约3/4圈，为更清晰地表示螺纹，此时倒角圆不画，如图9－14、图9－15的左视图所示。

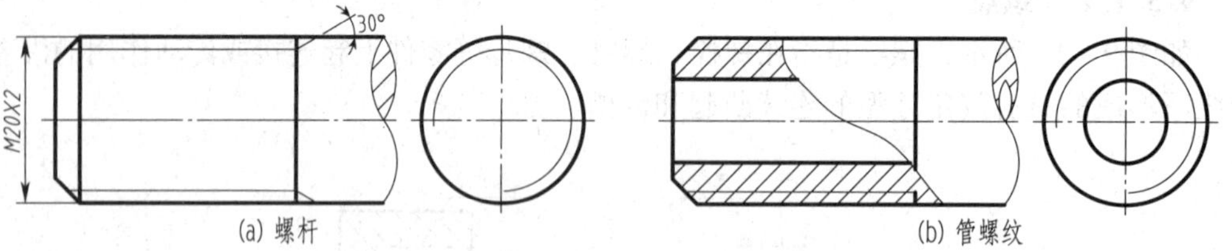

图9－14　外螺纹的规定画法和标注

② 完整螺纹的终止界线简称为螺纹终止线，用粗实线表示，如图9－14、图9－15所示。螺纹收尾一般在图上不画，当需要表示时，螺尾部分的牙底用与轴线成30°的细实线绘制［图9－14（a）］。

③ 对于不通的螺孔，钻孔深度应比螺孔深度大0.2～0.5d。由于钻头的锥角约等于120°，因此，钻孔底部以下的圆锥孔的锥角应画成120°，如图9－15所示。

④ 无论是外螺纹还是内螺纹，在剖视图或断面图中的剖面线都必须画到粗实线。

⑤ 不可见螺纹的所有图线均按虚线绘制，如图9－16所示。

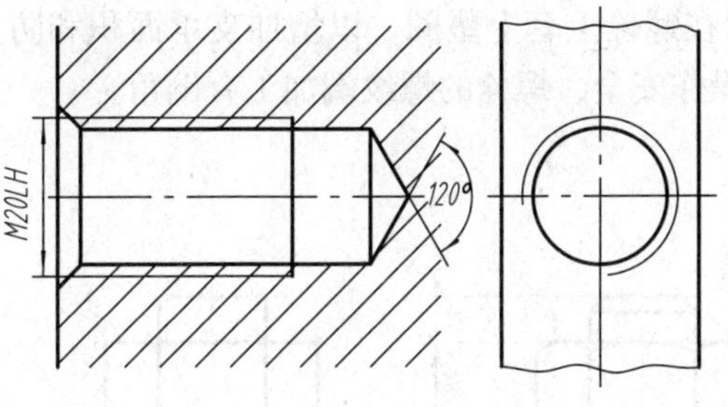

图9－15　内螺纹的规定画法和标注

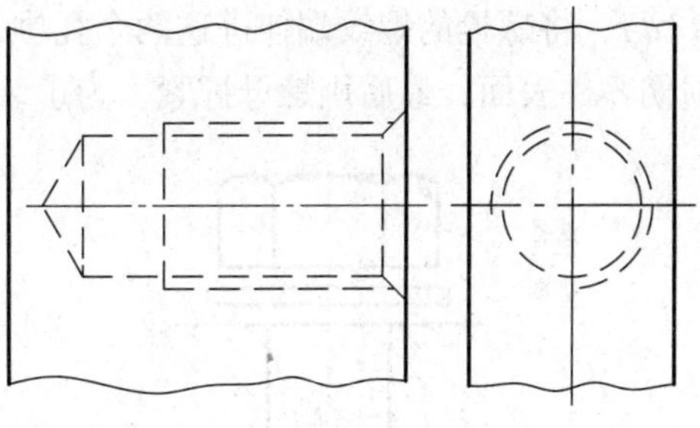

图9－16　不可见内螺纹的画法

（3）螺纹的标注　普通螺纹用规定的代号标注在它的大径上，如图9－14、图9－15所示。粗牙普通螺纹用牙型符号“M”及“公称直径”表示；细牙普通螺纹用牙型符号“M”及“公称直径”×螺距表示；管螺纹用牙型符号“G”及“公称直径”表示。普通螺纹和管螺纹是常用的连接螺纹，梯形螺纹和锯齿形螺纹是常用的传动螺纹。例如：“M20LH”表示公称直径为20mm，螺距为2.5mm，左旋的粗牙普通螺纹；“M20×2”表示公称直径为20mm，螺距为2mm，右旋的细牙普通螺纹；“G1″”表示英寸制管螺纹，管子的内径近似于1″。

（4）螺纹连接的规定画法　如图9－17所示，当用剖视图表示内、外螺纹连接时，其旋合部分应按外螺纹的画法绘制，其余部分仍按各自的画法表示。画实心的外螺纹件时，规定按不剖绘制。应注意的是：表示大、小径的粗实线和细实线应分别对齐，而与倒角的大小无关。

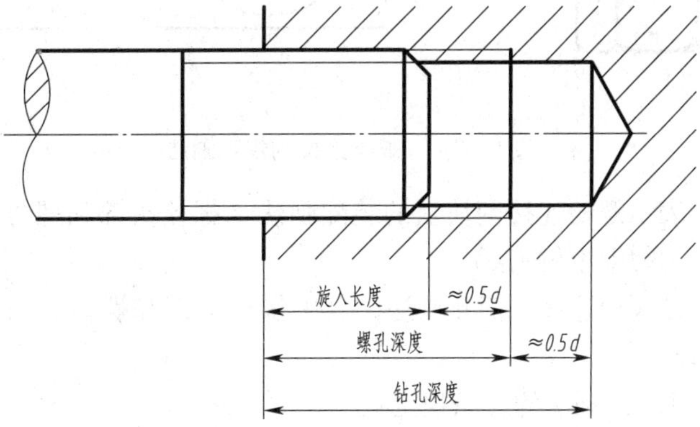

图9－17　螺纹连接的规定画法

9.3.1.2　螺纹紧固件

螺纹紧固件就是运用一对内、外螺纹的连接作用来连接和紧固一些零件。螺纹坚固件均为标准件，使用时按规定标记可直接外购。常用的螺纹紧固件有螺钉（GB/T 65、GB/T 68）、螺栓（GB/T 5780）、螺柱（GB/T 897～900）、螺母（GB/T 6170）和垫圈（GB/T 97.1）等。图9－1所示的正滑动轴承就是利用一对螺栓将轴承座和轴承盖连接在一起的。下面介绍螺栓连接的规定画法。

（1）螺栓连接的规定画法　螺栓用来连接不太厚，并能钻成通孔的零件。图9－18所示是用六角头螺栓、六角螺母和垫圈连接两块板的画法。

图9－18（a）是连接前的情况。被连接的两块板上钻有比螺栓大径略大的孔（孔径≈

1.1d)，将螺栓的螺纹端伸进这两个孔中，然后在螺栓上套上垫圈，以增加支承面积和防止损伤零件表面，最后用螺母拧紧。为了装配和操作安全，螺栓的螺纹端加工有倒角。

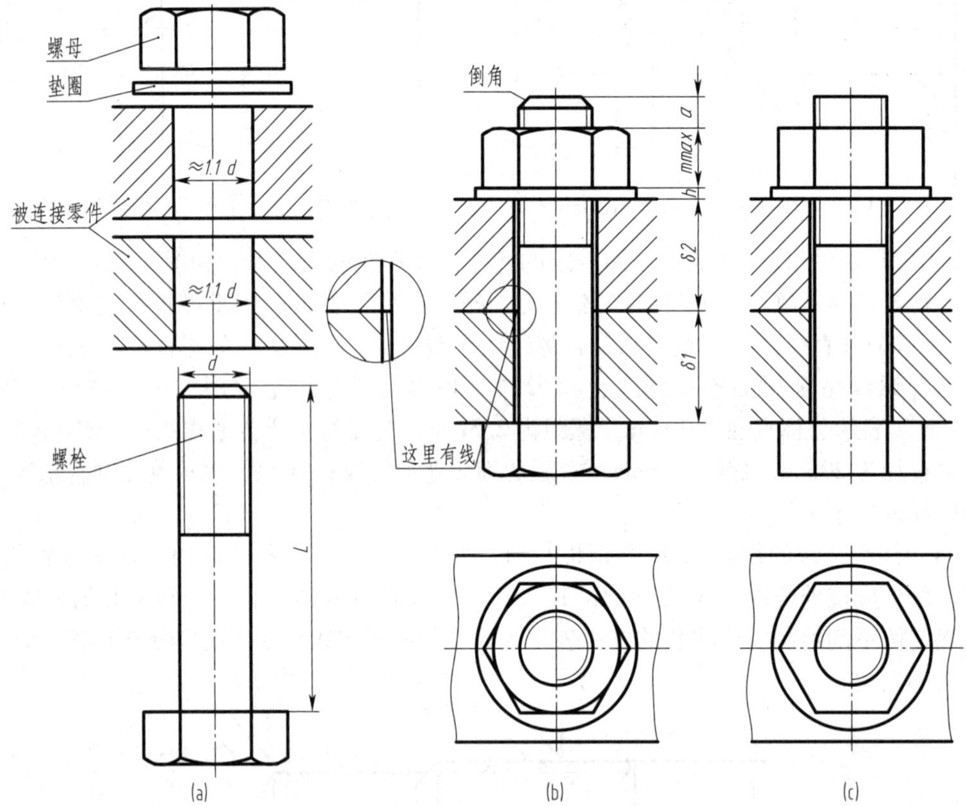

图 9-18　螺栓连接的规定画法

图 9-18（b）表示螺栓连接两块板的装配画法（螺栓头部和螺母表面上用几段圆弧表示的交线及倒角均采用比例画法）。

图 9-18（c）是螺栓连接的简化画法，其中螺栓头部和螺母表面上用几段圆弧表示的交线及倒角均省略不画。

（2）螺纹紧固件装配画法的三条规定：

① 两零件的接触表面画一条线，不接触表面画两条线。

② 两零件邻接时，不同零件的剖面线方向应相反；或者方向一致，间隔不等。

③ 对于紧固件和实心零件，如螺钉、螺栓、螺母，垫圈等，若剖切平面通过它们的轴线时，则这些零件均按不剖绘制，仍只画其外形视图。

单个螺纹紧固件的画法，可根据公称直径查有关标准，得到各部分的尺寸后采用简化画法如图 9-18（c），或按比例画法画出（图 9-19）。

（3）螺栓公称长度的选取　螺栓的公称长度 L，应从有关标准中得出垫圈的高度 h、螺母的高度 m_{max}，再加上被连接零件的厚度等，经计算后在有关标准中选定。从图 9-18（b）可知：

$$螺栓长度\ L = \delta_1 + \delta_2 + h + m_{max} + a$$

其中 a 是螺栓伸出螺母的长度，一般可取 $0.3d$ 左右。用上式计算得出数值后，再从相应的螺栓标准所规定的长度系列中，选取合适的 L 值。

9.3.1.3　某些常用螺纹紧固件的比例画法

在设计机器时经常会用到六角头螺栓、六角螺母和垫圈等螺纹紧固件，它们的各部分尺寸可以从相应的国家标准中查出。但是为了画图方便，在绘制螺纹紧固件时，也可以不必查表画出，而是采用比例画法。所谓比例画法就是除了公称长度 L 需要计算后参考长度标准选定外，其他各部分尺寸都取与螺纹大径 d 或 D 成一定比例的数值画出。

下面分别介绍六角螺母、六角头螺栓、垫圈的比例画法。

（1）六角螺母　六角螺母各部分尺寸及其表面上用几段圆弧表示的交线，都以螺纹大径 D 的比例关系画出。如图 9－19（a）所示。

（2）六角头螺栓　六角头螺栓各部分尺寸与螺纹大径 d 的比例关系如图 9－19（b）所示。六角头头部除厚度 $0.7d$，其余尺寸的比例关系和画法与六角螺母相同。

（3）垫圈　垫圈各部分尺寸按与它相配的螺纹紧固件的大径 d 的比例关系画出。如图 9－19（c）所示。

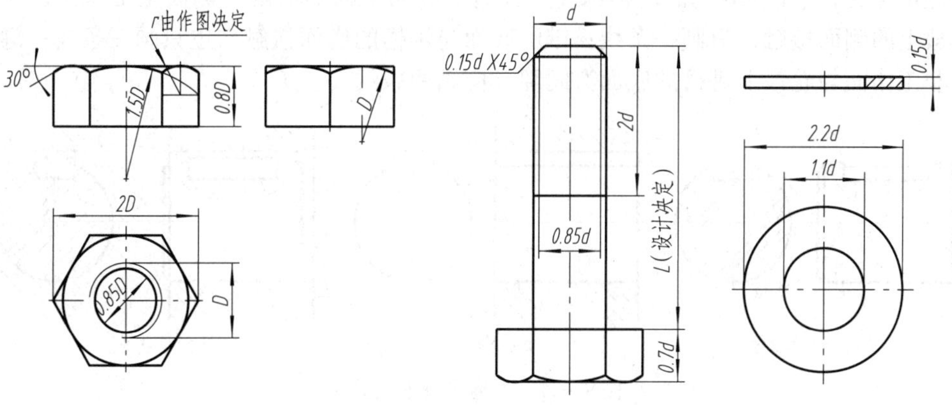

(a)六角螺母　(b)六角头螺栓　(c)垫圈

图 9－19　螺纹紧固件的比例画法

9.3.2　键

键主要是用来连接轴和轴上的齿轮、皮带轮等传动件，起传递扭矩作用。键是标准件，轴和轮毂上的键槽是标准结构要素，设计可根据使用要求和轴的直径按有关标准选用。

1. 键的分类及标记

键的类型很多，常用的有普通平键、半圆键、楔键和花键等，如图 9－20 所示。

(a)普通平键　(b)半圆键　(c)钩头楔键

图 9－20　常用键

键的规定标记示例如下：

圆头普通平键（A 型）、宽 10mm、高 8mm、长 22mm，国标号 GB/T 1095—2003，其标记为：

键 10 ×22GB/T 1095—2003；

单圆头普通平键（C 型）、宽 12mm、高 8mm、长 40mm，国标号 GB/T 1096—2003，其标记为：

键 C12 ×40GB/T 1096—2003；

半圆键、宽 5mm、高 9mm、直径 22mm、长 21mm，国标号 GB/T 1099—2003，其标记为：

键 5 ×22GB/T 1099—2003；

楔键、宽 14mm、高 9mm、长 80mm，国标号 GB/T 1565—2003；其标记为：

键 14 ×80GB/T 1565—2003；

2．普通平键、半圆键、钩头楔键的连接画法

普通平键连接的画法如图 9 –21 所示，图 9 –22 为半圆键的连接的画法。图中 t 是轴上的键槽深度，t_1是轮毂上的键槽深度。普通平键和半圆键的两个侧面是工作面，与轴上及轮毂上的侧面接触，只画一条线；键的底面与轴槽的底面接触，也只画一条线；键的顶面是非工作面与轮毂上键槽的底面有间隙，应画两条线。

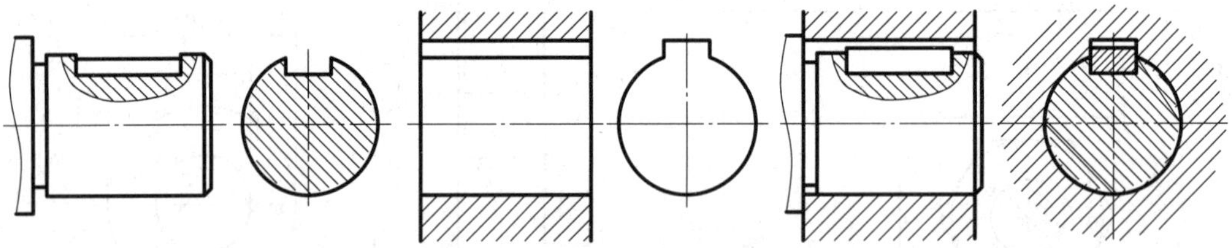

(a) 轴上的键槽　　(b) 轮毂上的键槽　　(c) 连接画法

图 9 –21　普通平键连接画法

楔键连接的画法如图 9 –23 所示。楔键顶面有 1∶100 的斜度，装配时打入键槽。键的顶面和底面是工作面，与轴上轮毂上键槽的底面接触，只画一条线，键的侧面与键槽的侧面是配合面，也只画一条线。

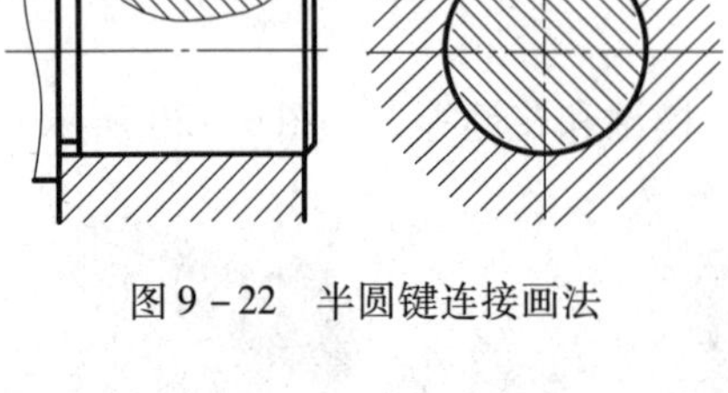

图 9 –22　半圆键连接画法

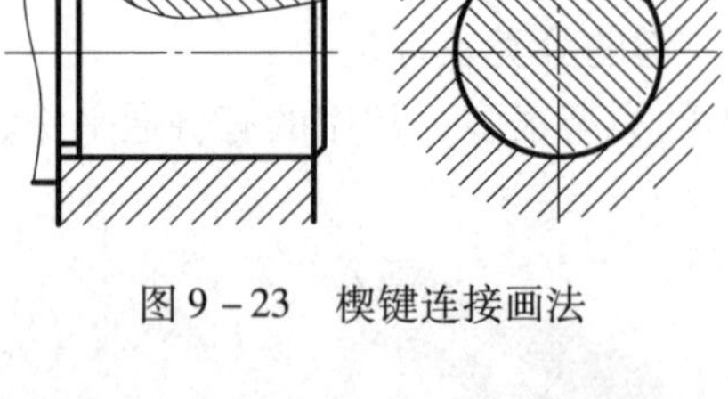

图 9 –23　楔键连接画法

9. 3. 3　齿轮

齿轮是广泛用于机器中的传动零件，它既可传递动力，又可改变转速和运动方向。常用的齿轮传动形式有圆柱齿轮传动、圆锥齿轮传动和蜗轮与蜗杆传动。

圆柱齿轮常用于两平行轴之间的传动。圆柱齿轮的轮齿有直齿、斜齿和人字齿等，各自的作用不同。下面介绍直齿圆柱齿轮各部分的名称和规定画法。

9.3.3.1　直齿圆柱齿轮各部分的名称、代号和尺寸计算

(1) 名称和代号　图 9－24 是两个啮合的圆柱齿轮的示意图，图中表示了圆柱齿轮各部分的名称和代号。

① 节圆和分度圆　当齿轮传动时，可假想在齿轮上有两个圆作无滑动的纯滚动，这两个圆称为齿轮的节圆，其直径用 d' 表示。P 点是两节圆对应的一对齿廓在连心线 O_1O_2 上的啮合接触点，称为节点。分度圆是单个齿轮设计、制造时进行各部分尺寸计算的基准圆，也是分齿的圆，所以称为分度圆，其直径用 d 表示。对于一对正确安装的标准齿轮来说，其节圆和分度圆重合，它们是一致的，$d' = d$。

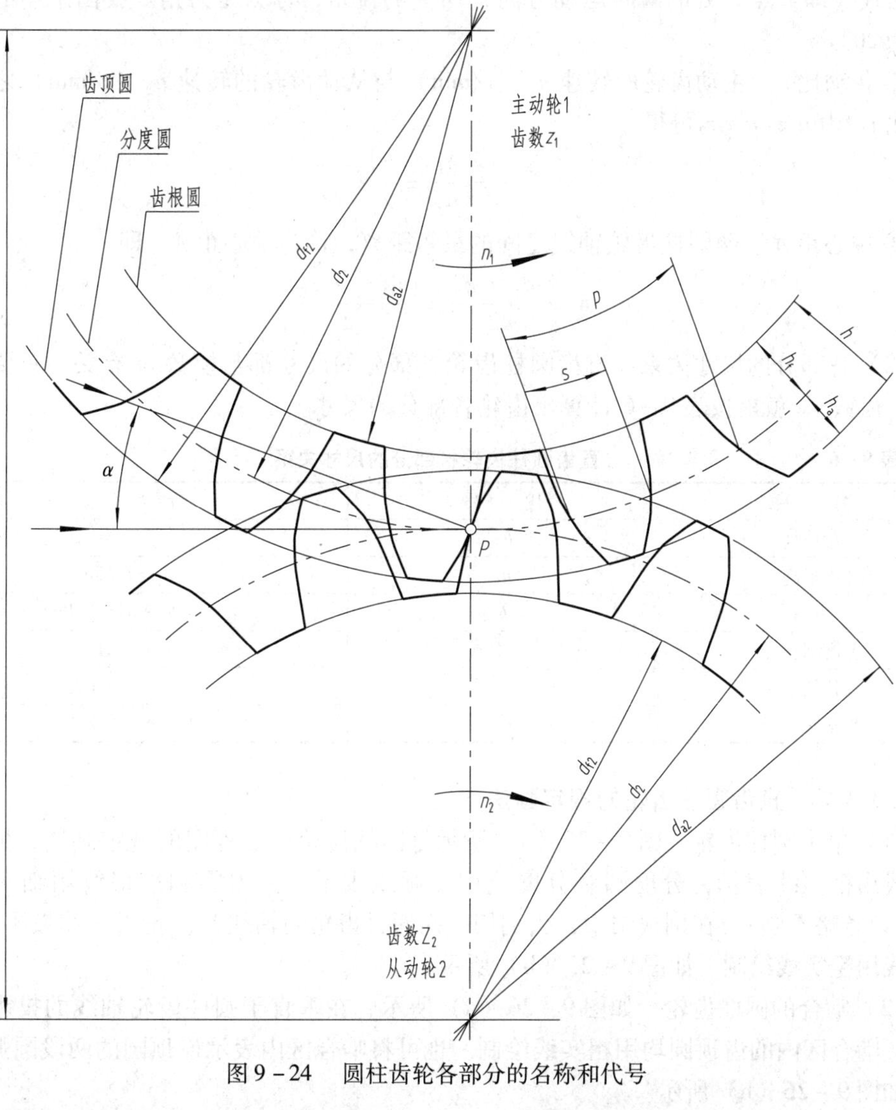

图 9－24　圆柱齿轮各部分的名称和代号

② 齿距和齿厚　分度圆上相邻两齿廓对应点之间的弧长称为齿距，用 p 表示。每个齿廓在分度圆上的弧长称为齿厚，用 s 表示。标准齿轮的齿厚为齿距的一半。两个齿轮啮

合时，齿距必须相等。

③ 齿顶圆和齿根圆　通过轮齿顶部的圆称为齿顶圆；通过轮齿根部的圆称为齿根圆。它们的直径分别称为顶圆直径和根圆直径，分别用 d_a 和 d_f 表示。

④ 齿顶高、齿根高和齿高　齿顶圆与分度圆之间、齿根圆与分度圆之间、齿顶圆与齿根圆之间的径向距离，分别称为齿顶高 h_a、齿根高 h_f 和齿高 h。

⑤ 模数 m　模数是设计、制造齿轮的重要参数，用 m 表示。以 z 表示齿轮的齿数，那么，分度圆周长 $=\pi d=zp$，即 $d=pz/\pi$。令 $p/\pi=m$，则 $d=mz$，这里 m 就是齿轮的模数。两啮合齿轮的齿距 p 必须相等，所以它们的模数也必然相等。为了便于设计和加工，模数的数值已系列化。

⑥ 压力角 α　在节点 P 处，两齿廓曲线的公法线（即齿廓的受力方向）与两节圆的内公切线（即节点 P 处的瞬时运动方向）所夹的锐角，称为压力角。我国采用的压力角一般为20°。

⑦ 传动比 i　主动齿轮的转速 n_1（r/min）与从动齿轮的转速 n_2（r/min）之比称为传动比 i。由 $n_1z_1=n_2z_2$ 可得

$$i=\frac{n_1}{n_2}=\frac{z_2}{z_1}$$

⑧ 中心距 A　两圆柱齿轮轴线之间的最短距离，称为中心距 A，即

$$A=\frac{d_1+d_2}{2}=\frac{m(z_1+z_2)}{2}$$

（2）各部分的尺寸关系　直齿圆柱齿轮各部分的尺寸都与模数 m 有关，只要已知模数 m，齿数 z，就能按表9－6计算出齿轮各部分的尺寸。

表9－6　直齿圆柱齿轮各部分的尺寸关系

名　称	代　号	计算公式
齿顶高	h_a	$h_a=m$
齿根高	h_f	$h_f=1.25m$
齿高	h	$h=h_a+h_f=2.25m$
分度圆直径	d	$d=mz$
齿顶圆直径	d_a	$d_a=m(z+2)$
齿根圆直径	d_f	$d_f=m(z-2.5)$

9.3.3.2　直齿圆柱齿轮的规定画法

（1）单个圆柱齿轮　图9－25（a）所示是圆柱齿轮外形视图的规定画法，齿顶圆和齿顶线用粗实线表示；分度圆和分度线用点画线表示；齿根圆和齿根线用细实线表示（也可以省略不画）。在剖视图中，当剖切平面通过齿轮的轴线时，轮齿一律按不剖处理，齿根线用粗实线绘制，如图9－25（b）所示。

（2）啮合的圆柱齿轮　如图9－26（a）所示，在垂直于圆柱齿轮轴线的投影面的视图中，啮合区内的齿顶圆均用粗实线绘制。也可将啮合区内表示齿顶圆的两段圆弧省略不画，如图9－26（b）所示。

在剖视图中，当剖切平面通过两啮合齿轮的轴线时，在啮合区内，规定将一个齿轮的轮齿画成粗实线，另一个齿轮的轮齿被遮的部分画成虚线。如图9－26（a）的主视图所示。

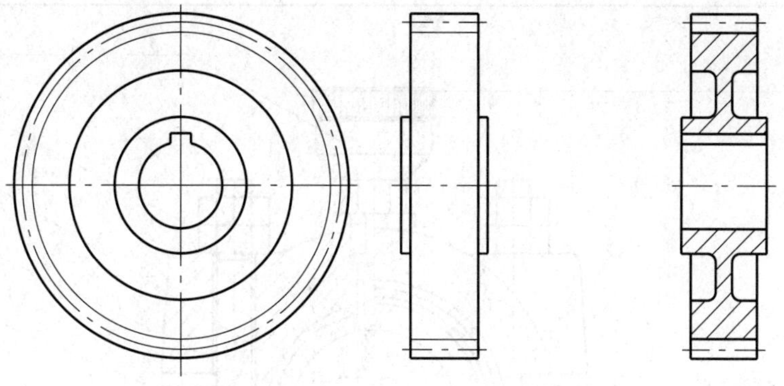

图 9－25　直齿圆柱齿轮的规定画法

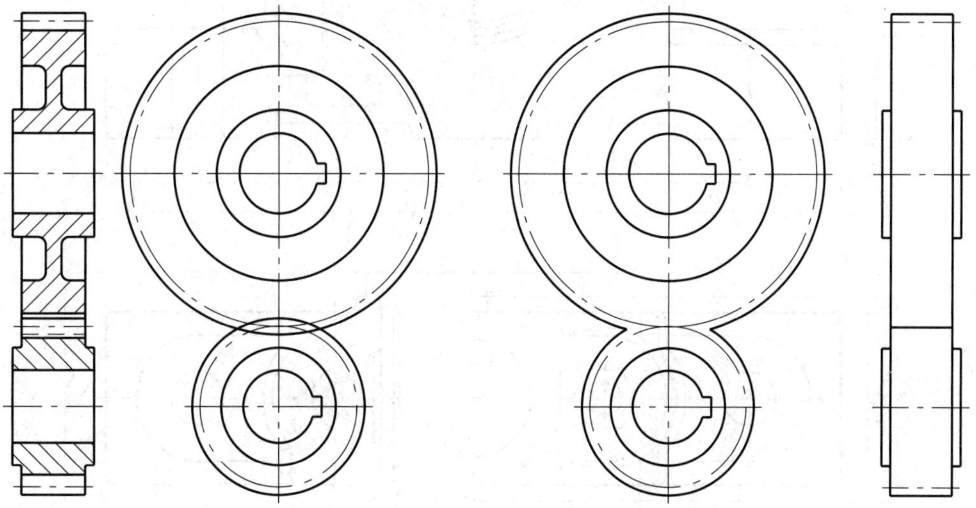

图 9－26　直齿圆柱齿轮啮合的规定画法

在平行于圆柱齿轮轴线的投影面的外形视图中，啮合区的齿顶线和齿根线不必画出，节线用粗实线绘制，其他处的节线仍用点画线绘制。如图 9－26（c）所示。

9.4　装　配　图

装配图主要用来表达机器或部件的工作原理和装配、连接关系以及主要零件的结构形状。装配图和零件图之间的关系十分密切，既互相联系又互相影响。设计时，一般先画出装配图，再根据装配图绘制零件图；装配时，则根据装配图把零件装配成机器或部件。装配图是反映设计思想，装配机器和进行技术交流的工具。

9.4.1　装配图的基本内容

图 9－27 所示是正滑动轴承的装配图。从图中可以看出，一张完整的装配图应包括下列基本内容。

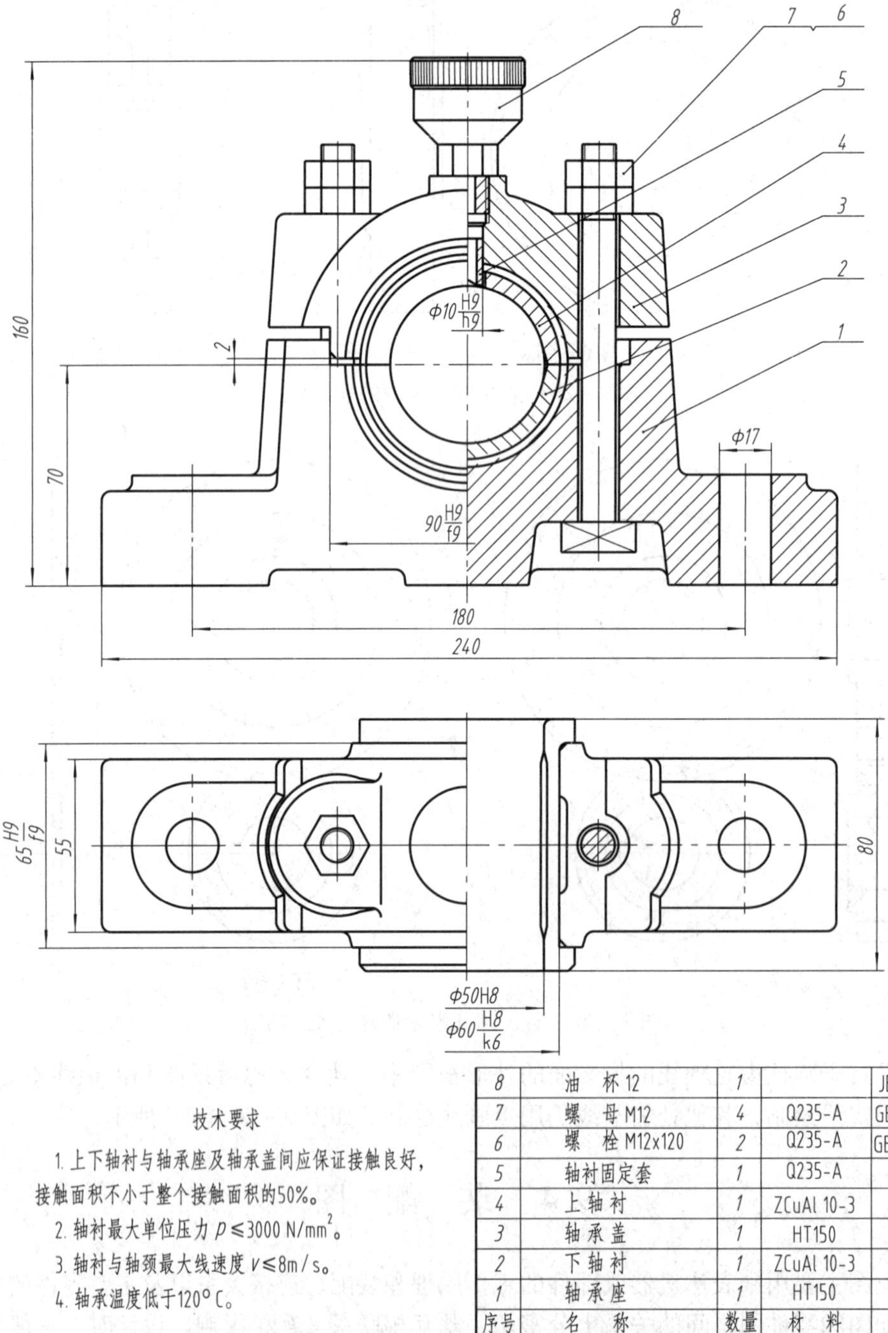

技术要求

1. 上下轴衬与轴承座及轴承盖间应保证接触良好，接触面积不小于整个接触面积的50%。

2. 轴衬最大单位压力 $p \leqslant 3000\ N/mm^2$。

3. 轴衬与轴颈最大线速度 $v \leqslant 8m/s$。

4. 轴承温度低于120°C。

序号	名称	数量	材料	备注
8	油 杯 12	1		JB275-60
7	螺 母 M12	4	Q235-A	GB/T 6170
6	螺 栓 M12x120	2	Q235-A	GB/T 5782
5	轴衬固定套	1	Q235-A	
4	上轴衬	1	ZCuAl 10-3	
3	轴承盖	1	HT150	
2	下轴衬	1	ZCuAl 10-3	
1	轴承座	1	HT150	

正滑动轴承		比例	1:1	(图 号)	
		件数			
班级	学号	重量		共 张第 张	
制图	日期	(校 名)			
审核	日期				

图 9-27 正滑动轴承装配图

9.4.1.1 一组视图

用以表达机器或部件的工作原理，各零件的装配关系，零件的连接方式、传动路线，以及各零件的主要结构形状。例如图 9－27 采用了两个基本视图，主、俯视图均采用半剖视；俯视图还采用了拆卸画法，这是装配图的一种特殊表达方法。

9.4.1.2 必要的尺寸

只标注表示机器或部件的性能、规格以及装配时各零件之间的配合尺寸、安装尺寸、外形尺寸等一些必要的尺寸。

9.4.1.3 技术要求

用文字或符号说明机器或部件在装配、安装、检验和运转时的技术要求。

9.4.1.4 零件序号和明细表

为了便于看图和进行生产准备工作，在装配图上应对每个不同的零件标注序号，并在明细表中依次填写序号、名称、件数、材料等内容。

9.4.1.5 标题栏

用以说明机器或部件的名称、比例、重量、图号及设计、制图、审核人员的签名等。

9.4.2 装配图的特殊表达方法

零件的各种表达方法，如视图、剖视、断面等，都可以用来表达部件的内、外形状结构。如为了同时表达内、外结构，可采用半剖视图。但由于部件是由若干零件装配而成的，表达的重点只能是部件的总体情况，如果一些零件遮住了其他零件，有些零件需要表达它的运动范围等，这就需要采用不同于零件图的一些特殊表达方法。

9.4.2.1 沿零件的结合面剖切和拆卸画法

在装配图中，为了使部件的某些部分表达得更清楚，可假想沿某些零件的结合面选取剖切平面或假想将某些零件拆卸后绘制。需要说明时，可加标注“拆去××等”。如图 9－27所示的俯视图就是沿轴承盖和轴承座的结合面剖切后得到的。结合面上不画剖面符号，被剖切到的螺栓则必须画出剖面线。

9.4.2.2 假想画法

为了表示运动零件的极限位置或本部件和相邻零部件之间的相互关系，可用双点画线画出其轮廓。如图 9－27 所示，正滑动轴承是由 $\phi17$ 的螺栓孔固定在机体安装板上的，必要时（如为了根据安装板的厚度表明螺栓的长度等）可用双点画线画出安装板的轮廓。

9.4.2.3 规定画法和简化画法

为了表达几个零件及其装配关系，必须遵守 9.3 中螺纹紧固件装配画法的三条基本规定。

当剖切平面通过某些标准化的组件时，可以只画其外形，如图 9－27 主视图中的油杯。

在装配图中，零件的工艺结构，如圆角、倒角、退刀槽等可不画出。如图 9－27 所示的螺栓、螺母采用了简化画法。

对于若干相同的零组件，如螺栓连接等，可详细地画出其一组或几组，其余只需用点画线表示其装配位置。

9.4.3 装配图的尺寸标注

装配图与零件图的作用不一样，因此对尺寸标注的要求也不一样，装配图不是制造零件的直接依据，只需标注一些必要的尺寸。装配图上一般标注下面几种尺寸。

9.4.3.1 性能（规格）尺寸

说明机器或部件的性能、规格和特征。这些尺寸在设计时就已确定。它也是设计、了解和选用该机器或部件的依据。如图 9－27 所示的正滑动轴承的轴孔尺寸 ϕ50H8。

9.4.3.2 装配尺寸

表示机器或部件上有关零件间装配关系的尺寸。如图 9－27 所示的轴承盖与轴承座的配合尺寸 $90\frac{H9}{f9}$，轴衬固定套与轴承盖的配合尺寸 $\phi10\frac{H9}{h9}$等。

9.4.3.3 安装尺寸

指机器或部件安装时所需的尺寸。如图 9－27 所示的安装孔尺寸 ϕ17 和定位尺寸 180，轴孔的轴线到轴承座底面的高度 70。

9.4.3.4 外形尺寸

表示机器或部件外形轮廓的大小。这类尺寸对机器或部件在包装、运输、安装、厂房设计时有用。如图 9－27 所示的正滑动轴承的总长、总宽和总高分别是 240、80 和 160。

9.4.3.5 其他重要尺寸

指未包括在上述各种尺寸中的一些重要尺寸。如主体零件的重要尺寸等。轴承座是正滑动轴承中的主体零件，在装配图中注出了它的底面宽度尺寸 55（图 9－27）。

必须指出，并不是每张装配图中必须全部标注上述各种尺寸，实际上有的尺寸往往具有多种作用。例如正滑动轴承的尺寸 ϕ50H8，它既是性能尺寸，又与轴的装配有关。因此，对装配图中的尺寸要根据具体情况进行分析后标注。

9.4.4 装配图上的序号和明细表

为了便于看图、装配、图样管理以及做好生产准备工作，装配图中每一种不同的零件或组件都必须编号，这种编号称为零件序号；并在标题栏上方填写与图中序号一致的明细表。国家标准对标题栏格式以及装配图中的明细表未作统一规定。建议同学在机械制图作业中，零件图和装配图上的标题栏采用图 9－28 的格式。

9.4.4.1 零件序号的编写方法

（1）零件或组件的序号应沿水平或垂直方向按顺时针或逆时针方向顺序编写，整齐排列，并尽可能均匀分布，见图 9－27。

（2）序号应注在视图外面，并填写在用细实线画出的水平线或圆圈内。在所指的零、组件的可见轮廓内画一圆点，然后用细实线从圆点开始画指引线到水平线或圆圈，序号的字高应比尺寸数字大一号，如图 9－29（a）所示；也可不画水平线或圆圈，在指引线另一端附近注写序号，但序号字高应比尺寸数字大两号，见图 9－29（b）。

（3）指引线相互不能相交；当指引线通过有剖面线的区域时，不应与剖面线平行，见图 9－27；必要时，指引线可以画成折线，但只允许曲折一次，见图 9－29（c）。

（5）装配图中的标准化组件（如油杯、滚动轴承等）可以看作一个整体，只编写一个序号。

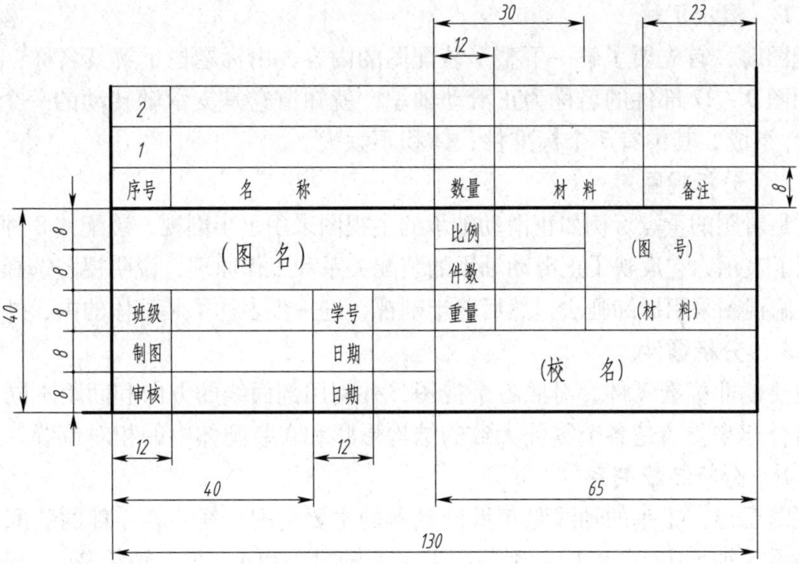

图 9－28　标题栏的格式和尺寸

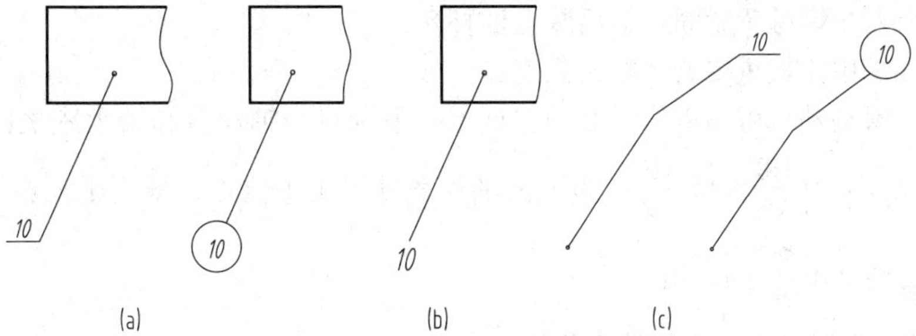

图 9－29　零件序号的编写形式

（4）对一组紧固件或装配关系清楚的零件组，可以采用公共指引线，见图 9－30。

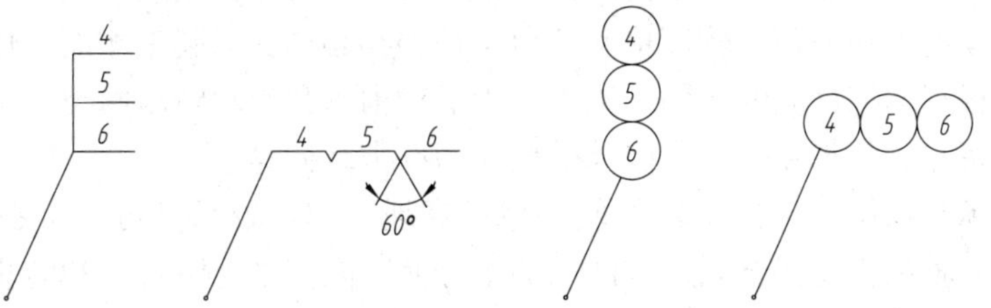

图 9－30　零件组的编号形式

9.4.4.2　明细表

明细表是机器或部件中全部零、组件的详细目录。序号应自下而上填写，位置不够时，可将明细表分段画在标题栏的左方。

9.4.5　看装配图的方法和步骤

在学习和工作中都会遇到要看装配图。看装配图的主要要求是应能看懂机器和部件的工作原理，了解各个零件的装配、连接关系、运动方式。现以图 9－27 所示的正滑动轴承为例，简单说明看装配图的一般方法和步骤。

9.4.5.1 概况了解

看装配图时，首先要了解一下整个装配图的内容，由标题栏了解其名称，大致推测其用途。例如图 9－27 部件的名称为正滑动轴承，就知道它是支承轴转动的一个部件；由 8 种 13 个零件组成，其中有 7 个标准件；体积不太大。

9.4.5.2 分析视图

主视图是看图的重点。例如正滑动轴承的主视图采用了半剖视，装配体 8 种零件在主视图中都得到了表示，它反映了正滑动轴承的装配关系和工作原理，说明视图选择恰当，表达方式合适。俯视图采用拆卸画法，然后取半剖视，进一步表达了装配体的内、外形状结构。

9.4.5.3 分析零件

分析主要的非标准零件，对照各个视图，并利用剖面线的方向和间距不同，分离各零件，然后结合起来弄清楚各个零件大致的结构形状和在装配体中的相对位置。

9.4.5.4 分析装配关系

从主视图看出：铅垂的轴线是正滑动轴承的主要装配干线。各零件的装配关系是：最下面是主要零件轴承座 1，然后分别装配下、上轴衬 2 和 4，盖上轴承盖 3，轴衬固定套 5 装进轴承盖和上轴衬的小孔内，以固定它们之间的相对位置；轴承座和轴承盖由一对六角螺栓 6 和四个六角螺母 7 紧固；最后装上油杯 8。

正滑动轴承中比较重要的装配关系有：

为了使正滑动轴承可靠工作，必须保证上、下轴衬与轴承盖和轴承座之间良好接触，采用了配合尺寸 $\phi 60\,\frac{H8}{k6}$和 $65\,\frac{H9}{f9}$；为了使轴承盖处于正中位置，采用了配合尺寸 $90\,\frac{H9}{f9}$。请读者自行分析 $\phi 10\,\frac{H9}{h9}$的作用。

9.4.5.5 了解工作原理和结构分析

这是深入阅读装配图的重要阶段，不但要了解部件的工作原理，还要搞清楚部件的传动、支承、调整、润滑、密封等结构形式，在结构上如何保证达到了这些要求。

正滑动轴承的工作原理比较简单。任何一种轴都必须支承起来才能工作，轴承便是用来支承轴的。根据摩擦性质的不同，轴承分为滑动轴承和滚动轴承两类。正滑动轴承的主要特点是工作可靠，平稳无噪声，能承受较大的冲击载荷等。

正滑动轴承在结构上保证了轴承能平稳可靠地工作。轴承座可固定在机架或机件上面。在轴承盖和轴承座的接合处，有凹凸的结合面，能使之上下对正和防止横向移动；它们之间留有一定间隙，以便用垫片调整松紧（图 9－27 未画出垫片）。轴承盖和轴承座用一对螺栓连接在一起，螺栓具有方头，这样拧紧螺母时螺栓不致转动。为了防止工作时螺母松开，采用了两个螺母并紧。从轴承盖上的油杯中加入润滑油，通过轴承盖流入到开有油槽的上轴衬中，以供轴转动时润滑之用。轴衬要求具有较高的强度、耐磨、摩擦因数小、导热性好等，常采用青铜或轴承合金。

对装配图进行上述分析后，一般对部件已有一定的了解，但还可能不够完全、透彻。为了加深对装配图的全面认识，还要从安装、使用等方面综合考虑，进行归纳。在学习看装配图时，还可以通过由装配图拆画零件图，或由零件图拼画装配图等画图实践，不断掌握看图的规律，提高看图能力。

第10章　建　筑　图

房屋建筑设计一般分为方案设计、初步设计、技术设计和施工图设计等阶段，不同的设计阶段对图纸有不同的要求。施工图设计阶段所出的图纸称为施工图。施工图按其内容和作用的不同一般可分为建筑施工图、结构施工图和设备施工图。

本章简要介绍建筑施工图中平、立、剖面图的表达方法。

10.1　建筑制图国家标准简介

10.1.1　概述

在建筑设计中，为了使建筑类各专业制图做到表达统一、清晰明确、便于识读与技术交流，以保证土建工程图样的图面质量，同时又符合设计、施工、存档等要求，国家有关部门对图样的画法、线型、图例以及尺寸注法等作了统一的规定，即国家制图标准。目前执行的是2002年实施的，其中包括《房屋建筑制图统一标准》、《建筑制图标准》、《建筑结构制图标准》等一系列标准，作为绘制工程图样的法律依据，供全国有关设计、施工等单位遵照执行。因此，凡从事建筑工程专业的人员，在学习专业制图之前，应先了解相关国家标准的有关知识及要求，并应正确理解，严格遵守。

10.1.2　常用建筑材料图例

土建工程图样不但要准确表达出工程物体的形状，还应准确地表现出所使用的建筑材料。为此，对于图中所要表达的建筑材料，国家标准规定了如表10－1所示的“常用建筑材料图例”。其它材料图例见《GB/T 50001—2001 房屋建筑制图统一标准》。如果在一张图纸内的图样只用一种图例时或图形较小无法画出建筑材料图例时，可不画图例但应加文字说明。

表10－1　　　　常用建筑材料图例

序号	名称	图例	备注
1	自然土壤		包括各种自然土壤
2	夯实土壤	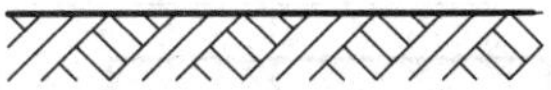	
3	砂、灰土	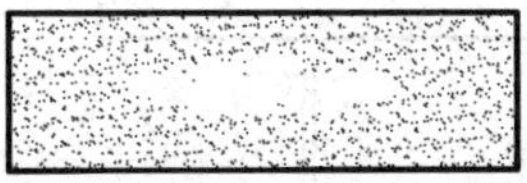	靠近轮廓线绘较密的点
4	毛石		

续表

序号	名称	图例	备注
5	普通砖	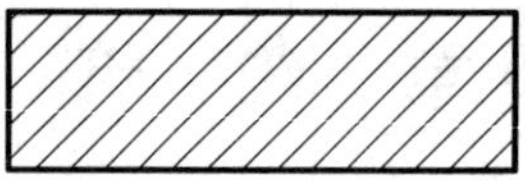	包括实心砖、多孔砖、砖块等砌体。断面较窄不易绘出图例时，可涂红
6	空心砖	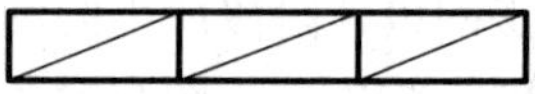	指非承重砖砌体
7	饰面砖		包括铺地砖、马赛克、陶瓷锦砖、人造大理石等
8	混凝土		1. 本图例指能承重的混凝土及钢筋混凝土 2. 包括各种强度等级、骨料、添加剂的混凝土 3. 在剖面图上画出钢筋时，不画图例线 4. 断面图形小，不易画出图例时，可涂黑
9	钢筋混凝土	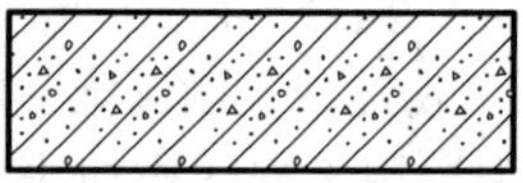	
10	多孔材料	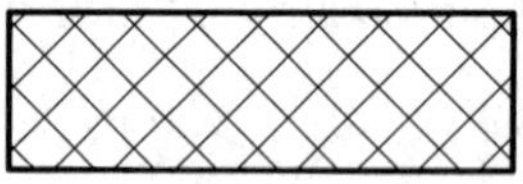	包括水泥珍珠岩、沥青珍珠岩、泡沫混凝土、非承重加气混凝土、软木、蛭石制品等
11	粉刷	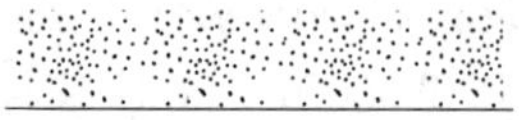	本图例采用较稀的点
12	木材	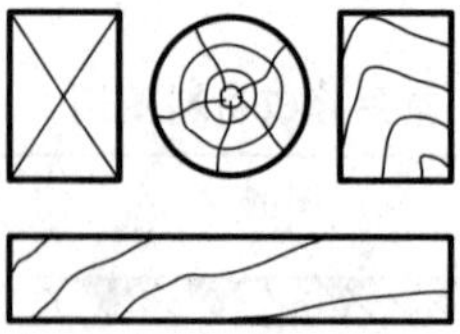	1. 上图为横断面，上左图为垫木、木砖或木龙骨 2. 下图为纵断面
13	金属	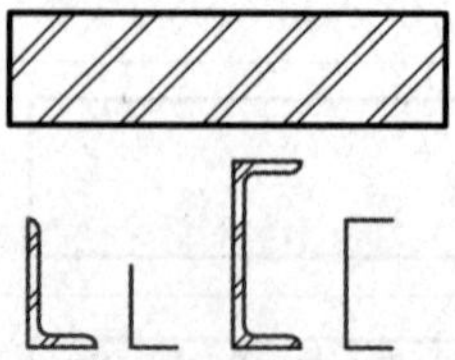	1. 包括各种金属 2. 图形小时，可涂黑

注：序号为1、2、5、9、10、13图例中的斜线、短斜线、交叉线等一律为45°。

10.1.3　建筑制图的尺寸标注

图形表达了建筑物的形状，尺寸则表示了该建筑物的实际大小。因此，建筑制图必须准确、详尽、清晰地标注尺寸，以确定其大小及相对位置，作为施工时的依据。

建筑制图中，尺寸同样由尺寸界线、尺寸线、尺寸起止符号和尺寸数字4部分组成（图10－1）。但是尺寸起止符号一般是由中粗短斜线画出，其倾斜方向应与尺寸界线成顺时针45°角，长度宜为2～3mm。尺寸界线的一端应离开图样的轮廓线不小于2mm，另一端宜超出尺寸线2～3mm，如图10－1所示。必要时，图形的轮廓线以及中心线均可作为尺寸界线，如图10－1中的尺寸240、3120等。但是，图样上的任何图线都不得用作尺寸线。

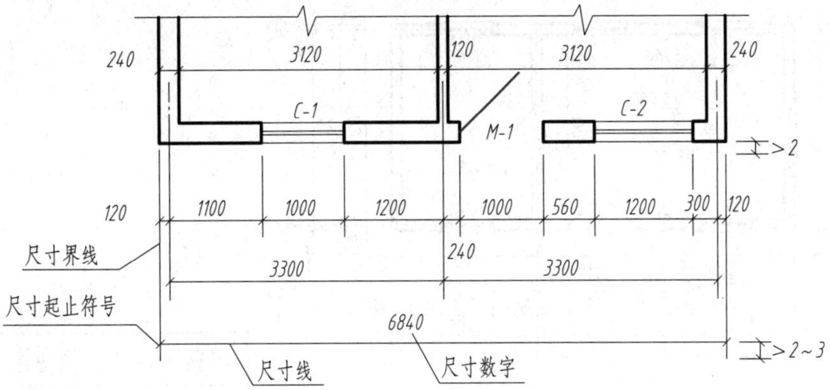

图10－1　尺寸标注示例

国标规定，图样上标注的尺寸，除标高及总平面图以米（m）为单位外，其余一律以毫米（mm）为单位，图上尺寸数字都不再注写单位。建筑设计图样上标注的尺寸数字，是物体的实际尺寸，它与绘图所用的比例无关。因此，图样上的尺寸，应以尺寸数字为准，不得从图上直接量取。

10.2　建筑平、立、剖面图

10.2.1　概述

建筑施工图是表示房屋的总体布局、内外形状、平面布置、建筑构造及装修做法等的图纸。它是运用正投影原理及有关专业知识绘制的工程图样，作为指导施工的主要技术依据。建筑施工图包括首页（图纸目录、设计总说明等）、总平面图、平面图、立面图、剖面图和详图。图10－2所示的是一房屋的建筑平、立、剖面图。

10.2.2　建筑平面图

10.2.2.1　建筑平面图的形成与作用

建筑平面图实际是房屋的一个水平剖面图，它是假想用一水平剖切面经过门窗洞口将房屋整个剖开，移去剖切平面以上部分，将余下部分向水平投影面作正投影。这样所画出的剖面图就是建筑平面图，简称为平面图，如图 10－3 所示。

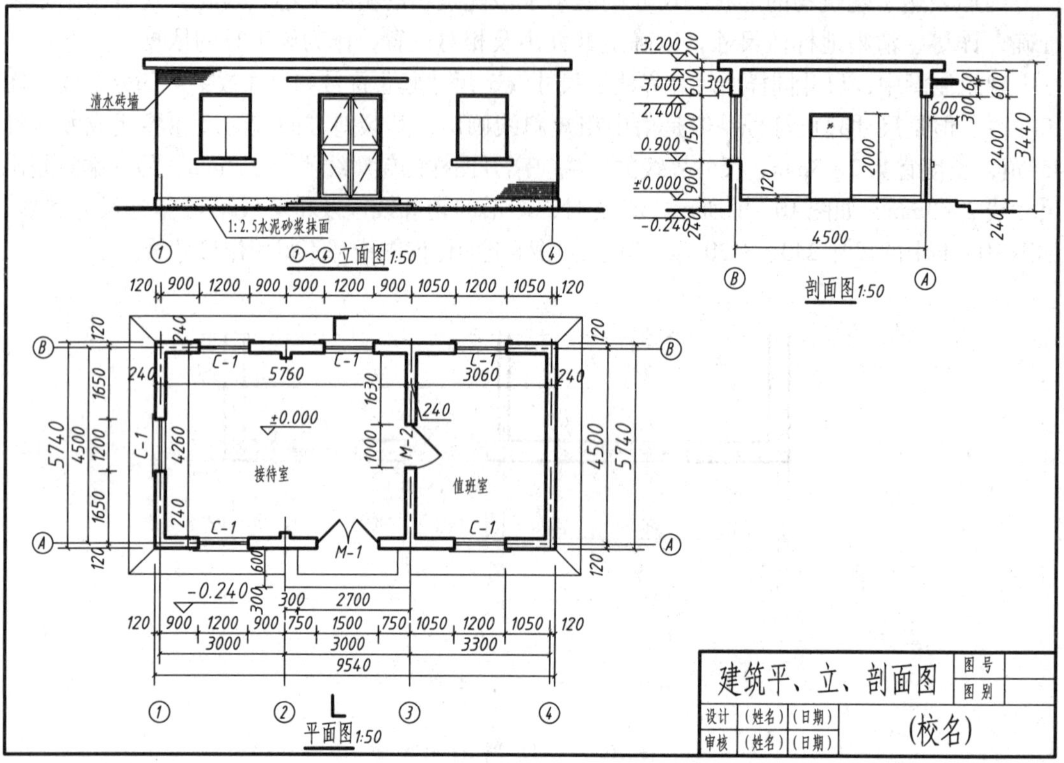

图 10－2　房屋建筑平、立、剖面图

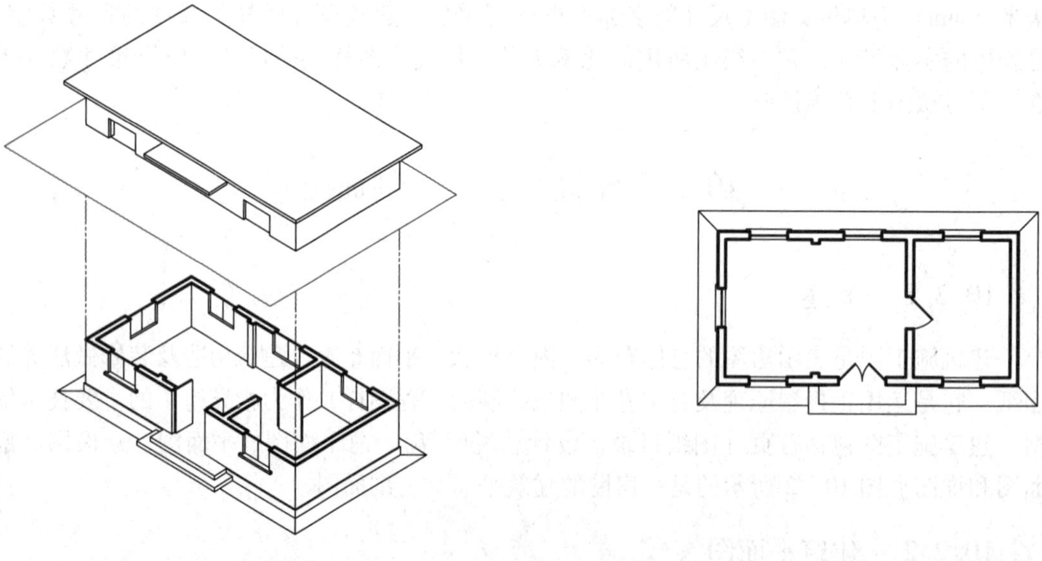

(a)直观图

(b)投影图

图 10－3　平面图的形成

平面图主要表达建筑物的平面形状、房间大小、数量、用途、内外交通关系以及墙和柱、门窗等配件的位置、尺寸、材料和做法等内容，它是房屋土建施工、设备安装、装修及编制概预算、备料等的重要依据。

10.2.2.2 建筑平面图的图示内容和图例

若建筑物是多层结构，则建筑平面图应由其“底层平面图”、“二层平面图”……若干个平面图组成。底层平面图应画出该房屋的平面形状、各房间的分隔和组合、门窗的位置和尺寸、出入口、门厅及楼梯等的布置及其相互关系，此外还应画出该房屋室外的台阶、散水、花池等的投影。

由于平面图的比例较小，实际工程中常用1∶100的比例绘制，所以门、窗等投影难以详尽表示，应采用《国标》规定的图例来表达，而相应的详尽情况则另用较大比例的详图来表达。常用的门窗图例见表10－2，其余图例见《GB/T 50104—2001 建筑制图标准》。

表10－2　　门窗图例

名称	图例	说明	名称	图例	说明
推拉门	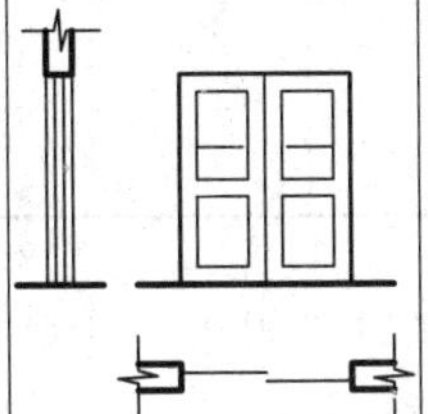	1. 门的名称代号用M 2. 图例中的剖面图左为外，右为内，平面图下为外，上为内 3. 立面形式应按实际情况绘制	空门洞	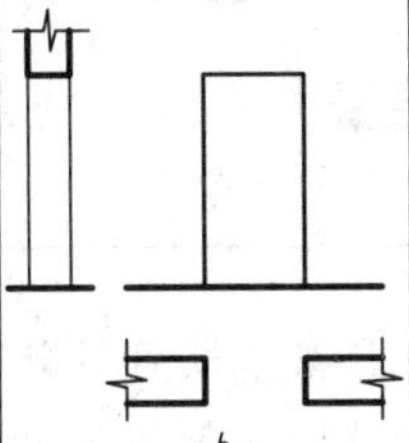	h为门洞高度
单扇门（包括平开或单面弹簧）	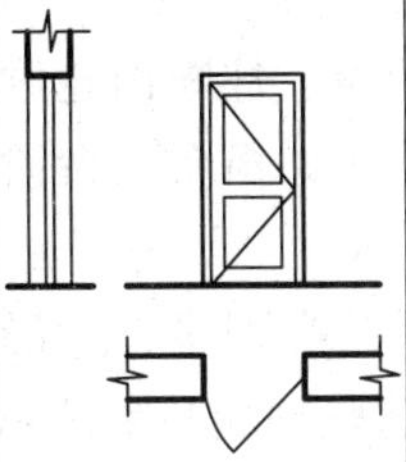	1. 门的名称代号用M 2. 图例中剖面图左为外、右为内平面图下为外，上为内 3. 立面图上开启方向线交角的一侧为安装合页的一侧，实线为外开，虚线为内开 4. 平面图上门线应90°或45°开启，开启弧线宜绘出	单层外开平开窗	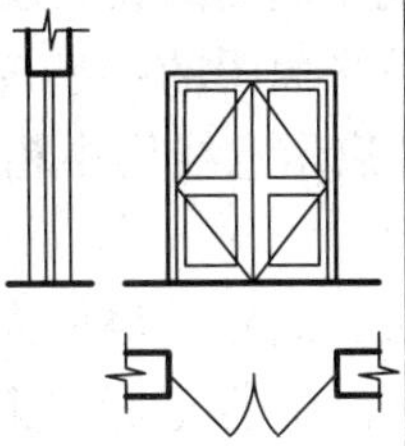	1. 窗的名称代号用C表示 2. 立面图中的斜线表示窗的开启方向，实线为外开虚线为内开；开启方向线交角的一侧为安装合页的一侧，一般设计图中可不表示 3. 图例中，剖面图所示左为外，右为内，平面图所示下为外，上为内 4. 平面图和剖面图上的虚线仅说明开关方式，在设计图中不需表示 5. 窗的立面形式应按实际绘制 6. 小比例绘图时平、剖面的窗线可用单粗实线表示
双扇门（包括平开或单面弹簧）	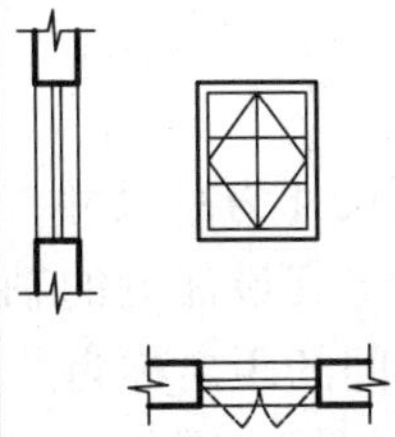		单层内开平开窗	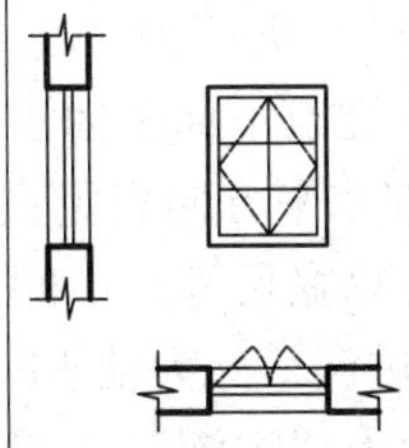	

续表

名称	图例	说明	名称	图例	说明
推拉窗	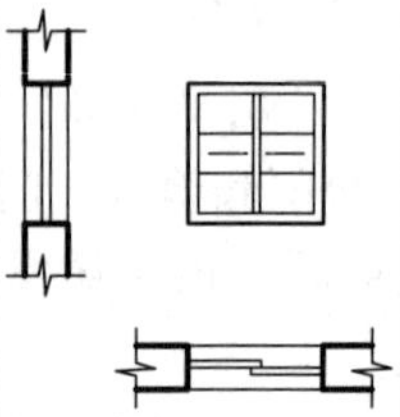	1. 窗的名称代号用C表示 2. 图例中，剖面图所示左为外、右为内，平面图所示下为外，上为内 3. 窗的立面形式应按实际绘制 4. 小比例绘图时平、剖面的窗线可用单粗实线表示	高窗	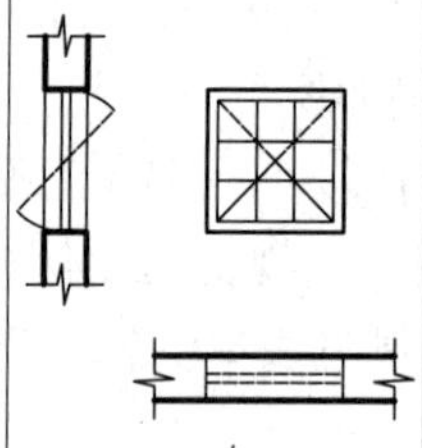	1.（同上） 2.（同上） 3.（同上） 4. 立面图和剖面图上的虚线仅说明开关方式，在设计图中不需表示 5. 窗的立面形式应按实际绘制 6. h为窗底距木层楼地面的高度
上推窗	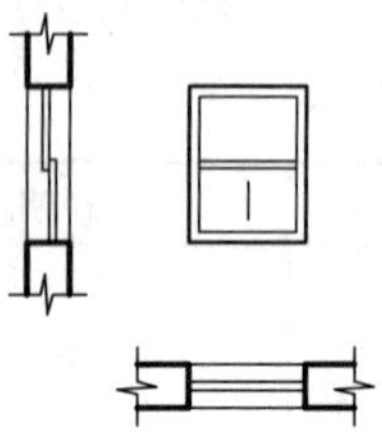				

在平面图中，凡是被剖切到的断面部分应画出材料图例，但在1∶200和1∶100小比例的平面图中，剖到的砖墙一般不画材料图例（或在透明图纸的背面涂红表示），在1∶50的平面图中砖墙也可不画图例，但在大于1∶50时，应该画上材料图例。剖到的钢筋混凝土构件的断面当小于1∶50的比例时（或断面较窄，不易画出图例线）可涂黑。

10.2.2.3 建筑平面图的有关规定和要求

（1）线型　建筑平面图的线型按《国标》规定，凡是剖到的墙、柱断面轮廓线，宜用粗实线，门窗的开启示意线用中粗实线表示，其余可见轮廓线（如窗台、台阶、梯段等）则用细实线表示。

（2）定位轴线及其编号　房屋内部构造较复杂，墙或柱数量、类型多，为确保工程质量，准确施工定位，在建筑平面图中采用轴线网格划分平面，这些轴线叫定位轴线，它是确定房屋主要承重构件（墙、柱、梁）位置及标注尺寸的基线。《国标》规定：平面图上定位轴线的编号宜标注在图样的下方与左侧。横向编号应用阿拉伯数字，从左至右依次顺序编写，竖向编号应用大写拉丁字母，从下至上依次顺序编写，且拉丁字母O、I、Z不得用做轴线编号，以免与阿拉伯数字中0、1、2三个数字混淆。编号圆用细实线绘制，直径为8～10mm，见图10－4所示。

（3）尺寸标注　建筑平面图标注的尺寸有外部尺寸和内部尺寸。

① 外部尺寸：在水平方向和竖直方向各标注三道，最外一道尺寸为总尺寸，标注房屋水平方向的总长、总宽尺寸；中间一道尺寸为定位尺寸，标注与其最邻近的轴线间尺寸，（房屋的开间、进深，称为轴线间尺寸。一般情况下两横墙之间的距离称为“开间”；两纵墙之间的距离称为“进深”）。最里边一道尺寸标注以轴线定位的房屋外墙墙段及门窗洞口尺寸，称为细部尺寸。

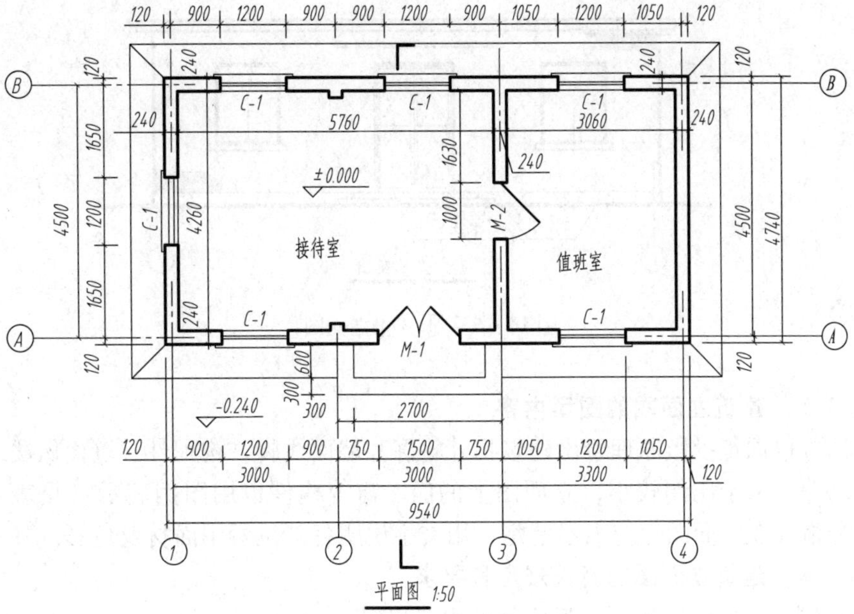

图 10－4　建筑平面图

② 内部尺寸：应标注各房间长、宽方向的净空尺寸，墙厚及轴线的关系、柱子截面、房屋内部门窗洞口、门垛等细部尺寸。

③ 标高、门窗编号：平面图中应标注各楼层地面高度及室内外地坪等完成面标高。

为编制概预算的统计与施工备料，平面图上所用的门窗都应进行编号。门常用“M_1”、“M_2”或“M－1”、“M－2”等表示，窗常用“C_1”、“C_2”或“C－1”、“C－2”等表示。

10.2.3　建筑立面图

10.2.3.1　建筑立面图的形成与作用

立面图是用正投影法将房屋各个外墙面进行投射所得到的正投影图，如图 10－5 所示。图 10－6 所给出的立面就是该建筑物的主视图。立面图主要用来表达房屋的外部造型、门窗位置及形式、外墙面装修、阳台、雨篷等部分的材料和做法等。

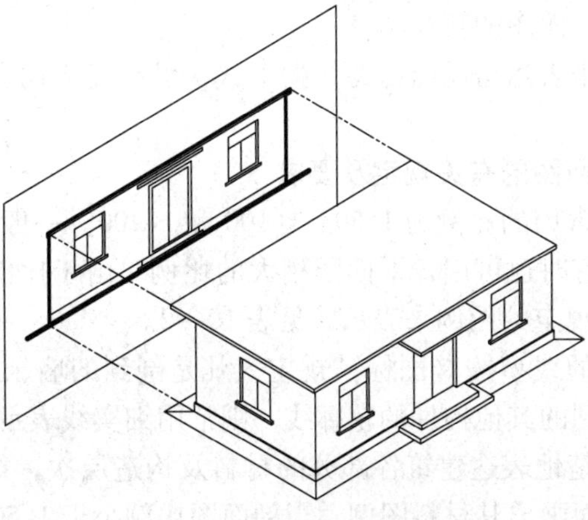

图 10－5　立面图的形成

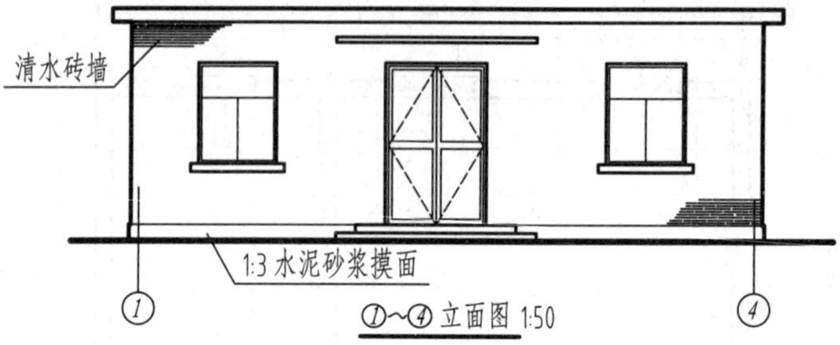

图 10－6　①～④立面图

10.2.3.2　建筑立面图的图示内容

立面图应根据正投影原理绘出建筑物外轮廓和墙面线脚、构配件、墙面做法及必要的尺寸和标高等。由于比例较小，立面图上的门、窗等构件也用图例表示（见表 10－2）。外墙表面分格线在立面图上应表示清楚，用文字说明各部位所用面材及色彩。

10.2.3.3　建筑立面图的有关规定和要求

（1）比例　立面图的比例一般应与平面图相同。

（2）线型　为使立面图轮廓清晰、层次分明，通常用粗实线表示立面图的最外轮廓线。外形轮廓线以内的体部轮廓，如凸出墙面的雨篷、阳台、柱子、窗台、屋檐的下檐线以及窗洞、门洞等用中粗线画出。地平线用标准粗度的 1.2～1.4 倍的加粗线画出，并且两端都要伸出外墙轮廓线之外 15～20mm。其余如立面图中的腰线、粉刷线、窗棂线等细部均采用细实线画出。

（3）尺寸标注　立面图中的尺寸不宜过多，否则会影响立面的建筑美感。为确保施工，必须给出一些其他图中没有反映出的尺寸和进行外粉刷时所需的尺寸。

为便于与平面图对照，还需将立面两侧外墙的轴线及编号绘出。

10.2.4　建筑剖面图

10.2.4.1　建筑剖面图的形成与作用

房屋的剖面图是采用横剖面或采用纵剖面垂直剖切房屋而形成的。民用房屋多采用横剖面，图 10－7 是形成剖面图的直观图。

建筑剖面图主要用来表达房屋内部的结构形式、沿高度方向分层情况、门窗洞口高、层高及建筑总高等。

10.2.4.2　建筑剖面图的有关规定及要求

（1）比例　剖面图常用的比例为 1∶50、1∶100 和 1∶200。一般也应尽量与平面图、立面图的比例相一致。但有时也可用较平面图稍大的比例。由于比例较小，剖面图中的门、窗等构件采用《国标》规定的图例来表示，见表 10－2。

（2）线型　剖面图的线型按《国标》规定，凡是剖到的墙、板、梁等构件剖切线用粗实线表示，而没有剖到的其他构件的轮廓线，则常用细实线表示。

（3）材料　为了清楚地表达建筑各部分的材料及构造层次，当剖面图比例大于 1∶50 时，应在剖到的构件断面画出其材料图例，当剖面图比例小于 1∶50 时，则不画具体材料

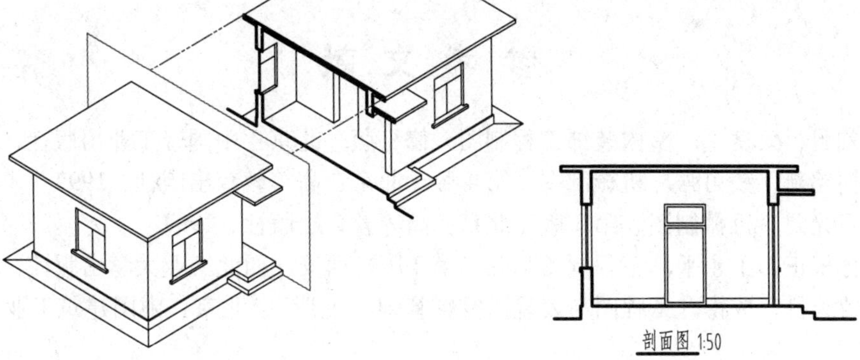

图 10－7　剖面图的形成

图例。如砖墙、粉刷层、找平层等都不画材料符号。对于钢筋混凝土构件，可在断面涂黑以区别砖墙和其他材料。

（4）尺寸标注　剖面图是说明建筑物竖向布置的主要依据，因此剖面图中有两种尺寸标注的方式：线性尺寸和标高尺寸，如图 10－8 所示。

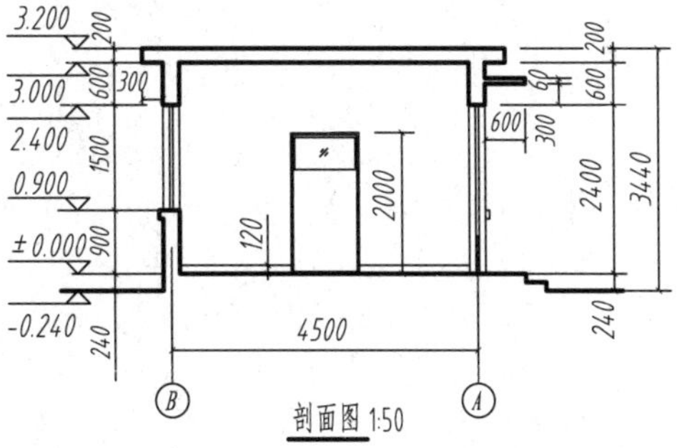

图 10－8　剖面图

① 线性尺寸　剖面图中的线性尺寸有 3 道：

第一道尺寸：即靠近外墙轮廓线的一道，称分段尺寸，是用来表明墙体与门窗洞口的高度。

第二道尺寸：标注建筑剖面各部位的定位尺寸，即注写其所在层次内的尺寸，在分段尺寸之外表示层高和休息平台高度的尺寸。

第三道尺寸：最外边的一道尺寸线，用来表明建筑物总高。

此外，室内、室外的一些细部构造的竖向尺寸也应标明。为了便于与平面图对照，剖面图中也还把外墙或柱的轴线之间跨度标出。

② 标高尺寸　对建筑物中一些重要的表面，在剖面图中还必须以标高的形式表明其高度。如：地面、楼面的高度、休息平台、阳台、窗台以及吊顶、过梁等处的完成面标高。

参 考 文 献

1. 刘甦，太良平. 室内装饰工程制图. 修订版. 北京：中国轻工业出版社，2005

2. 何铭新，钱可强. 机械制图. 第 4 版. 北京：高等教育出版社，1997

3. 石光源. 机械制图. 第 3 版. 北京：高等教育出版社，1997

4. 孙根正，王永平. 工程制图基础. 第 2 版. 西安：西北工业大学出版社，2003

5. 贾天科，成彬. 工程图与表现图投影基础（上册）. 北京：中国建筑工业出版社，2006

6. 刘甦. 画法几何及建筑制图. 西安：陕西科技技术出版社，1991

7. 雷光明等主编. 土建图学教程. 第二版. 北京：高等教育出版社，2009

8. 何培斌，李键主编. 建筑制图与房屋建筑学. 重庆：重庆大学出版社，2003